高职高专院校“十二五”精品示范系列教材（软件技术专业群）

软件工程概论

主　编　倪天林　王伟娜

副主编　祁慧敏　罗东芳　郭　峰

内 容 提 要

软件工程是软件工程（或软件技术）专业的一门核心课程，也是计算机科学与技术、信息管理等相关专业的主干课程，同时也是软件设计人员、程序开发人员、软件测试人员和软件项目管理人员等应具备的专门知识。

本书全面系统地讲授了软件工程的理论、方法和技术，书中运用大量的软件开发实例，采用图文并茂的形式来组织、理解知识内容。每章给出多种形式的习题练习，以巩固所学知识，书中安排有大量实训，以指导学生进行软件开发练习。全书共13章，内容包括软件工程概述、可行性研究、需求分析、概要设计、详细设计、程序编码、面向对象的分析与设计、统一建模语言UML、统一软件开发过程RUP、软件测试、软件维护、软件项目管理及软件复用技术。

本书可作为高等院校软件工程课程的教材或教学参考书，也可供有一定实际经验的软件工作人员和需要开发应用软件的广大计算机用户阅读参考。

图书在版编目（CIP）数据

软件工程概论 / 倪天林，王伟娜主编. -- 北京 : 中国水利水电出版社，2014.6（2020.8 重印）
高职高专院校“十二五”精品示范系列教材. 软件技术专业群
ISBN 978-7-5170-2105-6

Ⅰ. ①软… Ⅱ. ①倪… ②王… Ⅲ. ①软件工程－高等职业教育－教材 Ⅳ. ①TP311.5

中国版本图书馆CIP数据核字(2014)第118003号

策划编辑：祝智敏　责任编辑：陈　洁　加工编辑：袁　慧　封面设计：李　佳

书　　名	高职高专院校“十二五”精品示范系列教材（软件技术专业群） 软件工程概论
作　　者	主　编　倪天林　王伟娜 副主编　祁慧敏　罗东芳　郭　峰
出版发行	中国水利水电出版社 （北京市海淀区玉渊潭南路1号D座　100038） 网址：www.waterpub.com.cn E-mail：mchannel@263.net（万水） sales@waterpub.com.cn 电话：（010）68367658（发行部）、82562819（万水）
经　　售	北京科水图书销售中心（零售） 电话：（010）88383994、63202643、68545874 全国各地新华书店和相关出版物销售网点
排　　版	北京万水电子信息有限公司
印　　刷	三河市鑫金马印装有限公司
规　　格	184mm×240mm　16开本　23印张　507千字
版　　次	2014年6月第1版　2020年8月第4次印刷
印　　数	6001—7000册
定　　价	45.00元

序

为贯彻落实全国教育工作会议精神和《国家中长期教育改革和发展规划纲要（2010—2020年）》以及《关于“十二五”职业教育教材建设的若干意见》（教职成〔2012〕9号）文件精神，充分发挥教材建设在提高人才培养质量中的基础性作用，促进现代职业教育体系建设，全面提高职业教育教学质量，中国水利水电出版社在集合大批专家团队、一线教师和技术人员的基础上，组织出版“高职高专院校‘十二五’精品示范系列教材（软件技术专业群）”职业教育系列教材。

在高职示范校建设初期，教育部就曾提出：“形成500个以重点建设专业为龙头、相关专业为支撑的重点建设专业群，提高示范院校对经济社会发展的服务能力。”专业群建设一度成为示范性院校建设的重点，是学校整体水平和基本特色的集中体现，是学校发展的长期战略任务。专业群建设要以提高人才培养质量为目标，以一个或若干个重点建设专业为龙头，以人才培养模式构建、实训基地建设、教师团队建设、教学资源库建设为重点，积极探索工学结合教学模式。本系列教材正是配合专业群建设的开展推出，围绕软件技术这一核心专业，辐射学科基础相同的软件测试、移动互联应用和软件服务外包等专业，有利于学校创建共享型教学资源库、培养“双师型”教师团队、建设开放共享的实验实训环境。

此次精品示范系列教材的编写工作力求：集中整合专业群框架，优化体系结构；完善编者结构和组织方式，提升教材质量；项目任务驱动，内容结构创新；丰富配套资源，先进性、立体化和信息化并重。本系列教材的建设，有如下几个突出特点：

（1）集中整合专业群框架，优化体系结构。联合河南省高校计算机教育研究会高职教育专委会及二十余所高职院校专业教师共同研讨、制定专业群的体系框架。围绕软件技术专业，囊括具有相同的工程对象和相近的技术领域的软件测试、移动互联应用和软件服务外包等专业，采用“平台+模块”式的模式，构建专业群建设的课程体系。将各专业共性的专业基础课作为“平台”，各专业的核心专业技术课作为独立的“模块”。统一规划的优势在于，既能规避专业内多门课程中存在重复或遗漏知识点的问题；又能在同类专业间优化资源配置。

（2）专家名师带头，教产结合典范。课程教材研究专家和编者主要来自于软件技术教学领域的专家、教学名师、专业带头人，以最新的教学改革成果为基础，与企业技术人员合作共同设计课程，采用跨区域、跨学校联合的形式编写教材。编者队伍对教育部倡导的职业教育教学改革精神理解的透彻准确，并且具有多年的教育教学经验及教产结合经验，准确地对相关专业的知识点和技能点进行横向与纵向设计、把握创新型教材的定位。

（3）项目任务驱动，内容结构创新。软件技术专业群的课程设置以国家职业标准为基础，以软件技术行业工作岗位群中的典型事例提炼学习任务，体现重点突出、实用为主、够用为度的原则，采用项目驱动的教学方式。项目实例典型、应用范围较广，体现技能训练的针对性，突出实用性，体现“学中做”、“做中学”，加强理论与实践的有机融合；文字叙述浅显易懂，增强了教学过程的互动性与趣味性，相应的提升教学效果。

（4）资源优化配套，立体化信息化并重。每本教材编写出版的同时，都配套制作电子教案；大部分教材还相继推出补充性的教辅资料，包括专业设计、案例素材、项目仿真平台、模拟软件、拓展任务与习题集参考答案。这些动态、共享的教学资源都可以从中国水利水电出版社的网站上免费下载，为教师备课、教学以及学生自学提供更多更好的支持。

教材建设是提高职业教育人才培养质量的关键环节，本系列教材是近年来各位作者及所在学校、教学改革和科研成果的结晶，相信它的推出将对推动我国高职电子信息类软件技术专业群的课程改革和人才培养发挥积极的作用。我们感谢各位编者为教材的出版所作出的贡献，也感谢中国水利水电出版社为策划、编审所作出的努力！最后，由于该系列教材覆盖面广，在组织编写的过程中难免有不妥之处，恳请广大读者多提宝贵建议，使其不断完善。

教材编审委员会

2013 年 12 月

前　　言

软件工程是研究软件开发技术和软件项目管理的一门工程学科，从工程化的角度来指导软件开发、测试和项目管理等活动。软件工程研究的范围非常广泛，包括技术方法、工具和管理等许多方面，软件工程又是一门迅速发展的新兴学科，新的技术方法和工具不断涌现。本书是软件工程的入门教材，着重从实用角度讲述软件工程的基本原理、概念和方法，同时也力求做到知识的全面性和系统性。本书既适用于软件工程教学，又能对实际的软件开发工作提供指导与帮助。

软件工程是软件工程（或软件技术）专业的一门核心课程，也是计算机科学与技术、信息管理等相关专业的主干课程，同时也是软件设计人员、程序开发人员、软件测试人员和软件项目管理人员等应具备的专门知识。

高等职业教育是以就业为导向的职业能力教育，是培养数以万计高技能人才的主力军。高技能人才必须具有较强的技术应用能力，这就要求高职院校要加大对学生实际操作能力的培养。本书旨在借鉴国内外优秀教材的基础上，以多年的教学实践为基础，采用工学结合的方式，全面系统地组织教学内容，既注重知识的系统性和完整性，又突出技术能力的实践性。全书全面系统地讲授了软件工程的理论、方法和技术，书中运用大量的软件开发实例，采用图文并茂的形式来组织、理解知识内容。每章给出多种形式的习题练习，以巩固所学知识，书中安排有大量实训，以指导学生进行软件开发练习。

全书共 13 章，内容包括软件工程概述、可行性研究、需求分析、概要设计、详细设计、程序编码、面向对象的分析与设计、统一建模语言 UML、统一软件开发过程 RUP、软件测试、软件维护、软件项目管理及软件复用技术。

本书可作为高等院校软件工程课程的教材或教学参考书，也可供有一定实际经验的软件工作人员和需要开发应用软件的广大计算机用户阅读参考。

本书由倪天林、王伟娜任主编，负责设计编写大纲、修改定稿。各章的分工是：第 1 章、第 9 章由倪天林编写，第 2 章、第 3 章由王伟娜、张小红编写，第 4 章、第 5 章由罗东芳编写，第 6 章、第 7 章由郭峰、孙惠娟编写，第 8 章、第 13 章由祁慧敏编写，第 10 章由倪天林、董洁编写，第 11 章、12 章由王伟娜、张恩宾编写。

在编写过程中得到了中国水利水电出版社向辉同志、祝智敏同志的指导与支持，同时得到了责任编辑的认真审阅。此外，本教材还参考和借鉴了许多专家学者的研究成果，在此一并表示谢意。

由于编者水平所限，不足之处在所难免，敬请读者批评指正，以便在以后修订时加以改进和更正。

编者

2014 年 3 月

目　　录

1

软件工程概述

软件工程是研究软件开发技术和软件项目管理的一门工程学科，从工程化的角度来指导软件开发、测试和项目管理等活动。

本章主要讲授软件工程的基本概念和知识，内容包括软件的概念和特点、软件危机、软件工程的概念及原理、软件生存周期及其模型等，本章的内容是学习以后各章的基础。

1.1　软件的概念和特点

1.1.1　计算机系统的构成及实现

计算机系统由硬件系统及软件系统构成，硬件系统的实现靠硬件工程，软件系统的实现靠软件工程，如图 1-1 所示。

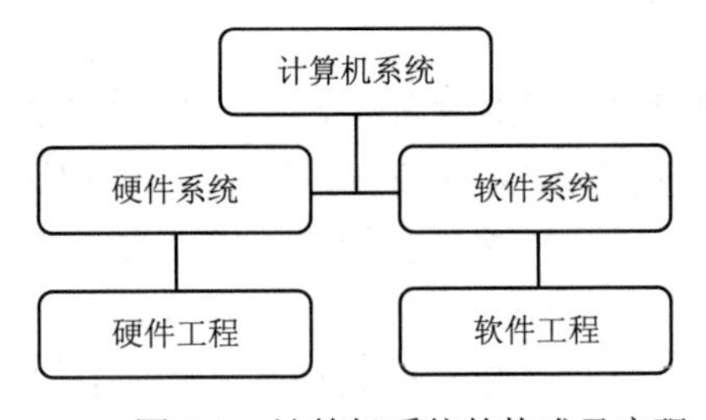

图 1-1　计算机系统的构成及实现

1.1.2　软件的概念

软件（Software）是计算机系统中与硬件相互依存的另一部分，它包括程序、数据及其相关文档的完整集合。

软件＝程序+数据+文档

程序是为实现软件的功能和性能要求而编写的指令序列。

数据是指使程序能够正常操纵信息的数据结构。

文档是与程序开发、维护和使用有关的图文资料。

1.1.3 软件的特点

与计算机硬件相比，计算机软件具有如下特点：

（1）软件是一种逻辑实体而非物理实体，因而软件具有抽象性。

（2）软件的开发是人智力的高度发挥，而不是传统意义上的硬件制造。

（3）软件可能被废弃，但不会用坏，不存在磨损、消耗问题。

（4）软件的开发和运行常常受到计算机系统的限制，对计算机系统有着不同程度的依赖性。

（5）软件的开发至今尚未完全摆脱手工艺的开发方式，使软件的开发效率受到很大限制。

（6）软件开发是一个复杂的过程。主要表现在实际问题的复杂性和程序逻辑结构的复杂性两个方面。

（7）软件成本非常高昂。

1.1.4 计算机软件的分类

计算机软件一般分为系统软件和应用软件两大类。

1. 系统软件

系统软件为计算机使用提供最基本的功能，可分为操作系统和支撑软件，其中操作系统是最基本的软件。系统软件是负责管理计算机系统中各种独立的硬件，使得它们可以协调工作。系统软件使得计算机使用者和其他软件将计算机当作一个整体而不需要顾及到底层每个硬件是如何工作的。

操作系统是用来管理计算机硬件与软件资源的程序，同时也是计算机系统的内核与基石。操作系统身负诸如管理与配置内存、决定系统资源供需的优先次序、控制输入与输出设备、操作网络与管理文件系统等基本事务。操作系统也提供一个让使用者与系统交互的操作接口。

支撑软件是支撑各种软件的开发与维护的软件，又称为软件开发环境（SDE）。它主要包括环境数据库、各种接口软件和工具组；包括一系列基本的工具，比如编译器、数据库管理、存储器格式化、文件系统管理、用户身份验证、驱动管理、网络连接等方面的工具。著名的软件开发环境有 IBM 公司的 Web Sphere、微软公司的 Studio.NET 等。

2. 应用软件

系统软件并不针对某一特定应用领域，而应用软件则相反，不同的应用软件根据用户和所服务的领域提供不同的功能。

应用软件是为了某种特定的用途而被开发的软件。它可以是一个特定的程序，比如一个图像浏览器；也可以是一组功能联系紧密，可以互相协作的程序的集合，比如微软的 Office 软件；也可以是一个由众多独立程序组成的庞大的软件系统，比如数据库管理系统。

1.2 软件的发展和软件危机

1.2.1 计算机软件的发展过程

软件是由计算机程序和程序设计的概念发展演化而来的，是在程序和程序设计发展到一定规模并且逐步商品化的过程中形成的。软件开发经历了程序设计阶段、软件设计阶段和软件工程阶段的演变过程。

1. 程序设计阶段

程序设计阶段出现在 1946～1955 年。此阶段的特点是：尚无软件的概念，程序设计主要围绕硬件进行开发，规模很小，工具简单，无明确分工（开发者和用户），程序设计追求节省空间和编程技巧，无文档资料（除程序清单外），主要用于科学计算。

2. 软件设计阶段

软件设计阶段出现在 1956～1970 年。此阶段的特点是：硬件环境相对稳定，出现了“软件作坊”的开发组织形式。开始广泛使用产品软件（可购买），从而建立了软件的概念。随着计算机技术的发展和计算机应用的日益普及，软件系统的规模越来越庞大，高级编程语言层出不穷，应用领域不断拓宽，开发者和用户有了明确的分工，社会对软件的需求量剧增。但软件开发技术没有重大突破，软件产品的质量不高，生产效率低下，从而导致了“软件危机”的产生。

3. 软件工程阶段

自 1970 年起，软件开发进入了软件工程阶段。由于“软件危机”的产生，迫使人们不得不研究、改变软件开发的技术手段和管理方法。从此软件发展进入了软件工程时代。此阶段的特点是：硬件已向巨型化、微型化、网络化和智能化四个方向发展，数据库技术已成熟并广泛应用，第三代、第四代语言出现；第一代软件技术——结构化程序设计在数值计算领域取得优异成绩；第二代软件技术——软件测试技术、方法、原理用于软件生产过程；第三代软件技术——处理需求定义技术用于软件需求分析和描述；第四代软件技术——使软件工程公认的模块化、信息隐蔽、抽象、局部化、软件重用等原则在面向对象机制下得到了充分的体现。

每个发展阶段都具有不同的特点，见表 1-1 所示。

1.2.2 软件危机

20 世纪 60 年代末 70 年代初，西方工业发达国家经历了一场“软件危机”。这场软件危机表现在：一方面软件十分复杂，价格昂贵，供需差日益增大，另一方面软件开发时又常常受挫，质量差，指定的进度和完成日期很少能按时实现，研制过程很难管理，即软件的研制往往失去控制。

表 1-1　计算机软件发展的三个阶段及其特点

特点＼阶段	程序设计	软件设计	软件工程
软件所指	程序	程序及说明书	程序+数据+文档
主要程序设计语言	汇编及机器语言	高级语言	软件语言
软件工作范围	程序编写	设计和测试	整个软件生命周期
需求者	程序设计者本人	少数用户	市场用户
开发软件的组织	个人	开发小组	开发小组及大、中型开发机构
软件规模	小型	中、小型	大、中、小型
决定质量的因素	个人技术	小组技术水平	技术与管理水平
开发技术和手段	子程序、程序库	结构化程序设计	数据库、开发工具、集成开发环境、工程化开发方法、标准和规范、网络及分布式开发、面向对象技术、计算机辅助软件工程
维护责任者	程序设计者	开发小组	专职维护人员
硬件的特征	高价、存储量小、可靠性差	降价，速度、容量和可靠性明显提高	向超高速、大容量、网络化、微型化方向发展
软件的特征	完全不受重视	软件的技术发展不能满足需求，出现软件危机	开发技术有进步，但仍未完全摆脱软件危机

落后的软件生产方式无法满足迅速增长的计算机软件需求，从而导致软件开发与维护过程中出现一系列严重问题的现象称为软件危机。

1. 软件危机的表现

（1）经费预算经常突破，完成时间一再拖延。

（2）开发的软件不能满足用户要求。

（3）开发的软件可靠性差。

（4）开发的软件可维护性差。

2. 软件危机产生的原因

（1）软件规模越来越大，结构越来越复杂。

（2）软件开发管理困难。

（3）软件开发费用不断增加。

（4）软件开发技术落后。

（5）生产方式落后。

（6）开发工具落后，生产率提高缓慢。

3. 消除软件危机的途径

消除软件危机的途径既要有技术措施（方法、工具），又要有组织管理措施，需将两者结合起来以现代工程方法来开发软件。

（1）消除错误的观点和做法。

（2）推广使用成功的开发技术和方法。

（3）开发使用软件工具和软件工程支持环境。

（4）加强软件工程管理。

1.3 软件工程及其原理

1.3.1 软件工程的概念

软件工程是一门研究用工程化方法构建和维护有效的、实用的和高质量的软件的学科。它涉及程序设计语言、数据库、软件开发工具、系统平台、标准、设计模式等方面。在现代社会中，软件应用于多个方面。典型的软件有电子邮件、嵌入式系统、人机界面、办公套件、操作系统、编译器、数据库、游戏等。同时，各个行业几乎都有计算机软件的应用，如工业、农业、银行、航空、政府部门等。这些应用促进了经济和社会的发展，也提高了工作和生活效率。

软件工程的概念于 1968 年 NATO（North Atlantic Treaty Organization，北大西洋公约组织）在德国召开的一次会议上被首次提出。为了消除和缓解软件危机，1968 年德国软件大师鲍尔（Bauer）在北大西洋公约组织会议上提出软件工程的定义："建立并使用完善的工程化原则，以较经济的手段获得能在实际机器上有效运行的可靠软件的一系列方法"。

软件工程大师勃姆（Boehm）对软件工程的定义："运用现代科学技术知识来设计并构造计算机程序及为开发、运行和维护这些程序所必需的相关文件资料"。

1983 年 IEEE 的软件工程定义："软件工程是开发、运行 、维护和修复软件的系统方法"。1993 年 IEEE 的一个更加综合的定义："将系统化的、规范的、可度量的方法应用于软件的开发、运行和维护的过程，即将工程化应用于软件中"。

1.3.2 软件工程的要素

软件工程有三个基本要素，包括方法、工具和过程。

软件工程方法为软件开发提供了如何做的技术。它包括了多方面的任务，如项目计划与估算、软件系统需求分析、数据结构、系统总体结构的设计、算法过程的设计、编码、测试以及维护等。

软件工具为软件工程方法提供了自动的或半自动的软件支撑环境。目前，已经推出了许多软件工具，这些软件工具集成起来，形成一个计算机辅助软件工程（CASE）的软件开发支撑环境。

软件工程过程则是将软件工程的方法和工具综合起来以达到合理、及时地进行计算机软件开发的目的。过程定义了方法使用的顺序、要求交付的文档资料、为保证质量和协调变化所需要的管理及软件开发各个阶段完成的里程碑。

1.3.3 软件工程的目标

软件工程的目标是"以较少的投资获得高质量的软件"，具体包括：

（1）付出较低的开发成本。

（2）达到要求的软件功能。

（3）取得较好的软件性能。

（4）开发的软件易于移植。

（5）需要较低的维护费用。

（6）按时完成开发工作，及时交付使用。

软件工程的不同目标之间是互相影响和互相牵制的，有些是互补关系，有些是互斥关系，如图 1-2 所示。例如，提高软件生产率有利于降低软件开发成本，但过分追求高生产率和低成本便无法保证软件的质量，容易使人急功近利，留下隐患。但是，片面强调高质量使得开发周期过长或开发成本过高，由于错过了良好的市场时机，也会导致所开发的产品失败。因此，我们需要采用先进的软件工程方法，按照目标的重要性确定其优先级并进行适当地折衷，使质量、成本和生产率三者之间的关系达到最优的平衡状态。

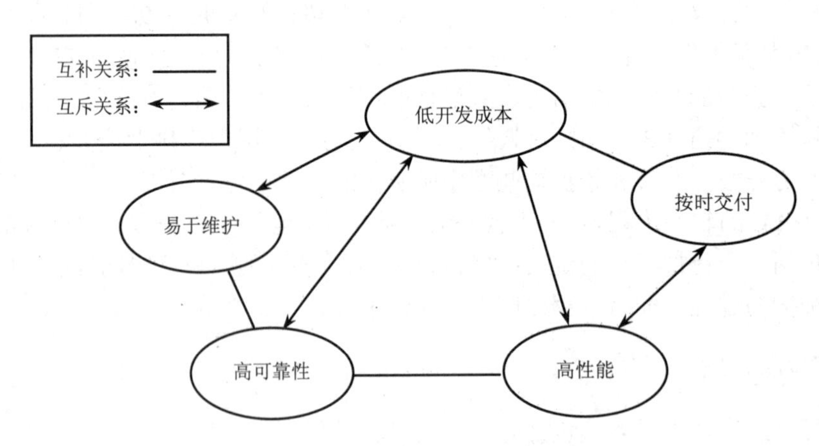

图 1-2　软件工程目标之间的关系

1.3.4 软件工程的原则

软件工程的原则是指围绕工程设计、工程支持以及工程管理在软件开发过程中必须遵循的原则。

1. 选取适宜开发模型

该原则与系统设计有关。在系统设计中，软件需求、硬件需求以及其他因素之间是相互制约、相互影响的，经常需要权衡。因此，必须认识需求定义的易变性，采用适宜的开发模型予以控制，以保证软件产品满足用户的要求。

2. 采用合适的设计方法

在软件设计中，通常要考虑软件的模块化、抽象与信息隐蔽、局部化、一致性以及适应性等特征。合适的设计方法有助于这些特征的实现，以达到软件工程的目标。

3. 提供高质量的工程支持

“工欲善其事，必先利其器”。在软件工程中，软件工具与环境对软件过程的支持颇为重要。软件工程项目的质量与开销直接取决于对软件工程所提供的支撑质量和效用。

4. 重视开发过程的管理

软件工程的管理，直接影响可用资源的有效利用，生产满足目标的软件产品，提高软件组织的生产能力等问题。因此，仅当软件过程得以有效管理时，才能实现有效的软件工程。

这一软件工程框架告诉我们：软件工程的目标是可用性、正确性和合算性；实施一个软件工程要选取适宜的开发模型，要采用合适的设计方法，要提供高质量的工程支撑，要实行开发过程的有效管理；软件工程活动主要包括需求、设计、实现、确认和支持等活动，每一活动可根据特定的软件工程，采用合适的开发模型、设计方法、支持过程以及过程管理。根据软件工程这一框架，软件工程学科的研究内容主要包括：软件开发模型、软件开发方法、软件过程、软件工具、软件开发环境、计算机辅助软件工程（CASE）及软件经济学等。

1.3.5 软件工程的基本原理

自从1968年提出“软件工程”这一术语以来，研究软件工程的专家学者们陆续提出了100多条关于软件工程的准则或信条。美国著名的软件工程专家巴利·勃姆（Barry Boehm）综合这些专家的意见，总结了美国天合公司（TRW）多年的开发软件的经验，于1983年提出了软件工程的七条基本原理。

1. 用分阶段的生命周期计划严格管理

这一条是吸取前人的教训而提出来的。统计表明，50%以上的失败项目是由于计划不周而造成的。在软件开发与维护的漫长生命周期中，需要完成许多性质各异的工作。这条原理意味着，应该把软件生命周期分成若干阶段，并相应制定出切实可行的计划，然后严格按照计划对软件的开发和维护进行管理。

勃姆认为，在整个软件生命周期中应指定并严格执行6类计划：项目概要计划、里程碑计划、项目控制计划、产品控制计划、验证计划、运行维护计划。

2. 坚持进行阶段评审

统计结果显示：大部分错误是在编码之前造成的，大约占63%。错误发现得越晚，改正它要付出的代价就越大，要差 2 到 3 个数量级。因此，软件的质量保证工作不能等到编码结束之后再进行，应坚持进行严格的阶段评审，以便尽早发现错误。

3. 实行严格的产品控制

开发人员最痛恨的事情之一就是改动需求。但是实践告诉我们，需求的改动往往是不可避免的。这就要求我们要采用科学的产品控制技术来顺应这种要求。也就是要采用变动控制，又叫基准配置管理。当需求变动时，其他各个阶段的文档或代码随之相应变动，以保证软件的一致性。

4. 采纳现代程序设计技术

从二十世纪六、七十年代的结构化软件开发技术，到最近的面向对象技术，从第一、第二代语言，到第四代语言，人们已经充分认识到：方法大于气力。采用先进的技术既可以提高软件开发的效率，又可以减少软件维护的成本。

5. 结果应能清楚地审查

软件是一种看不见、摸不着的逻辑产品。软件开发小组的工作进展情况可见性差，难于评价和管理。为更好地进行管理，应根据软件开发的总目标及完成期限，尽量明确地规定开发小组的责任和产品标准，从而使所得到的标准能清楚地审查。

6. 开发小组的人员应少而精

开发人员的素质和数量是影响软件质量和开发效率的重要因素，应该少而精。这一条基于两点原因：高素质开发人员的效率比低素质开发人员的效率要高几倍到几十倍，开发工作中犯的错误也要少得多；当开发小组为 N 人时，可能的通讯信道为 N(N-1)/2，可见随着人数 N 的增大，通讯开销将急剧增大。

7. 承认不断改进软件工程实践的必要性

遵从上述六条基本原理，就能够较好地实现软件的工程化生产。但是，它们只是对现有的经验的总结和归纳，并不能保证赶上技术不断前进发展的步伐。因此，勃姆提出应把承认不断改进软件工程实践的必要性作为软件工程的第七条原理。根据这条原理，不仅要积极采纳新的软件开发技术，还要注意不断总结经验，收集进度和消耗等数据，进行出错类型和问题报告统计。这些数据既可以用来评估新的软件技术的效果，也可以用来指明必须着重注意的问题和应该优先进行研究的工具和技术。

勃姆认为，这七条原理是确保软件产品质量和开发效率的原理的最小集合。它们是相互独立的，是缺一不可的最小集合；同时，它们又是相当完备的。

人们当然不能用数学方法严格证明它们是一个完备的集合，但是可以证明，在此之前已经提出的 100 多条软件工程准则都可以有这七条原理的任意组合蕴含或派生。

1.3.6 软件开发方法

1. 结构化方法

结构化方法（Structure Method）的基本思想可以概括为：自顶向下、逐步求精，采用模块化技术、分而治之的方法，将系统按功能分解成若干模块；模块内部由顺序、分支、循环三种基本控制结构组成；子程序实现模块化。

2. 面向对象方法

面向对象方法（Objected-Oriented）认为：客观世界由各种对象组成，每个对象都有各自内部状态和运动规律，不同对象之间相互作用和联系构成了各种各样的系统，构成了客观世界。

面向对象方法吸取了结构化方法的基本思想和主要优点，将数据与操作放在一起，作为一个相互依存、不可分割的整体进行处理。它综合了功能抽象和数据抽象，采用数据抽象和信息隐蔽技术，将问题求解看作是一个分类演绎过程。与结构化方法相比，面向对象更接近人们认识事物和解决问题的过程和思维方式。

1.4 软件生存周期及其模型

软件生存周期（Software Life Cycle）是指软件产品开发的一系列相关活动的整个生命期，即从软件定义开始，经过软件开发、交付使用到运行与维护，直到最终被废弃的整个时期。它由三个时期构成，每个时期进一步划分成若干阶段。

1.4.1 软件定义时期

软件定义时期的任务：确定软件开发工程必须完成的总目标；确定工程的可行性；导出实现工程目标应该采取的措施与系统必须完成的功能；估算完成该工程需要的资源和成本；制定工程进度表。

该阶段的任务又称为系统分析，由系统分析员负责完成。软件定义部分又可划分为问题定义、可行性研究和需求分析三个阶段。

1. 问题定义

问题定义的任务是：搞清楚“要解决的问题是什么”。如果不知道要解决的问题是什么，就没有办法解决问题，或者只能盲目的解决，最终的结果不但解决不了问题，还浪费人力、物力、时间和金钱。

系统分析员通过对问题的调研，写出关于问题性质、工程目标和工程规模的书面报告，并且要得到用户的确认。

2. 可行性研究

可行性研究的任务是：了解用户的要求及实现的环境，从技术、经济、操作和法律等方面研究并论证软件系统的可行性。

3. 需求分析

需求分析阶段的任务是确定“目标系统必须做什么”。需求分析在可行性分析的基础上，对用户进一步做深入细致的调研，对目标系统提出完整、准确、清晰、具体的要求，以便顺利进行后续阶段的工作。

在该阶段系统分析员必须和用户密切配合、充分交流信息，以便得出经过用户确认的系统需求，并撰写出需求规格说明书。

1.4.2 软件开发时期

软件开发时期的任务是具体设计和实现软件定义部分所定义的软件。软件开发时期又分为概要设计、详细设计、编码与单元测试、综合测试四个阶段。

概要设计和详细设计又称为系统设计，编码与单元测试和综合测试又称为系统实现。

1. 概要设计

概要设计也称为总体设计。概要设计阶段的任务是：确定目标系统必须怎样做，概括的提出解决问题的办法。

概要设计要完成的基本任务：根据软件需求规格说明书建立系统的总体结构和模块间的关系，定义各个功能模块的接口，设计数据库或数据结构，规定设计约束，制定组装测试计划。编写概要设计说明书。

2. 详细设计

详细设计也称为模块设计、物理设计。详细设计阶段的任务是：怎样具体地实现目标系统。把概要设计的解法具体化，将概要设计产生的功能模块逐步细化，形成若干个可编程的模块，并用某种过程设计语言（PDL）设计程序模块的内部细节。撰写详细设计说明书。

3. 编码与单元测试

编码阶段的任务是把每个模块的控制结构写成计算机可接受的程序代码，并对编写出的每个模块代码进行认真细致地的测试。

4. 综合测试

综合测试阶段的任务是通过各种类型的测试使软件达到预期的效果。综合测试包括组装测试和确认测试。组装测试也叫集成测试，是将测试好的各模块按一定顺序组装起来进行的测试，主要查找各模块之间接口上存在的问题；确认测试也叫系统测试，是按照软件需求规格说明书的规定，由用户对目标系统进行验收测试，决定开发的软件是否合格。

1.4.3 软件运行与维护时期

运行与维护部分的任务是使软件永久地满足用户的需求。软件在使用过程中会出现各种各样的错误，需要对软件进行维护。

（1）修正性维护：改正软件在使用过程中发现的错误。

（2）适应性维护：修改软件以适应新运行环境。

（3）完善性维护：改进软件满足用户新的需求。

（4）预防性维护：为了给未来的改进提供更好的基础或改善软件未来的可维护性或可靠性而做出的修改。

软件退役是软件生存周期中的最后一个阶段，终止对软件产品的支持，软件停止使用。

1.4.4　软件生存周期模型

软件生存周期模型也叫软件生命周期模型，是描述软件开发过程中各种活动如何执行的模型。软件生存周期模型确立了软件开发和演绎中各阶段的次序以及各阶段活动的准则，确立开发过程所遵守的规定和限制，便于各种活动的协调和人员通信，有利于活动重用和活动管理。常见的软件生存周期模型有瀑布模型、原型模型、增量模型、螺旋模型、喷泉模型等。

1. 瀑布模型

瀑布模型（Waterfall Model）是将软件生存周期规定为依线性顺序联接的若干阶段的模型。如图 1-3 所示。它包括问题定义、可行性分析、需求分析、概要设计、详细设计、编码、测试和维护。它规定了由前至后、相互衔接的固定次序，如同瀑布流水，逐级下落。

瀑布模型为软件开发提供了一种有效的管理模型。根据这一模式制定开发计划，进行成本预算，组织开发力量，以项目的阶段评审和文档控制为手段，有效地对整个开发过程进行指导。因此它是以文档作为驱动、适合于需求很明确的软件项目开发的模型。

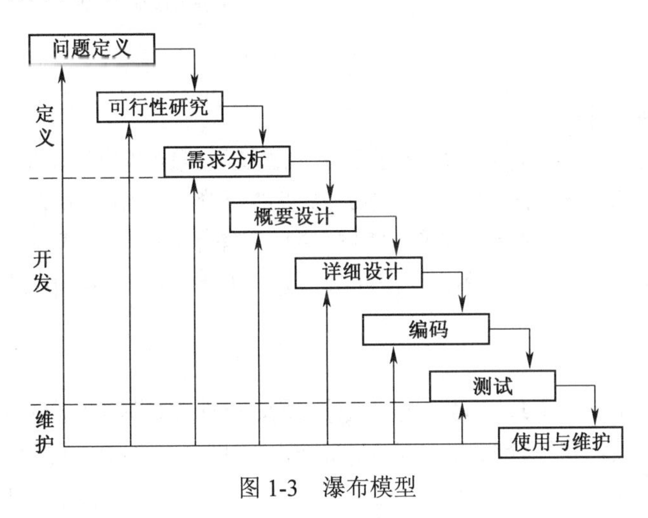

图 1-3　瀑布模型

瀑布模型有如下几个特点：

（1）阶段间具有顺序性和依赖性。

（2）推迟实现的观点。

（3）质量保证的观点。

瀑布模型的缺点：

（1）用户看到软件产品的时间靠后，因此开发的产品很可能不是建立在全面、正确认识基础上的。

（2）缺乏灵活性，修改的代价高。

2．原型模型

原型模型（Prototyping Model）又称为快速原型模型，如图 1-4 所示。这种方法的核心思想是：在软件开发的早期，软件开发人员根据用户提出的软件需求快速建立目标系统的原型，反复让用户对原型进行评估并提出修改意见，开发人员根据用户意见对原型进行修补和完善，直到用户对所开发的系统原型满意为止。

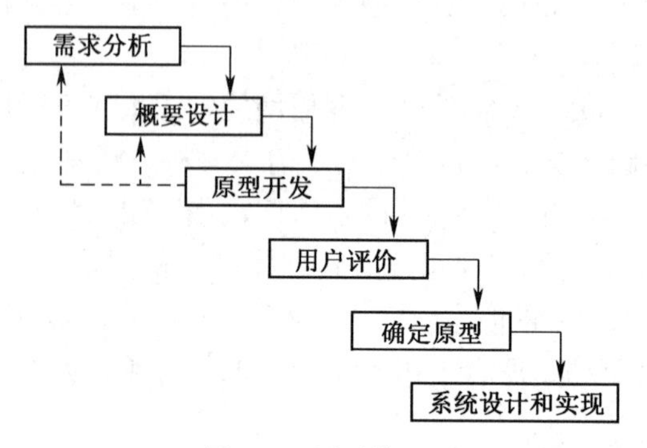

图 1-4　原型模型

原型模型有两种类型：

（1）演进型原型：方法是与客户一起工作，通过反复向客户演示原型系统并征求他们的意见，进行不断地修改，从而迭代出满足客户需求的可交付使用的最终产品。

（2）废弃型原型：其用途是为了获得用户的真正需求，一旦需求确定了，原型将被抛弃。

原型模型的适用范围：特别适用需求分析与定义规格说明；设计人机界面；充作同步培训工具。

3．增量模型

增量模型（Increment Model）是一种非整体开发模型，如图 1-5 所示。软件在该模型中是“逐渐”被开发出来的，软件开发出一部分，就向用户展示一部分，可让用户及早看到部分软件，及早发现问题。或者先开发一个“原型”软件，完成部分主要功能，展示给用户并征求意见，然后逐步完善，最终获得满意的软件产品。

瀑布模型是一种整体开发模型。在开发过程中，用户看不到软件是什么样子，只有开发完成后，整个软件才全部展现在用户面前。这时如果用户发现有不满意的地方，为时已晚。增量模型具有较大的灵活性，适合于软件需求不明确、设计方案有一定风险的软件项目。

例如，用增量模型开发一个字处理软件。

增量 1：基本的文字输入和编辑功能；

增量 2：格式处理功能；

增量 3：拼写检查功能；

增量 4：排版和打印功能。

增量模型优点：

（1）能在较短的时间内向用户提供一些已完成且有用的工作产品。

（2）逐步增加的产品功能使用户有充足时间学习适应新产品。

使用增量模型应注意：在把每个新的构件集成到现有软件体系结构中时，必须不破坏原来已经开发出的产品。

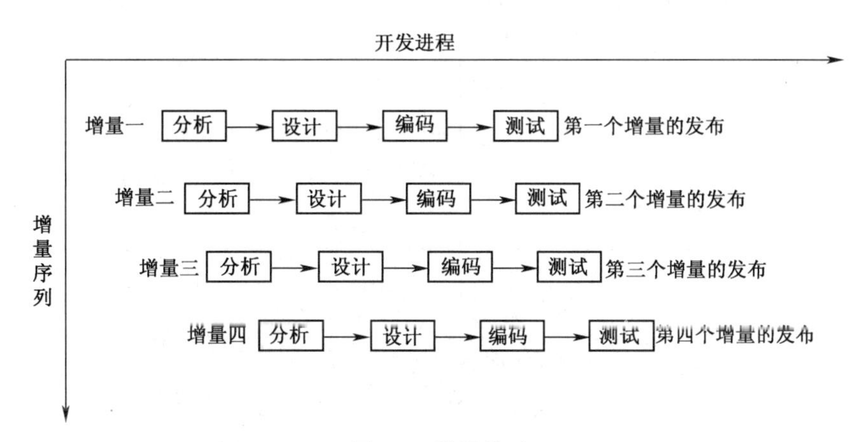

图 1-5　增量模型

4. 螺旋模型

螺旋模型（Spiral Model）是 Boehm 于 1988 年提出来的。螺旋模型是在原型模型的基础上扩展而成的，它结合了瀑布模型的特点，并在原有的基础上加入了风险分析的机制。螺旋模型的基本思想是使用原型及其他方法来尽量降低风险。

螺旋模型通常用来指导大型软件项目的开发，它将开发划分为制定计划、风险分析、实施工程和客户评估四类活动。

如图 1-6 所示，螺旋模型沿着螺线旋转，每转一圈，表示开发出一个更完善的新的软件版本。四个象限分别表达了四个方面的活动，即：

制定计划——确定软件目标，选定实施方案，弄清项目开发的限制条件。

风险分析——分析所选方案，考虑如何识别和消除风险。

实施工程——实施软件开发。

客户评估——评价开发工作，提出修正建议。

螺旋模型优点：对软件开发风险有充分认识，因此适用于内部开发的大规模软件项目。但进行风险评估需要开发人员具有丰富的开发经验和各方面的专业知识。

5. 喷泉模型

喷泉模型（Water Fountain Model）是 B.H.Sollers 和 J.M.Edwards 于 1990 年提出的一种软件开发模型。喷泉模型是以面向对象的软件开发技术为基础，以用户需求为动力，以对象来驱动的模型。它克服了瀑布模型不支持软件重用和生存周期中多项开发活动集成的局限性，使得软件开发过程具有迭代和无缝的特性。如图 1-7 所示，各个阶段不但没有明显的界限，而且还存在重叠区域，这样各项工作可以开展，进而提高开发效率。

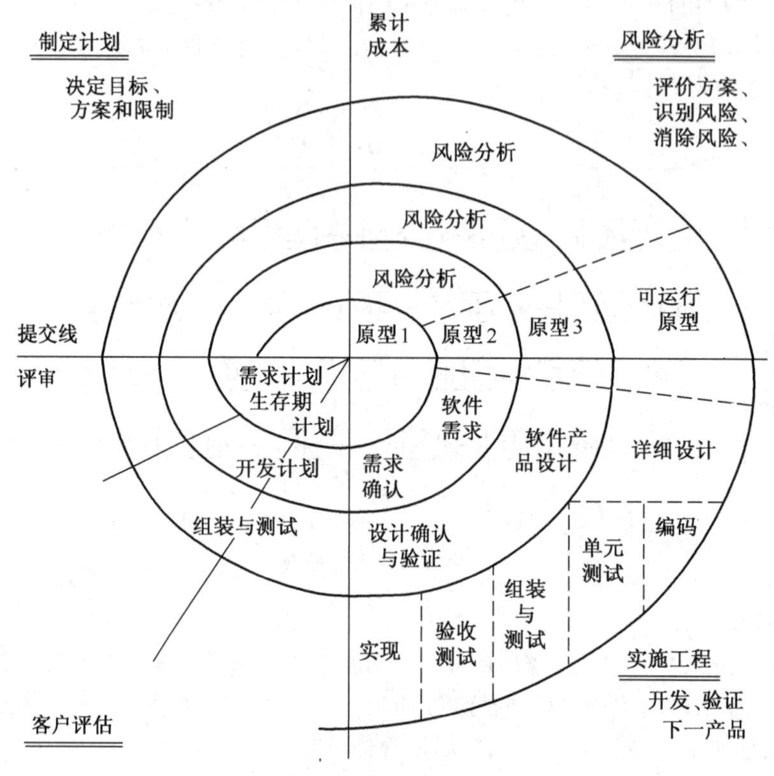

图 1-6　螺旋模型

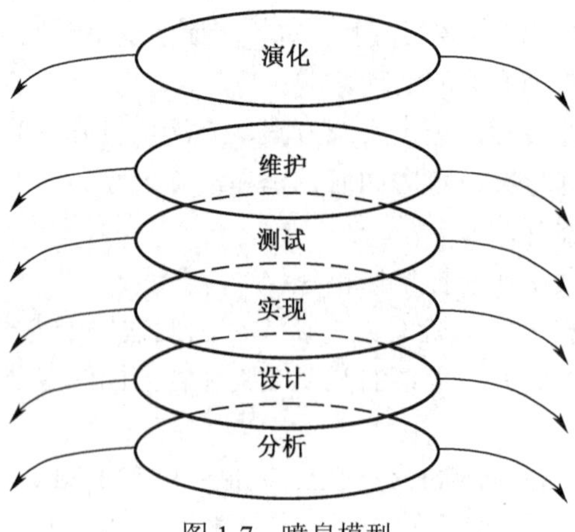

图 1-7　喷泉模型

习题一

一、选择题

1．下列活动不属于软件开发阶段的是（　　）。

A．需求分析　　B．概要设计　　C．详细设计　　D．测试

2．以下对软件工程原理的叙述不正确的是（　　）。

A．用分阶段的生命周期计划严格管理

B．采用现代程序设计技术

C．开发小组的人员应该足够多

D．承认不断改进软件工程实践的必要性

3．在以下软件开发模型中，最常用在软件需求难以完全明确的情况下的是（　　）。

A．瀑布模型　　B．原型模型　　C．螺旋模型　　D．增量模型

4．对于喷泉模型，下列说法错误的是（　　）。

A．是一种面向对象的开发模型

B．具有迭代性

C．具有无缝性

D．各阶段之间具有顺序性和依赖性

5．软件是一种（　　）产品。

A．有形　　B．逻辑　　C．程序　　D．数据

6．下列关于瀑布模型的描述正确的是（　　）。

A．瀑布模型的核心是按照软件开发的时间顺序将问题简化

B．瀑布模型具有良好的灵活性

C．瀑布模型采用结构化的分析与设计方法，将逻辑实现与物理实现分开

D．利用瀑布模型，如果发现问题修改的代价很低

7．软件工程的出现主要是由于（　　）。

A．程序方法学的影响　　B．其他工程学科的影响

C．计算机的发展　　D．软件危机的出现

8．瀑布模型本质上是一种（　　）。

A．线性顺序模型　　B．顺序迭代模型

C．线性迭代模型　　D．及早见到产品模型

9．具有风险分析的软件生存周期模型是（　　）。

A．瀑布模型　　B．螺旋模型

C．增量模型　　D．喷泉模型

二、填空题

1．软件是计算机中与硬件相互依存的部分，它是________、________和________的完整集合。

2．在软件生存期中，软件定义阶段包括________、________和________三个阶段。

3．瀑布模型适合于________的项目开发，它的主要特点是各阶段之间具有________和________。

4．螺旋模型包含了四个方面的活动，它们分别是________、________、________和________。

5．软件工程是从________和________两个方面研究如何运用工程学的基本原理和方法来更好地开发和维护计算机软件的一门学科。

三、简答题

1．什么是软件？软件有哪些特点？

2．什么是软件危机？软件危机有哪些表现？软件危机产生的原因有哪些？如何消除软件危机？

3．软件生存期包括哪些时期？各个时期包括哪些阶段？

4．什么是软件工程？软件工程包括哪些要素？

5．软件工程的目标有哪些？

6．试述软件工程的原则。

7．试述软件工程的基本原理。

8．软件开发的主要方法有哪些？

9．简述软件生存周期模型及其特点。

2 可行性研究

可行性研究是一种系统的投资决策的科学分析方法，其目的是用最小的代价在尽可能短的时间内研究问题是否能够解决。

本章学习的目的不是解决问题，而是回答所提出的问题是否值得去解决，以及在当前的具体条件下，是否具备必要的开发资源和其他条件。

2.1 问题定义

2.1.1 问题定义的内容

在可行性研究工作开始之前，系统分析员应该协助客户一起完成“问题定义”工作。问题定义即软件定义，这个阶段是为了弄清用户需要解决的根本问题以及项目所需的资源和经费。问题定义要回答的关键问题是“要解决的问题是什么”。

问题定义的内容包括：明确问题的背景、开发系统的现状、开发的理由和条件、开发系统的总体要求、系统的性质、类型和范围、要实现的目标和功能、实现目标的方案、开发的条件、环境要求等，然后写出问题定义报告（或称系统定义报告）。

2.1.2 问题定义的步骤

在问题定义阶段，系统分析员要深入现场，阅读用户提供的书面报告、听取用户对开发系统的要求、调查开发系统的背景、理由，还要与用户负责人反复讨论，澄清模糊的地方、改正不正确的地方。最后写出双方都满意的问题定义报告，并确定双方是否有进一步合作的意向。

2.1.3 问题定义报告

问题定义报告应该有关于问题的性质、工程的目标和规格说明，一般包括以下内容：项目名称、开发背景、使用方、开发方、对问题的概括定义、项目的目标、项目的规模。

例如，库存管理系统的问题定义报告。

（1）项目名称：库存管理系统。

（2）开发背景：由于人工系统业务流程复杂，业务人员素质低，造成工作效率低下；由于信息交流不畅，造成库存积压严重，极大地影响了企业的资金周转速度；物资管理、数据汇总困难。

（3）项目目标：建立一个高效、准确、操作方便，具有查询、更新及统计功能的信息系统，以满足管理人员进行综合的、模糊的查询及更新的要求，从而更加方便地管理库存物品。

（4）项目范围：硬件利用现有设备，软件开发费用 2 万元。

（5）开发条件：

系统结构：B/S 结构；

服务器端技术：Asp.net；

开发语言：C#；

数据库技术：SQL Server 2000；

（6）环境要求：

服务器端：Windows XP+IIS5.1+Visual Studio 2003+SQLsever 2000；

客户端：IE 6.0；

网络：服务器和客户端应有网络连通，配置 TCP/IP 协议。

（7）初步设想：增加库存查询、库存提示、库存统计等功能。

（8）可行性研究：建议进行一周，费用 1000 元。

签字：

年　　月　　日

2.2 可行性研究的任务

可行性研究的任务是用最小的代价、在尽可能短的时间内确定问题是否能够解决。在澄清了问题定义之后，分析员首先应该导出系统的逻辑模型，然后从系统逻辑模型出发，探索出若干种可供选择的主要解法（即系统实现方案），最后仔细研究每种解法的可行性。可从以下四个方面分析研究每种解决方法的可行性。

2.2.1 技术可行性

技术可行性研究的内容：对要开发项目的功能、性能和限制条件进行分析，确定在现有的资源条件下，技术风险有多大，项目是否能实现。这里的资源包括已有的或可以利用的软硬件资源，现有技术人员的技术水平和已有的工作基础。

技术可行性常常是最难解决的问题，因为项目的目标、功能和性能还比较模糊。技术可行性一般要考虑的情况包括：

（1）开发的风险：在给出的限制范围内，能否设计出系统并实现必须的功能和性能?

（2）资源的有效性：用于开发的人员是否存在问题? 建立系统的其他资源是否具备?

（3）技术：相关技术的发展是否支持这个系统?

技术可行性分析往往决定了项目的方向，开发人员在评估技术可行性时，一旦估计错误，将会出现灾难性后果。

2.2.2 经济可行性

经济可行性研究的内容：进行开发成本的估算以及了解取得效益的评估，确定要开发的项目是否值得投资开发。对于大多数系统，一般衡量经济上是否合算，应考虑一个“底线”。经济可行性研究范围较广，包括成本－效益分析、公司长期经营策略、开发所需的成本和资源、潜在的市场前景。

除了上述经济方面的分析外，一般还需要对项目的社会效益进行分析。例如，通过项目的实施，可以在管理水平、技术手段、人员素质等方面获得潜在的效益。

2.2.3 操作可行性

研究要开发项目的软（硬）件的运行环境是否正常，运行方式在用户组织内部是否行得通，现有管理制度、人员素质和操作方式是否可行，目标系统与原有的其他系统是否兼容（或冲突）。特别是在系统开发和运行环境、平台和工具方面，以及产品功能和性能方面，往往存在一些软件版权问题，是否能够购置所使用环境、工具的版权。

2.2.4 法律可行性

研究要开发的项目是否存在侵权问题。法律可行性所涉及的范围也比较广，它包括合同、责任、侵权（著作权、软件保护条例）、用户组织的管理模式及规范，可能出现的陷阱等。

2.3 可行性研究的步骤

2.3.1 确定项目规模和目标

开始正式进行可行性研究工作之前，首先要做的一个工作，就是对该项工作的基础 —— 问题定义再次核实。具体来说，就是仔细阅读问题定义的相关材料，对该问题所涉及的领域知识进行学习、考证，分析员对有关人员进行调查访问，对项目的规模和目标进行定义和确认，清晰地描述项目的限制和约束，确保正在解决的问题确实是实际需要解决的问题。

这一步骤的关键目标是：使问题定义更加清晰、明确、没有歧义性，并且对系统的目标、规模，以及相关约束与限制条件做出更加细致的定义，确保可行性研究小组的所有成员达成共识。

2.3.2 研究正在运行的系统

对现有系统的仔细分析与研究是十分重要的一项工作，因为它是新系统开发的最好参照物，是信息的重要来源，对其充分分析有助于新系统的开发。需要研究它的基本功能，存在什么问题，运行现有系统需要多少费用，对新系统有什么新的功能要求。

应该收集、研究和分析现有系统的文档资料，实地考察现有系统，访问有关人员，然后描绘现有系统的高层系统流程图，与有关人员一起审查该系统流程图是否正确。系统流程图反映了现有系统的基本功能和处理流程。

从字面上的理解会容易产生一个常见的误区，就是认为现有系统一定是软件系统，其实这里的“现有系统”不仅包括旧的软件系统，还包括旧的非计算机系统。

2.3.3 建立目标系统的高层逻辑模型

根据对现有系统的分析研究，逐渐明确新系统的功能、处理流程以及所受的约束，然后建立逻辑模型，利用数据流图和编写数据字典来描述数据在系统中的流动和处理情况。

2.3.4 导出和评价各种方案

分析员建立了新系统的高层逻辑模型之后，要从技术角度出发，提出实现高层逻辑模型的不同方案，即导出若干较高层次的物理解法。根据技术可行性、经济可行性、操作可行性、法律可行性对各种方案进行评估，去掉不行的解法，得到可行的解法。

2.3.5 推荐可行的方案

根据上述可行性研究的结果，决定该项目是否值得开发。若值得开发，那么可行的解决方案是什么，并且说明该方案可行的原因和理由。

2.3.6 编写可行性研究报告

将上述可行性研究过程的结果写成相应的文档，即可行性研究报告，提醒用户和使用部门仔细审查，从而决定该项目是否进行开发，是否接受可行的实现方案。

2.4　系统流程图

2.4.1　系统流程图的作用

系统流程图是描述现有系统的模型工具，也就是描述一个单位、组织的信息处理具体实现的系统。它的基本思想是用图形符号以黑盒子形式描绘系统里面的每个部件（程序、文件、数据库、表格、人工过程等），表达信息在各个部件之间流动的情况。

在可行性研究中，可以通过画出系统流程图来了解要开发项目的大概处理流程、范围和功能等。系统流程图不仅能用于可行性研究，还能用于需求分析阶段。

2.4.2　系统流程图的符号

系统流程图可用图形符号来表示系统中的各个元素，例如，人工处理、数据处理、数据库、文件和设备等。它表达了系统中各个元素之间的信息流动的情况。

绘制系统流程图时，首先要搞清业务处理过程以及处理中的各个元素，同时要理解系统流程图的各个符号的含义，选择相应的符号来代表系统中的各个元素。所画的系统流程图要反映出系统的处理流程。常用系统流程图的符号如图 2-1 所示。

符号	名称	说明
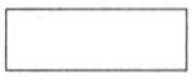	处理	能改变数据值或数据位置的加工或部件
	输入/输出	表示输入或输出（或既输入又输出），是一个广义的不指明具体设备的符号
	连接	指出转到图的另一部分或从图的另一部分转来
	换页连接	指出转到另一页图上或由另一页图转来
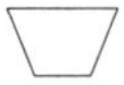	人工操作	由人工完成处理
	数据流	用来连接其它符号，指明数据流动方向

图 2-1　系统流程图的基本符号

下面以某图书馆的管理为例，说明系统流程图的使用。

某图书馆借书流程：读者须先被验明证件后才能进入查询室；读者在查询室内通过检书卡或利用终端检索图书数据库来查找自己所需的图书；找到所需图书并填好索书单后到服务台借书；如果所借图书还有剩余，管理员将填好的借书单从库房中取出图书交与读者。

如图 2-2 所示，系统流程图描述了上述系统的概貌。图中的每个符号定义了组成系统的一个部件，图中的箭头指定了系统中信息的流动路径。

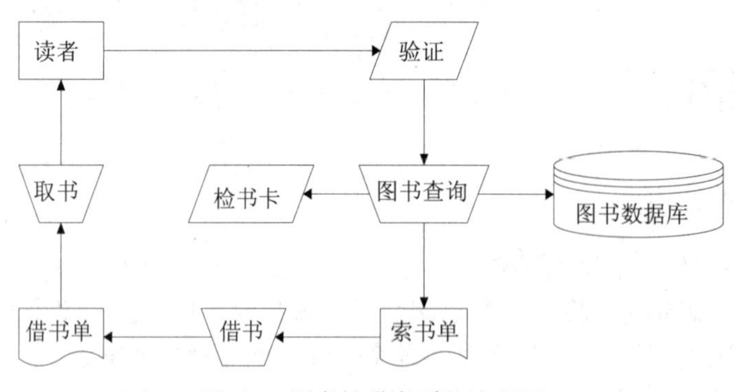

图 2-2　图书馆借书系统流程图

2.5　成本—效益分析

针对一个解决方案，我们要对其进行更加完善的成本—效益分析。成本—效益分析的目的是从经济角度评价开发一个新的软件项目是否可行。成本—效益分析首先是估算将要开发的系统的开发成本，然后与可能取得效益进行比较和权衡。效益分有形效益和无形效益两种。有形效益可以用货币的时间价值、投资回收期和纯收入等指标进行度量；无形效益主要从性质上、心理上进行衡量，很难直接进行量的比较。

系统的经济效益等于因使用新的系统而增加的收入加上使用新的系统可以节省的运行费用。运行费用包括操作人员人数、工作时间和消耗的物资等。下面主要介绍有形效益的分析。

2.5.1　成本估计

1．软件的成本组成

对于软件系统而言，一般来说，软件的成本由四个部分组成：

（1）购置并安装软硬件及有关设备的费用；

（2）系统开发费用；

（3）系统安装、运行和维护费用；

（4）人员培训费用。

2．要考虑的成本

在开发阶段，具体要考虑的成本有：

（1）办公室房租；

（2）办公用品购置；

（3）计算机、打印机、网络等硬件设备；

（4）电话、传真等通讯设备以及通讯费用；

（5）资料费；

（6）办公消耗，如水电费、打印复印费等；

（7）软件开发人员与行政管理人员的工资；

（8）购买软件的费用；

（9）市场调查、可行性分析、需求分析费用；

（10）人员培训费用；

（11）产品宣传费用；

（12）繁杂的管理费及必须的公关费用。

相对而言，硬件设备及其他的一些相关费用的评估会比较容易一些，最难的是人力资源的成本分析。因此，对系统工作量（用人月、人年等单位进行说明）进行合理、科学的评估，并在此基础上进行计算是很必要的。

有两种基本的成本估算方法：自顶向下和自底向上。

自顶向下的方法是对整个项目的总开发时间和总工作量做出估算，然后把它们按阶段、步骤和工作单元进行分配。

自底向上的方法则分别估算各工作单元所需的工作量和开发时间，然后相加，就得出总的工作量和总的开发时间。

2.5.2 两种成本估算技术

1. 代码行技术

通常先根据经验和历史数据来估计实现一个功能所需要的源程序行数，然后用每行代码的平均成本乘以行数就可以确定软件的成本。

2. 任务分解技术

首先把软件开发工程分解为若干个相对独立的任务，再分别估计每个单独的开发任务的成本，最后累加起来得出软件开发工程的总成本。

估计每个任务的成本时，通常先估计完成该项任务所需要使用的人力（以人月为单位），再乘以每人每月的平均工资而得出每个任务的成本。划分任务时最常用的办法是按开发阶段进行，如表2-1所示。

表2-1 典型环境下各开发阶段所需人力的百分比

任务	所占人力（%）
可行性研究	5
需求分析	10
软件设计	25
编码和单元测试	20
综合测试	40
总计	100

2.5.3 度量效益的方法

有了估算出来的开发成本以后，就可以进行效益分析了。在做效益分析之前应该首先对该系统应用之后，将会带来的直接、间接收益，以及成本降低的具体数额进行量化，并且通过经济学的相关模型来进行分析，这要求系统分析人员能够在该方面有一定的知识积累。通常进行效益分析时要借助以下几个概念。

1. 货币的时间价值

货币的时间价值通常用利率的形式表示。假设年利率为 i，如果现在存入 P 元，则 n 年后可以得到的钱数（本利和）为：$F=P\times(1+i)n$。

这也就是 P 元钱在 n 年后的价值。反之，如果 n 年后能收入 F 元钱，那么这些钱的现在的价值是：$P=F\div(1+i)n$。

2. 投资回收期

所谓投资回收期就是使累计的经济效益等于最初投资所需要的时间。显然，投资回收期越短就能越快获得利润，这项工程也就越值得投资。

3. 纯收入

纯收入就是在整个生命周期之内系统累计经济效益（折合成现在值）与投资之差。这相当于比较投资开发一个软件系统和把钱存在银行中（或贷给其他企业）这两种方案的优劣。

2.6 可行性研究报告

可行性研究结束后要提交的文档是可行性研究报告。主要是通过对项目的主要内容和配套条件，如市场需求、资源供应、建设规模、工艺路线、设备选型、环境影响、资金筹措、盈利能力等，从技术、经济、操作、法律等方面进行调查研究和分析比较，并对项目建成以后可能取得的财务、经济效益及社会影响进行预测，从而提出该项目是否值得投资和如何进行建设的咨询意见，为项目决策提供依据的一种综合性分析方法。

一个可行性研究报告的主要内容如下：

（1）引言：说明编写本文档的目的，项目的名称、背景，本文档用到的专门术语和参考资料。

（2）可行性研究前提：说明开发项目的功能、性能和要求，达到的目标，各种限制条件，可行性研究方法和决定可行性的主要因素。

（3）对现有系统的分析：说明现有系统的处理流程和数据流程、工作负荷，各项费用支出，所需各类专业技术人员和数量，所需各种设备，现有系统存在什么问题。

（4）目标系统的技术可行性分析：内容包括对目标系统的简要说明，处理流程和数据流程，与现有系统比较的优越性，目标系统对用户的影响，对各种设备、现有软件、开发环境和运行环境的影响，对经费支出的影响，对技术可行性的评价。

（5）目标系统的经济可行性分析：说明目标系统的各种支出、各种效益、收益—投资比、投资回收周期。

（6）社会因素可行性分析：说明法律因素对合同责任、侵犯专利权和侵犯版权等问题的分析，说明用户使用可行性是否满足用户行政管理、工作制度和人员素质的要求。

（7）其他可供选择方案：逐一说明其他可供选择的方案，并说明未被推荐的理由。

（8）结论意见：说明项目是否能开发，还需什么条件才能开发，项目目标有何变动等。

2.7 项目开发计划

经过可行性研究，若一个项目值得开发，接下来应制定项目开发计划。

软件项目开发计划是软件工程中的一种管理性文档。主要是对开发的软件项目的费用、时间、进度、人员组织、硬件设备的配置、软件开发环境和运行环境的配置等进行说明和规划，是项目管理人员对项目进行管理的依据，据此对项目的费用、进度和资源进行控制和管理。

项目开发计划的主要内容如下：

（1）项目概述：说明项目的各项主要工作；说明软件的功能、性能；为完成项目应具备的条件；用户及合同承包者承担的工作、完成期限及其他条件限制；应交付的程序名称，所使用的语言及存储形式；应交付的文档。

（2）实施计划：说明任务的划分，各项任务的责任人；说明项目开发进度，按阶段应完成的任务，用图表说明每项任务的开始时间和完成时间；说明项目的预算，各阶段的费用支出预算。

（3）关键问题：逐项列出能够影响整个项目成败的关键问题、技术难点和风险，指出这些问题对项目成败的影响。

（4）人员组织及分工：说明开发该项目所需人员的类型、组成结构和数量等。

（5）应交付成果：说明需要完成的程序的名称、所用的编程语言及存储程序的媒体形式。其中软件对象可能包括：源程序、数据库对象创建语句、可执行程序、支撑系统的数据库数据、配置文件、第三方模块、界面文件、界面原稿文件、声音文件、安装软件、安装软件源程序文件等等；需要移交给用户的每种文档的名称、内容要点及存储形式，如需求规格说明书、帮助手册等；列出将向用户或委托单位提供的各种服务，例如培训、安装、维护和运行支持等。

（6）交付期限：说明项目最后完工交付的日期。

实训

可行性研究报告的编写

1. 实训目的

可行性研究报告是可行性研究阶段的文档，用来说明项目的可行性，通过本实训学会可行性研究报告编写。

2. 实训要求

写出一个软件系统图书管理系统/库存管理系统/飞机或火车订票系统/学生选课系统等）的可行性研究报告。

3. 实训内容

（1）说明开发项目的功能、性能和要求，达到的目标，各种限制条件。

（2）对现有系统的分析：说明现有系统的处理流程和数据流程，各项费用支出，所需各类专业技术人员和数量，所需各种设备，现有系统存在什么问题。

（3）技术可行性，经济可行性，操作可行性，法律可行性。

提示：到相关部门实地考察，写出相关系统的可行性研究报告；上网搜索相关软件的可行性研究报告作参考，修改后完成。

习题二

一、选择题

1．软件分析的第一步要做的工作是（　　）。

A．定义系统的目标　　B．定义系统的功能模块
C．分析用户需求　　D．分析系统开发的可行性

2．研究开发所需要的成本和资源是属于可行性研究中的（　　）研究的一方面。

A．技术可行性　　B．经济可行性
C．社会可行性　　D．法律可行性

3．软件可行性分析是着重确定系统的目标和规模。对功能、性能及约束条件的分析应属于下列（　　）。

A．经济可行性分析　　B．技术可行性分析
C．操作可行性分析　　D．开发可行性分析

4．下面不是可行性研究的步骤的是（　　）。

A．重新定义问题　　B．研究目前正在使用的系统
C．导出和评价选择的解法　　D．确定开发系统所需要的人员配置

5．制定软件计划的目的在于尽早对欲开发的软件进行合理估计，软件计划的任务是（　　）。

A．组织与管理　　B．分析与估算
C．设计与测试　　D．规划与调整

6．下列不属于成本效益的度量指标（　　）。

A．货币的时间价值　　B．投资回收期

C．性质因素　　D．纯收入

7．可行性研究的目的是用最小的代价在尽可能短的时间内确定问题的（　）。

A．能否可解　　B．工程进度

C．开发计划　　D．人员配置

二、填空题

1．可行性研究的目的不是去开发一个软件项目，而是研究这个项目是________、________。

2．要从以下三个方面分析研究中衡量解决方法的可行性：________、________和________。

3．自底向上成本估计分别估算不是从________开始，而是从________开始。

4．成本－效益分析的目的是要从________、________、分析开发一个特定的新系统是否划算，从而帮助使用部门负责人正确地做出是否投资于这项开发工程的决定。

5．投资回收期是衡量一个开发工程价值的________指标。

6．纯收入是指在整个生存周期之内的________与投资之差。

7．若年利率为 i，不计复利，n 年后可得钱数为 F，则现在的价值 P=________。

8．在可行性研究中，________是系统开发过程中难度最大、最重要的一个环节。

三、简答题

1．可行性研究的任务是什么？

2．可行性研究的目的是什么？有哪些可行性需要研究？

3．简述经济可行性和社会可行性。

4．简述可行性研究的步骤。

5．可行性研究报告的主要内容有哪些？

6．简述自顶向下估计和自底向上估计的区别。

3

需求分析

可行性分析是要决定“做还是不做”。需求分析是要决定“做什么，不做什么”。即使可行性分析是客观的、科学的，但决策仍有可能是错误的。软件需求的深入理解是软件开发工作获得成功的前提条件，软件缺陷的最大原因来自于需求分析中的问题，表面上设计和编码做得如何出色，然而不能真正满足用户需求的程序是失败的开发。

本章的需求分析就是要解决前面阶段后的可行的解法中所忽略的细节，准确地回答“系统必须做什么”的问题。

3.1　需求分析任务

需求分析的任务就是准确地回答“系统必须做什么”。需求分析的目的是澄清用户的需求，并把双方共同的理解明确地表达成一份书面文档——需求规格说明书。

3.1.1　需求分析的意义

1. 需求分析的概念

所谓“需求分析”，是开发人员要准确理解用户的要求，进行细致的调查分析，将用户非形式的需求陈述转化为完整的需求定义，再由需求定义转化为需求规格说明的过程。是指对要解决的问题进行详细的分析，弄清楚问题的要求，包括需要输入什么数据，要得到什么结果，最后应输出什么。

通过需求分析，明确用户对目标软件系统在功能、性能、行为、设计约束等方面的期望，回答软件系统“必须做什么”。

2. 需求分析的重要性

需求分析就是分析软件用户的需求是什么，如果投入大量的人力、物力、财力、时间，开发出的软件却没人要，那所有的投入都是徒劳。需求没有做好的后果一般会有下列现象：

（1）浪费时间和资源来满足用户并不需要的需求（过度实现一些功能）；

（2）开发出来的产品技术上先进，但不满足用户需求；

（3）总是需要比较长的时间来达成对产品设计的共识；

（4）在产品设计，开发和测试工作中对于用户需求的解释不一致；

（5）员工会厌倦因需求不断被重新解释而导致的返工；

（6）未说明的或不正确的需求会导致员工与用户间的不满；

（7）不稳定的产品，用户的不满意对我们未来的市场造成损失；

（8）浪费时间，增加成本，使得在一些投标的项目中不能低价。

项目的需求分析其实就是对业务的梳理和重构，项目的成败有百分之七十在于需求分析是否成功。需求的变动存在滚石效应，越早沟通影响力越小，越晚处理我们付出的代价就越大，风险也就越大，如果费了很大的精力，开发一个软件，最后却不满足用户的要求，从而要重新开发过，这种返工是让人痛心疾首的。

3. 需求分析的必要性

“需求分析”不代表“用户要求什么就是什么”，也不代表“我们能做什么就做什么”，作为需求人员，在进行需求分析的时候，首先应该明白用户的需求，然后再加上自己的分析处理过程，知道哪些我们现在能做，哪些我们做不了，哪些我们咬咬牙能做，需求人员在做需求分析的时候不能一味的成为客户的传话筒，要有自己的分析。

3.1.2 需求分析的步骤

软件是一种逻辑产品，它比一般的实物产品不论是在功能方面还是其他方面都复杂得多。以第 2 章提出的图书管理系统为例，要开发和实现这个系统，首先要描述清楚这个系统需要完成什么功能，例如图书管理、读者管理、借阅管理、系统管理和系统帮助等。由于软件产品完成的功能多种多样，用户难以清楚、准确和全面地描述其需要，尤其是复杂大型的开发项目，各组成部分相互交叉，甚至是错综复杂，用户难于全面、一致、详细地表述清楚系统究竟需要做什么。用户：知道做什么，不知道怎么做。开发人员：知道怎么做，不知道做什么。因此，软件开发人员必须和用户密切配合、充分交流信息，得出经过用户认可的系统需求。

在需求分析阶段，要对在可行性分析阶段确定的系统目标和功能作进一步详细的描述，确定系统“做什么”的问题，遵循科学的需求分析步骤可以使需求分析工作更高效。需求分析的一般步骤如图 3-1 所示。

1. 获得当前系统的物理模型

软件系统的规模越来越大，复杂程度越来越高，对于大、中型的软件系统，很难直接对它进行分析设计，人们经常借助模型来分析设计系统。模型是现实世界中的某些事物的一种抽象表示，抽象的含义是抽取事物的本质特性，忽略事物的其他次要因素。因此，模型既反映事物的原型，又不等于该原型。模型是理解、分析、开发或改造事物原型的一种常用手段。

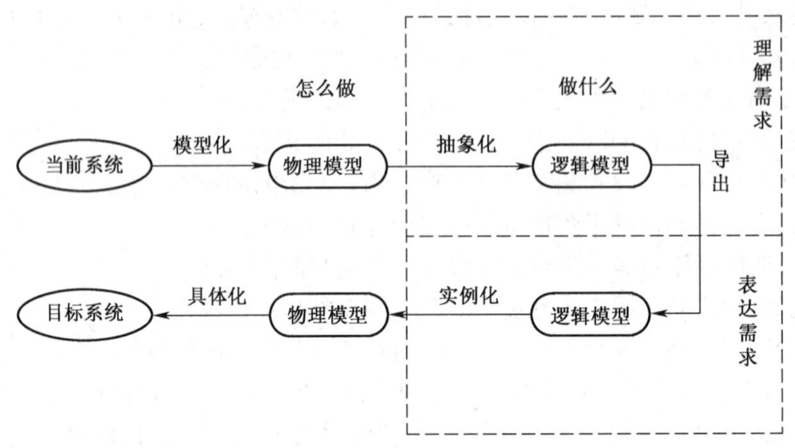

图 3-1　需求分析步骤

我们将用户正在使用的系统，可能是需要改进的已经使用的数据处理系统，或者是一个人工的处理数据的过程称为当前系统。通过分析现实世界，理解当前系统的运行过程，用一个具体化的模型模拟了解当前系统的组织结构、资源利用情况和日常数据处理过程，这一模型称为当前系统的物理模型，就是现实环境的忠实写照，即将当前系统用系统流程图或者数据流图（DFD）描述出来。这样的表达与当前系统完全对应，因此用户容易理解。

2. 抽象出当前系统的逻辑模型

在理解当前系统的具体运行过程后，从个体的细节中抽象出本质的过程模型即当前系统的逻辑模型。逻辑模型是在物理模型的基础上，去掉一些次要的因素，分析系统的“具体模型”，抽象出其本质的因素，排除次要因素，获得用 DFD 图描述的当前系统的“逻辑模型”。

3. 建立目标系统的逻辑模型

分析当前系统与目标系统逻辑上的差别，明确目标系统的“做什么”的实质工作，从当前系统的逻辑模型导出目标系统的逻辑模型。将经过改进或者由纯人工方式的处理数据过程，应用计算机后的要实现的系统，即我们要完成的软件系统称为目标系统。分析目标系统与当前系统逻辑上的差别，从而进一步明确目标系统“做什么”，建立目标系统的“逻辑模型”（修改后的 DFD 图）。

4. 导出目标系统的物理模型

要确定待开发系统的系统元素，并将功能和数据结构分配到系统元素中。这是软件开发项目的目的。它的具体物理模型则是由它的逻辑模型经实例化，具体到某个业务领域得到的软件需求规格。

5. 补充目标系统的逻辑模型

对目标系统进行补充完善，将一些次要的因素补充进去，例如出错处理，还需要考虑人机界面和其他一些问题。

3.1.3 需求分析的具体任务

综上所述得知，需求分析的具体任务包括：

（1）确定软件系统的综合需求（功能、性能、接口、运行环境等）。

确定系统功能要求是最主要的需求，确定系统必须完成的所有功能。确定系统性能要求应就具体系统而定，例如可靠性、联机系统的响应时间、存储容量、安全性能等。确定系统运行要求主要是对系统运行时的环境要求，如系统软件、数据库管理系统、外存和数据通信接口等。将来可能提出的要求要对将来可能提出的扩充及修改作准备。

（2）分析系统的数据需求。

软件系统本质上是信息处理系统，因此，必须考虑：数据（需要哪些数据、数据间联系、数据性质、结构）和数据处理（处理的类型、处理的逻辑功能）。

（3）导出软件系统的逻辑模型。

通常系统的逻辑模型用 DFD 图来描述。

（4）修正系统开发计划。

通过需求对系统的成本及进度有了更精确的估算，可进一步修改开发计划。

（5）开发原型系统。

展示待开发软件的全部或部分功能和性能。

（6）编写需求规格说明书。

从开发、测试的角度去描述产品功能，里面要包含原型界面、业务接口、活动图等。

（7）需求评审，验证需求分析的正确性。

需求分析人员输出的需求分析说明书，到设计人员、编码人员、测试人员那里往往又会有不同的理解。因此，软件需求分析说明书的正确性必须得到彻底的验证，利益相关方必须彻底理解需求，并达成一致。要达成这一目标、降低需求风险，需求评审必不可少。

3.2 需求分析的基本原则

由于需求分析存在种种困难，近几年来已提出许多软件需求分析与说明的方法，每一种分析方法都有独特的观点和表示方法，需求分析尽管目前有许多不同的结构化分析方法，但是总的来看，它们都适用下面的一般原则：

（1）必须能够表达和理解问题的数据域和功能域。

理解和表示问题的信息域是用数据模型表示的，数据域包括数据流、数据项和数据结构，而功能域反映数据域三方面的控制信息，定义软件将完成的功能，软件的服务、操作行为可以用行为模型表示。数据流即数据通过一个系统时的变化方式。数据结构即各种数据项的逻辑组织。数据是组织成表格，还是组织成有层次的树型结构？在结构中数据项与其他哪些数据项相关？所有数据是在一个数据结构中，还是在几个数据结构中？一个结构中的数据与其他结构中的数据如何联系？这些问题都由数据结构分析来解决。

（2）可以把一个复杂问题按功能进行分解并可逐层细化。

一个庞大而复杂的的问题人们往往难以一下子完全理解，必须将其划分成较小的问题，直到人们易于理解。建立模型的过程是“由粗到精”的综合分析的过程。通过对模型的不断深化认识，来达到对实际问题的深刻认识，分解可以在同一个层次上进行（横向分解），也可以在多层次上进行（纵向分解），如图 3-2 所示。

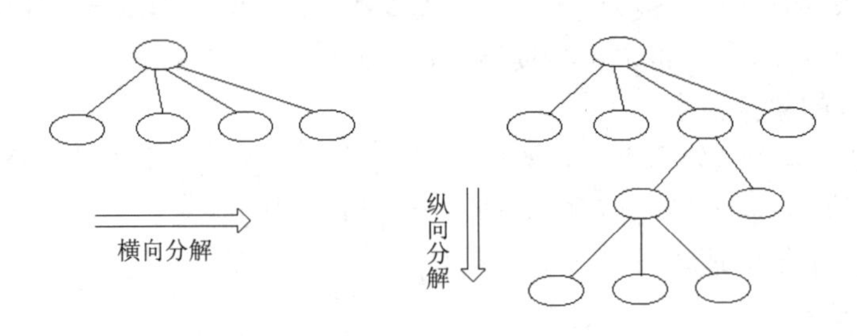

图 3-2　问题的分解

（3）必须给出系统的逻辑视图和物理视图。

软件需求的逻辑视图描述的是系统要达到的功能和要处理的数据之间的关系，这与实现细节无关，它不关心数据的物理形式和用什么设备输入，在计算机中的存储方式等等。

物理视图描述的是处理功能和信息结构的实际表现形式，物理视图关注“目标程序及其依赖的运行库和系统软件”最终如何安装或部署到物理机器，以及如何部署机器和网络来配合软件系统的可靠性、可伸缩性等要求，这与实现细节是有关的。需求分析只研究软件系统“做什么”，而不考虑“怎样做”。

3.3　需求分析过程

需求分析是一项软件工程活动，同样也要经历主要包括需求、设计、实现、确认以及支持等活动过程，其目的是：清楚地理解所要解决的问题，完整地获取用户要求；刻画出软件的功能和性能；指明软件与其他系统元素的接口；建立软件必须满足的约束。

需求分析过程分为四个阶段，即需求获取、需求建模、需求规格说明、需求评审。

需求分析是一个不断的迭代过程。只有需求全面系统，准确无误，才能开发出用户满意的系统，如图 3-3 所示。

3.3.1　需求获取

需求获取就是解决要求所开发软件做什么，到什么程度。软件的需求包括：功能需求、性能需求、环境需求、可靠性和可用性需求、出错处理需求、安全保密要求、用户界面需求、资源使用需求、成本消耗需求、开发进度需求、接口需求、约束、逆向需求、将来可能提出的要求，实践中发现困扰需求收集活动的原因有很多，需求收集具体注意以下几个问题：

（1）用户往往不清楚自己的真实需求是什么，或者不知道如何准确描述自己的需求——“我心里很清楚，但就是说不出来”；

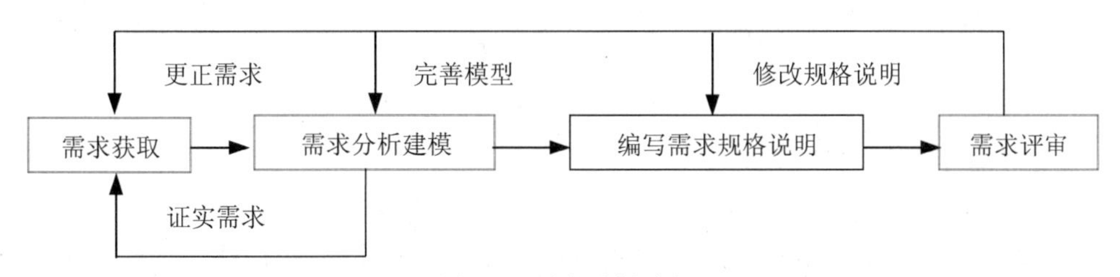

图 3-3　需求分析过程

（2）需求收集人员往往只关注用户反映的表面问题，而不能深入挖掘用户的真实需求；

（3）需求收集人员考虑问题时习惯于“以产品为中心”，而不是“以客户为中心”；

（4）收集的需求没有规范的记录下来，造成原始信息丢失或失真等；

（5）没有从所有可能的有效的渠道收集需求，需求信息来源不完整。

3.3.2　需求建模

人们经常借助模型来分析设计系统，需求分析模型是准确地描述需求的图形化工具，主要有面向流的建模：数据流图（DFD/CFD）；数据建模：实体关系图（ERD）；基于行为的建模：Petri 网、状态转换图。需求分析建立起来的模型为日后软件设计人员提供了可被翻译成数据结构、体系结构、接口和处理过程设计的模型。

下面以货物采购目标系统模型的建立过程举需求分析实例：需求建模分 4 步完成，需求分析步骤参看图 3-1。

1．获得当前系统的物理模型

了解当前系统的组织机构、输入输出、资源利用情况和日常数据处理过程，分析理解当前系统的运行过程（也即理解当前系统“怎么做”），并用一个具体的能反映现实的模型（系统流程图）来表示，如图 3-4 所示。

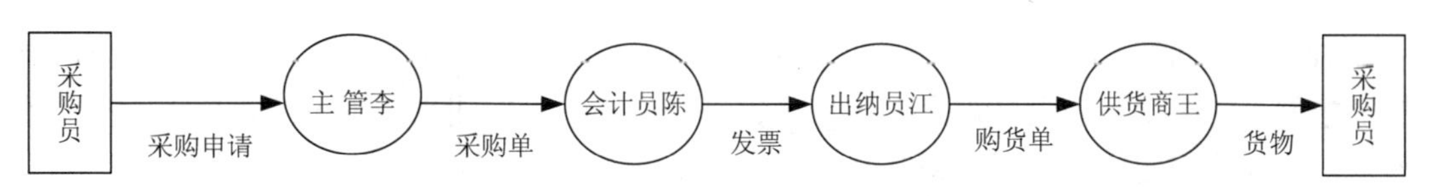

图 3-4　获得当前系统的物理模型

2. 抽象出当前系统的逻辑模型

从上述步骤的“怎么做”抽取系统“做什么”的本质，舍弃非本质的东西，即可抽象出当前系统的逻辑模型（数据流图），如图 3-5 所示。

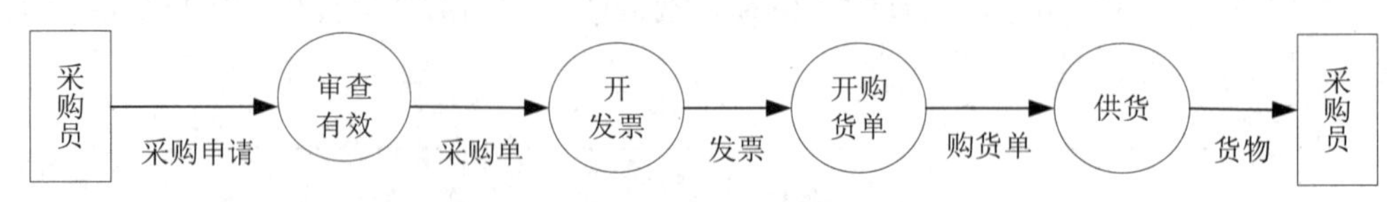

图 3-5 抽象出当前系统的逻辑模型

3. 建立目标系统的逻辑模型

明确目标系统做什么，一般先比较目标系统和当前系统的差异，对当前系统的数据流图变化的部分做相应的调整（增加或删除部分功能，拆分或合并处理），获得目标系统的逻辑模型。模型是形成需求说明的重要工具，通过模型可以更清晰地记录用户对需求的表达，更方便地与用户交流，以便帮助分析人员发现用户需求中的不一致性，排除不合理的部分，挖掘潜在的用户需求。建模的方法有多种类型，面向过程的建模、面向数据的建模、面向信息的建模、面向决策的建模和面向对象的建模五种。如图 3-6 所示的是目标系统的逻辑模型。

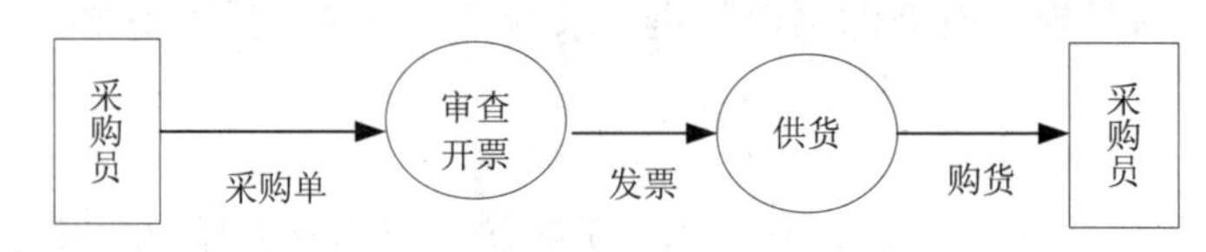

图 3-6 建立目标系统的逻辑模型

4. 转换为目标系统的物理模型

根据目标系统逻辑模型建造物理模型（系统结构图），导出新的物理系统。分析人员对获取的需求，在分析、综合中逐步细化软件功能，划分成各个子功能模块。

3.3.3 编写需求分析文档

需求分析文档包括编写“需求规格说明书”、“初步用户使用手册”、“确认测试计划”、“修改完善软件开发计划”。

3.3.4 需求评审

在软件开发过程中，需求分析是最开始的工作，需求分析如果做得不够详细或者是偏离用户需求的话，往往会给项目带来灭绝性的灾难。因此如何保证需求分析的正确性，不偏离用户的需求就成了决定软件项目成败的关键。

需求分析师是项目中直接与客户接触的人，需求做得好不好决定项目成败，因此对于需求规格说明书的正确性必须进行彻底的验证，将错误在开工前就消灭。

通常有两种手段来检查需求的正确性，分别是需求评审和需求测试。

1. 需求验证

以需求规格说明为基础输入，通过符号执行、模拟或快速原型等方法，分析和验证需求规格说明的正确性和可行性。

2. 需求评审

需求评审可以分为正式评审与非正式评审，在需求规格说明书完成后，需求组必须自己对需求做评审。

严格地讲，应当检查需求文档中的每一个需求，每一行文字，每一张图表。评判需求优劣的主要指标有：正确性、清晰性、无二义性、一致性、必要性、完整性、可实现性、可验证性、可测性。如果有可能，最好可以制定评审的检查表。

3. 需求测试

可以认为需求评审也属于需求测试范围，但是这里提的需求测试和评审不同，它是测试部门来测试需求是否符合用户的要求。显然这是有难度的，传统的测试工作都是从单元测试开始，编码之前全部做的都是计划性工作。测试人员对需求分析进行测试的话，那么前提条件是测试人员必须熟悉需求分析。将需求测试人员作为测试人员中的特殊种类来培养，能够对需求是否正确进行检查，这样就能够在需求阶段就引入测试。

需求测试不等同于后面阶段集成测试或者系统测试，后面的测试都是软件已经编写完成的条件下，判断软件是否会出错。而需求测试，只是验证需求是否真的是用户的。而需求测试，只是验证需求是否真的是用户需求的功能测试。

3.4 需求获取方法

需求获取是软件开发工作中最重要的环节之一，其工作质量对整个软件系统开发的成败具有决定性影响。需求获取的目的是清楚地理解所要解决的问题且完整地获取用户需求。需求获取面临的三大挑战是问题空间理解、人与人之间的通信、需求的不断变化加上需求获取工作量大，所涉及的过程、人员、数据、信息非常多，因此要想获得真实、全面的需求必须要有正确的方法。

3.4.1 需求需要获取的内容

将需求按用户需求分类包括：

（1）功能性需求：定义了系统做什么（描述系统必须支持的功能和过程）；

（2）非功能性需求（技术需求）：定义了系统工作时的特性（描述操作环境和性能目标）。

具体需求共有十一项内容：

1. 功能需求

系统做什么？系统何时做什么？系统何时及如何修改或升级？

2. 性能需求

软件开发的技术性指标，如存储容量限制、执行速度、响应时间、吞吐量。

3. 环境需求

硬件设备：机型、外设、接口、地点、分布、温度、湿度、磁场干扰等。

软件：操作系统、网络、数据库。

4. 界面需求

有来自其他系统的输入吗？有来自其他系统的输出吗？对数据格式有规定吗？对数据存储介质有规定吗？

5. 用户或人的因素

用户类型？各种用户熟练程度？需受何种训练？用户理解、使用系统的难度？用户错误操作系统的可能性？

6. 文档需求

需要哪些文档？文档针对哪些读者？

7. 数据需求

输入、输出数据的格式？接收、发送数据的频率？数据的准确性和精度？数据流量？数据需保持的时间？

8. 资源需求

软件运行时所需的数据、软件、内存空间等资源，软件开发、维护所需的人力、支撑软件、开发设备等。

9. 安全保密要求

需对访问系统或系统信息加以控制吗？如何隔离用户之间的数据？用户程序如何与其他程序和操作系统隔离？系统备份要求？

10. 软件成本消耗与开发进度需求

开发有规定的时间表吗？软硬件投资有无限制？

11. 质量保证

系统的可靠性要求？系统必须监测和隔离错误吗？规定系统平均出错时间？出错后，重启系统允许的时间？系统变化如何反映到设计中？维护是否包括对系统的改进？系统的可移植性？

3.4.2 需求获取的方法

常规的需求获取的方法有以下几种：

1. 收集资料

收集资料就是将用户日常业务中所用的计划、原始凭据、单据和报表等原始资料收集起来，以便对它们进行分类研究。

2. 开调查会

召开调查会是一种集中征询意见的方法，适合于对系统的定性调查。

3. 座谈法

与用户交谈，向用户提出事先准备好的相关问题。开调查会有助于大家的见解互相补充，以便形成较为完整的印象。但是由于时间限制等其他因素，不能完全反映出每个与会者的意见，因此，往往需要在会后根据具体需要再进行个别访问。

4. 书面调查

当用户群比较大的时候，只有一种办法调研是不行的，根据系统特点设计调查表，向用户群体发调查问卷，用调查表征求意见和收集数据。该方法适用于比较复杂的系统。例：XX项目需求问卷调查表（样式）见表3-1。

5. 观察法

参观用户的工作流程，观察用户的操作。

切记：没有最好的方法，只有最适合自己的方法。做到根据环境的不同选择最适合的调研方法，如果条件允许，亲自参加业务实践，在企业工作一周或半年是了解现行系统的最好方法。通过实践还加深了开发人员和用户的思想交流和沟通，这将有利于下一步的系统开发工作。

表3-1 ××项目需求问卷调查表

1.您的工作岗位是什么？
2.你的工作性质是什么？
3.您的工作任务是什么？（收集或绘制业务功能图）
4.您每天的工作时间安排？（绘制工作安排表）
5.您的工作同前/后续工作如何联系？（绘制工作流程图）
6. ……
如何建立计算机系统？您愿意学习操作吗？

XX先生/女士：
您好，请您抽空准备一下，我们将于X月X日与您会面。
谢谢！
XX课题组

6. 收发电子邮件

通过互联网和局域网发电子邮件进行调查，这可大大节省时间、人力、物力和费用。

7. 召开电视电话会议

如果有条件还可以利用打电话和召开电视会议进行调查，但只能作为补充手段，因为许多资料需要亲自收集和整理。

3.4.3 需求调研的步骤

1. 倾听客户的心声

找一个安静的地方，以客户为主，面对面的沟通和交流，倾听客户的心声，随时记录客户所说的一切，每一次调研完后要对所有的记录进行整理，形成文档，在下一次的调研开始对上次的总结进行确认。切忌在倾听需求的过程中附带如何解决的思想！如图 3-7 所示。

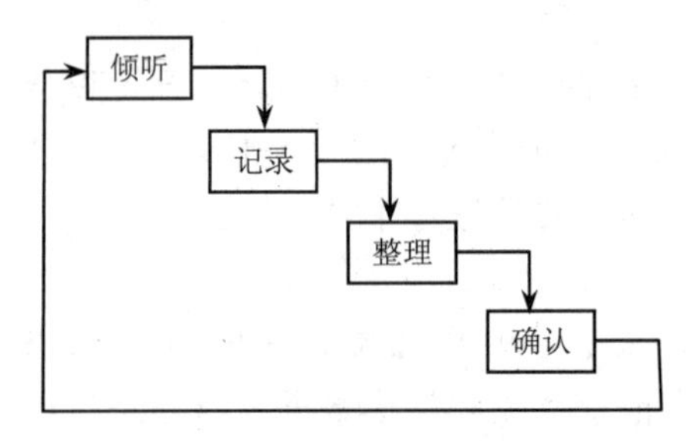

图 3-7　倾听客户的心声

2. 整理客户的需求

对客户提出的需求记录的结构进行整理，整理的格式可以根据自己的写作习惯，没有固定的格式，但必须能够很明确的表明用户的需求，能够指导后期编写用户需求说明书。建议采用以下格式进行整理。如表 3-2 所示。

表 3-2　需求记录的格式表

调研主题	
调研对象	
调研人	
调研时间	
调研描述	
调研主题	

3. 引导客户的需求

许多的客户有时并不知道自己想要什么，有时并不清楚自己缺少什么，所以就需要我们去引导客户的需求。

造成这种现象的原因很多，主要体现在用户可能对计算机操作不是很了解，客户的语言表达能力，客户只能看到自身的问题等。

遇到此种现象后我们应当很虚心的去开发客户的需求，不能带有任何的鄙视心情。

引导客户需求的几种常用方法：

（1）向客户讲述基本的计算机操作。

（2）提示客户在全局中的地位以及作用。

（3）向客户演示将要实施的系统的原型。

（4）从软件开发中需求考虑的几个方面入手。

引导客户的需求应做到能够描述用户的常规需求外，能够发掘用户的潜在需求，争取能够提出用户的兴奋需求，这样做出的软件才有生命力，才能真正体现出软件的价值。

4. 编写用户需求说明书

需求分析员对收集到的所有需求信息进行分类整理，消除错误，归纳与总结共性的用户需求，把双方共同的理解与分析结果用规范的方式描述出来，作为今后各项工作的基础，编写用户需求说明书。对于用户需求说明书要和客户以及相关的行业专家进行共同评审。以前整理的需求记录可以作为附件整理在用户需求说明书之后。

3.5 需求分析模型

需求分析模型是准确地描述系统需求的图形化工具。它可以使人们更好地理解将要建造的系统，它有助于系统分析员理解系统的信息、功能和行为，成为确定需求规格说明完整性、一致性和精确性的重要依据，奠定软件设计基础。

需求分析建模的方法有结构化分析建模和面向对象分析建模。面向对象分析建模后面有专门的章节。需求分析建模如图 3-8 所示。

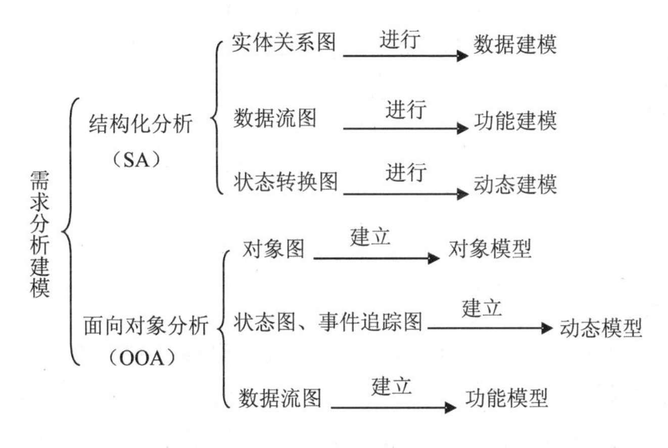

图 3-8　需求分析建模

结构化分析导出的分析模型包括数据模型、功能模型和行为模型。

需求分析模型以“数据字典”为核心，描述了软件使用的所有数据对象，围绕这个核心的是“实体关系图”、“数据流图”和“状态转换图”，具体形式如图 3-9 所示。

3.5.1 实体关系图

1. 实体关系图（Entity-Relationship Diagram，ER）

实体关系图是一种数据模型，是以实体、关系、属性三个基本概念概括数据的基本结构，从而描述静态数据结构的概念模型。

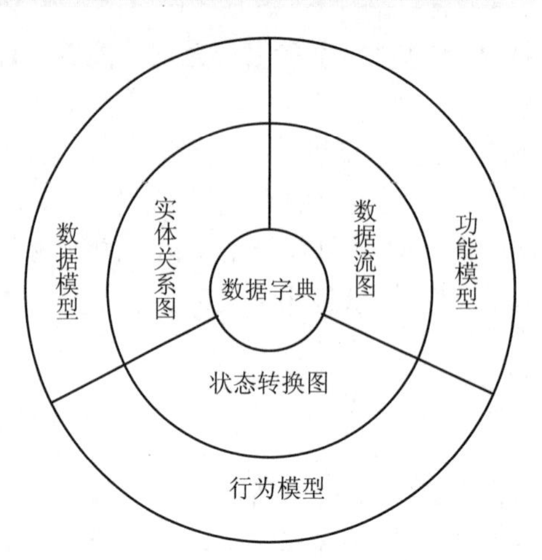

图 3-9　需求分析模型图

2. ER 中的三种基本元素

实体：表示具有不同属性的事物，用带实体名称的矩形框表示。

属性：指实体某一方面的特征，用带属性名称的椭圆表示。

关系：关系表示实体之间的相互连接，用直线连接相关联的实体，并在直线上用带关系名称的菱形来表示。具体形式如图 3-10 所示。

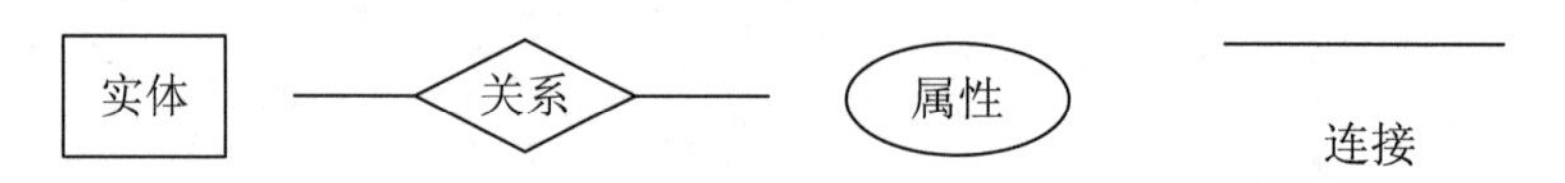

图 3-10　ER 图中的基本符号

3. 关联的重数

关联的重数定义了在关联的一端可以存在的数据实体实例的数量。

关联重数可以具有下列值之一：

（1）：表明在关联端存在且只存在一个数据实体实例。

（0..1）：表明在关联端不存在实体实例或存在一个实体实例。

（*或 N）：表明在关联端不存在实体实例，或者存在一个或多个实体实例。

两个数据对象之间按关联的重数有以下三种关联：

一对一（1:1）关联：对象 A 的一个实例只能关联到对象 B 的一个实例，对象 B 的一个实例也只能关联到对象 A 的一个实例。如图 3-11 所示。

一对多（1:N）关联：对象 A 的一个实例可以关联到对象 B 的一个或多个实例，而对象 B 的一个实例只能关联到对象 A 的一个实例，如一个母亲可以有多个孩子，而一个孩子只能有一个母亲。如图 3-12 所示。

多对多（M:N）关联：对象 A 的一个实例可以关联到对象 B 的一个或多个实例，同时对象 B 的一个实例也可以关联到对象 A 的一个或多个实例，如一个叔叔可以有多个侄子，一个侄子也可以有多个叔叔。如图 3-13 所示。

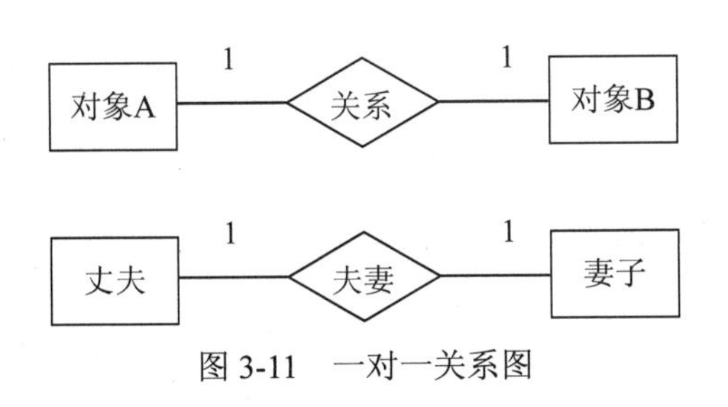

图 3-11　一对一关系图

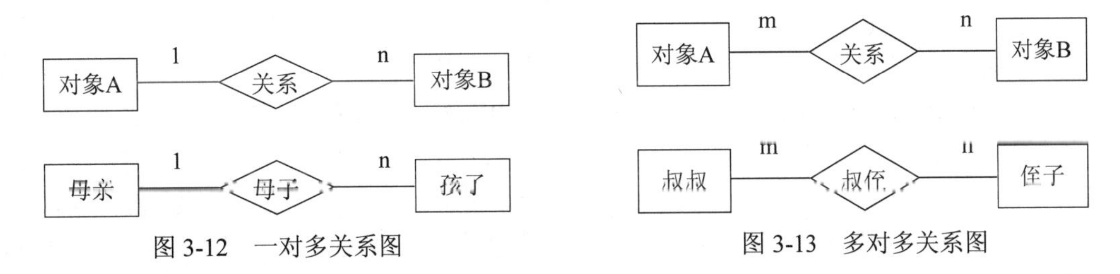

图 3-12　一对多关系图　　图 3-13　多对多关系图

在现实中一对一关联的实体不多见，下面以图 3-14 教学管理系统 ER 图举例，可以看到一对多关联和多对多关联的。

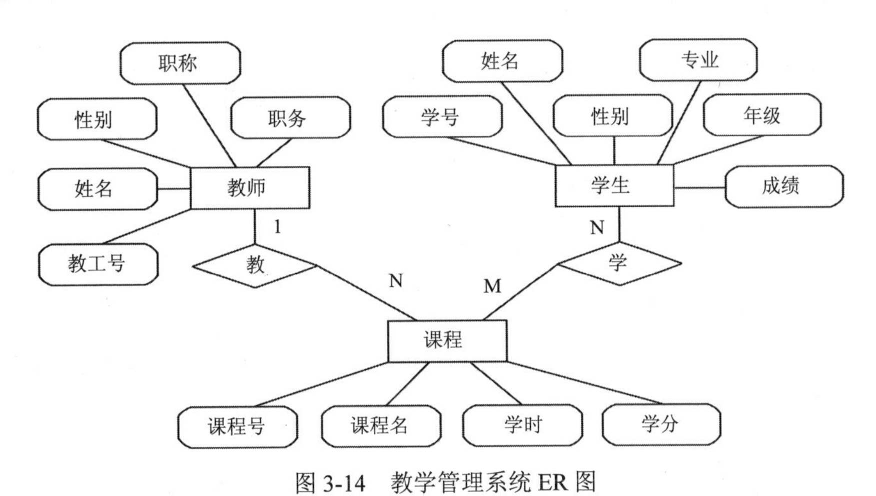

图 3-14　教学管理系统 ER 图

3.5.2　数据流图

数据流图是结构化分析方法中使用的工具，它以图形的方式描绘数据在系统中流动和处理的过程，由于它只反映系统必须完成的逻辑功能，所以它是一种功能模型。在结构化开发方法中，数据流图是需求分析阶段产生的结果。

1. 数据流图的概念

数据流图（Data Flow Diagram，DFD），是描述数据流和数据转换的图形工具，它是进行结构化分析的基本工具，也是进行软件体系结构设计的基础，绘制数据流图可用微软绘图工具软件——Microsoft Visio。

2. 数据流图中的要素

DFD 有四种元素，其基本符号如图 3-15 所示。

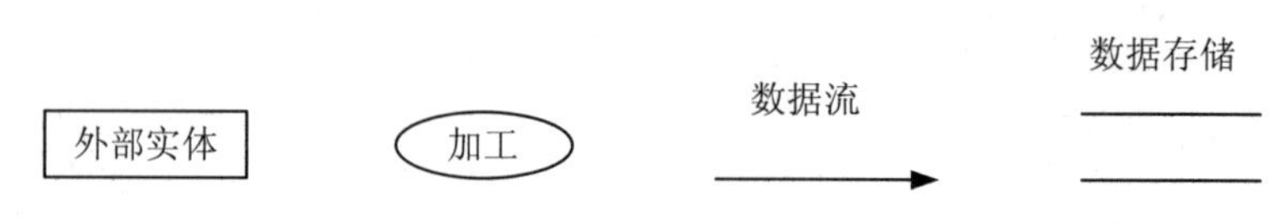

图 3-15　数据流图中的符号

（1）外部实体：与系统进行交互，但系统不对其进行加工和处理的实体（人或事物），用带实体名称的矩形方框表示。

（2）加工（处理）：对数据进行的变换和处理，用带加工（处理）名称的圆圈表示。

（3）数据流：在数据加工之间或数据存储和数据加工之间进行流动的数据，用带数据流名称的箭头表示。

（4）数据存储：在系统中需要存储的数据（文件），用带存储文件名称的双实线表示。

例如，工资计算系统的 0 层数据流图 3-16 所示。

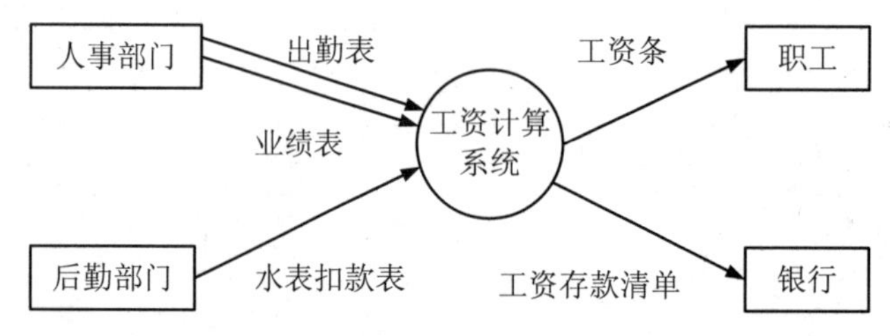

图 3-16　工资计算系统的顶层（0 层）数据流图

在数据流图中有时也使用附加符号：*、+、⊕，分别表示与、或、互斥关系，如图 3-17 所示。

3. 分层数据流图

数据流图可分为不同层次，顶层（0 层）DFD 称为基本系统模型，可以将整个软件系统表示为一个具有输入和输出的黑匣子，其加工处理是软件项目的名称，用一个圆圈表示。

DFD 中的每一个加工可以进一步扩展成一个独立的数据流图，以揭示系统中加工的细节。这种循序渐进的细化过程可以继续进行，直到最底层的 DFD 图仅描述加工的子过程为止。每一层数据流图必须与它上一层数据流图的输入输出保持平衡和一致。如图 3-18 所示。

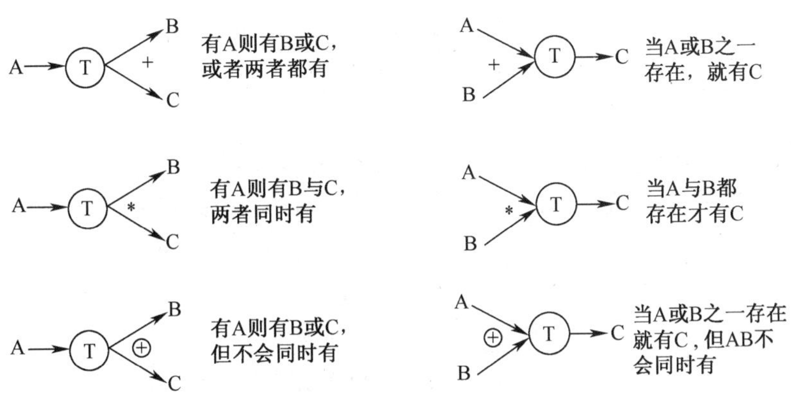

图 3-17　数据流图中的附加符号

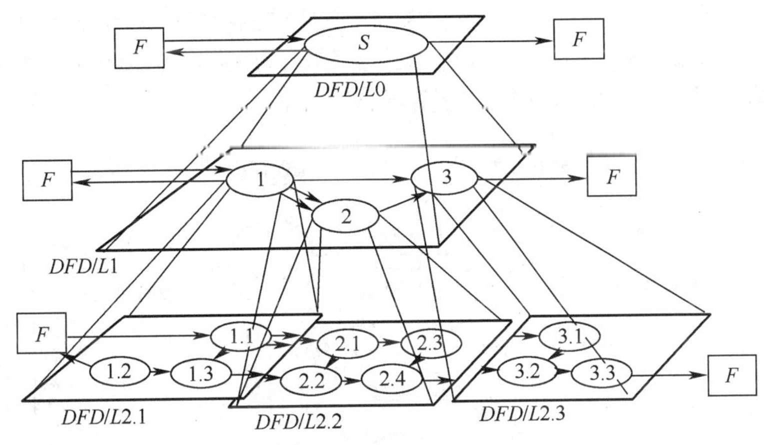

图 3-18　分层数据流图

4. 绘制数据流图的基本步骤

数据流图是在需求陈述的基础上绘制的。

首先画系统的输入/输出，确定系统从外界接收什么数据，系统向外界输出什么数据，确定系统的范围和边界。

其次画系统内部，将系统的输入和输出流用一连串加工连接起来。可以从输入端画到输出端，也可反过来画。在数据流的组成或值发生变化的地方添加一个“加工”，在需要存放数据的地方加上一个“文件”。

最后画加工的内部，对加工进行分解，一个复杂的加工可用几个子加工代替。

例如，某商店业务处理系统的数据流图（顶层（0层）数据流图）如图 3-19 所示。

这个数据流图只是一个高层的系统逻辑模型，它反映了目标系统要实现的功能。下面以该数据流图为例来看数据流图绘制步骤：

（1）确定系统的输入和输出（顾客和供应商）。

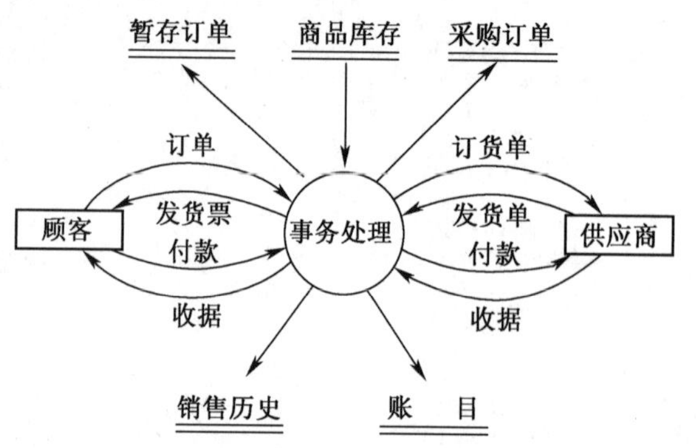

图 3-19　顶层（0 层）数据流图

（2）根据商店业务，画出顶层数据流图，以反映最主要业务处理流程。经过分析，商店业务处理的主要功能有销售、采购、会计三大项。主要数据流输入的源点和输出终点是顾客和供应商。然后从输入端开始，根据商店业务工作流程，画出数据流流经的各加工框，逐步画到输出端，得到第一层数据流图，如图 3-20 所示。

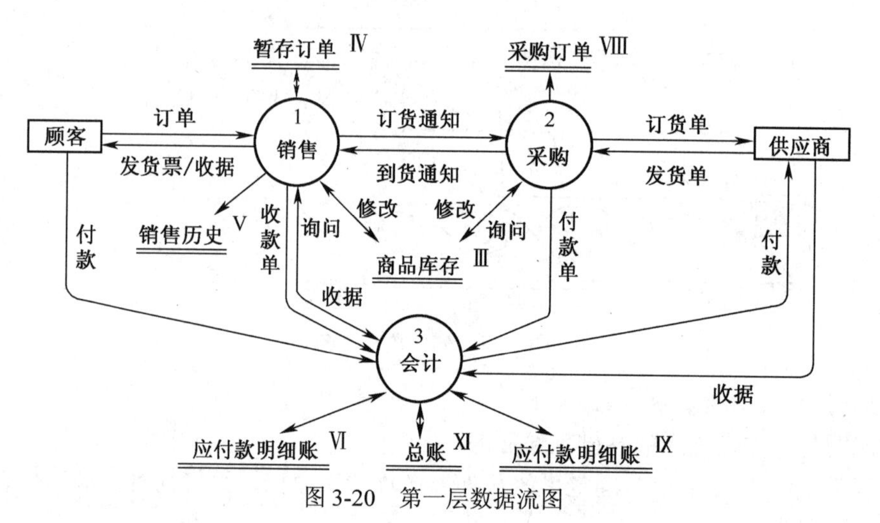

图 3-20　第一层数据流图

（3）对每个加工（主要是销售和采购）细化，得出第二层数据流图，如图 3-21 和图 3-22 所示。

5. 绘制 DFD 应注意的问题

（1）给数据流命名的方法。

数据流名字用名词或名词词组；命名时，尽量使用现实系统中已有的名字；避免使用空洞的名词，如“数据”、“信息”等。如正确的数据流命名“配送中心管理信息系统的顶层 DFD”。

如果在为某个数据流（或数据存储）命名时遇到了困难，则很可能是因为对数据流图分解不恰当造成的，应该尝试重新分解，看是否能解决这个问题。

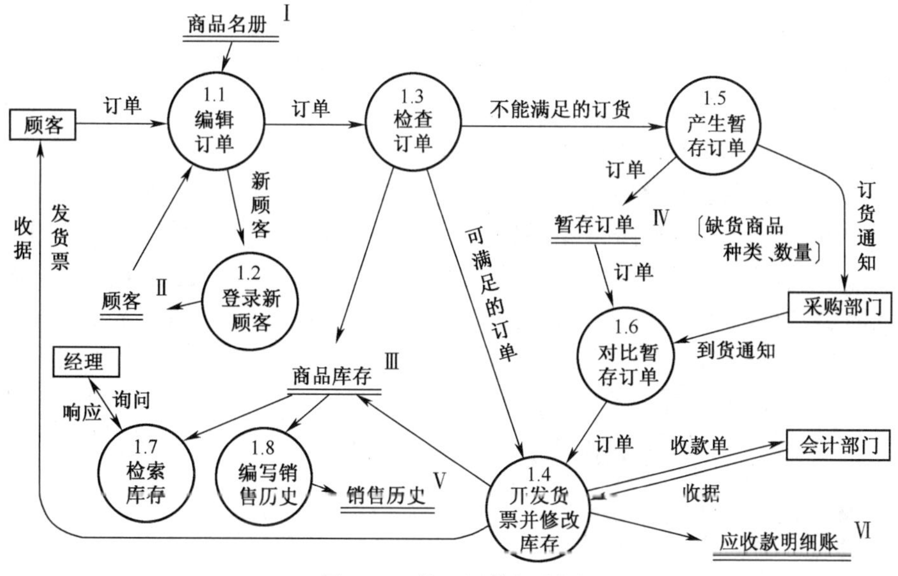

图3-21 第二层数据流图

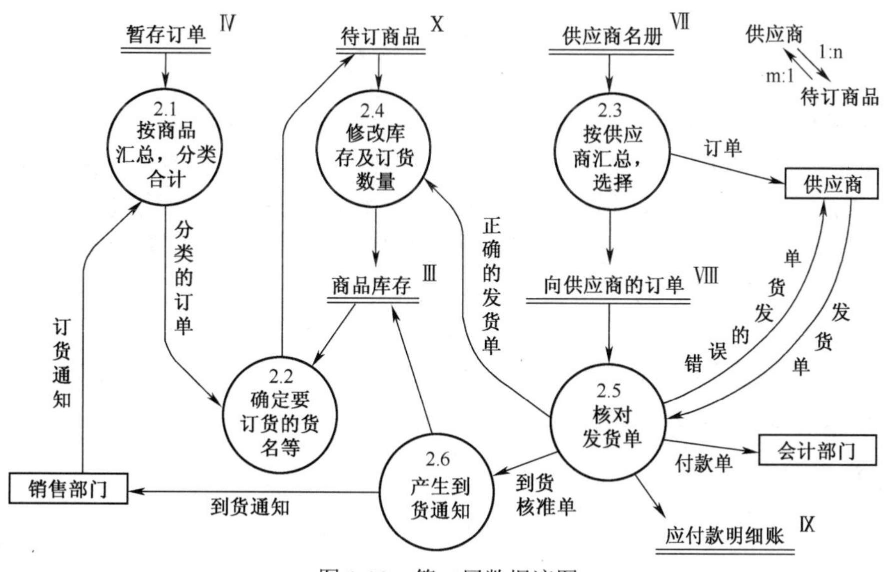

图3-22 第二层数据流图

（2）给加工命名的原则。

顶层加工是软件项目的名称。加工的名字最好使用动宾词组，如“生成成绩单”、“打印报表”等。加工的命名同样避免使用空洞的词组，如“计算”、“处理”等。如正确的命名“管理员处理票据”。

（3）不要把数据流图画成控制流图，应尽量避免数据流图中夹带控制流，以免与详细设计阶段的程序流程图相混淆。

数据流反映系统"做什么",不反映"如何做",因此箭头上的数据流名称只能是名词或名词短语,整个图中不反映加工的执行顺序,就是一个结点跳到另一个结点的控制流。

(4)应保持子图与父图输入/输出流的平衡。

子图与父图的数据流必须平衡,这是分层数据流的重要性质。这里的平衡指的是子图的输入、输出数据流必须与父图中对应加工的输入、输出数据流相同。例如图 3-23 中的父图和子图所示。但下列两种情况是允许的,一是子图的输入/输出流比父图中相应加工的输入/输出流表达得更细。在图 3-23 中,若父图表示"订货单"数据流,是由客户、品种、数量三部分组成,则图中的子图和父图是平衡的。在实际中,检查该类情况的平衡,需借助于数据词典进行。二是考虑平衡时,可以忽略枝节性的数据流。在图 3-23 中,在 1 号加工的子图二中 1.2 号子加工中增加了一个输出,表示出错的数据流(由虚线所示),则子图和父图仍可看作是平衡的。

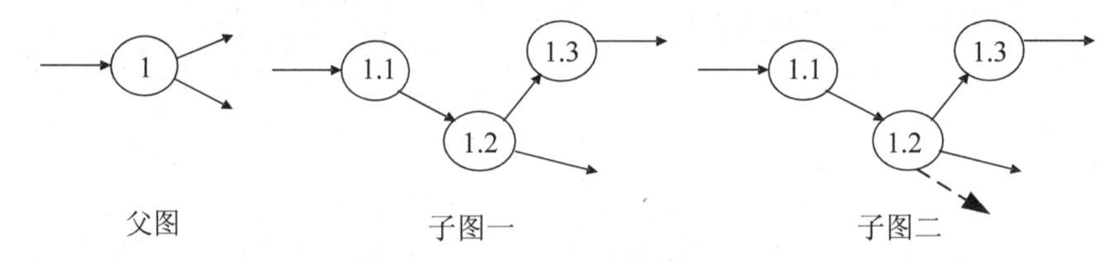

图 3-23 子图与父图的平衡

(5)提高数据流图的清晰性。应做到分解自然,概念合理、清晰,在不影响易理解性的基础上适当地多分解,以减少数据流图的层数。分解时要注意子加工的独立性,还应注意均衡性。防止数据流的箭头线太长,减少交叉绘制数据流条数,一般在一张数据流图中可以重复同名的数据源点、终点和数据存储文件。如某个外部实体既是数据源点又是数据汇点,可以在数据流图的不同地方重新绘制。

(6)反复修改,不断完善。人的思考过程是一个不断的迭代过程,不可能一次成功,需要不断完善,直到满意为止。对于复杂的系统,很难保证一次就能将数据流图绘制成功。因此应随时准备改进数据流图而用更好的版本来代替。

3.5.3 状态转换图

当软件系统涉及时序关系时需要行为建模,由于数据流图不描述时序关系,系统的控制和事件流需要通过行为模型来描述。

在描述系统或各个数据对象的行为时,采用状态转换图。通过描述系统或对象的状态,以及引起系统或对象状态转换的事件来表示系统或对象的行为。

状态转换图(Status Transition Diagram,STD),是描述系统状态如何响应外部事件进行转移的一种图形表示。状态是任何可以被观察到的系统行为模式,一个状态代表系统的一种行为模式。状态规定了系统对事件的响应方式。在状态图中定义的状态主要有:初始状态、中间状态和最终状态。事件是在某个特定时刻发生的事情，它是对引起系统从一个状态转换到另一个状态的外界事件的抽象。

在状态转换图中，圆圈“○”表示可得到的系统状态，箭头“→”表示从一种状态向另一种状态的转移，箭头旁标上事件名。如图 3-24 所示，其中状态转换表如表 3-3 所示。

表 3-3　状态转换表

状态 事件	S1	S2	S3
t1	S3		
t2			S2
t3		S3	
t4		S1	

例如，有关处理器（CPU）分配的进程状态转移图，如图 3-25 所示

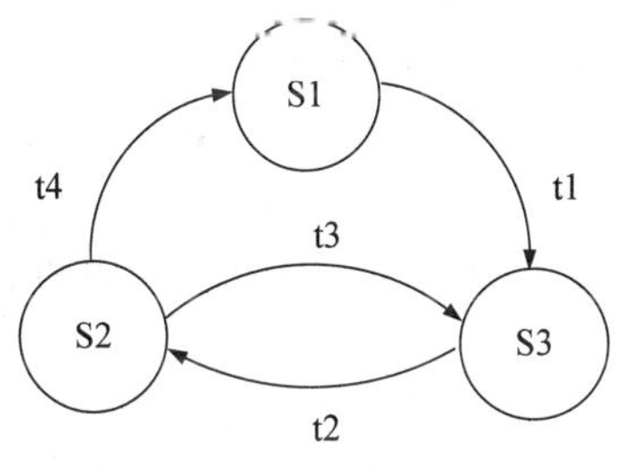

图 3-24　状态转移图

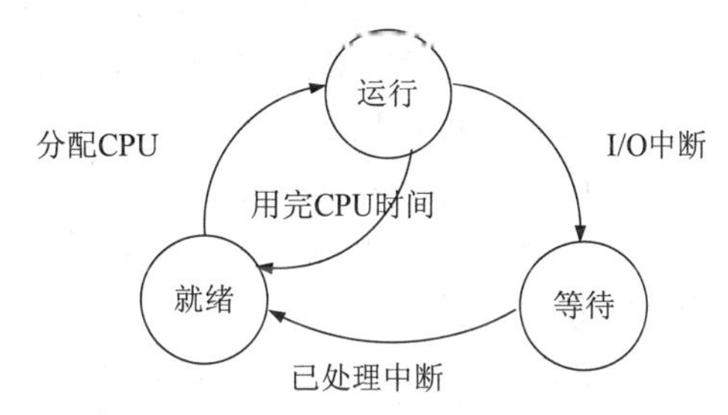

图 3-25　CPU 分配的进程状态转移图

3.6　数据字典

我们知道，数据流图 DFD 图表达了数据与处理的关系，但没有数据内容的详细描述，而数据字典则恰好弥补了 DFD 图的不足。对数据库设计来讲，数据字典是用户需求分析所获得的主要结果，是概念结构设计的必要基础。因此，数据字典在数据库设计中占有非常重要的地位。

数据字典（Data Dictionary，DD）是指对数据的数据项、数据结构、数据流、数据存储、处理逻辑、外部实体等进行定义和描述，其目的是对数据流程图中的各个元素做出详细说明。数据词典与数据流图配合，能够准确、清晰地表达数据处理的要求。

3.6.1　数据字典的概念和组成

数据字典是一种用户可以访问的记录数据库和应用程序源数据的目录。主动数据字典是指在对数据库或应用程序结构进行修改时，其内容可以由DBMS自动更新的数据字典。被动数

据字典是指修改时必须手工更新其内容的数据字典。

数据字典在需求分析阶段被建立。数据字典是一个预留空间，一个数据库，用来储存信息数据库本身。

1. 数据字典的组成

数据字典通常包括数据项、数据结构、数据流、数据存储和处理过程五个部分。

其中数据项是数据的最小组成单位，若干个数据项可以组成一个数据结构，数据字典通过对数据项和数据结构的定义来描述数据流、数据存储的逻辑内容。

2. 数据字典的含义

数据字典是关于数据信息的集合，也就是对数据流图中包含的所有元素的定义的集合。

数据字典还有另一种含义，是在数据库设计时用到的一种工具，用来描述数据库中基本表的设计，主要包括字段名、数据类型、主键、外键等描述表的属性的内容。

3.6.2 数据字典各部分的描述

1. 数据项：数据流图中数据块的数据结构中的数据项说明

数据项是不可再分的数据单位。对数据项的描述通常包括以下内容：

数据项描述={数据项名，数据项含义说明，别名，数据类型，长度，取值范围，取值含义，与其他数据项的逻辑关系}。

其中“取值范围”、“与其他数据项的逻辑关系”定义了数据的完整性约束条件，是设计数据检验功能的依据。

2. 数据结构：数据流图中数据块的数据结构说明

数据结构反映了数据之间的组合关系。一个数据结构可以由若干个数据项组成，也可以由若干个数据结构组成，或由若干个数据项和数据结构混合组成。

对数据结构的描述通常包括以下内容：数据结构描述={数据结构名，含义说明，组成:{数据项或数据结构}}

3. 数据流：数据流图中流线的说明

数据流是数据结构在系统内传输的路径。对数据流的描述通常包括以下内容：

数据流描述={数据流名，说明，数据流来源，数据流去向，组成:{数据结构}，平均流量，高峰期流量}

其中“数据流来源”是说明该数据流来自哪个过程。“数据流去向”是说明该数据流将到哪个过程去。“平均流量”是指在单位时间（每天、每周、每月等）里的传输次数。“高峰期流量”则是指在高峰时期的数据流量。

4. 数据存储：数据流图中数据块的存储特性说明

数据存储是数据结构停留或保存的地方，也是数据流的来源和去向之一。

对数据存储的描述通常包括以下内容：数据存储描述={数据存储名，说明，编号，流入的数据流，流出的数据流，组成：{数据结构}，数据量，存取方式}

其中“数据量”是指每次存取多少数据，每天（或每小时、每周等）存取几次等信息。“存取方法”包括是批处理，还是联机处理；是检索还是更新；是顺序检索还是随机检索等。

另外“流入的数据流”要指出其来源，“流出的数据流”要指出其去向。

5. 处理过程：数据流图中功能块的说明

数据字典中只需要描述处理过程的说明性信息，通常包括以下内容：

处理过程描述={处理过程名，说明，输入:{数据流}，输出:{数据流}，处理:{简要说明}}

其中“简要说明”中主要说明该处理过程的功能及处理要求。功能是指该处理过程用来做什么（而不是怎么做）；处理要求包括处理频度要求，如单位时间里处理多少事务，多少数据量，响应时间要求等，这些处理要求是后面物理设计的输入及性能评价的标准。

数据词典的任务是对于数据流图中出现的所有被命名的图形元素在数据词典中作为一个词条加以定义，使得每一个图形元素的名字都有一个确切的解释。

3.6.3 词条描述

对于在数据流图中每一个被命名的图形元素均加以定义，其内容有：名字、别名或编号、分类、描述、定义、位置、其他。

在数据字典中，数据元素的定义可以是基本元素及其组合，数据进行自顶向下地分解，直到不需要进一步解释且参与人员都清楚其含义为止。

1. 数据流词条描述（如表 3-4 所示）

数据流名称及编号：

说明：简要介绍它产生的原因和结果

数据流来源：来自何方

数据流去向：去向何处

数据流组成：数据结构

数据量流通量：数据量，流通量

表 3-4 数据流定义实例：航班订票单的数据定义

数据流编号：DF001 数据流名称：订票单 简述：订票时填写的订票单 数据流来源：外部实体“乘客” 数据流去处：处理逻辑“预订机票” 数据流组成：订单编号 日期 乘客号 航班号 状态 订单失效日期 流通量：每天 300 份 高峰值流通量：每天早上 9：00，约 160 份

2. 数据元素词条描述（如表 3-5 所示）

数据元素名称及编号：

类型：数字（离散值、连续值），文字（编码类型）

长度：

取值范围：

相关的数据元素及数据结构：

表 3-5 数据元素定义实例：考试成绩的数据定义

数据元素编号：DC001
数据元素名称：考试成绩
别名：成绩、分数
简述：学生考试成绩，分五个等级
类型/长度：两个字节，字符类型
取值/含义：优　[90-100]
良　[80-89]
中　[70-79]
及格　[60-69]
不及格　[0-59]
有关数据项或结构：学生成绩档案
有关处理逻辑：计算成绩

3. 数据文件词条描述（如表 3-6）

数据文件名称及编号：

简述：存放的是什么数据

输入数据：

输出数据：

数据文件组成：数据结构

存储方式：顺序，直接，关键码

存取频率：

表 3-6 数据文件定义实例：图书库存的数据定义实例

数据文件编号：DB002
数据文件名称：图书库存
组成：图书编号+图书详情+目前库存量
组织方式：按图书编号从小到大排列

4. 加工逻辑（数据处理）词条描述（如表 3-7 所示）

加工名称及编号：

加工编号：反映该加工的层次
简要描述：加工逻辑及功能简述
输入数据流：
输出数据流：
加工逻辑：简述加工程序，加工顺序

表 3-7 数据处理定义实例：编辑订票的数据定义

数据处理编号：DP001
数据处理名称：编辑订票
简述：接收从终端录入的订票单，检验是否正确
输入：乘客订单，来源：外部实体“乘客”
输出：1.合格订单，去处：处理逻辑“确定订票”
2.不合格订单，去处：外部实体“乘客”
功能描述：……（略）

5. 外部实体词条描述（如表 3-8 所示）
外部实体名称及编号：
简要描述：
有关数据流：
数目：

表 3-8 外部实体定义实例：教师的数据定义

编号：DT001
名称：教师
简述：向教师图书室提供图书的教师
从外部输入：报销申请
向外部输出：入库证明

3.6.4 数据字典中的符号

数据字典中的符号如表 3-9 所示。

表 3-9 数据字典中的符号

符号	含义	举例及说明
=	表示定义为	用于对=左边的条目进行确切的定义
+	表示与关系	x=a+b 表示 x 由 a 和 b 组成
[|] [,]	表示或关系	x=[a|b]表示 x 由 a 或 b 组成
m{...}n	表示规定次数的重复	x=2{a}5 表示 x 中最少出现 2 次 a，最多出现 5 次 a，5、2 为重复次数的上、下限

续表

符号	含义	举例及说明
{...}	表示重复	x={a}表示 x 由 0 个或多个 a
(...)	表示可选项	x=(a)表示 a 可在 x 中出现，也可不出现
"..."	基本数据元素	x="a"，表示 x 是取值为字符 a 的数据元素
..	连接符	month=1..12 表示 month 可取 1～12 中的任意值
* *	表示注释	两个星号之间的内容为注释信息

例如，存折的数据字典描述，样式如图 3-26 所示。

存折＝户名＋所号＋账号＋开户日＋性质＋(印密)＋1{存取行}50

户名＝2{字母}24

所号＝“001”..“999”

账号＝“00000001”..“99999999”

开户日＝年＋月＋日

性质＝“1”..“6”　　注：“1”表示普通户，“5”表示工资户等

印密＝“0”　　注：印密在存折上不显示

存取行＝日期＋（摘要）＋支出＋存入＋余额＋操作＋复核

户名　　所号　　账号

开户日　　性质　　印密

日期 年月日	摘要	支出	存入	余额	操作	复核

图 3-26　存折样式

3.7　需求规格说明书

需求规格说明书（Software Requirement Specification，SRS），是系统分析人员在需求分析阶段完成的文档，是软件需求分析的最终结果。它的作用主要是：作为软件人员与用户之间事实上的技术合同；作为软件人员下一步进行设计和编码的基础；作为测试和验收的依据。

SRS 必须用统一格式的文档进行描述。为了使需求分析描述具有统一的风格，可以采用已有的且能满足项目需要的模板，如中国国家标准推荐的 SRS 模板，也可以根据项目特点和

软件开发小组的特点对标准进行适当的改动，形成自己的模板。

很多人认为软件需求规格说明书就是系统的功能列表。这种观点对于某些系统来说是正确的，例如平台系统等不与用户直接交互的系统。但对于终端及客户端系统而言，仅仅列出系统功能列表是远远不够的。原因：终端及客户端系统与用户直接交互，系统功能列表仅仅定义的系统能做什么，而没有定义用户如何使用这些功能，当开发人员拿到这样一份功能列表时会根据自己的想法来实现这些功能，结果往往是功能很难使用。用户使用后就再也不想使用这个系统了。这样正是很多公司开发系统的失败原因之一。

因此，软件需求规格说明书应至少包含数据描述、功能需求、性能需求、运行需求等方面的内容。

软件需求规格说明必须要经过用户评审（系统交互原型可用性测试）、同行评审（开发人员技术可行性分析）。

需求规格说明主要内容包括：引言、任务概述、需求规定、运行环境规定、附录等几部分。下面具体进行介绍。

3.7.1 引言

（1）编写目的：阐明编写需求说明书的目的，指出预期的读者。

（2）项目范围：待开发的项目名称及项目的开发目的；与项目应用相关的利益人及最终目标。项目的委托方、开发单位和主管部门；该软件系统与其他系统的关系。

（3）定义：列出文档中所用到专门术语的定义和缩写词的原义。

（4）参考资料：包括项目经核准的计划任务书、合同或上级机关的批文；项目开发计划；文档所引用的资料、标准和规范。列出这些资料的作者、编号、发表日期、出自单位或资料来源。

3.7.2 任务概述

（1）产品概述：描述开发意图、应用目标、作用范围、应向读者说明的有关该项目的开发背景。

（2）用户特点：列出本软件最终用户的特点，说明操作人员、维护人员的教育水平和技术水平。

（3）条件与限制：设计系统时对开发者的条件与限制。

3.7.3 需求规定

（1）对功能的规定：包括内部及外部功能的规定。

（2）对性能的规定：包括对精度、时间要求、灵活性、适应性等的规定。

（3）对输入输出的规定：包括所有输入输出数据、引用接口及接口控制文件、操作员控制的详细描述。

（4）数据管理的规定：包括静态数据、动态数据、数据库、数据字典、数据采集的详细描述。

（5）其他专门要求：如安全保密性、可使用性、可维护性、可移植性等。

3.7.4 运行环境规定

（1）用户界面：如屏幕格式、报表格式、菜单格式、输入输出时间等。

（2）设备：对系统硬件的要求描述。

（3）软件接口：包括外部（软硬件）接口、内部（模块之间）接口和用户界面的描述。

（4）故障处理

实训

实训 1 实体关系图的绘制

1. 实训目的

实体关系图是一个数据模型，是建立数据库的基础，通过本实训学会绘制实体关系图。

2. 实训要求

一个工资计算系统，其外部实体有职工、出勤、奖励和扣款。职工的属性有职工号、性别、职称、年龄、部门、基本工资；出勤的属性有职工号、出勤时数、请假时数、旷工时数；奖金属性有序号、职工号、奖项、金额；扣款属性有序号、职工号、扣项、金额。实体之间的关系有：一个出勤可以对多个职工进行考勤，一个职工可以奖励多项奖金，一个职工可以扣除多项扣款。根据上述关系绘制实体关系图。

3. 实训内容

实体：表示具有不同属性的事物，用带实体名称的矩形框表示。属性：指实体某一方面的特征，用带属性名称的椭圆表示。关系：关系表示实体之间的相互连接，用直线连接相关联的实体，并在直线上用带关系名称的菱形来表示。关联的重数定义了在关联的一端可以存在的数据实体实例的数量。工资计算系统的实体关系图如图 3-27 所示。

提示：

（1）Visio 没有专门的 ER 图绘图工具，可用 Visio 的框图来绘制，操作方法为：Visio－框图－框图－框、菱形、圆形、动态连接线。

（2）连接线设置：右击连接线－直线连接线。

（3）插入文本（关联重数设置）：单击工具栏字母 A－在关联线旁拖动鼠标－输入关联重数。

（4）取消文本插入：单击工具栏指针工具即可。

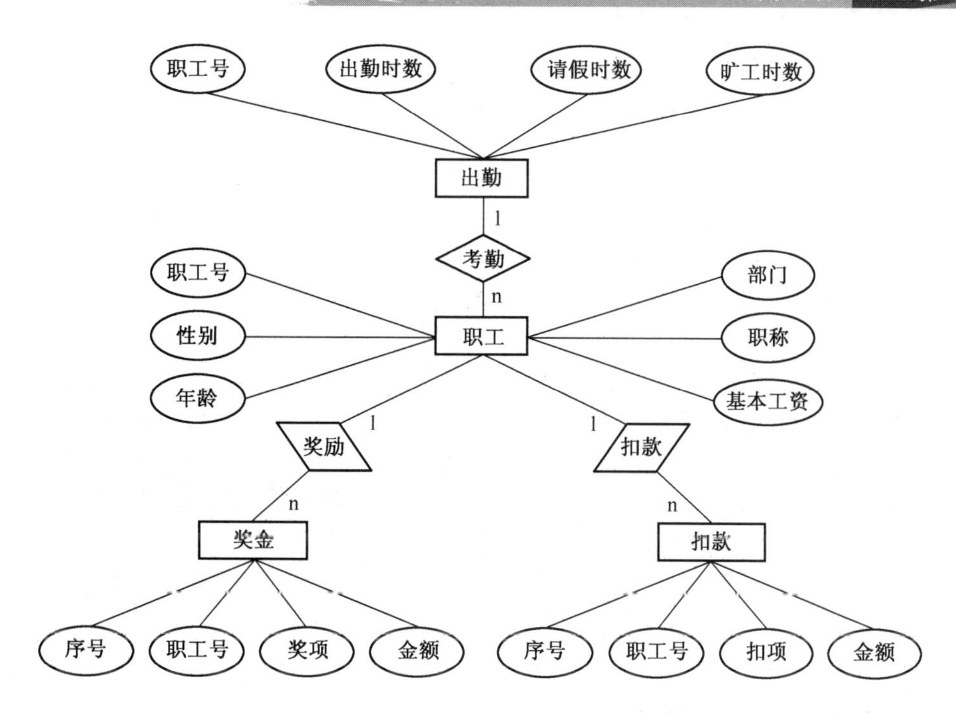

图 3-27　工资计算系统 ER 图

实训 2　数据流图的绘制

1. 实训目的

数据流图是描述数据流和数据转换的图形工具，它是进行结构化分析的基本工具，也是进行软件体系结构设计的基础。通过本实训学会绘制数据流图。

2. 实训要求

某培训中心要研制一个选课管理系统。它的业务是：将学员发来的函电收集分类后，按几种不同的情况处理。如果是报名的，则将报名数据送给负责报名事务的职员，他们将查阅课程文件，检查该课程是否额满，然后在学生文件、课程文件上登记，并开出报告单交财务部门，财务人员开出发票给学生。如果是想注销原来已选修的课程，则由注销人员在课程文件、学生文件和账目文件上做相应的修改，并给学生一张注销单。如果是付款的，则由财务人员在账目文件上登记，也给学生一张收费收据。选课管理系统的数据流图如图 3-28 所示。

要求画出上述问题的数据流图。

3. 实训内容

在需求陈述中，分清哪些是外部实体，哪些是加工，哪些是数据流，哪些是数据存储，分别用矩形方框、圆圈、箭头线和双实线表示。

提示：Visio—软件—数据流模型图。

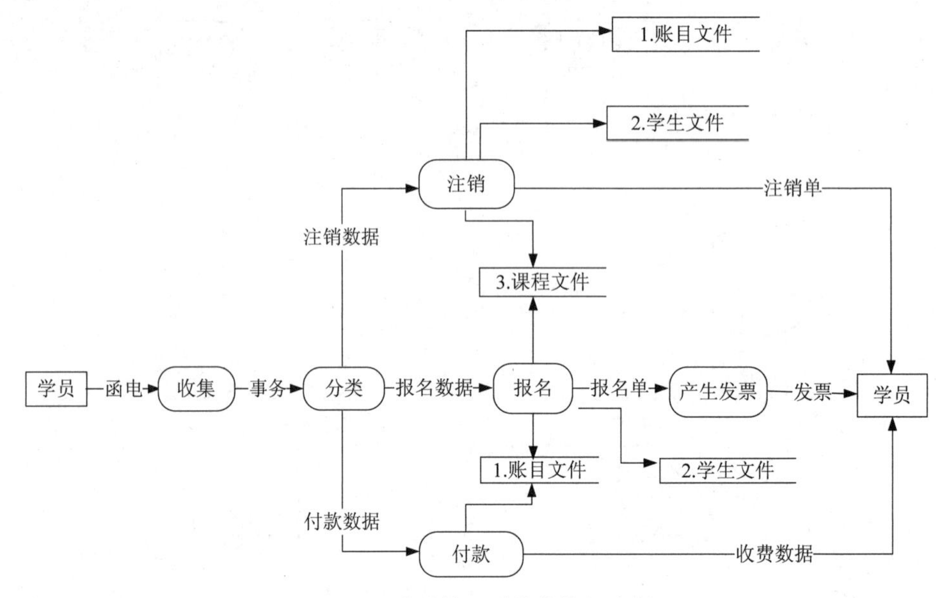

图 3-28 选课管理系统的数据流图

实训 3 需求规格说明书的编写

1. 实训目的

需求规格说明书是系统分析人员在需求分析阶段完成的文档，是软件需求分析的最终结果。通过本实训学会编写需求规格说明书。

2. 实训要求

根据以前学过的需求分析的内容和方法，写一份 XX 软件系统需求规格说明书。

3. 实训内容

需求规格说明书的内容主要包括：①任务概述；②需求规定；③运行环境规定。

提示：

（1）到相关部门实地考察，写出相关系统的需求规格说明书。

（2）上网搜索相关软件的需求规格说明书作参考，修改后完成。

习题三

一、选择题

1. 从不同的角度来看，需求具有不同的层次，即（　　）。

A．数据需求、界面需求、功能需求

B．业务需求、用户需求、功能需求和非功能需求等

C. 用户需求、功能需求和非功能需求

D. 数据需求、界面需求、功能需求和非功能需求等

2. 需求包括 11 个方面的内容，其中网络和操作系统的要求属于（　　）。

A. 质量保证　　B. 环境需求

C. 安全保密需求　　D. 性能需求

3. 需求分析过程应该建立 3 种模型，它们分别是数据模型、功能模型、行为模型。以下图形中，（　　）属于功能模型。

A. 实体－联系图（ERD）　　B. 数据流图（DFD）

C. 状态转换图（STD）　　D. 鱼骨图

4. 常用的需求分析方法有：面向数据流的结构化分析方法（SA），面向对象的分析方法（OOA），下列（　　）不是结构化分析方法的图形工具。

A 决策树　　B. 数据流图　　C. 数据字典　　D. 快速原型

5. 用户需求规格说明书应至少包含数据描述、功能需求、性能需求、（　　）等方面的内容。

A. 质量保证　　B. 环境需求

C. 安全保密需求　　D. 运行需求

6.（　　）用于描述数据的处理过程。

A. 数据流图　　B. 数据字典　　C. 决策表　　D. 决策树

7. DFD 的基本符号不包括下列哪种（　　）。

A. 数据字典　　B. 加工　　C. 外部实体

D. 数据流　　E. 数据存储文件

8. DD 的主要字典条目包括以下哪种（　　）。

A. 数据流　　B. 文件　　C. 数据项

D. 加工　　E. 以上都是

9. 需求分析的具体任务不包括以下哪种（　　）。

A. 分析系统的数据需求　　B. 导出软件系统的逻辑模型

C. 可行性分析　　D. 编写需求分析说明书

10. 需求分析阶段的文档包括以下哪些（　　）。

A. 用户需求规格说明书　　B. 数据要求说明书

C. 初步的用户手册　　D. 以上都是

11. 需求验证应该从下述几个方面进行验证（　　）。

A. 可靠性、可用性、易用性、重用性

B. 可维护性、可移植性、可重用性、可测试性

C. 一致性、现实性、完整性、有效性

D. 功能性、非功能性

12. 需求管理的要素不包括哪项（　　）。

A．变更控制　　B．版本控制　　C．资金控制　　D．需求状态跟踪

13．需求分析中开发人员要从用户那里了解（　　）。

A．软件做什么　　B．用户使用界面

C．输入的信息　　D．软件的规模

14．需求分析阶段最重要的技术文档之一是（　　）。

A．项目开发计划　　B．设计说明书

C．需求规格说明书　　D．可行性分析报告

15．需求分析阶段建立原型的目的是（　　）。

A．确定系统的功能和性能的需求　　B．确定系统的运行要求

C．确定系统是否满足用户需求　　D．确定系统是否满足开发人员需要

16．需求分析阶段研究的对象是（　　）。

A．用户需求　　B．分析员要求　　C．系统要求　　D．软硬件要求

17．系统流程图用于可行性分析中的（　　）的描述。

A．当前运行系统　　B．当前逻辑模型

C．目标系统　　D．新系统

18．数据流图（DFD）是（　　）方法中用于表示系统的逻辑模型的一种图形工具。

A．SA　　B．SD　　C．SP　　D．SC

19．数据字典是用来定义（　　）中的各个成份的具体含义的。

A．流程图　　B．功能结构图

C．系统结构图　　D．数据流图

20．需求规格说明书的作用不包括（　　）。

A．软件验收的依据

B．用户与开发人员对软件要做什么的共同理解

C．软件可行性研究的依据

D．软件设计的依据

21．软件需求分析一般要确定的是用户对软件的（　　）。

A．功能需求　　B．非功能需求

C．性能需求　　D．功能需求和非功能需求

22．在数据流图中，符号方框表示（　　）。

A．变换/加工　　B．外部实体　　C．数据流　　D．数据存储

23．需求分析是（　　）。

A．由开发人员和系统分析人员完成　　B．由系统分析人员完成

C．软件生命周期的开始　　D．软件开发任务的基础性工作

24．在软件开发过程中常用图作为描述工具。如 DFD 就是面向（　　）分析方法的描述工具。

A．数据结构　　B．数据流　　C．对象　　D．构件

25．数据字典是对数据定义信息的集合，它所定义的对象都包含于（　）。

A．数据流图　　B．程序框图　　C．软件结构　　D．方框图

二、填空题

1．软件开发的生命周期包括________、软件设计、代码实现、测试、实施、维护六个阶段。

2．________是为了理解事物而对事物做出的一种抽象，是对事物的一种无歧义的书面描述。通常，由一组图形符号和组织这些符号的规则组成。

3．软件需求分析阶段的目的是澄清用户的要求，并把双方共同的理解明确地表达成一份书面文档——________。

4．软件需求分类，分为________需求和________需求。

5．需求分析的步骤包括________、________、文档编写、需求验证。

6．数据流图的基本符号包括________、________、________、________。

7．需求分析阶段需编写的文档有________、________、________。

8．把一个功能分解成几个子功能，就属于________。

9．软件需求的逻辑视图给出________，而不是实现的细节。

10．结构化分析方法是________进行需求分析的方法.

11．数据流图的基本组成部分有________、________、________、________。

12．数据流图和数据字典共同构成了系统的________模型，是需求规格说明书的主要组成部分。

13．需求分析阶段研究的对象是软件项目的________。

三、简答题

1．高质量的需求过程给软件带来哪些好处？优秀需求具有哪些特性？

2．常规的需求获取的方法有哪些？（列举三个就可以）需求获取一般面临哪些挑战或困难？

3．需求分析的具体任务是什么？

4．简述需求分析的原则。

5．数据流图的作用是什么？它的优缺点有哪些？其中的符号表示什么含义？

6．数据字典的组成是什么？

4

概要设计

经过需求分析阶段的工作，系统必须“做什么”已经清楚了，现在是决定“怎样做”的时候，概要设计的基本目的就是回答“概括地说，系统应该如何实现？”这个问题。本章主要讲授软件设计过程、概要设计的目标和任务、概要设计原则、体系结构设计工具、概要设计的启发式规则、面向数据流的设计方法、概要设计说明书等内容。

概要设计可以站在全局高度上，花较少成本，从较抽象的层次上分析对比多种可能的系统实现方案和软件结构，从中选出最佳方案和最合理的软件结构，从而用较低成本开发出较高质量的软件系统。

4.1 软件设计过程

4.1.1 软件设计过程

从工程管理的角度来看，软件设计分两步完成，分别为概要设计和详细设计。概要设计和详细设计除了必须有先进的设计技术外，还要有同步的管理技术支持。用图 4-1 所示的形式表明概要设计和详细设计与管理技术之间的关系。

（1）概要设计，将软件需求转化为数据结构和软件的系统结构。

（2）详细设计，即过程设计，通过对系统结构进行细化，得到软件的详细数据结构和算法。

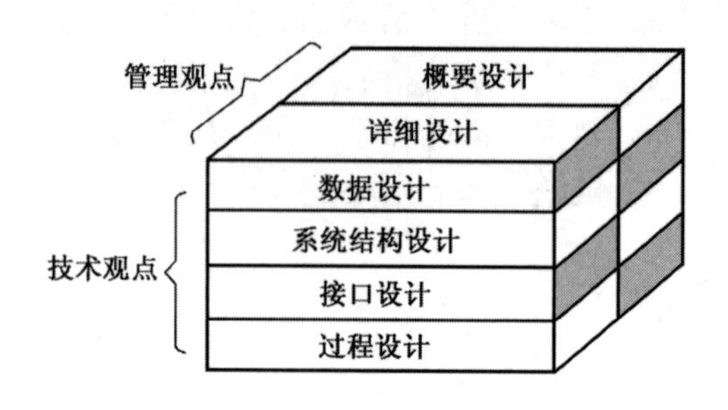

图 4-1　设计技术与管理之间的关系

从技术角度来看，软件设计包括数据设计、体系结构设计、接口设计、过程设计。

（1）数据设计将实体关系图中描述的对象和关系，以及数据字典中描述的详细数据内容转化为数据结构的定义。

（2）体系结构设计划分软件系统模块及模块之间的关系。

（3）接口设计是根据数据流图定义软件内部各成份之间、软件与其他协同系统之间及软件与用户之间的交互机制。

（4）过程设计则是把结构成份（模块）转换成软件的过程性描述（即详细设计）。

软件设计必须依据对软件的需求来进行，结构化分析的结果为结构化设计提供了最基本的输入信息。结构化设计与结构化分析的关系如图 4-2 所示。图的左边是用结构化分析方法所建立的分析模型，右边是用结构化设计方法需要建立的设计模型。

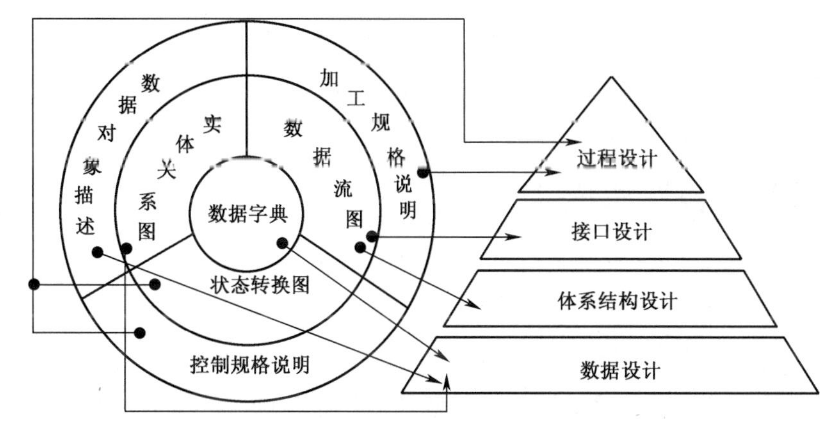

图 4-2　结构化设计与结构化分析的关系

软件设计是后续开发及软件维护工作的基础，没有设计的软件系统是一个不稳定的系统，如图 4-3 所示。对于一个软件系统，如果不进行设计而构造一个系统，可以肯定这个系统是不稳定的。这个系统即使发生很小的变动都可能出现故障。而且很难测试，直到软件工程过程的最后，系统的质量仍无法评价。

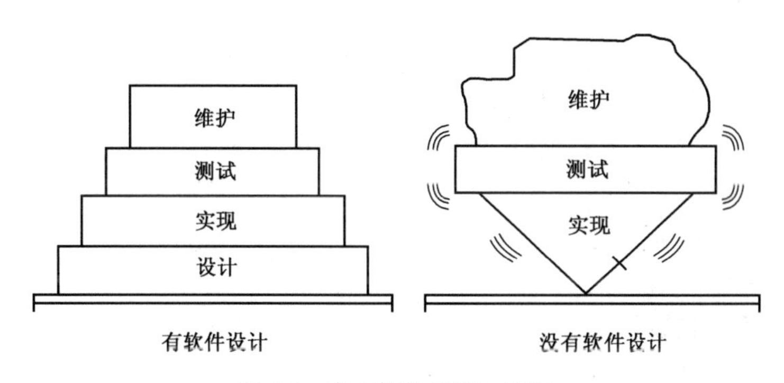

图 4-3　有无软件设计对比图

4.1.2 目标系统的运行环境

在设计目标系统时，软件设计人员要充分认识和分析目标系统的运行环境，以便在设计时考虑运行的约束条件及系统接口，如图 4-4 所示。

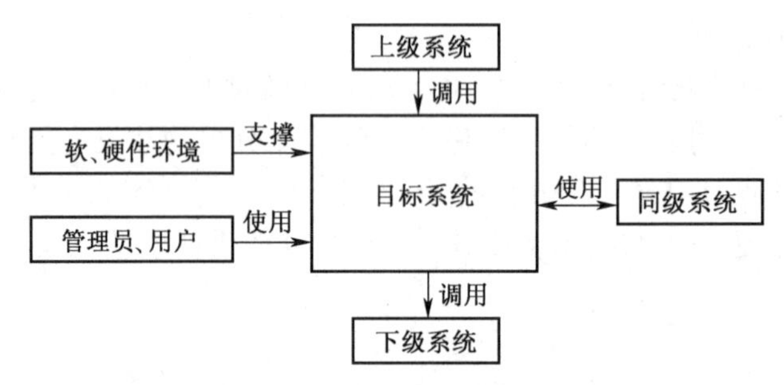

图 4-4 目标系统的运行环境

4.2 概要设计的目标和任务

4.2.1 概要设计的目标

概要设计又称为总体设计，它的基本目的就是回答“概括地说系统应该如何实现”。

系统设计的目标，就是为系统制定总的蓝图，权衡各种技术和实施方法的利弊，合理利用各种资源，精心规划出系统总的设计方案。这是一个将软件系统需求转换为目标系统体系结构的过渡过程。

在该阶段，软件设计人员审查可行性研究报告、需求规格说明书，在此基础上将系统划分为层次结构和模块，决定各模块的功能、模块的调用关系。

4.2.2 概要设计的任务

概要设计的主要任务是把需求分析得到的 DFD 转换为软件结构和数据结构。其中设计软件结构的具体任务是：将一个复杂系统按功能进行模块划分、建立模块的层次结构及调用关系、确定模块间的接口及人机界面等。数据结构设计包括数据特征的描述、确定数据的结构特性以及数据库的设计。

概要设计的具体任务包括：

（1）制定软件设计规范。

（2）软件体系结构设计。

（3）处理方式设计。

（4）数据结构设计。

（5）可靠性设计。

（6）编写概要设计说明书。

（7）概要设计评审。

4.3 概要设计原则

概要设计要遵循的原则有：模块化；抽象；自顶向下，逐步细化；信息隐蔽；模块独立性。其中，模块独立性是最核心的原则。

4.3.1 模块化

1．软件系统的模块化

一个软件系统可按功能不同划分成若干功能模块。软件系统的层次结构正是模块化的具体体现。把一个大而复杂的软件系统划分成易于理解的比较单纯的模块结构，这些模块可以被组装起来以满足整个问题的需求，如图4-5所示。

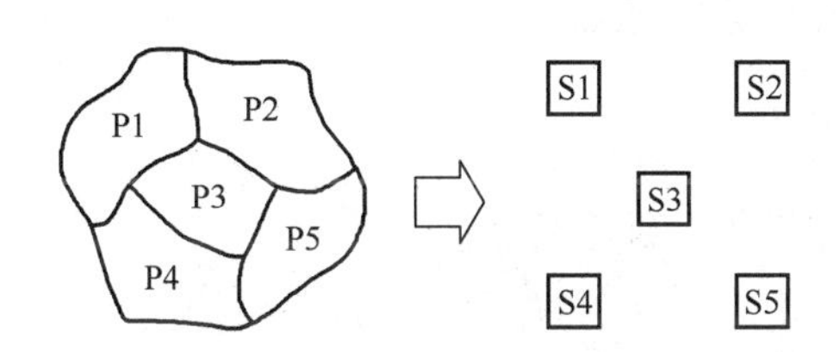

图4-5 软件系统的模块化

模块是组成目标系统逻辑模型和物理模型的基本单位，它的特点是可以组合、分解和更换。系统中任何一个处理功能都可以看成是一个模块。

根据模块功能具体化程度的不同，可以分为逻辑模块和物理模块。在系统逻辑模型中定义的处理功能可视为逻辑模块，物理模块是逻辑模块的具体化，可以是一个计算机程序、子程序或若干条程序语句，也可以是人工过程的某项具体工作。

2．模块具备的要素

一个模块应具备以下4个要素：

（1）输入和输出：模块的输入来源和输出去向都是同一个调用者，即一个模块从调用者那里取得输入，进行加工后再把输出返回调用者。

（2）处理功能：指模块把输入转换成输出所做的工作。

（3）内部数据：指仅供该模块本身引用的数据。

（4）程序代码：指用来实现模块功能的程序。

输入和输出、处理功能要素是模块的外部特性，即反映了模块的外貌。内部数据、程序代码要素是模块的内部特性。在结构化设计中，主要考虑的是模块的外部特性，其内部特性只作必要了解，具体的实现将在系统实施阶段完成。

3. 模块设计标准

Meyer 的良好模块设计标准：

（1）模块可分解性：可将系统按问题/子问题分解的原则分解成系统的模块层次结构。

（2）模块可组装性：可利用已有的设计构件组装成新系统，不必一切从头开始。

（3）模块可理解性：一个模块可不参考其他模块而被理解。

（4）模块连续性：对软件需求的一些微小变更只导致对某个模块的修改而整个系统不用大动。

（5）模块保护：将模块内出现异常情况的影响范围限制在模块内部。

4. 问题复杂性、开发工作量和模块数之间的关系

模块化是为了使一个复杂的大型程序能被人的智力所管理，是软件应该具备的唯一属性。如果一个大型程序仅由一个模块组成，它将很难被人所理解。下面根据人类解决问题的一般规律，论证问题复杂性、开发工作量和模块数之间的关系。

设 C(x)为问题 x 所对应的复杂度函数，E(x)为解决问题 x 所需要的工作量函数。对于两个问题 P1 和 P2，如果：

$$C(P1)>C(P2)$$

即问题 P1 的复杂度比 P2 高，则显然有：

$$E(P1)>E(P2)$$

即解决问题 P1 比 P2 所需的工作量大。

根据解决一般问题的经验，规律为：

$$C(P1+P2)>C(P1)+C(P2)$$

即解决由多个问题复合而成的大问题的复杂度大于单独解决各个问题的复杂度之和，则：

$$E(P1+P2)> E(P1)+E(P2)$$

如果模块是相互独立的，当模块变得越小，每个模块花费的工作量越少；但当模块数增加时，模块间的联系也随之增加，把这些模块联接起来的工作量（接口成本）也随之增加。

因此，存在一个模块个数 M，它使得总的开发成本达到最小。

实践证明，一般人们能够同时考虑的问题个数为 7±2，因此，一个软件项目划分 5～9 个模块较好。通过上面的推理可知，通过对软件系统的不断细分可以将系统开发的工作量不断减少，工作量的大小将随着模块化程度的加大而不断减少，但并不是说把系统划分得越细，开发的工作量就越小，因为还有一些因素不容我们忽视，那就是接口的开发成本。关于模块化程度与软件成本的关系，如图 4-6 所示。

从下图可以看出，随着模块数量的增加，软件总成本一开始呈下降趋势，但与此同时，模块之间接口的设计所带来的成本也不断增加，模块细分得越多，模块之间接口的设计工作量

就越大，由此会使得软件开发增加一些成本，当到了某个程度时，软件总成本就会随着模块数目的增加而不断上升。所以在进行模块化设计时，既要尽量地细分模块，又要考虑设计接口所带来的成本，设计中尽量使模块化程度接近于图中的最小成本区域。

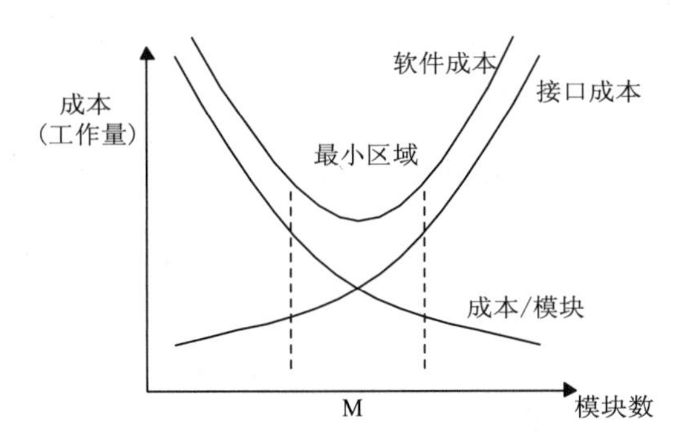

图 4-6 模块化程度与软件成本的关系

依据模块化的原则进行适当的设计，可以使得程序结构更加清晰，软件系统更易于设计，同时程序的可阅读性和可理解性也会大大增强。

5. 模块分割方法

横向分割，根据输入、处理、输出等功能的不同来分割模块。

纵向分割，根据系统对信息处理过程中不同的阶段来分割模块。

4.3.2 抽象

人类在认识复杂现象的过程中使用的最强有力的思维工具是抽象。人们在实践中认识到，现实世界中一定事物、状态或过程之间总存在着某些相似的方面（共性）。抽象就是抽出事物的本质特性而暂时不考虑它们的细节。这样可以集中精力分析事物的主要问题，而细节问题靠进一步细化。

在软件工程过程中，从系统定义到实现，每进展一步都可以看作是对软件解决方案的抽象化过程的一次细化。

而在从概要设计到详细设计的过程中，抽象化的层次逐次降低。当产生源程序代码时到达最低的抽象层次。

4.3.3 自顶向下，逐步细化

将软件的体系结构按自顶向下方式，对各个层次的过程细节和数据细节逐层细化，直到用程序设计语言的语句能够实现为止，从而最后确立整个软件的体系结构。如图 4-7 所示，即为模块的树状结构图。从树状结构可以看出模块的层次关系。模块 A 是主模块，如果算作第 0 层，则其下属模块 B 和 C 为第 1 层，模块 D、E 和 F 是第 2 层……。树状结构的特点是：整个结构只有一个主模块，上层模块调用下层模块，同一层模块之间不能互相调用。因此，在模块设计时，一般建议采用树状结构。

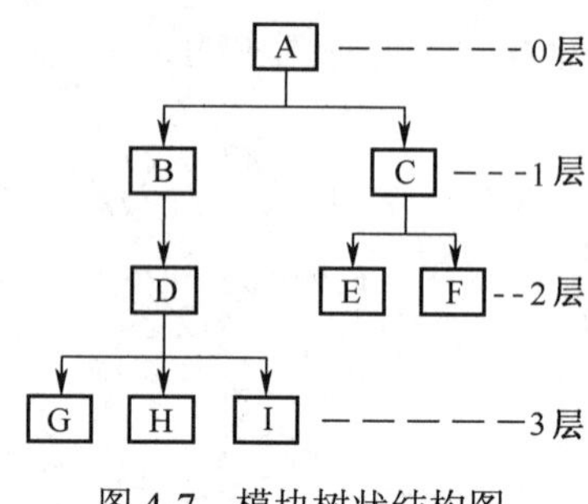

图 4-7　模块树状结构图

4.3.4　信息隐蔽

信息隐蔽是指一个模块的实现细节对于其他模块来说是隐蔽的。就是说，模块中所包含的信息（包括数据和过程）不允许其他不需要这些信息的模块使用。

通过信息隐蔽，可定义和实施对模块的过程细节和局部数据结构的存取限制。如定义公共变量和私有变量。

4.3.5　模块独立性

模块独立性是指软件系统中每个模块只涉及软件要求的具体的子功能，而和软件系统中其他模块的接口是简单的。

度量模块独立性有两个准则，即模块间的耦合和模块的内聚。

耦合：耦合是模块间互相联系的紧密程度的度量。它取决于各个模块之间接口的复杂程度，一般由模块之间的调用方式、传递信息的类型和数量来决定。模块的耦合性与独立性之间的关系如图 4-8 所示。

内聚：内聚是一个模块内部各个元素彼此结合的紧密程度的度量。

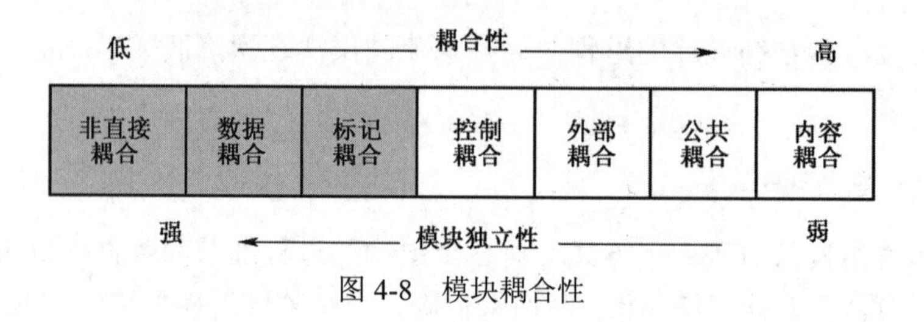

图 4-8　模块耦合性

1. 模块耦合

（1）非直接耦合：也称偶然耦合，是指两个模块之间没有直接关系，它们之间的联系完全是通过主模块的控制和调用来实现的。非直接耦合的模块独立性最强，如图 4-9 所示。

（2）数据耦合：一个模块访问另一个模块时，彼此之间通过参数交换信息，且局限于数据信息（非控制信息）。一个好的软件系统，都需要进行各种数据的传输，某些模块的输出数据作为另一模块的输入数据，如图4-10所示。

（3）标记耦合：一组模块通过参数表传递记录信息，这组模块共享了该记录，就是标记耦合，如图4-11所示。传递的记录是某一数据结构的子结构，而不是简单变量。在软件设计时应尽量避免这种耦合。

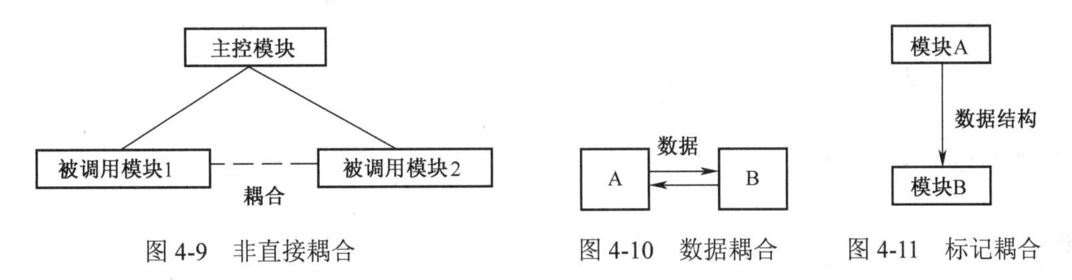

图4-9 非直接耦合　　图4-10 数据耦合　　图4-11 标记耦合

（4）控制耦合：如果一个模块通过传送控制信息来控制另一模块的功能，就是控制耦合。控制耦合属于中等程度的耦合，它增加了系统的复杂性，如图4-12所示。

（5）外部耦合：一组模块都访问同一全局简单变量而不是同一全局数据结构，而且不是通过参数表传递该全局变量的信息，则称之为外部耦合，如图4-13所示。

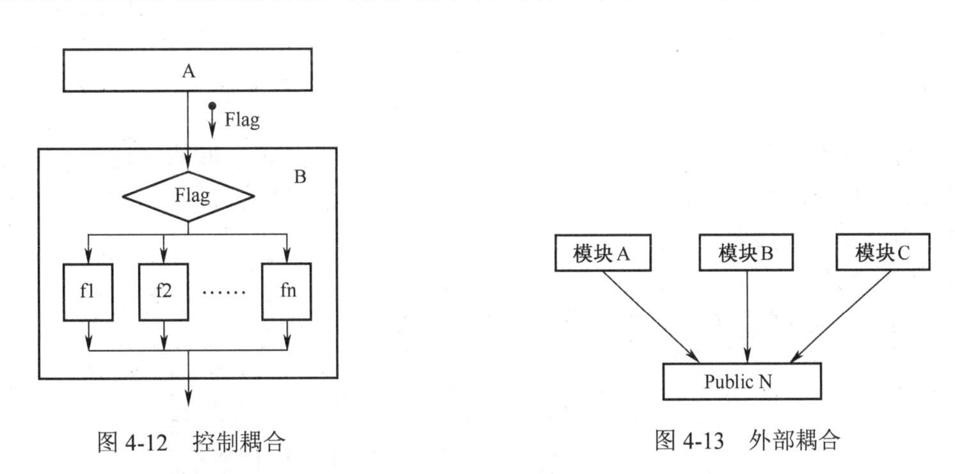

图4-12 控制耦合　　图4-13 外部耦合

（6）公共耦合：若一组模块都访问同一个公共数据环境，则它们之间的耦合就称为公共耦合。公共数据环境可以是全局数据结构、共享的通信区、内存的公共覆盖区等。公共耦合的复杂程度随耦合模块的个数增加而显著增加。

若只是两模块间有公共数据环境，则公共耦合有两种情况：松散的公共耦合和紧密的公共耦合。松散的公共耦合：一个模块往公共数据区传送数据，而另一个模块从公共数据区接收数据，如图4-14所示。紧密的公共耦合：两个模块既往公共数据区传送数据，又从公共数据区接收数据，如图 4-15 所示。

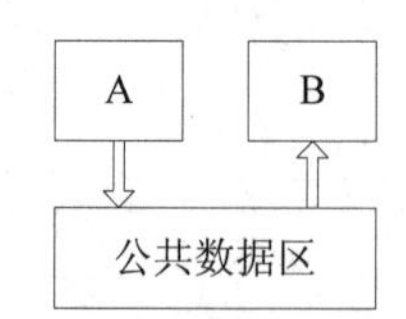

图 4-14　松散的公共耦合

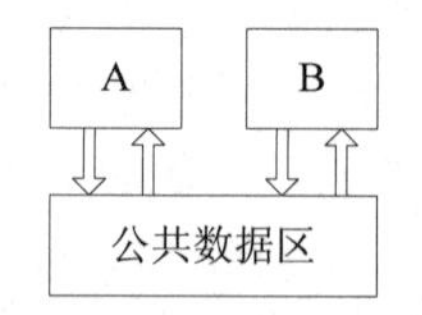

图 4-15　紧密的公共耦合

（7）内容耦合：如果发生下列情形之一，则两个模块之间就发生了内容耦合，如图 4-16 所示。

①一个模块直接访问另一个模块的内部数据；

②一个模块不通过正常入口转到另一模块内部；

③两个模块有一部分程序代码重叠；

④一个模块有多个入口。

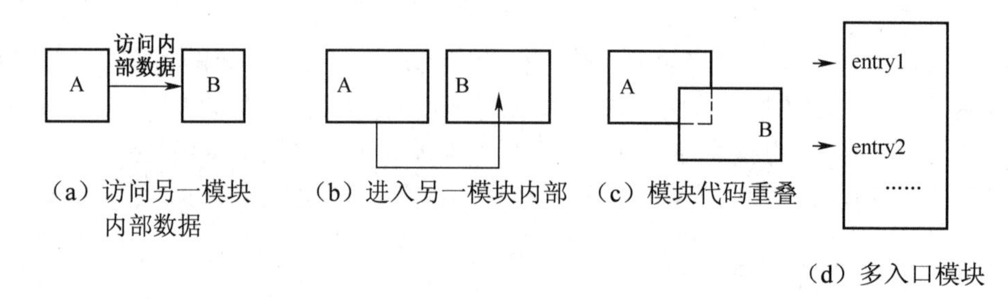

（a）访问另一模块内部数据　（b）进入另一模块内部　（c）模块代码重叠　（d）多入口模块

图 4-16　内容耦合

软件设计应追求尽可能松散耦合，避免强耦合，这样模块间的联系就越小，模块的独立性就越强，对模块的测试、维护就越容易。因此，建议尽量使用数据耦合，少用控制耦合，限制公共耦合，完全不用内容耦合。

2. 模块内聚

模块内聚分为 7 级，模块的内聚性与独立性之间的关系如图 4-17 所示。

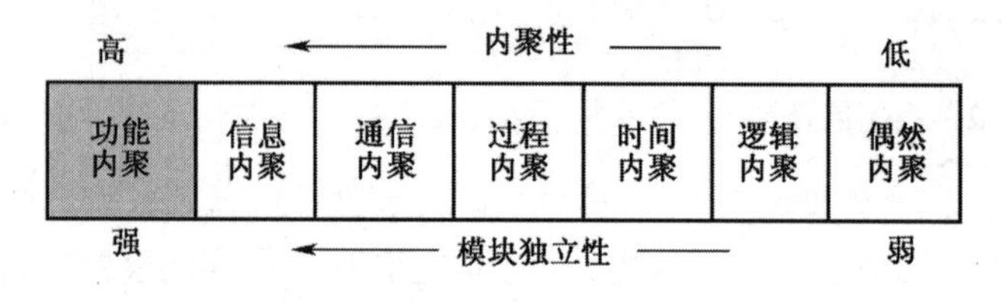

图 4-17　模块内聚性

（1）偶然内聚：当模块内部各元素之间没有联系，或者即使有联系也很松散。则称这种模块为偶然内聚模块，如图 4-18 所示。偶然内聚存在很大缺点，它不利于程序的修改与维护。

（2）逻辑内聚：如果一个模块中包含多个逻辑上相关的功能，每次被调用时，根据传递给该模块的判定参数来确定模块应执行的功能，称作逻辑内聚，如图 4-19 所示。

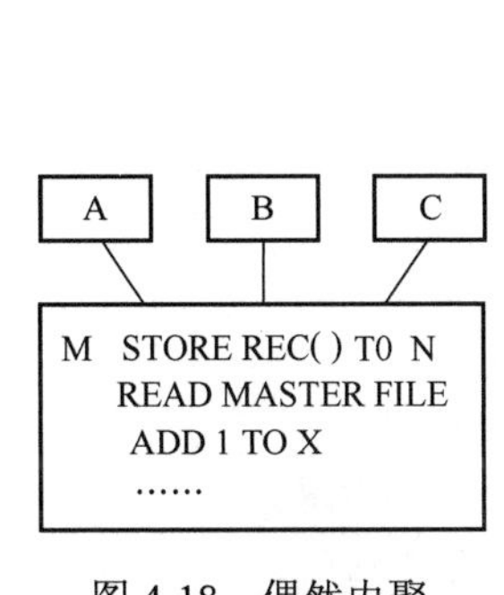

图 4-18　偶然内聚

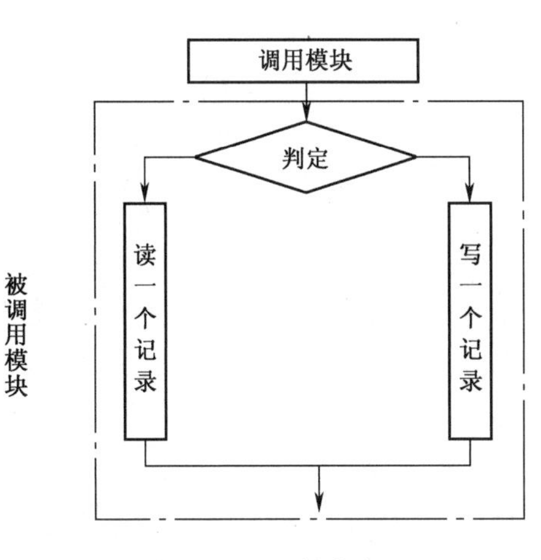

图 4-19　逻辑内聚

逻辑内聚模块中各功能存在着某种相关的联系，但它执行的不是一种功能，而是多种功能，这样往往增加了软件修改和维护的难度。

（3）时间内聚：如果一个模块所包含的任务必须在同一时间内执行称作时间内聚。如初始化模块，对各种变量、数据、栈和寄存器等都在开始执行前期的同一时间段内执行，如图 4-20 所示。

（4）过程内聚：如果一个模块内的处理是相关的，而且必须以特定次序执行，则称为过程内聚，如图 4-21 所示。

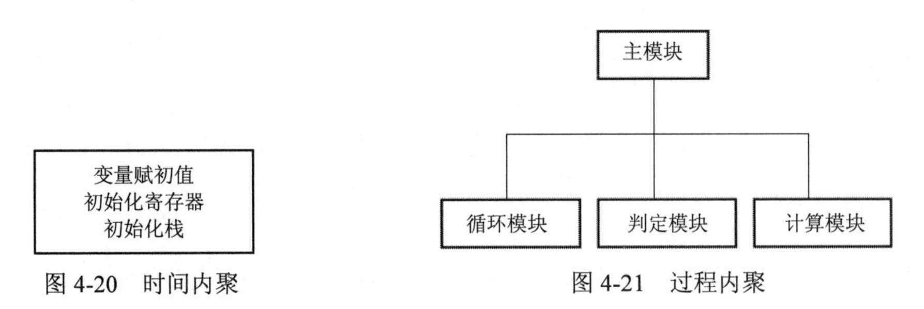

图 4-20　时间内聚　　图 4-21　过程内聚

例如，把流程图中的循环部分、判定部分、计算部分分成三个模块，则每个模块都是过程内聚模块。

（5）通信内聚：如果一个模块各功能部分都使用了相同的输入数据，或产生了相同的输出数据，则称为通信内聚，如图 4-22 所示。

（6）信息内聚：这种模块能完成多个功能，各个功能都在同一数据结构上操作，每一项功能有一个唯一的入口点，如图 4-23 所示。

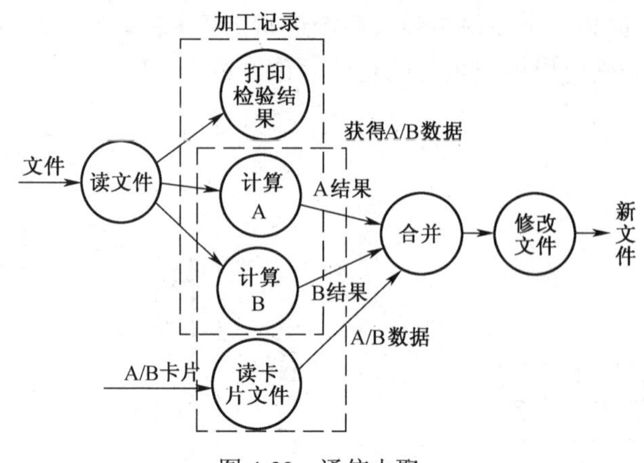

图 4-22　通信内聚

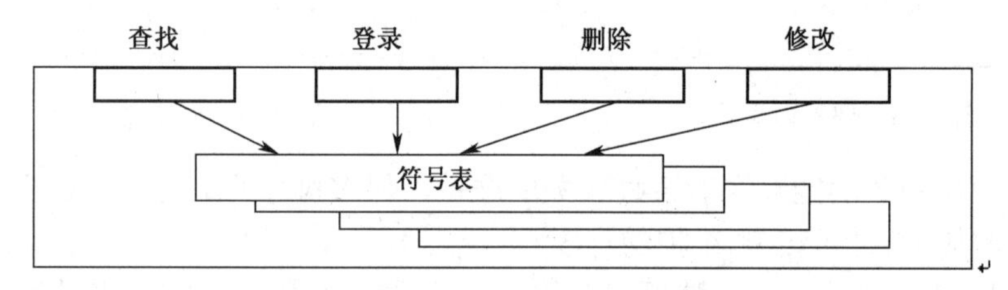

图 4-23　信息内聚

（7）功能内聚：如果一个模块内所有成分都完成同一个功能，则称这样的模块为功能内聚模块。功能内聚是内聚程度最高的模块，也就是独立性最强的模块。

软件设计中应该注意：力求做到高内聚，尽量少用中内聚，绝对不用低内聚。

4.4　体系结构设计工具

常用的软件体系结构设计工具有结构图（SC）和层次图加输入/处理/输出图（HIPO）。

4.4.1　结构图

在结构化设计方法中，软件结构常常采用 20 世纪 70 年代中期由 Yourdon 等人提出的结构图（Structure Chart，SC）来表示。结构图能够描述软件系统的模块层次结构，清楚地反映出程序中各模块之间的调用关系和联系。

模块结构图不仅严格地定义了模块的名字、功能和接口，同时也反映了结构化设计的思想。模块结构图有 5 种基本符号：模块、调用、数据、控制和转接，结构图中的基本符号如表 4-1 所示。

表 4-1　结构图中的基本符号

符号	含义
	用于表示模块，方框中标明模块的名称
	直线或带箭头直线，用于描述模块之间的调用关系
	表示信息传递，箭头尾部为空心圆表示传递的信息是数据，实心圆则表示传递的是控制信息，箭头上标明信息的名称
A B C	菱形表示模块 A 选择调用模块 B 或者模块 C
A B C	圆弧表示模块 A 循环调用模块 B 和模块 C

模块结构图中表示的数据即为模块间传递的信息，用带空心圆的箭头表示，并在旁边标上数据名。模块有时会传递一些控制信息，结构图中用带实心圆的箭头表示。图 4-24（a）表示模块 A 调用模块 B。（b）图表示模块“A 查询学生成绩”调用模块“B 查找学生记录”时，将数据信息“学号”传递给模块“B 查找学生记录”，模块“B 查找学生记录”对其进行查询操作后返回控制信息“查找成功信号”。

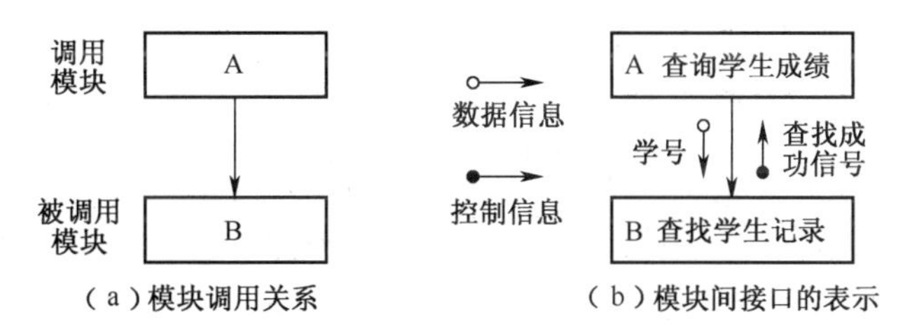

图 4-24　模块间数据及控制信息的传递

程序结构可以用许多不同的符号来表示。最常用的是如图 4-25 所示的树形结构图。它是一个软件系统的分层模块结构图。在图中，上级模块调用下级模块，它们之间存在主从关系，而同一层的模块之间并没有这种主从关系。结构图的形态特征包括：扇出、扇入、深度、宽度。

扇出是一个模块直接控制（调用）的模块数目，如图 4-26（a）所示。扇出过大意味着模块过分复杂，需要控制和协调过多的下级模块；模块的扇出数目过小也不好，这样将使得结构图的深度增加，增大了模块接口的复杂性，而且增加了调用和返回的时间，降低了工作效率。经验表明，一个设计得好的典型系统的平均扇出通常是 3 或者 4。

扇入表明有多少个上级模块直接调用它，如图 4-26（b）所示扇入越大则共享该模块的上级模块数目越多，这是有好处的，但是，不能违背模块独立原理单纯追求高扇入。

深度与宽度：深度是指在软件结构中控制的层数，如图 4-25 所示。层数越多，程序越复杂，程序的可理解性也就随之下降。宽度表示软件结构中同一层次上的模块总数的最大值。宽度越大，系统越复杂。

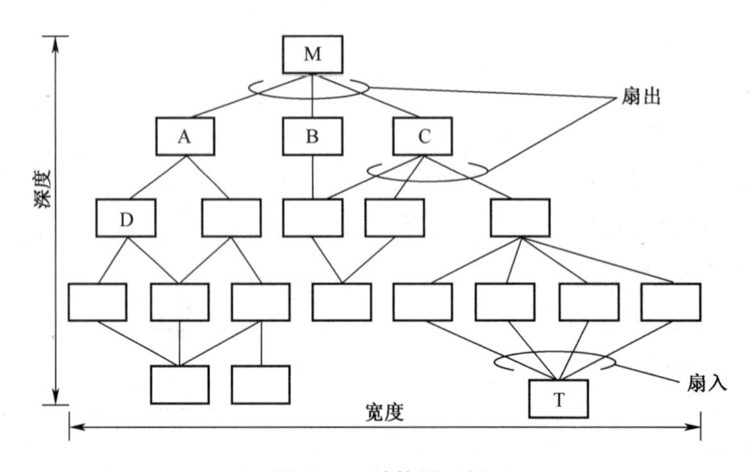

图 4-25 结构图示例

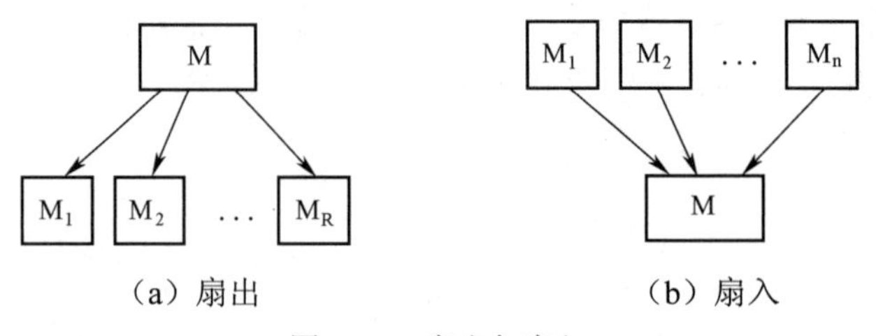

图 4-26 扇出与扇入

经过以上分析，可以得出图 4-25 中，结构图的深度为 5，宽度为 8，模块 M 的扇出为 3，模块 T 的扇入为 4。

4.4.2 HIPO 图

HIPO（Hierarchy Plus Input/Processing/Output）图是 IBM 公司在 20 世纪 70 年代发展起来的用于描述软件体系结构的图形工具。它实质上是在描述软件总体模块结构的层次图（H 图）的基础上，加入了用于描述每个模块输入/输出数据和处理功能的 IPO 图，因此它的中文全名为层次图加输入/处理/输出图。

（1）层次图（Hierarchy Chart）。

层次图表明各功能模块的隶属关系，它是自顶向下逐层分解得到的一个树型结构。其顶层模块是整个系统的名称，第二层是对系统功能的分解，继续分解可得到第三层、第四层等。

为了使 H 图更具有可追踪性，可以为除顶层以外的其他矩形框加上能反映层次关系的编号。图 4-27 是层次图的一个例子，最顶层的方框代表工资计算系统的主控模块，它调用下层模块完成工资计算系统的全部功能；第二层的每个模块控制完成工资计算系统的一个主要功能，例如“计算工资”模块通过调用它的下属模块可以完成 3 种计算工资功能中的任何一种。

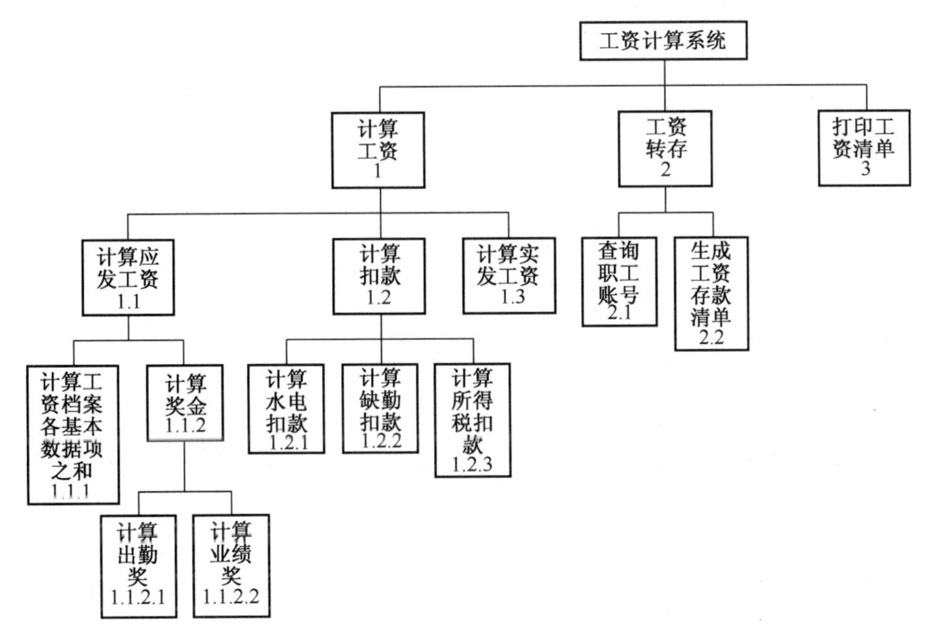

图 4-27　工资计算系统的 H 图

（2）IPO 图。

IPO 图是输入、处理、输出图，它能够方便、清晰地描绘出模块的数据输入、数据加工和数据输出之间的关系。与层次图中每个矩形框相对应，IPO 图描述该矩形框所代表的模块的具体处理细节，作为对层次图中内容的补充说明。

在图 4-28 中左边的框中列出模块涉及的所有输入数据，中间列出主要的数据加工，右边列出处理后产生的输出数据；图中的箭头用于指明输入数据、加工和输出结果之间的关系。

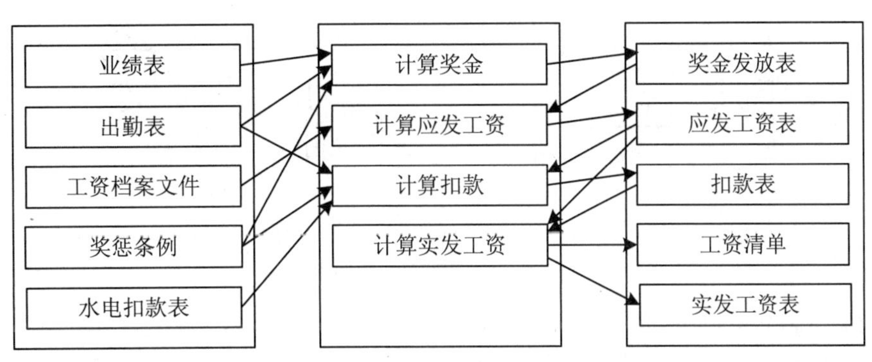

图 4-28　计算工资模块的 IPO 图

4.5 概要设计的启发式规则

启发式规则是根据软件体系结构设计经验对概要设计原则进行的进一步补充和说明。

4.5.1 提高模块独立性

为了提高软件中各个模块的独立性，提高程序的可读性、可测试性和可维护性，在软件体系结构设计时应尽可能采用高内聚、低耦合的模块。

如最好实现功能内聚，尽量只使用数据耦合，限制公共耦合的使用，避免控制耦合的使用，杜绝内容耦合的出现。

4.5.2 模块大小要适中

程序中模块的规模过大，会增加程序的复杂性，降低程序的可读性；而模块规模过小，势必会导致程序中的模块数目过多，增加接口的数量和成本。

模块的适当规模没有严格的规定，但普遍的观点是模块中的语句最好保持在 50～150 行之间。为了使模块的规模适中，在保证模块独立性的前提下，可对程序中规模过小的模块进行合并或对规模过大的模块进行分解。

4.5.3 模块应具有高扇入和适当的扇出

若模块的扇出过大，则会使该模块的调用控制过于复杂。根据实践经验，模块的平均扇出通常为 3 或 4 为好。扇出太大一般是因为缺乏中间层次，应该适当增加中间层次的控制模块。如图 4-29（a）所示，模块 P 的扇出数为 10，增加两个中间层次的模块 P1 和 P2，这样模块 P1，P2 的扇出分别为 5，改造了模块 P 的模块结构，如图 4-29（b）所示。

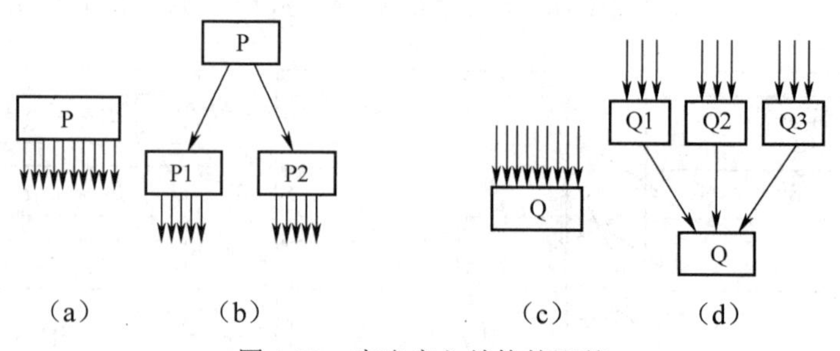

图 4-29　扇出扇入结构的调整

模块的扇入越大，则说明共享该模块的上级模块数越多，或者说该模块在程序中的重用性越高，这正是程序设计所追求的目标之一。在一个好的软件结构中，模块应具有较高的扇入和适当的扇出。但绝不能为了单纯追求高扇入或合适的扇出而破坏了模块的独立性。如果一个模块的扇入数为8，而它又不是公用模块，说明该模块具有多个功能。在这种情况下应对它进一步分析并将其功能分解。例如，图4-29（c）中的模块Q的扇入数为9，它不是公用模块，通过分析得知它是3功能的模块，所以对它进行分解，增加三个中间控制模块Q1、Q2和Q3，而把真正公用的部分提取出来留在Q中，使它成为这三个中间模块的公用模块，使各模块的功能单一化，如图4-29（d）所示。

一个良好的软件结构，通常顶层的扇出数较大，中间层的扇出数较小，底层的扇入数较大，即瓮形结构，如图4-30所示。

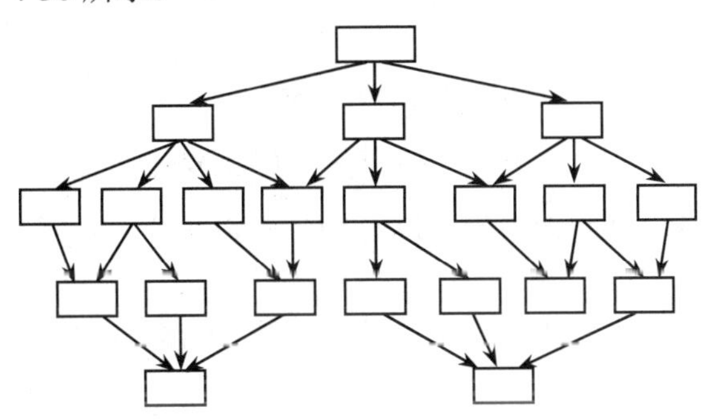

图4-30 软件结构图示例

4.5.4 软件结构中的深度和宽度不宜过大

对宽度影响最大的因素是模块的扇出，模块可以调用的下级模块数越多，软件结构的宽度就越大。

软件结构中的深度和宽度是相互对立的两个方面，降低深度会引起宽度的增加，而降低宽度又会带来深度的增加。因此，设计软件结构时要在深度和宽度之间做出平衡和折衷。

4.5.5 模块的作用域应处于控制域之内

模块的作用域是指受该模块内判定条件影响的所有模块范围。模块的控制域是指该模块本身以及所有该模块的下属模块(包括该模块可以直接调用的下级模块和可以间接调用的更下层的模块)，如图4-31所示。

例如，在图4-31中，模块C的控制域为模块C、E和F；若在模块C中存在一个对模块D、E和F均有影响的判定条件，即模块C的作用域为模块C、D、E和F，则显然模块C的作用域超出了其控制域。

由于模块D在模块C的作用域中，因此模块C对模块D的控制信息必然要通过上级模块B进行传递，这样不但会增加模块间的耦合性，而且会给模块的维护和修改带来麻烦（若要修改模块C，可能会对不在它控制域中的模块D造成影响）。

软件设计时应使各个模块的作用域处于其控制域范围之内，若发现不符合此设计原则的模块，可通过下面的方法进行改进：

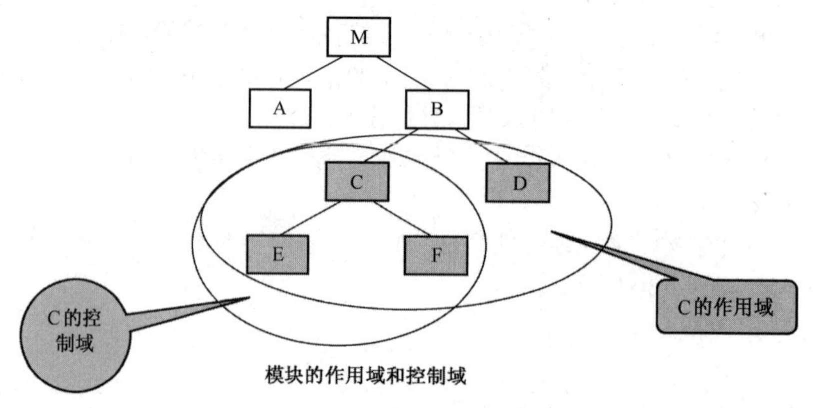

图 4-31　模块的作用域和控制域

（1）将判定位置上移。如将图中的模块 C 中的判定条件上移到上级模块 B 中或将模块 C 整个合并到模块 B 中。

（2）将超出作用域的模块下移。如将图中的模块 D 移至模块 C 的下一层上，使模块 D 处于模块 C 的控制域中。

下面给出几种不同的作用范围/控制范围的情况，其中黑色的框表示判定的作用范围。图 4-32（a）表明作用域范围不在控制域范围之内，模块 G 做出一个判定之后，若需要模块 C 工作，则必须把信号回送给模块 D，再由 D 把信号回送给模块 B。这样就使模块之间出现了控制耦合，显然不是一个好的设计。图 4-32（b）虽然表明模块的作用域在控制域之内，但是判定所在模块 TOP 所处层次太高，增加数据的传送，也不是较好的结构。图 4-32（c）表明模块的作用域在控制域之内，是一个比较好的结构。图 4-32（d）是一个比较理想的结构。

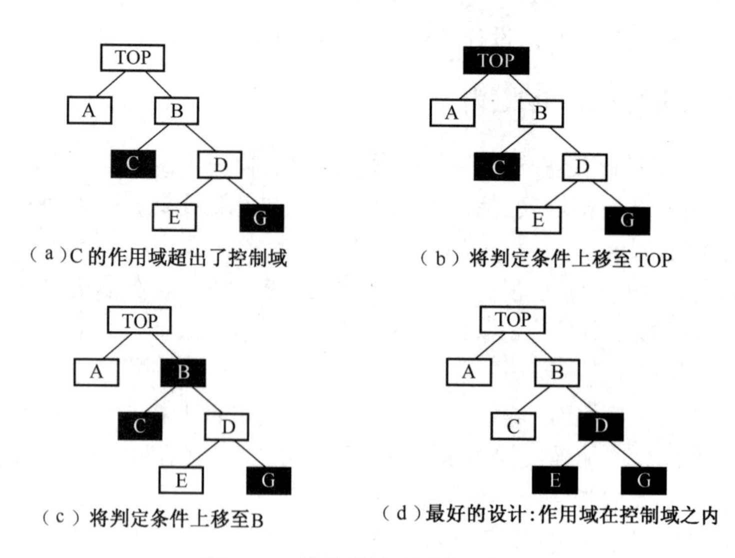

图 4-32　模块的控制域与作用域

4.5.6 尽量降低模块的接口复杂度

由于复杂的模块接口是导致软件出现错误的主要原因之一，因此在软件设计中应尽量使模块接口简单清晰，如减少接口传送的信息个数以及确保实参和形参的一致性和对应性等。

降低模块的接口复杂度，可以提高软件的可读性，减少出现错误的可能性，并有利于软件的测试和维护。

4.5.7 设计单入口、单出口的模块

这条规则要求在软件设计时不要使模块间出现内容耦合。如果软件在模块调用时是从顶部进入模块并且从底部退出来，这样的软件比较容易理解，也容易维护。如图 4-33 所示。

4.5.8 模块功能应该可以预测

如果把一个模块当作一个黑盒子，只要输入相同的数据就会产生相同的结果，这个模块的功能就是可以预测的。如图 4-34 所示。

图 4-33 单入口、单出口

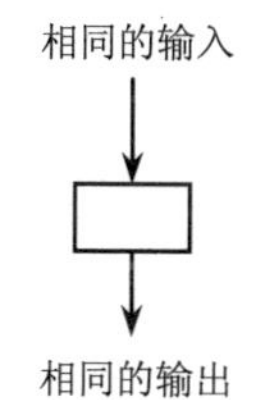

图 4-34 相同的输入、输出

4.6 面向数据流的设计方法

面向数据流的设计方法定义了一些不同的“映射”，利用这些映射可以把数据流图变换成软件结构图。任何软件系统都可以用数据流图表示，所以面向数据流的设计方法理论上可以设计任何软件的结构。通常所说的结构化设计（SD）方法，也就是基于数据流的设计方法。如图 4-35 所示。

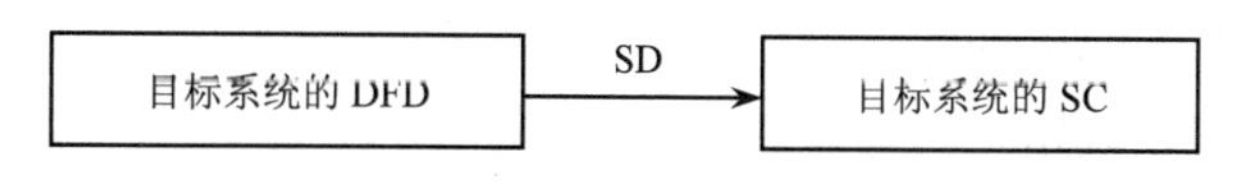

图 4-35 面向数据流设计

结构化设计（Structure Design，SD）方法，它是基于模块化、自顶向下、逐步细化等结构化程序设计技术的一种软件体系结构设计方法。

4.6.1 SD 方法实施的步骤

1．步骤

（1）研究、分析和审查数据流图。从软件的需求规格说明中弄清数据流的加工过程，对于发现的问题及时解决。

（2）根据数据流图确定数据处理的类型。典型的数据流有两种类型：变换流和事务流。针对两种不同类型分别进行分析处理。

（3）由数据流图推导出系统的初始结构图。

（4）利用启发式规则改进系统初始结构图，直到得到符合要求的结构图为止。

（5）修订和补充数据字典。

2．变换流、事务流

变换流：信息沿数据通路，先通过物理输入，由系统变换为逻辑输入，然后通过变换中心处理，再将信息的逻辑输出变换为物理输出。具有这种特性的信息流称为变换流。如图 4-36 所示。信息沿输入通路进入系统，同时由外部形式变换成内部形式，进入系统的信息通过变换中心，经加工处理以后再沿输出通路变换成外部形式离开软件系统。

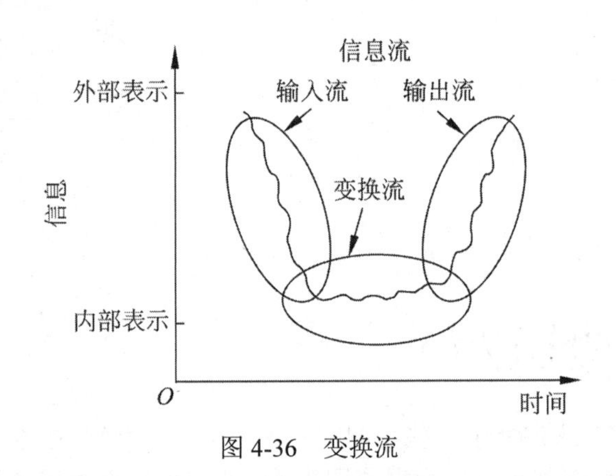

图 4-36 变换流

事务流：信息沿数据通路到达一个处理中心（事务中心），然后根据信息的类型来决定从若干动作序列中选择一个来执行，这样的信息流称为事务流，是以事务为中心的。一个事务流由输入、处理和若干动作路径组成。图 4-37 中的处理 T 称为事务中心，它完成下述任务：

（1）接收输入数据（输入数据又称为事务）。

（2）分析每个事务以确定它的类型。

（3）根据事务类型选取一条活动通路。

在软件的需求分析阶段，数据流是软件开发人员考虑问题的出发点和基础。数据流从系统的输入端到输出端，要经历一系列的变换或处理。用来表现这个过程的数据流图（DFD）实际上就是软件系统的逻辑模型。面向数据流的设计要解决的任务，就是在上述需求分析的基础上，将 DFD 图映射成软件系统结构图——SC 图。图 4-38 说明了使用面向数据流方法逐步设计的过程。

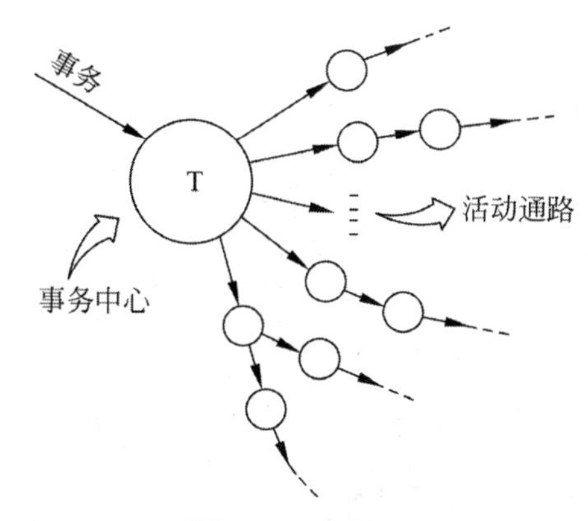

图 4-37 事务流

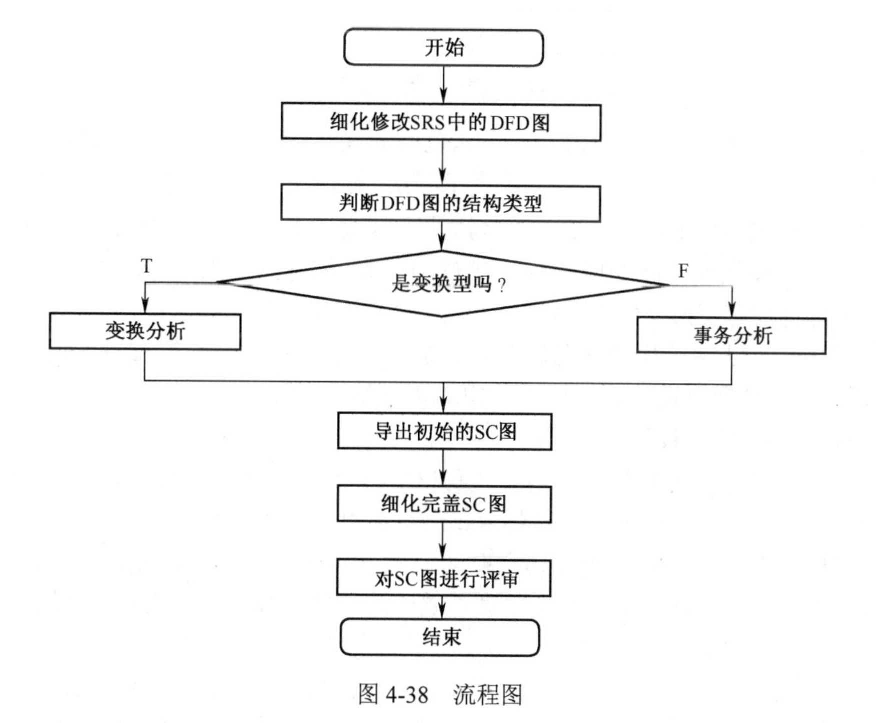

图 4-38 流程图

4.6.2 变换分析

变换型数据流图由输入、变换（主加工）和输出三部分构成。变换型数据处理工作过程大致分为三步，即取得数据、变换数据和给出数据，如图 4-39 所示。

图 4-39　变换型数据流图

相应地，变换型系统结构图由输入、中心变换和输出三部分组成，如图 4-40 所示。

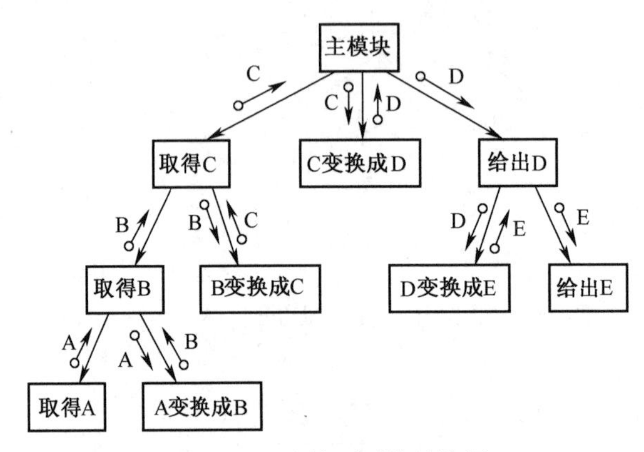

图 4-40　变换型系统结构图

在图 4-40 中，主模块首先得到控制，沿着结构图的左支依次调用其下属模块，一直读到数据 A。然后对 A 进行预加工，转换成 B 向上回送。再继续对 B 进行加工，转换成逻辑输入 C 给主模块。主模块得到数据 C 之后，控制变换中心模块，将 C 加工成 D。在调用传出模块输出 D 时，由传出模块调用后处理模块，将 D 加工成适于输出的形式 E，最后输出结果 E。

变换分析是将具有变换型的 DFD 图导出为 SC 图。步骤如下：

（1）在数据流图上区分系统的逻辑输入、逻辑输出和变换中心部分，并标出它们的边界。

（2）进行一级分解，设计系统模块结构的顶层和第一层。

（3）进行二级分解，设计中、下层模块。

（4）将输入模块 Ci、变换模块 Ct、输出模块 Co 组装在主控模块 Cm 下，获得完整的 SC 图。

1. 在 DFD 图上标出逻辑输入、逻辑输出和变换中心的边界

变换流型的数据流图一般由输入、变换（主加工）和输出三部分组成。在输入部分中，系统输入端的数据流称为物理输入，物理输入通过预处理、编辑和格式转换等辅助性加工后，转换成逻辑输入，逻辑输入是系统输入部分中离物理输入端最远的输入。接着数据流通过逻辑输入进入主加工，从主加工流出的即为逻辑输出。同样的，逻辑输出通过预处理、编辑和格式转换等辅助性加工后，转换成物理输出。与逻辑输入类似，逻辑输出是系统输出部分中离物理输出端最远的输出。这样，对数据流图进行划分，从物理输入到逻辑输入部分构成了系统的输入流，从逻辑输出到物理输出部分构成了系统的输出流，而位于它们之间的部分便是变换中心，如图 4-41 所示。

2. 完成第一级分解

第一级分解是用于设计模块结构的顶层和第一层。可以将一个变换流型的数据流图转换成为如图4-42所示的结构图。程序结构可划分为输入、中心变换和输出等几个分支。图中顶层模块为系统主模块，代表整个系统的功能，第一层则划分为输入控制模块、变换控制模块和输出控制模块。输入控制模块用于接收所有输入数据，提供给主模块；变换控制模块用于实现输入数据和输出数据的转换，将逻辑输入转换为逻辑输出；输出控制模块用于实现数据的物理输出。

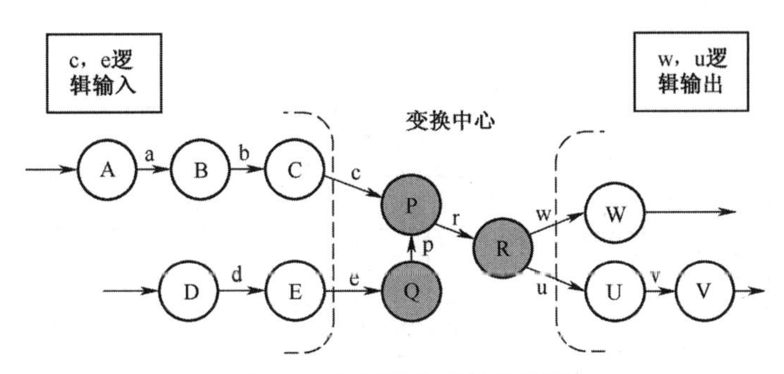

图4-41 具有变换型数据流图

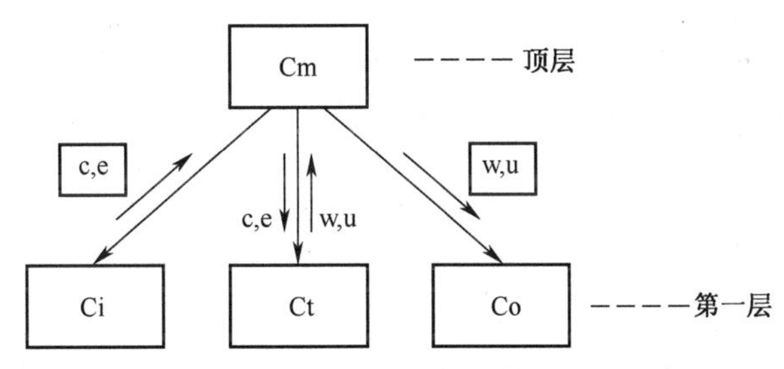

图4-42 第一级分解后的SC图

3. 完成第二级分解

第二级分解主要是用于设计模块结构的中、下层模块，即对第一层的输入控制模块、变换控制模块和输出控制模块进行自顶向下的逐层分解，为这几类模块设计出它们的下属模块。

（1）对输入控制模块的下属模块的设计。

对输入控制模块的下属模块的设计是从变换中心与输入控制模块的边界开始，沿着每条输入通路，对其中的每个辅助性加工进行逐层分解，并将其映射为相应的下属模块。输入控制模块一般包括接收输入数据和向调用它的上级模块提供数据两方面的功能，所以它应由接收输入数据和将数据转换为调用它的上级模块所需的数据类型两部分组成。因此，对其下属模块的设计通常是将其划分为接收和转换两个下属模块，并以这样的方式对其下属模块进行分解，如图4-43所示。

（2）对输出控制模块的下属模块的设计。

对输出控制模块的下属模块的设计是从变换中心与输出控制模块的边界开始，沿着每条输出通路，对其中的每个辅助性加工进行逐层分解，并将其映射为相应的下属模块。输出控制模块的主要功能是将它所调用的模块处理后的数据传送出去。因此，它必须由将数据转换为下属模块所需的数据类型和发送数据两部分组成，如图 4-44 所示。

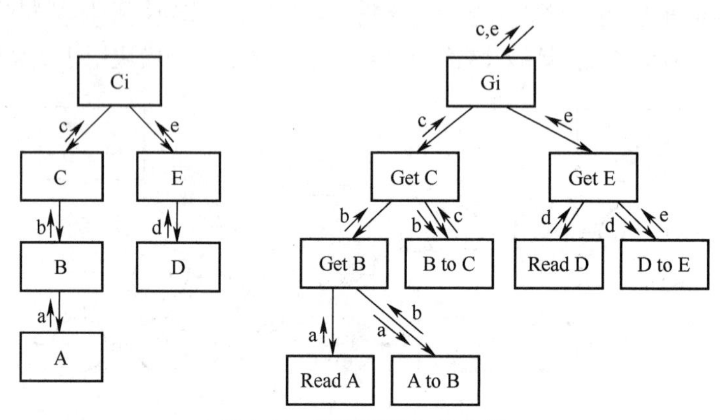

图 4-43　对逻辑输入的分解

（3）对变换控制模块的下属模块的设计。

对变换控制模块的下属模块的设计没有通用的方法，一般根据变换中心的具体变换情况及其实现的功能细节对变换控制模块进行分解，如图 4-45 所示。

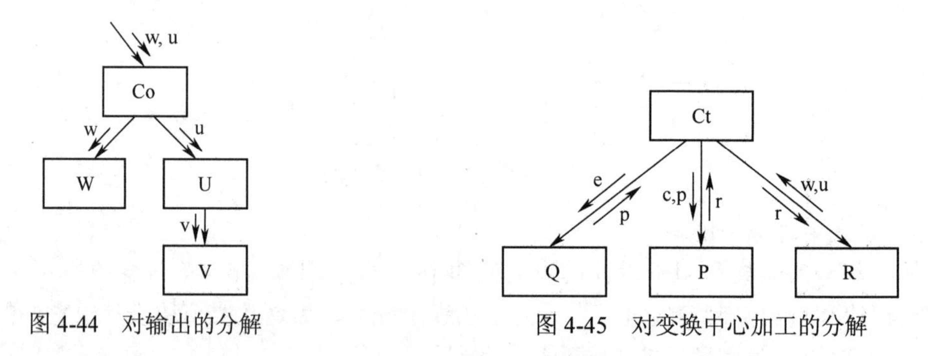

图 4-44　对输出的分解

图 4-45　对变换中心加工的分解

（4）将输入模块 Ci、变换模块 Ct、输出模块 Co 组装在一起，获得完整的 SC 图，如图 4-46 所示。下面通过一个例子说明变换分析的方法。

例 4-1　根据汽车仪表板的数据流图转换软件结构图的过程。

假设的仪表板将完成下述功能：

（1）通过模数转换实现传感器和微处理机接口。

（2）在发光二极管面板上显示数据。

（3）指示每小时英里数（mph），行驶的里程，每加仑油行驶的英里数（mpg）等。

（4）指示加速或减速。

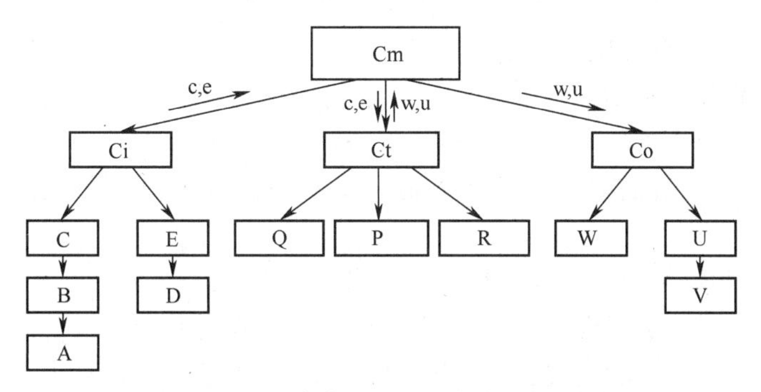

图 4-46　从变换分析导出的初始 SC 图

（5）超速警告：如果车速超过 55 英里/小时，则发出超速警告铃声。

设计步骤如下：

1）复查基本系统模型。

复查的目的是确保系统的输入数据和输出数据符合实际。

2）复查并精化数据流图。

不仅要确保数据流图给出了目标系统的正确的逻辑模型，而且应该使数据流图中每个处理都代表一个规模适中相对独立的子功能。

假设在需求分析阶段产生的数字仪表板系统的数据流图如图 4-47 所示。

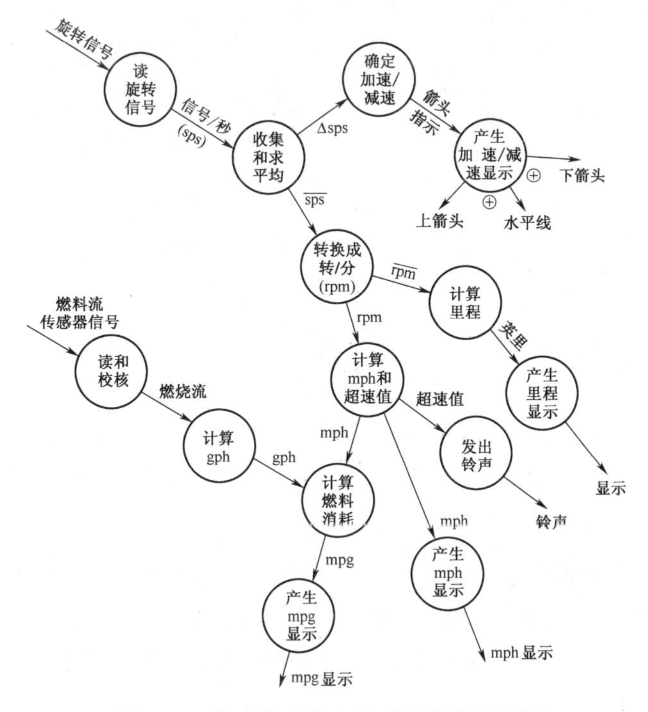

图 4-47　汽车数字仪表板系统的数据流图

3）确定数据流图具有变换特性还是事务特性。

一般说，一个系统中的所有信息流都可以认为是变换流，但是，当遇到有明显事务特性的信息流时，建议采用事务分析方法进行设计。从图 4-47 可以看出，数据沿着两条输入通路进入系统，然后沿着 5 条通路离开，没有明显的事务中心。因此可以认为这个信息流具有变换流的总特征。

4）确定输入流和输出流的边界，从而孤立出变换中心。

输入流和输出流的边界都与对它们的解释有关，也就是说，不同设计人员可能会在流内选取稍微不同的点作为边界的位置。对于汽车数字仪表板的例子，设计人员确定的流的边界如图 4-48 所示。

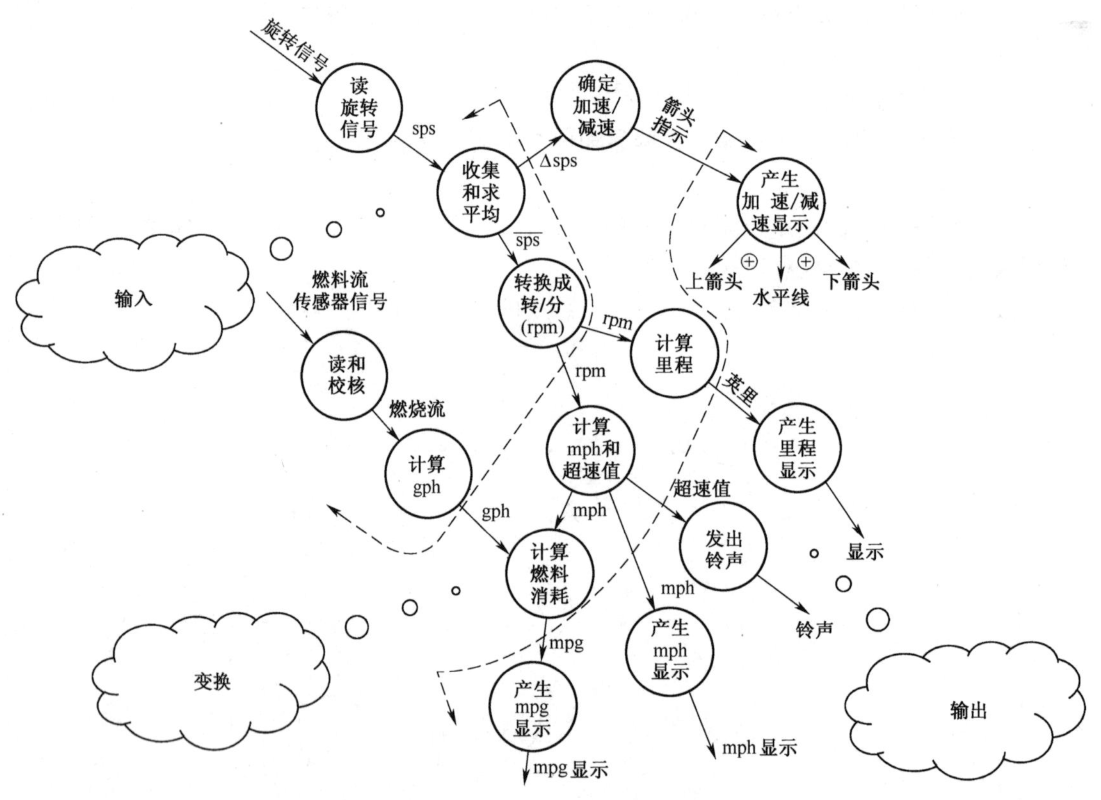

图 4-48　划分输入、输出边界的数据流图

5）完成“第一级分解”。

软件结构代表对控制的自顶向下的分配，所谓分解就是分配控制的过程。

对于变换流的情况，数据流图被映射成一个特殊的软件结构，这个结构控制输入、变换和输出等信息处理过程。图 4-49 说明了第一级分解的方法。位于软件结构最顶层的控制模块 Cm 协调下述从属的控制模块。

①输入信息处理控制模块 Ci，协调对所有输入数据的接收。

②变换中心控制模块 Ct，管理对内部形式的数据的所有操作。

③输出信息处理控制模块 Co，协调输出信息的产生过程。

图 4-49 是一个三叉的控制结构，但是对一个大型系统中的复杂数据流可以用两个或多个模块完成上述一个模块的控制功能。应该在能够完成控制功能并且保持好的耦合和内聚特性的前提下，尽量使第一级控制中的模块数目取最小值。

对于数字仪表板的例子，第一级分解得出的结构如图 4-50 所示。每个控制模块的名字表明了为它所控制的那些模块的功能。

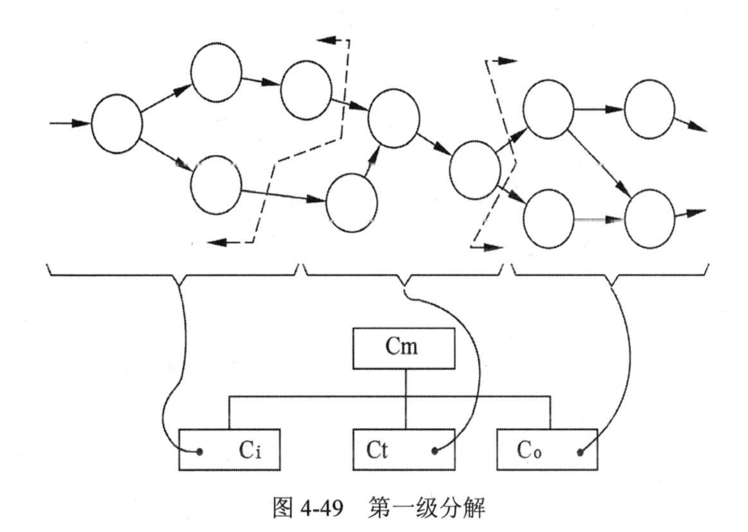

图 4-49　第一级分解

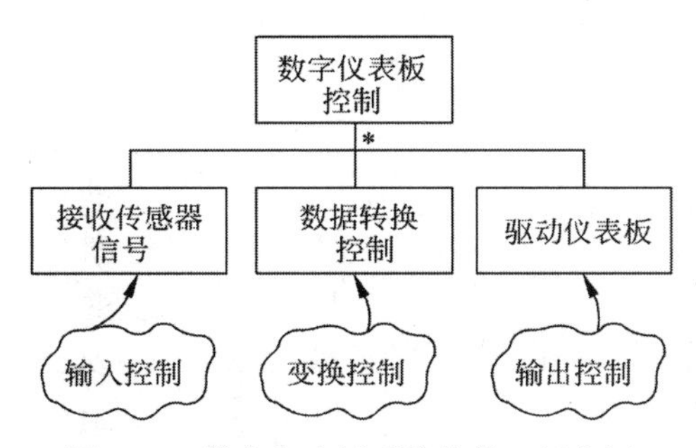

图 4-50　数字仪表板系统的第一级分解

6）完成“第二级分解”。

第二级分解就是把数据流图中的每个处理映射成软件结构中一个适当的模块。完成第二级分解的方法是，从变换中心的边界开始逆着输入通路向外移动，把输入通路中每个处理映射成软件结构中 Ci 控制下的一个低层模块；然后沿输出通路向外移动，把输出通路中每个处理映射成直接或间接接受模块 Co 控制的一个低层模块；最后把变换中心内的每个处理映射成受

Ct 控制的一个模块。图 4-51 表示进行第二级分解的普遍途径。

对于数字仪表板系统的例子，第二级分解的结果分别用图 4-52、图 4-53、图 4-54 描绘。这 3 张图表示对软件结构的初步设计结果。为每个模块写一个简要说明，描述以下内容：

①进出该模块的信息（接口描述）。

②模块内部的信息。

③过程陈述，包括主要判定点及任务等。

④对约束和特殊特点的简短讨论。

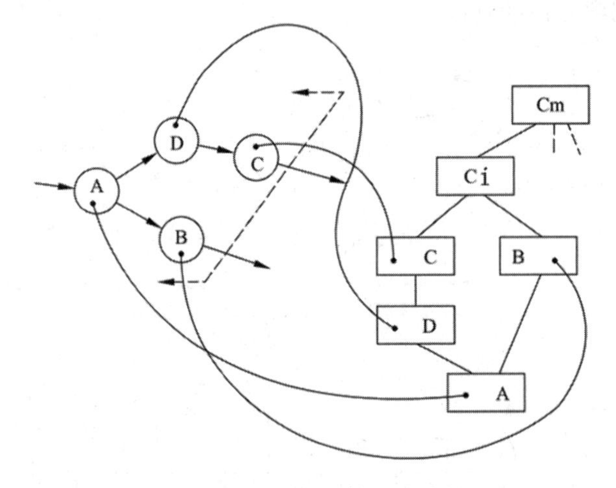

图 4-51　输入控制的第二级分解

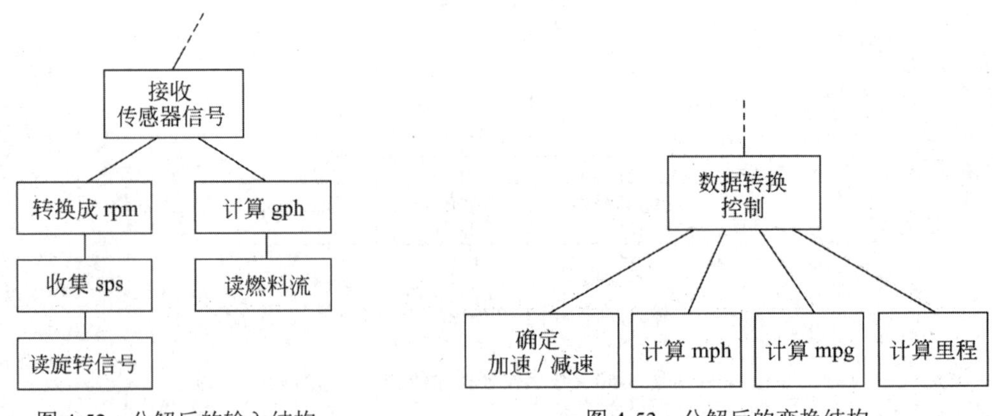

图 4-52　分解后的输入结构　　图 4-53　分解后的变换结构

7）使用设计度量和启发式规则对第一次分割得到的软件结构进一步精化。

对第一次分割得到的软件结构，总可以根据模块独立原理进行精化。为了产生合理的分解，得到尽可能高的内聚、尽可能松散的耦合，最重要的是，为了得到一个易于实现、易于测试和易于维护的软件结构，应该对初步分割得到的模块进行再分解或合并。

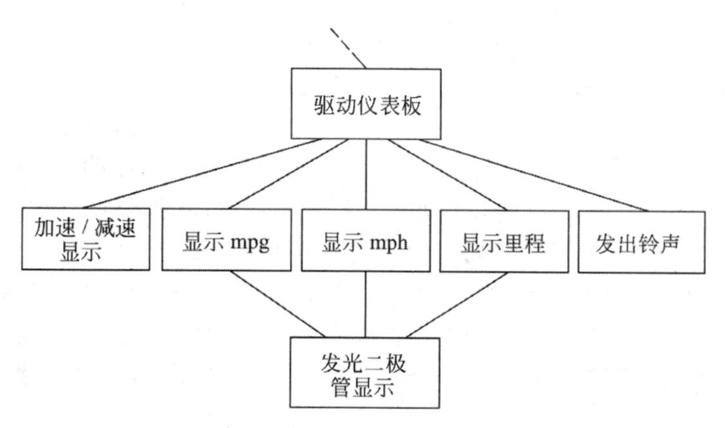

图 4-54 分解后的输出结构

对上述三个模块进行分析细化（分解或合并）后组装在一起，即形成如下的软件体系结构，如图 4-55 所示。

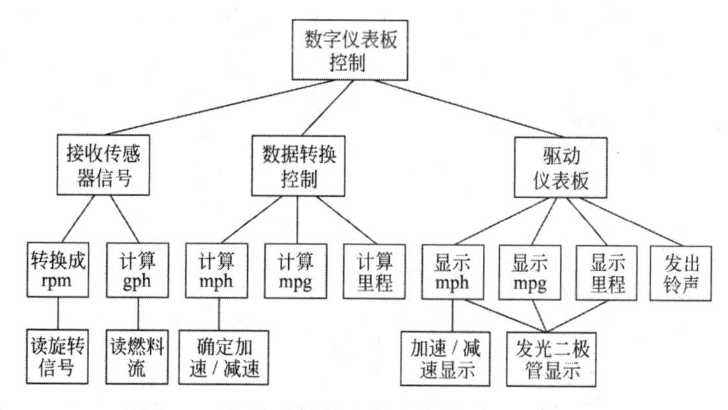

图 4-55 细化后的数字仪表板系统软件结构图

运用变换分析建立系统的 SC 时需注意以下几点：

①在设计模块的次序时，应对一个模块的全部下属模块都设计完成后，再转向另一个模块的下层模块进行设计。

②在设计下层模块时，应考虑模块的耦合和内聚问题，以提高 SC 图的设计质量。

③注意“黑盒”技术的使用（即只考虑模块的功能而不考虑内部实现的细节）。

4.6.3 事务分析

事务是引起、触发或启动某一动作或一串动作的任何数据、控制信号、事件或状态的变化。

事务分析主要任务是实现事务型的数据流图到软件结构图的转换。实现这种转换，可以通过以下几个设计步骤来进行，如图 4-56 所示。

（1）确定事务中心。

（2）将事务型数据流图转换为仅有高层模块的结构图。

（3）进一步分解结构图的接收模块和发送模块。

变换分析是软件系统结构设计的主要方法，任何类型的数据流图都可以转换成软件结构图。

一般来说，一个大型软件系统是变换型结构和事务型结构组成的混合结构。通常是以变换分析为主，事务分析为辅的方式进行软件结构设计。事务型通常用于对高层数据流图的变换，其优点是把一个大而复杂的系统分解成若干较小的简单的子系统。变换型通常用于对较低层数据流图的转换，变换型具有顺序处理的特点，而事务型具有平行分别处理的特点，所以两种类型的数据流图导出的软件结构有所不同。只要从数据流图整体的、主要的功能处理分析其特点，就可以区分该数据流图整体类型。如图 4-57 所示，BC 到 CD 段是事务型数据流，DE 到 HK 段是变换型数据流。

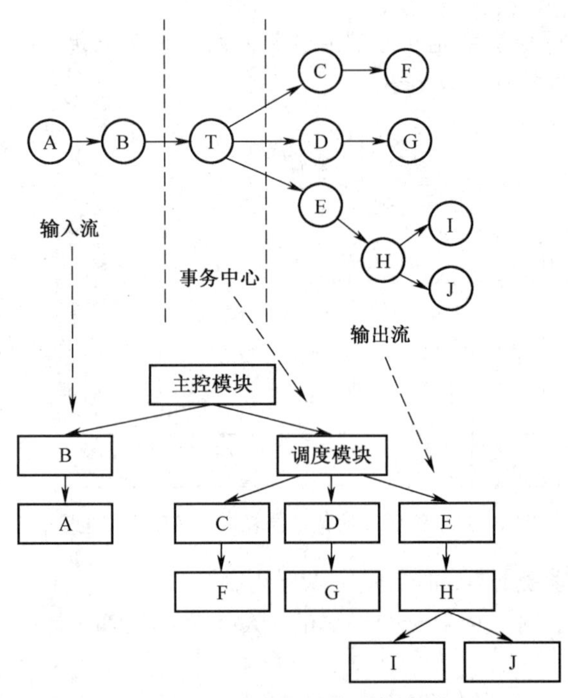

图 4-56　事务分析的映射方法

4.6.4　软件模块结构的改进

1. 完善模块功能

一个完整的功能模块，不仅能够完成指定的功能，而且应当能够告诉使用者完成任务的状态，以及不能完成的原因。

（1）执行指定功能部分。

（2）设计出错处理部分。当模块不能完成规定的功能时，必须回送出错标志，向它的调用者报告出现这种例外情况的原因。

2. 消除重复功能，改善软件结构（如图 4-58 所示）

划分模块时，尽量做到高内聚、低耦合，保持模块相对独立性，并以此原则优化初始的软件结构。

（1）如果若干模块之间耦合强度过高，每个模块内功能不复杂，可将它们合并，以减少信息的传递和公共区的引用。

（2）若有多个相关模块，应对它们的功能进行分析，消去重复功能。

评价软件的初始结构，通过模块的分解和合并，减小模块间的联系（耦合），增大模块内的联系（内聚）。例如多个模块共有一个子功能可以独立成一个模块。这些模块调用，有时可以通过分解或合并，以减少控制信息的传递及对全程数据的引用，并且降低接口的复杂程度。

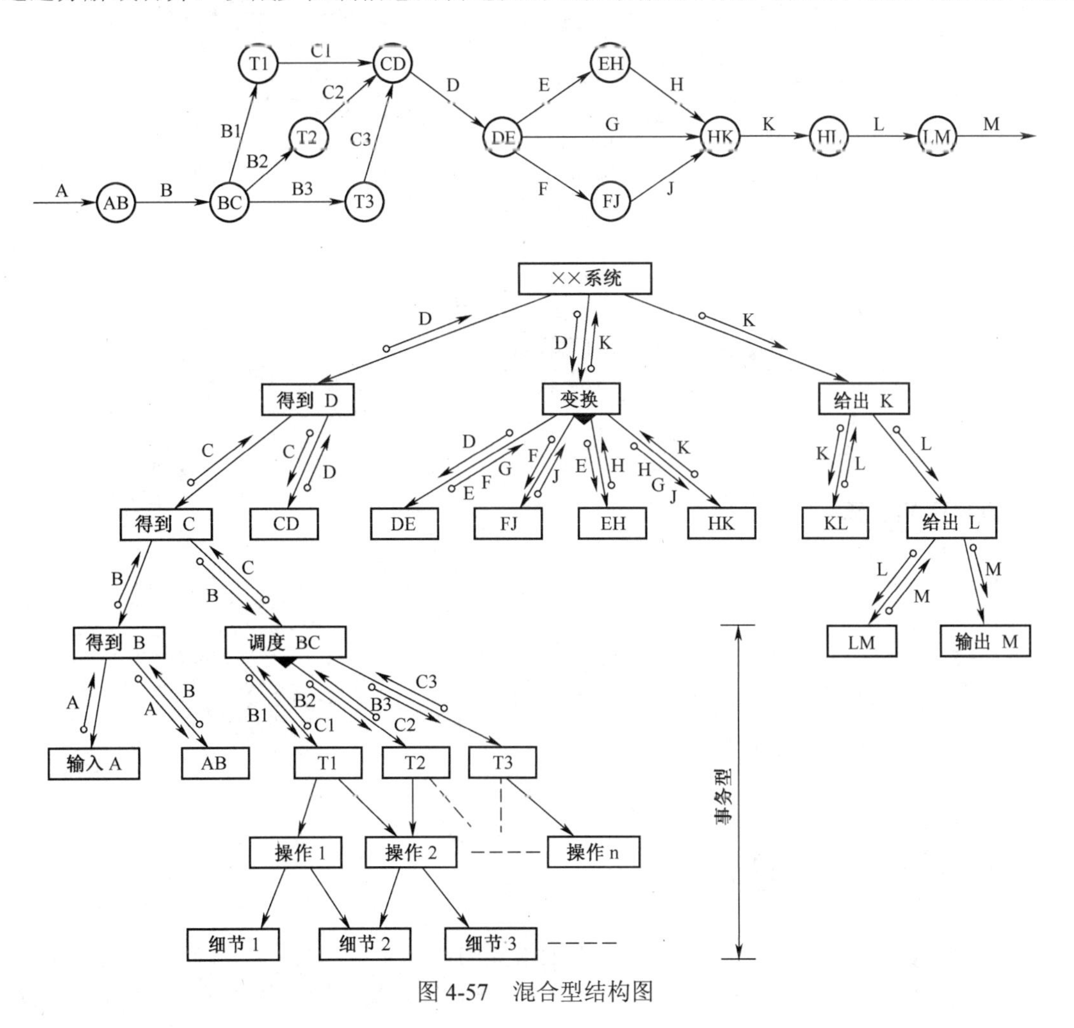

图 4-57　混合型结构图

如图 4-58（a）所示，模块 R1，R2 中虚线框部分是相似的，但是其他部分不同，不能简单合并，比如说图 4-58（b）。可以把相同的部分分离出来成为单独的、共同的模块 common。模块 R1，R2 剩余的部分可以选择与上级模块 X，Y 合并或者不合并，这样可以减少控制的传递、全局数据的引用和接口的复杂性，如图 4-58（c）、（d）、（e）所示。

3. 优化最耗时模块的算法

比如说模块大小要适中、模块应具有高扇入和适当的扇出、模块的作用域应处于控制域之内、设计单入口、单出口的模块等方法。

4. 分离大量占用资源（处理器或内存）的模块

必要时使用机器语言设计这些模块的代码。

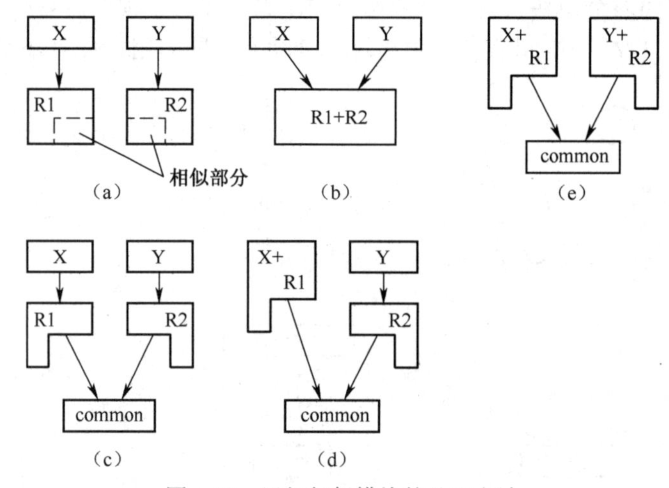

图 4-58　局部相似模块的处理方法

4.6.5　设计后的处理

（1）为每一个模块写一份处理说明。

（2）为每一个模块提供一份接口说明。

（3）确定全局数据结构和局部数据结构。

（4）指出所有的设计约束和限制。

（5）进行概要设计的评审。

（6）进行设计的优化。

4.7　概要设计说明书

概要设计说明书是体系结构设计阶段中最重要的技术文档，其主要内容应包括：

（1）引言：用于说明编写本说明书的目的、背景，定义所用到的术语和缩略语，以及列出文档中所引用的参考资料等。

（2）概要设计：用于说明软件的需求规定、运行环境要求、处理流程及软件体系结构等。

（3）运行设计：用于说明软件的运行模块组合、运行控制方式及运行时间等。

（4）模块设计：用于说明软件中各模块的功能、性能及接口等。

（5）数据设计：用于说明软件系统所涉及的数据对象及数据结构的设计。

（6）出错处理设计：用于说明软件系统可能出现的各种错误及可采取的处理措施。

实训

实训1　变换型结构图的绘制

1. 实训目的

变换型数据流图由输入、变换（主加工）和输出三部分构成。相应地，变换型系统结构图由输入、中心变换和输出三部分组成。通过本实训学会将变换型数据流图转换为系统结构图。

2. 实训要求

将下面的变换型数据流图4-59转换成软件结构图。

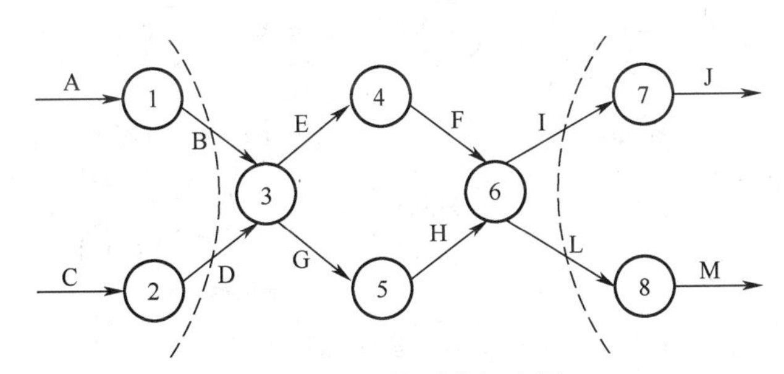

图4-59　变换型数据流图

3. 实训内容

系统顶层为主控模块Cm，第一层为输入控制模块Ci，处理控制模块Ct，输出控制模块Co，第二层是对各模块的再次分解。如图4-60所示。

提示：Visio—软件—程序结构。

实训2　事务型结构图的绘制

1. 实训目的

事务分析主要任务是实现事务型的数据流图到软件结构图的转换。

通过本实训学会由事务型数据流图绘制系统结构图。

2. 实训要求

根据下面的事务型数据流图画出系统结构图，如图 4-61 所示。

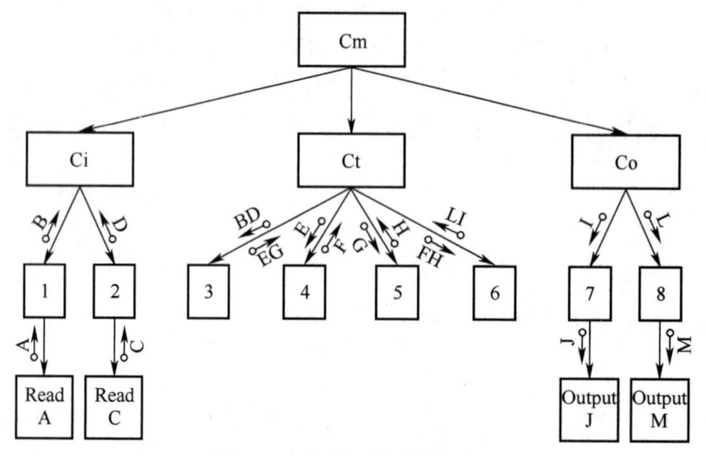

图 4-60　变换型软件结构图

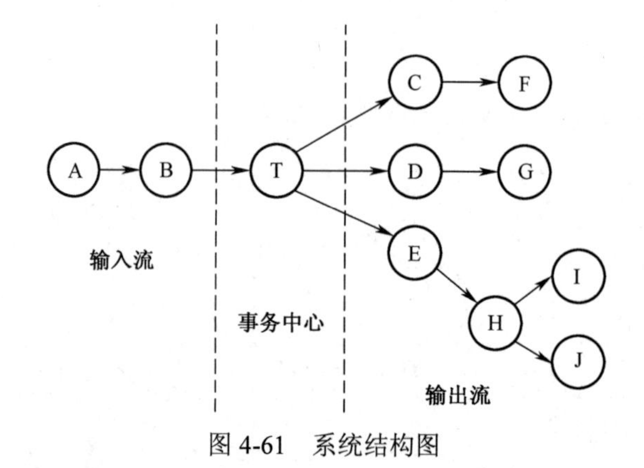

图 4-61　系统结构图

3. 实训内容

由事务型数据流图转换为软件结构图，可以通过以下几个步骤来进行，如图 4-62 所示。

（1）确定事务中心。

（2）将事务型数据流图转换为仅有高层模块的结构图。

（3）进一步分解结构图的接收模块和发送模块。

提示：Visio—软件—程序结构。

实训 3　概要设计说明书的编写

1. 实训目的

概要设计说明书是体系结构设计阶段中最重要的技术文档，通过本实训学会编写概要设计说明书。

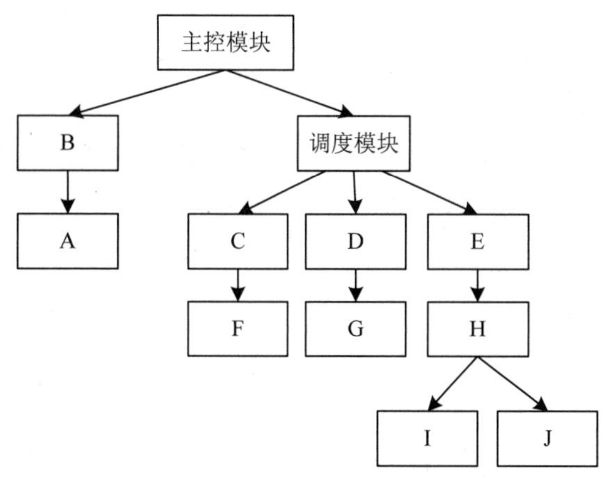

图 4-62 事务型软件结构图

2. 实训要求

对一个软件系统（工资管理系统/人事管理系统/学籍管理系统/图书管理系统/库存管理系统/飞机或火车订票系统/学生选课系统等）进行概要设计，并写出概要设计说明书。

3. 实训内容

概要设计说明书的主要内容包括：

（1）引言：用于说明编写本说明书的目的、背景，定义所用到的术语和缩略语，以及列出文档中所引用的参考资料等。

（2）概要设计：用于说明软件的需求规定、运行环境要求、处理流程及软件体系结构等。

（3）运行设计：用于说明软件的运行模块组合、运行控制方式及运行时间等。

（4）模块设计：用于说明软件中各模块的功能、性能及接口等。

（5）数据设计：用于说明软件系统所涉及的数据对象及数据结构的设计。

（6）出错处理设计：用于说明软件系统可能出现的各种错误及可采取的处理措施。

习题四

一、选择题

1. 设计软件结构一般不确定（ ）。

A. 模块的功能　　B. 模块的接口

C. 模块内的局部数据　　D. 模块间的调用关系

2. 结构化设计方法是一种面向（ ）的设计方法。

A. 数据流　　B. 数据结构　　C. 数据库　　D. 程序

3．软件概要设计结束后得到（　　）。

A．初始化的软件结构图　　B．优化后的软件结构图

C．模块详细的算法　　D．程序编码

4．为了提高模块的独立性，模块之间最好是（　　）。

A．公共耦合　　B．控制耦合　　C．内容耦合　　D．数据耦合

5．为了提高模块的独立性，模块内部最好是（　　）。

A．逻辑内聚　　B．时间内聚　　C．功能内聚　　D．通信内聚

6．结构化设计方法在软件开发中，用于（　　）。

A．测试用例设计　　B．软件概要设计

C．程序设计　　D．软件详细设计

7．软件结构使用的图形工具，一般采用（　　）图。

A．DFD　　B．PAD　　C．SC　　D．ER

8．软件结构图中，模块框之间若有直线连接，表示它们之间存在着（　　）关系。

A．调用　　B．组成　　C．链接　　D．顺序执行

9．划分模块时，一个模块的（　　）。

A．作用范围应在其控制范围之内　　B．控制范围应在其作用范围之内

C．作用范围与控制范围互不包含　　D．作用范围与控制范围不受任何限制

10．属于软件设计的基本原理是（　　）。

A．数据流分析设计　　B．变换流分析设计

C．事务流分析设计　　D．模块化

11．变换流的DFD由三部分组成，不属于其中一部分的是（　　）。

A．事务中心　　B．变换中心　　C．输入流　　D．输出流

12．软件设计阶段一般又可分为（　　）。

A．逻辑设计与功能设计　　B．概要设计与详细设计

C．概念设计与物理设计　　D．模型设计与程序设计

13．好的软件结构应该是（　　）。

A．高耦合、高内聚　　B．低耦合、高内聚

C．高耦合、低内聚　　D．低耦合、低内聚

14．结构图中，不是其主要成分的是（　　）。

A．模块　　B．模块间传递的数据

C．模块内部数据　　D．模块的控制关系

二、填空题

1．在软件概要设计阶段，建立软件结构后，还应为每个模块写一份处理说明和________。

2．结构化设计中以数据流图为基础的两种具体设计方法是________和________设计。

3．两个模块都使用同一张表，模块的这种耦合称为________。

4．一个模块内部各程序段都在同一张表上操作，这个模块的内聚性称为________。

5．概要设计阶段产生的最重要的文档是________。

6．软件结构是以________为基础而组成的一种控制层次结构。

7．反映软件结构的基本形态特征是________、________、________、________。

8．一个模块把数值作为参数送给另一个模块，这种耦合方式称为________。

9．两个模块通过全程变量相互作用，这种耦合方式称为________。

10．结构化设计以________为基础映射成软件结构。

11．为了防止软件概要设计的错误传播到开发的后续阶段，在概要设计文档完成以后，要进行________。

12．概要设计要遵循的原则有：________；________；________；________；________。

13．度量模块独立性有两个准则，即________和________。

三、简答题

1．什么是软件概要设计？该阶段的基本任务和目标是什么？

2．模块的耦合性、内聚性包括哪些种类？各表示什么含义？

3．变换分析设计与事务分析设计有什么区别？简述其设计步骤。

4．什么是概要设计的启发式规则？

5．简述结构化设计方法实施的步骤。

6．概要设计说明书的主要内容应包括哪些方面？

5 详细设计

详细设计阶段的根本目标是确定应该怎样具体地实现所要求的系统。本章主要讲授详细设计的任务与原则、结构化程序设计、过程设计工具、用户界面设计、数据库设计、接口设计、详细设计说明书等内容。

程序员最终根据详细设计写出实际的程序代码，因此，详细设计的结果基本上决定了最终的程序代码的质量。

5.1 详细设计的任务与原则

详细设计以概要设计阶段的工作为基础，但又不同于概要设计，主要表现为以下两个方面：

（1）在概要设计阶段，数据项和数据结构以比较抽象的方式描述，而详细设计阶段则应在此基础上给出足够详细的描述。

（2）详细设计要提供关于算法的更多的细节。例如，概要设计可以声明一个模块的作用是对一个表进行排序，详细设计则要确定使用哪种排序算法。在详细设计阶段为每个模块增加了足够的细节后，程序员才能够以相当直接的方式进行下一阶段的编程工作。

5.1.1 详细设计的任务

详细设计的主要任务是设计每个模块的实现算法、所需的局部数据结构。详细设计的目标有两个：实现模块功能的算法要逻辑上正确和算法描述要简明易懂。

（1）为每个模块确定采用的算法，选择某种适当的工具表达算法的过程，写出模块的详细过程性描述。

（2）确定每一模块使用的数据结构。

（3）确定模块接口的细节。

（4）为每一个模块设计出一组测试用例。

（5）编写详细设计说明书。

5.1.2 详细设计的原则

（1）模块的逻辑描述正确可靠、清晰易读。

（2）选择适当的描述工具来对各模块的算法进行描述。

（3）采用结构化程序设计方法，改善控制结构，降低程序复杂度，提高程序的可读性、可测试性和可维护性。

5.2 结构化程序设计

5.2.1 结构化程序设计的概念

结构化程序设计（Structured Programming，SP）方法是由 Dijkstra 等人于 1965 年提出的，用于指导人们用良好的思维方式开发出正确又易于理解的程序。

结构化程序设计是一种良好的程序设计技术和方法，它采用自顶向下、逐步细化的设计方法和单入口、单出口的控制结构。

Bohm 和 Jacopini 在 1966 年就证明了结构化程序定理：任何程序结构都可以用顺序、选择和循环这 3 种基本结构及其组合来实现。

5.2.2 结构化和非结构化程序设计方法的比较

非结构化程序设计方法除了使用顺序、选择和循环三种程序结构形式外，还使用 GOTO 语句，这是它区别于结构化程序设计方法的一个重要特征。这种语句的作用是改变程序的执行顺序，当程序执行到 GOTO 语句时，控制就转到标号所指定的语句。如程序在执行 GOTO L1 语句时，控制转向 L1 语句。因为 L1 语句在程序中的位置是任意的，这种控制流的转向也是任意的。虽然它有着强大的控制能力，但是也隐含着巨大的风险。一个内部缺乏结构性、大量采用 GOTO 语句实现控制程序执行顺序的程序，必然给程序的测试和日后的维护带来极大的困难。它难以读懂，同时还会隐藏大量不易被测试发现的错误，从而降低了程序的可靠性，另外正确性也难以保证。

为了避免滥用 GOTO 语句，许多人建议在高级程序设计语言中取消这一语句。Bohm 和 Jacopini 已经证明，只要程序的语言功能包括 DO-WHILE 和 IF-THEN-ELSE 语句和布尔变量，任何控制过程都可以不用 GOTO 语句来表示。这样，就可以将使用 GOTO 语句编写的非结构化程序转化为不带 GOTO 语句的结构化程序。事实上，近年来得到广泛应用的高级语言都是使用了这种方法实现结构化程序设计的。

因为结构化程序具有良好的线性结构，所以整个程序的控制是线性的。若程序的每个部分都正确，则整个程序就正确，且程序只有一个入口和一个出口。在验证程序的正确性时，只要验证入口处所有可能的输入条件下，出口处的结果都正确即可。在非结构化程序中，每一部分都有多个入口和多个出口，这就使程序的验证要复杂得多。结构化程序的正确性只受到它的前一部分程序的运行结果和其本身运行结果的影响，而非结构化程序的正确性还要受到其后续部分运行结果的影响，即几乎受到程序中其他所有部分的影响。这就使得非结构化程序的验证要比结构化程序的验证困难得多。

结构化程序良好的线性结构，使它易阅读、易理解、易维护。结构化程序的阅读和程序的空间位置是一致的，程序读到哪，就理解到哪。而非结构化程序由于转移语句的存在，使人们在读完一部分程序后，并不能完全理解该部分程序。因为后续部分中的转移语句，可能会在某种条件下再次转向到该处执行。

结构化程序的维护修改只要考虑被修改部分的上下文，考虑修改时会对它产生什么样的影响。而非结构化程序的修改不仅要考虑被修改部分的上下文，还要考虑该程序段所转移到的程序段及其他程序段转移到本程序段的情况。

需要指出的是，虽然在某些情况下完全不用 GOTO 语句的结构化编码的程序要比含有 GOTO 语句的非结构化编码的程序可读性要差。例如，在程序中结束检索、发生文件结束条件、发生错误条件等需要从过程出口退出时，使用布尔变量和条件结构来实现就不如使用 GOTO 语句来得简洁易懂，但是结构化编程在大多数情况下还是有极大优势的。

5.2.3 结构化程序设计的原则

（1）使用语言中的顺序、选择、重复等有限的基本控制结构表示程序。

（2）选用的控制结构只准许有一个入口和一个出口。

（3）复杂结构应该用基本控制结构进行组合嵌套来实现。

（4）严格控制 GOTO 语句的使用。

例 5-1 如图 5-1 所示，打印 A、B、C 三个数中最小值的程序。分别用非结构化、结构化程序语言编程。

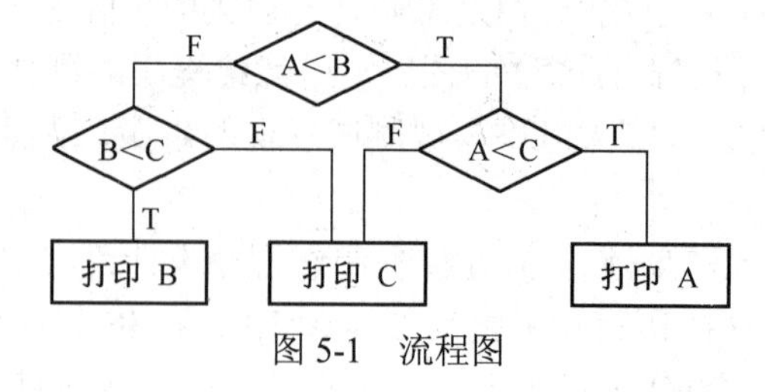

图 5-1 流程图

程序 1：非结构化程序。

```
    if (A<B) goto 120;
    if (B<C) goto 110;
100 write(C);
    goto 140;
110 write(B);
    goto 140;
120 if (A<C) goto 130;
    goto 100;
130 write(A);
140 end
```

程序 2：结构化程序。

```
if (A<B) and (A<C) then
    write(A)
else
    if (A>B) and (B<C) then
        write(B)
    else
        write(C)
    endif
endif
```

程序 1 出现了 6 个 GOTO 语句， 个向后跳转，5 个向前跳转，程序可读性很差。程序 2 使用 if-then-else 结构化构造，程序结构清晰，可读性好。

5.2.4 结构化程序设计的优点

（1）自顶向下、逐步求精的方法符合人类解决复杂问题的普遍规律，可以显著提高软件开发的成功率和生产率。

（2）先全局后局部、先整体后细节、先抽象后具体的逐步求精过程开发出的程序有清晰的层次结构。

（3）使用单入口单出口的控制结构而不使用 GOTO 语句，使得程序的静态结构和它的动态执行情况比较一致。

（4）控制结构有确定的逻辑模式，编写程序代码只限于使用很少几种直截了当的方式。

（5）程序清晰和模块化使得在修改和重新设计一个软件时可以重用的代码量最大。

（6）程序的逻辑结构清晰，有利于程序正确性验证。

5.3 过程设计工具

描述程序模块处理过程的工具称为过程设计工具，主要有图形、表格和语言三大类。过程设计工具包括程序流程图、盒图（N-S 图）、PAD 图、判定表、判定树、PDL 语言。

5.3.1 程序流程图

程序流程图（Program Flow Chart）又称为程序框图，是一种描述程序的控制结构流程和指令执行情况的有向图。它是历史最悠久，使用最广泛的过程描述方法。程序流程图中的符号如图 5-2 所示。

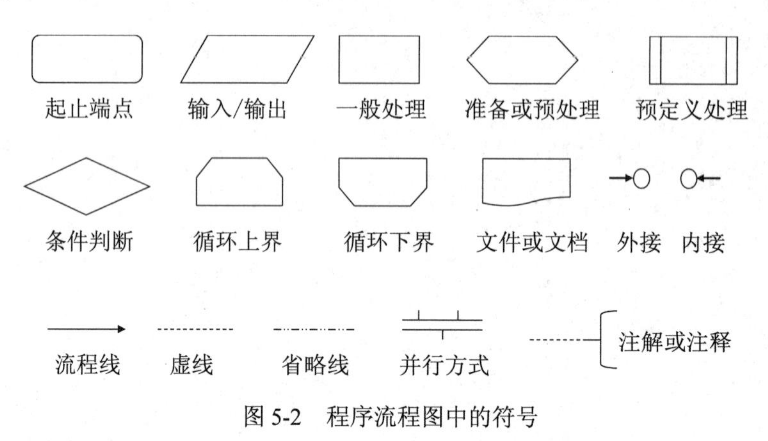

图 5-2　程序流程图中的符号

流程图中只能使用下述的五种基本控制结构。

（1）顺序型。顺序型由几个连续的加工处理步骤依次排列构成，如图 5-3 所示。

（2）选择型。选择型是指根据逻辑条件中判断表达式的取值来选择执行哪个加工处理步骤，如图 5-4 所示。

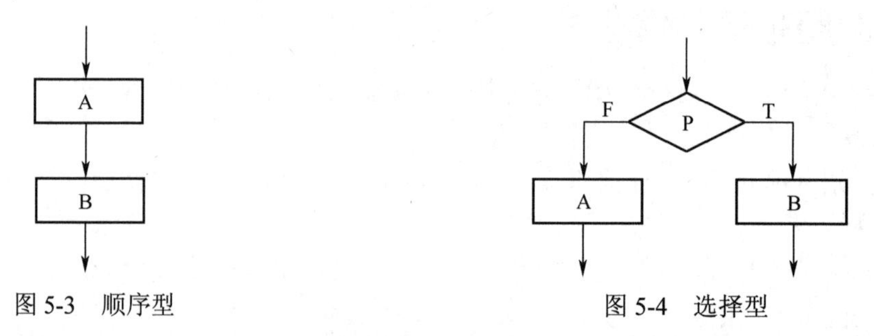

图 5-3　顺序型

图 5-4　选择型

（3）先判定型循环。先判定型循环是在循环控制条件成立时，重复执行特定的加工处理步骤，而当循环控制条件不成立时，退出循环，如图 5-5 所示。

（4）后判定型循环。后判定型循环是重复执行特定的加工处理步骤，直到循环控制条件成立时止。在这个过程中，当循环控制条件不成立时，继续重复循环内的加工处理步骤，而在循环控制条件成立时，退出循环，如图 5-6 所示。

（5）多情况选择型。多情况选择型列出多种加工情况，程序根据控制变量的取值，选择执行其一，如图 5-7 所示。

任何复杂的程序流程图都是由顺序型、选择型、先判定型循环、后判定型循环、多情况选择型这五种控制结构组合或者嵌套而成。图 5-8 是一个程序流程图示例，是上述五种控制结构组合和嵌套的。图中增加了一些虚线构成的框，目的是突出显示控制结构的嵌套关系。显然，这个流程图所描述的程序是结构化的。

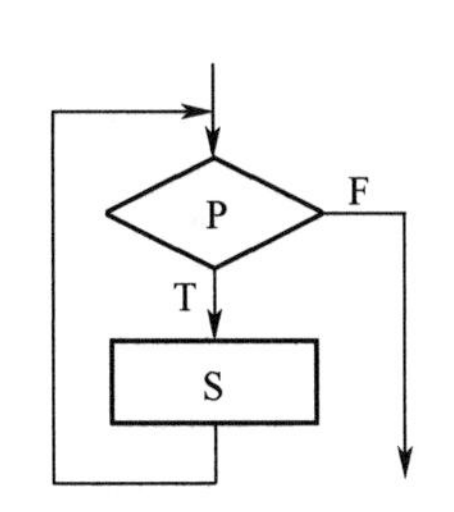

图 5-5　先判定型循环

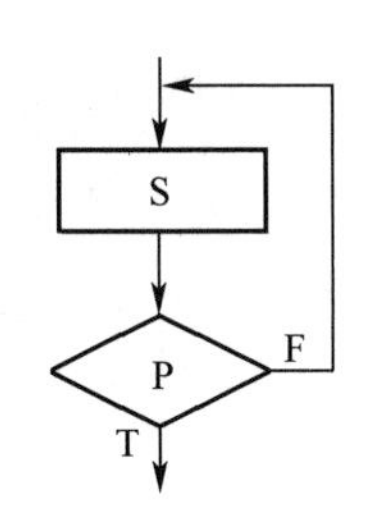

图 5-6　后判定型循环

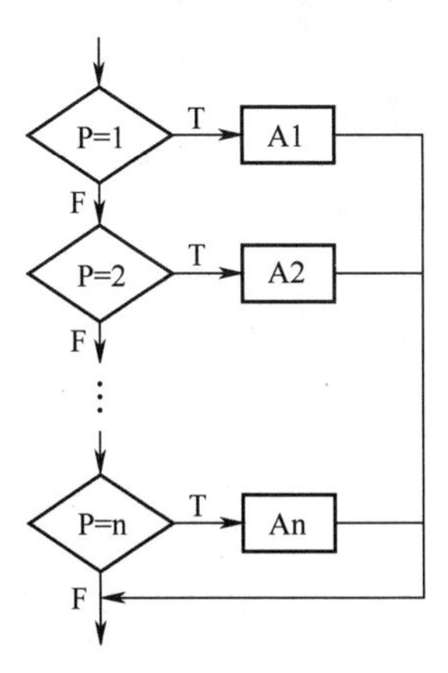

图 5-7　多情况选择型

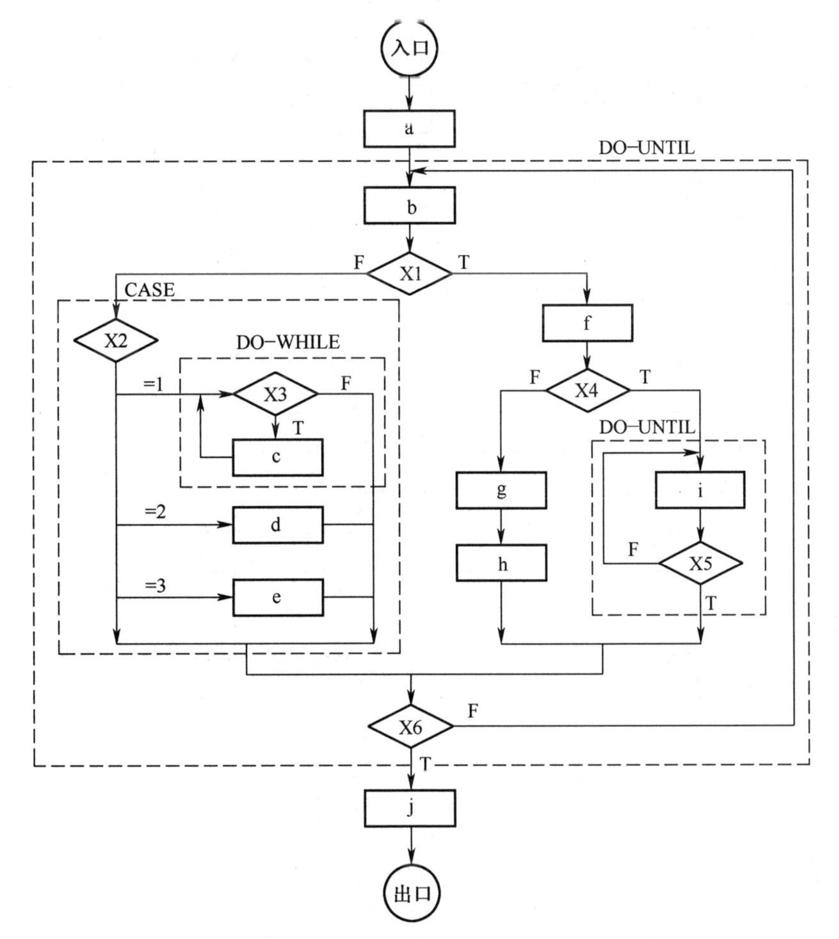

图 5-8　程序流程图示例

5.3.2　盒图（N–S图）

Nassi 和 Shneiderman 出于要有一种不允许违背结构化程序设计精神的图形工具考虑，提出了盒图，又称为 N-S 图。

盒图没有箭头，因此不允许随意转移控制。使用盒图作为详细设计的工具，可以使程序员逐步养成用结构化的方式思考问题和解决问题的习惯，如图 5-9 所示。

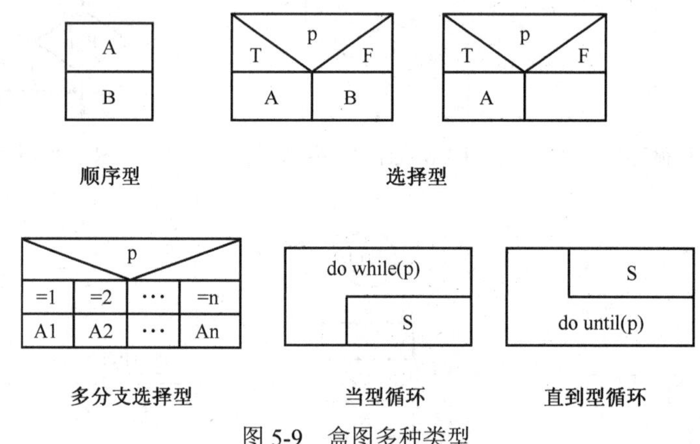

图 5-9　盒图多种类型

为了说明 N-S 图的使用，还使用图 5-8 给出的程序流程图示例，将它用 N-S 图来表示，如图 5-10 所示。

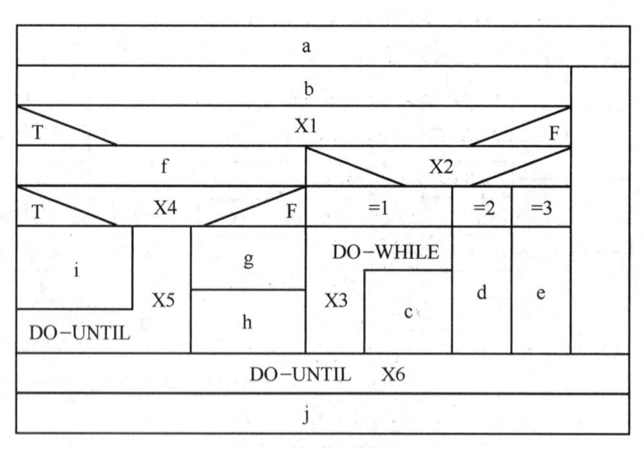

图 5-10　盒图示例

5.3.3　PAD 图

问题分析图（Problem Analysis Diagram，PAD），1973 年由日本日立公司发明，已得到一定程度的应用。它用二维树形结构图来表示程序的控制流，将这种图翻译成程序代码比较容易，如图 5-11 所示。

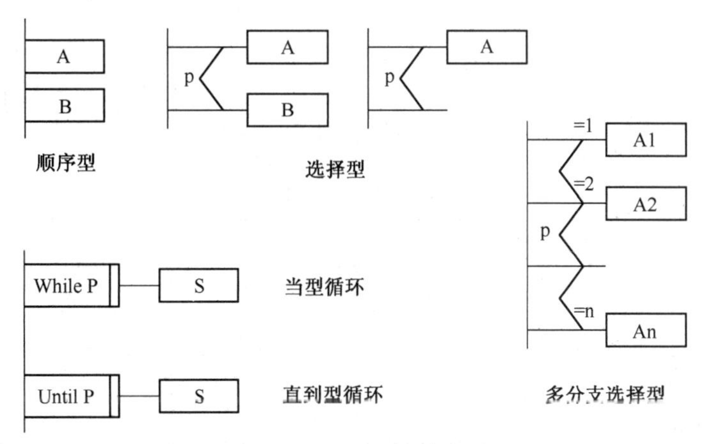

图 5-11 PAD 图多种类型

为了说明 PAD 图的使用，还使用图 5-8 给出的程序流程图示例，将它用 PAD 图来表示，如图 5-12 所示。

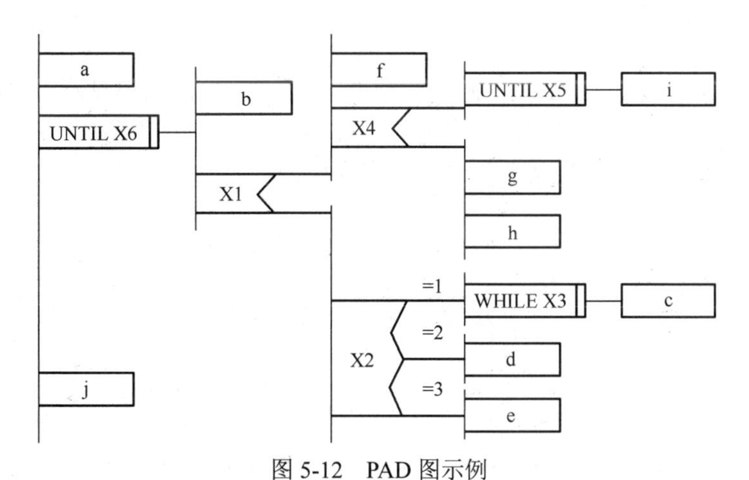

图 5-12 PAD 图示例

PAD 图表达的软件过程呈树形结构，它既克服了传统的流程图不能清晰表现程序结构的缺点，又不像 N-S 图那样受到把全部程序约束在一个方框内的限制，这就是它的优势所在。

5.3.4 判定表

在数据处理中，有时数据流的加工需要依赖于多个逻辑条件的取值，就是说完成这一加工的一组动作是由一组条件取值的组合而引发的，这时使用判定表来描述比较合适。

判定表通常由四部分组成：左上部分列出所有的条件，左下部分为所有可能的操作，右上部分表示各种条件组合的一个矩阵，右下部分是对应每种条件组合应有的操作。

例 5-2 下面以商店业务处理系统中“检查发货单”来说明判定表的组织方法。假定发货单金额大于$500，并且赊欠情况大于 60 天的，不发出批准书；但是赊欠情况小于等于 60 天的，就发出批准书、发货单；发货单金额小于等于$500，并且赊欠情况大于 60 天的，发出批准书、发货单及赊欠报告；但是赊欠情况小于等于 60 天的，就发出批准书、发货单。用判定表可以清楚地表示与上述每种条件组合相对应的算法，如表 5-1 所示。

表 5-1 判定表

		1	2	3	4
条件	发货单余额	>$500	>$500	≤$500	≤$500
	赊欠情况	>60 天	≤60 天	>60 天	≤60 天
操作	不发出批准书	√			
	发出批准书		√	√	√
	发出发货单		√	√	√
	发出赊欠报告			√	

5.3.5 判定树

判定树是判定表的变种，它能清晰地表达复杂的条件组合与所对应的操作之间的关系。判定树的优点在于它无须任何说明，一眼就能看出其含义，易于理解和使用。如图 5-13 所示是商店业务处理系统中“检查发货单”的一个判定树。

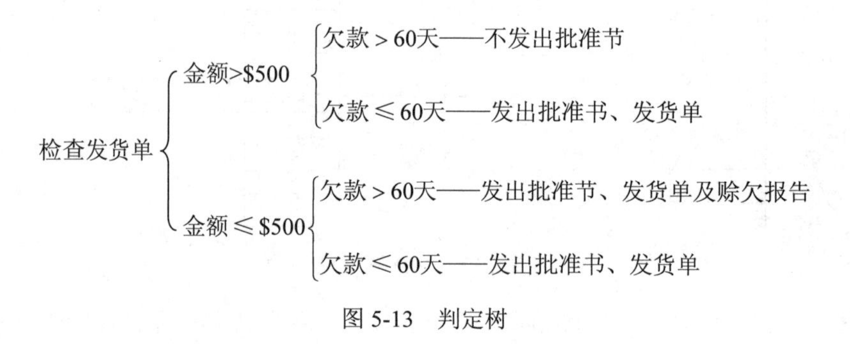

图 5-13 判定树

5.3.6 PDL 语言

PDL 是一种用于描述功能模块的算法设计和加工细节语言，称为过程设计语言。它是一种伪代码（Pseudo Code）。

PDL 可以用关键词加自然语言来表述。PDL 具有严格的关键字外部语法，用于定义控制结构和数据结构；另一方面，PDL 表示实际操作和条件的内部语法通常是灵活自由的，以便可以适应各种工程项目的需要。因此，一般说来 PDL 是一种“混杂”的语言，它使用一种语言（通常是某种自然语言）的词汇，同时却使用另一种语言（某种结构化的程序设计语言）的语法。

1．选择型结构

```
IF <条件>
    THEN <程序块/伪代码语句组>;
    ELSE <程序块/伪代码语句组>;
ENDIF
```

2．重复型结构

```
DO WHILE<条件描述>
    <程序块/伪代码语句组>;
ENDDO
REPEAT UNTIL <条件描述>
    <程序块/伪代码语句组>;
ENDREP
```

3．步长重复型结构

```
DO FOR<下标=下标表,表达式>
    <程序块/伪代码语句组>;
ENDFOR
```

4．多分支选择结构

```
CASE OF <case 变量名>;
    WHEN <case 条件 1> SELECT<程序块/伪代码语句组>;
    WHEN <case 条件 2> SELECT<程序块/伪代码语句组>;
    … …
    DEFAULT：缺省或错误 case： <程序块/伪代码语句组>;
ENDCASE
```

例 5-3 商店业务处理系统中“检查发货单”的伪代码。

```
if 发货单金额超过$500 then
        if 欠款超过了 60 天 then
                在偿还欠款前不予批准
        else（欠款未超期）
                发批准书，发货单
      endif
else（发货单金额未超过$500）
        if 欠款超过 60 天 then
                发批准书，发货单及赊欠报告
        else（欠款未超期）
                发批准书，发货单
    endif
endif
```

PDL 的特点如下：

（1）提供全部结构化控制结构和模块特征，能对 PDL 正文进行结构分割，使之变得易于理解。

（2）有数据说明机制，包括简单的（如变量和数组）与复杂的（如链表和层次结构）数据结构。

（3）有子程序定义与调用机制，用以表达各种方式的接口说明。

（4）为了区别关键字，规定关键字一律大写，其他单词一律小写，或者规定关键字加下划线，或者规定它们为黑体字。

（5）内语法使用自然语言来描述处理特性。内语法比较灵活，只要写清楚就可以，以利于人们可把主要精力放在描述算法的逻辑上。

加工逻辑描述工具的选择：

（1）对于不太复杂的判断逻辑，使用判定树比较好。

（2）对于复杂的判断逻辑，使用判定表比较好。

（3）若一个处理逻辑既包含了一般的顺序执行动作，又包含了判断或循环逻辑，则使用PDL语言比较好。

5.4 用户界面设计

用户界面是用户和计算机交互的重要途径，用户可以通过屏幕窗口与计算机进行对话，向计算机输入有关数据，控制计算机的处理过程并将处理结果反馈给用户。因此，界面设计必须从用户操作方便的角度来考虑，与用户共同协商界面的内容和形式。

5.4.1 用户界面设计的“黄金规则”

Theo Mandel在1997年提出了界面设计的3条“黄金规则”：

（1）界面应置于用户控制之下。

（2）减少用户的记忆负担。

（3）保持界面风格的一致性。

这些规则实际上构成了指导用户界面设计活动的基本原则。

5.4.2 用户界面设计过程

用户界面设计是一个不断的迭代过程，可以用类似软件生命周期中的螺旋模型来表示。用户界面设计过程包括4个活动过程，如图5-14所示。

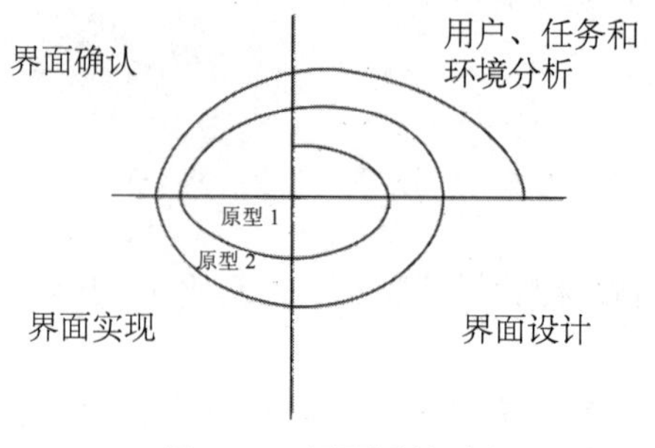

图5-14　界面设计过程

（1）用户、任务和环境分析。

（2）界面设计。

（3）界面构造（实现）。

（4）界面确认。

5.4.3　用户界面的主要形式

1．菜单式

通过屏幕显示可选择的功能代码，由用户根据需要进行选择，可将菜单设计成层次结构，通过层层调用可以引导用户使用系统的每一个功能。随着软件技术的发展，菜单设计也更加趋于美观、方便和实用。目前，系统设计中常用的菜单设计方法主要如下：

（1）一般菜单：在屏幕上显示出各个选项，每个选项指定一个代码（数字或字母），然后根据用户输入的代码或单击鼠标，即可决定后续操作。

表操作菜单：1—追加记录；2—删除记录；3—修改记录；4—查询记录；0—退出。

（2）下拉式菜单：它是一种二级菜单，第一级是选择栏，第二级是选择项，选择栏横排在屏幕的上方，用户可以利用光标控制键选定当前菜单栏，在当前菜单栏下立即显示出该栏的各项功能，以供用户进行选择，如图 5-15 所示。

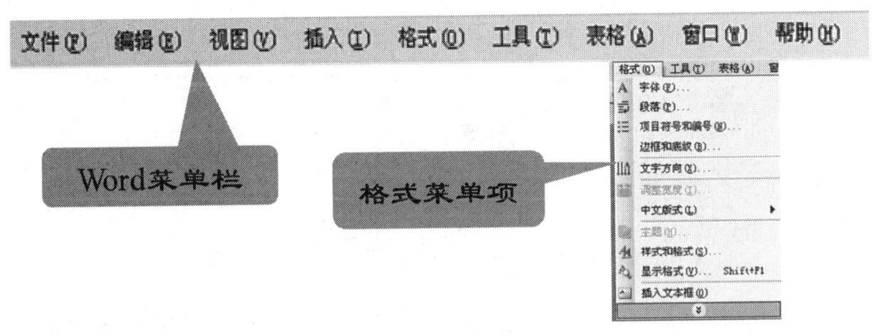

图 5-15　下拉式菜单

（3）快捷菜单：选中对象后单击鼠标右键所出现的弹出式菜单，将鼠标移到所需的功能项目上，然后单击左键即执行相应的操作，如图 5-16 所示。

2．填表式

填表式一般用于通过终端向软件系统输入数据，软件系统将要输入的项目显示在屏幕上，然后由用户逐项填入有关数据。填表式界面设计常用于软件系统的输出。

在查询软件系统中的数据时，可以将数据的名称按一定的方式排列在屏幕上，然后由计算机将数据的内容自动填写在相应的位置上。由于这种方法简便易读，并且不容易出错，所以它是通过屏幕进行输入输出的主要形式，如图 5-17 所示。

3．选择问答式

当软件系统运行到某一阶段时，可以通过屏幕向用户提问，软件系统根据用户选择的结果决定下一步执行什么操作。这种方法通常可以用在提示操作人员确认输入数据的正确性或者询问用户是否继续某项处理等方面。例如，当用户进行某种操作后，可通过屏幕询问“是否继续（Y/N）”，计算机根据用户的回答来决定是继续进行还是退出，如图 5-18 所示。

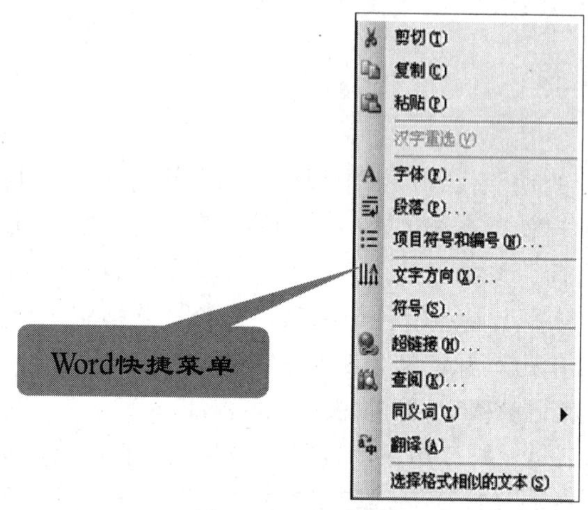

图 5-16　快捷菜单

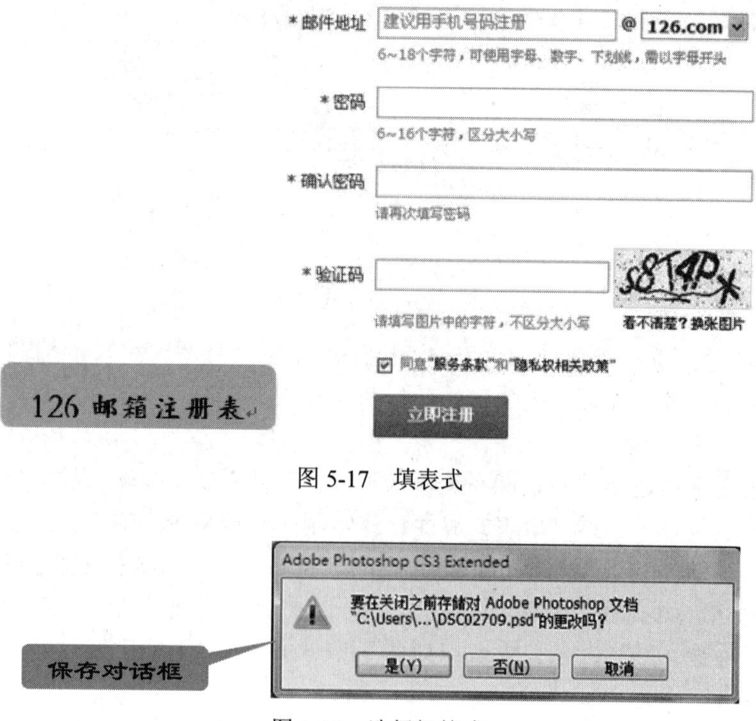

图 5-17　填表式

图 5-18　选择问答式

4. 表单式

用户界面是一个表单（工作窗口），表单上有各种控件，如标签、文本框、组合框、命令按钮等，如图 5-19 所示。

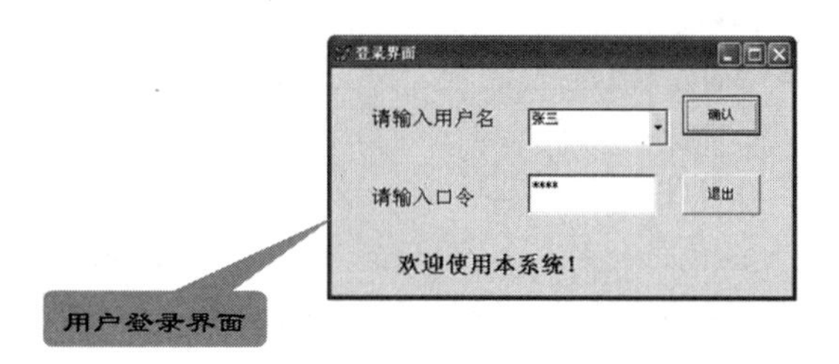

图 5-19 表单式

5.4.4 界面设计应考虑的因素

在选用界面形式的时候，应当考虑每种类型的优点和限制：

（1）使用的难易程度：对于没有经验的用户，该界面使用的难度有多大。

（2）学习的难易程度：学习该界面的命令和功能的难度有多大。

（3）操作速度：在完成一个指定操作时，该界面在操作步骤、击键和反应时间等方面效率有多高。

（4）复杂程度：该界面提供了什么功能、能否用新的方式组合这些功能以增强界面的功能。

（5）开发的难易程度：该界面设计是否有难度、开发工作量有多大。

5.4.5 用户界面设计分析

界面设计分析应与软件系统的需求分析同步进行。它主要包括：用户特性分析、用户工作分析、记录有关系统的概念和术语，如图 5-20 所示。

1. 用户特性分析

（1）用户特性分析。

用户界面是适应人的需要而建立的，因此，首先要弄清将要使用这个界面的用户类型。用户类型分为外行型、初学型、熟练型、专家型。

用户特性分析的目的是要详细了解所有用户的技能和经验，以便能够预测用户对不同界面设计会做出什么反应，这样在更改界面时，就能做出正确的判断。

用户的类型并不是一成不变的。因此，要做用户特性测量。

（2）用户特性度量。

用户特性的度量与用户使用模式及观测到的用户群体能力有关。

- 用户使用的频度：即系统是否经常使用。
- 用户是否能够自由选用界面：所有的界面都应当是良好的。

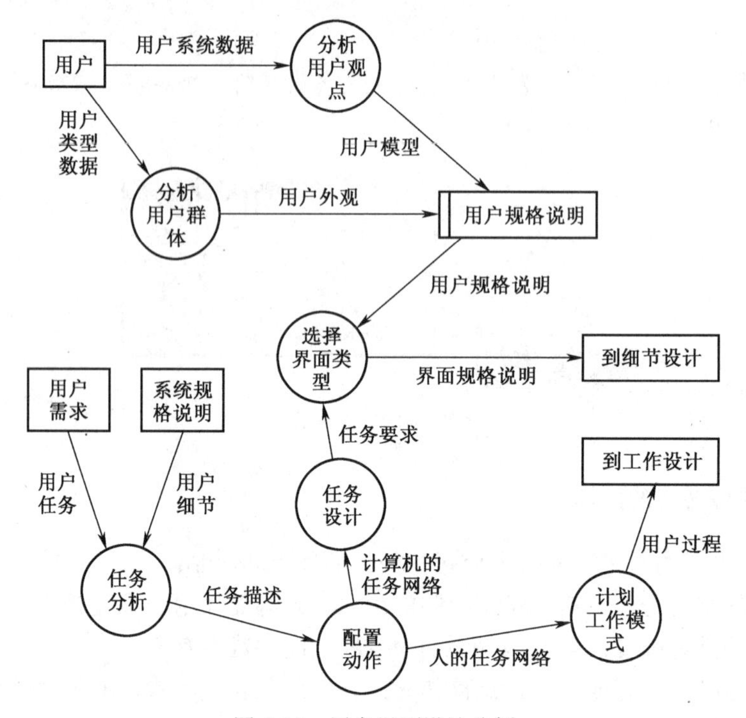

图 5-20　用户界面设计分析

- 用户对计算机的熟悉程度：对计算机的熟悉程度决定了要使用户达到熟练程度需要多少训练。
- 用户知识：有些用户已有相当多的计算机编程和操作的知识。他们需要一种灵活的可编程的或命令语言的界面。
- 用户思维能力：这是对用户的综合知识和智力的衡量。
- 用户的生理能力和技能：主要指人的视觉、听觉、认知及记忆等方面的特点。因此，应该在这一方面去收集信息。

（3）用户群体的度量。

用户群体的度量可以用打分的办法来简单地度量。平均值反映了用户群体的平均特性，标准偏差反映了用户群体的差异大小，主要用于判断用户界面对不同类型的用户的适应范围。

例如，一个图书馆的计算机借阅系统。

由于图书馆的馆员将每天使用这个系统，因此他们使用系统的频度很高。他们以前几乎没有人使用过计算机，也没有人有自动化图书馆借阅系统和计算机系统的知识。他们的绝大多数的智力水平在中等以上，如表 5-2 所示。

2. 用户工作分析

用户工作分析，也称为任务分析。它是系统内部活动的分解。用户工作分析与需求分析中结构化分析的方法类似，采用自顶向下，逐步进行功能分解的方法。与常规的功能分解不同的是，所有的系统任务，包括与人相关的活动，都要考虑在内。

表 5-2　用户特性表

系统 ID　自动化图书借阅系统		
群体 ID　图书馆馆员		
	中值	范围
身体技能	打字（一些）	
任意性	无	
频率	8	2～10
计算机熟悉程序	2	1～4
用户知识	1	1～3
智力能力	6	4～8
总分	17	8～25

系统的功能分解，可以用数据流图和数据词典描述。任务可以由一组动作构成，它们规定了为实现这个任务所必须的一系列活动。任务的细节可以使用结构化语言来表达。它描述了动作完成的序列及在完成动作时的所有例外情况。

3. 记录有关系统的概念和术语

4. 确定界面类型

有菜单式、填表式、选择问答式、表单式等类型。

5.4.6　用户界面的质量要求

（1）可使用性：使用简单；保持界面术语标准化和一致性；拥有 Help 帮助功能；具有快速的系统响应和低的系统成本；具有容错能力。

（2）灵活性：用户可以根据需要制定和修改界面方式；能够按照用户需要，提供不同详细程度的系统响应信息。

（3）复杂性和可靠性。

1）用户界面的规模和组织的复杂程度就是界面的复杂性。在完成预定功能的前提下，用户界面越简单越好。

2）用户界面的可靠性是指无故障使用的间隔时间。用户界面应能保证用户正确、可靠地使用系统，保证有关程序和数据的安全性。

5.5　数据库设计

数据库设计是建立一个应用系统重要的任务之一，数据库设计应该和应用系统设计相结合，整个软件系统的设计过程要把数据（结构）设计和行为（处理）设计密切结合起来。

数据库设计过程一般包括 6 个阶段：数据需求分析、概念结构设计、逻辑结构设计、物理结构设计、数据库实施、数据库运行与维护。

5.5.1 数据需求分析

进行数据库设计首先必须准确了解用户数据需求。需求分析是整个软件设计的基础，也是数据库设计的基础。需求分析做得是否充分、准确，决定了在其基础上构建的数据库的质量与效率。

5.5.2 概念结构设计

将需求分析得到的用户需求进行综合、归纳与抽象，形成信息结构即为概念模型，这一过程就是概念结构设计。

描述概念模型的有力工具是 ER 图，其反映的是数据库中的实体概念、属性及联系。

1. 概念结构设计的要求

（1）能真实、充分地反映现实世界，包括事物和事物之间的联系，能满足用户对数据的处理要求。

（2）易于理解。

（3）易于修改。

（4）易于向关系型、网状型、层次型等各种数据模型转换。

2. 概念结构设计的方法

（1）自顶向下法。即首先定义全局概念结构的框架，然后逐渐向下逐步细化。

（2）自底向上法。即首先定义各局部的概念结构，然后将它们集合起来，得到全局概念结构。

（3）逐步扩张法。首先定义最重要的核心概念结构，然后向外扩充，以滚雪球的方式逐步生成其他概念结构，直至形成总体概念结构。

（4）混合策略。即将自顶向下和自底向上相结合，用自顶向下设计一个全局概念结构的框架，以它为骨架集成自底向上设计的各局部概念结构。

5.5.3 逻辑结构设计

概念结构是独立于任何一种数据模型的信息结构。逻辑结构设计的任务就是把由概念结构设计好的 ER 图转换为与选用的 DBMS 产品支持的数据模型相符合的逻辑结构。这里的转换就是把表示概念结构的 ER 图转换成关系模型的逻辑结构。

例如，概念结构中的实体之间的关系有一一关系、一多关系、多一关系、多多关系。而 DBMS 支持的逻辑结构中的关系有一多关系和多一关系，则可以将一一关系看作是一多关系或多一关系的特例来处理。将多多关系分解或合并为一多关系或多一关系，以适应 DBMS 的要求。

5.5.4 物理结构设计

物理结构设计的目的是根据具体的 DBMS 特征，确定数据库的物理结构（存储结构与存取方式）。关系数据库的物理设计任务包括三个方面：一是确定所有数据库文件的名称及其所含字段的名称、类型和宽度；二是确定各数据库文件需要建立的索引及在什么字段上建立索引；三是对物理结构进行优化和评价，重点是物理存取的时间和空间效率。

5.5.5 数据库的实施

完成数据库的物理设计后，设计人员就要用 DBMS 提供的数据定义语言（如 SQL Server、Oracle、VF、Access 等）和其他程序设计语言（如 C、C++、Java、VB 等）将数据库的逻辑设计和物理设计结果描述出来，成为 DBMS 可以接受的数据库和源代码，这就是数据库的实施。

数据库的实施工作有：

（1）建立数据库结构。

（2）数据载入。

（3）应用程序的编写和调试。

（4）数据库系统的试运行。

5.6 接口设计

5.6.1 软件接口设计的依据

接口设计的主要依据是数据流图中的系统边界。系统边界将数据流图中的处理划分为手工处理部分和系统处理部分，在系统边界之外的是手工处理部分，系统边界之内的是系统处理部分。数据可以在系统内部、系统外部或穿越系统流动。穿过系统边界的数据流代表了系统的输入和输出。

系统的接口（包括用户界面及与其他系统的接口）是由穿越系统边界的数据流定义的。在最终的系统中，数据流将成为用户界面中的表单、报表或与其他系统进行交互的文件或消息。

5.6.2 软件接口的类型

软件接口主要包括 3 个方面：系统内模块之间的接口（内部接口）；目标系统与其他软硬件之间的接口（外部接口）；系统与用户之间的接口（人机交互界面）。

用户接口设计描述用户操作和反馈结果等；外部接口设计描述软硬件输入输出、网络传输协议等；内部接口设计描述模块间数据传递等。

5.6.3 应用程序编程接口

应用程序编程接口，简称 API（Application Programming Interface），就是软件系统不同组成部分衔接的约定。随着软件规模的日益庞大，需要把复杂系统划分成小的组成部分。在程序设计的实践中，编程接口的设计首先要使系统的职责得到合理划分。良好的接口设计可以降低系统各部分的相互依赖，提高组成单元的内聚性，降低组成单元间的耦合程度，从而提高系统的维护性和扩展性。

API 的表现形式是源代码。API 的应用大大促进了计算机产业的进步，同时 API 几乎决定着日常运算的各个方面。

大多数程序员秉承为软件用户设计优秀的用户界面思想，这一点早已深入人心。另一方面，如何实现合理的软件 API 却只为少数人所重视。历史证明，所有在应用上获得成功的软件或者 Web 应用无一不是首先在 API 的设计上满足了用户的需求的。

API 的主要目的是提供应用程序与开发人员访问一组例程的能力，而又无需访问源代码，或理解内部工作机制的细节。提供 API 所定义功能的软件称作 API 的实现。

一组 API 通常是一套软件开发工具包（SDK）的一部分。API 有许多不同设计，用于快速执行的接口通常包括函数、常量、变量与数据结构。典型情况下，API 由一个或多个提供某种特殊功能的动态连接文件 DLL 组成。

5.7 详细设计说明书

详细设计的结果是产生详细设计说明书，以下为一个典型的详细设计说明书的基本模型。

1. 引言

1.1 编写的目的

说明编写该详细设计说明书的目的，并指明其预期的读者。

1.2 背景

说明该项目的相关信息，包括项目的名称、提出者、开发者以及最终用户等。

1.3 定义

列出文档中用到的专业术语的定义以及外文缩写词的全称。

1.4 参考资料

列出相关参考资料的标题、作者、文件编号、发表日期、出版单位，并说明其来源。这些相关的参考资料包括项目的计划任务书、合同或上级机关批文、本项目的其他相关文档及操作手册、本文档所引用资料的出处以及软件开发标准。

2. 系统的结构

用各种描述工具描述系统中每一个模块及子程序的名称、标识符、功能及他们之间的层次结构与调用关系。

3. 程序1（标志符）设计说明

3.1　程序描述

简要描述该程序的设计目的及其该程序的特点。

3.2　功能

说明该程序应具备的功能。

3.3　性能

说明对该程序各个方面的性能要求。

3.4　输入项

列出每个输入项的特性。

3.5　输出项

列出每个输出项的特性。

3.6　算法

说明该程序所采用的算法。

3.7　流程逻辑

以图表的形式描述程序的流程逻辑。如采用流程图、N-S 图、PAD 图和判定表等来进行描述。

3.8　接口

说明该程序与相关联模块之间的关系，包括它们之间的数据传送、相互间的调用关系等。

3.9　存储分配

说明与该程序相关的存储文件的存储方式及其分配情况。

3.10　注释设计

对模块及内部小模块将要实现什么功能和彼此的关系加以注释，还有对其中用到的变量的属性功能也加以注释。

3.11　限制条件

说明该程序在运行中所受到的限制条件。

3.12　测试计划

说明将要对该程序进行测试的计划。

3.13　尚未解决的问题

列出在该程序的设计中尚未解决而设计者认为在完成该软件之前必须解决的问题。

4. 程序2（标志符）设计说明

与程序1设计说明类似，对程序2至程序n进行描述。

……

实训

实训 1　程序流程图的绘制

1. 实训目的

程序流程图（Program Flow Chart）又称为程序框图，是一种描述程序的控制结构流程和指令执行情况的有向图。它是历史最悠久、使用最广泛的过程描述工具。程序的结构有顺序型、选择型、当型循环、直到型循环和多分支选择型五种基本类型。

通过本实训，学会程序流程图的绘制。

2. 实训要求

下面是一段伪码程序（提示：代码前的数字只作标号用，不参与程序执行）：

```
START
1：INPUT(A，B，C，D)
2：IF(A>0)AND(B>0)
THEN
3：X=A+B
ELSE
4：X=A-B
5：END
6：IF(C>A)OR(D<B)
THEN
7：Y=C-D
ELSE
8：Y=C+D
9：END
10：PRINT(X，Y)
STOP
```

要求画出上述伪码的程序流程图。

3. 实训内容

程序流程图如图 5-21 所示。

提示：Visio—流程图—基本流程图。

实训 2　用户界面原型设计

1. 实训目的

用户界面是用户和计算机交互的重要途径，用户可以通过屏幕窗口与计算机进行对话，向计算机输入有关数据，控制计算机的处理过程并将处理结果反馈给用户。通过设计界面原型，征求用户意见，弄清用户的界面需求。

2. 实训要求

设计一个用户登录窗口的界面原型，窗口名称为登录界面，窗口的标题栏包括一个最大化按钮、一个最小化按钮和一个关闭按钮，窗口内有两个命令按钮、两个标签、一个组合框和一个文本框、一个垂直滚动条和一个水平滚动条。

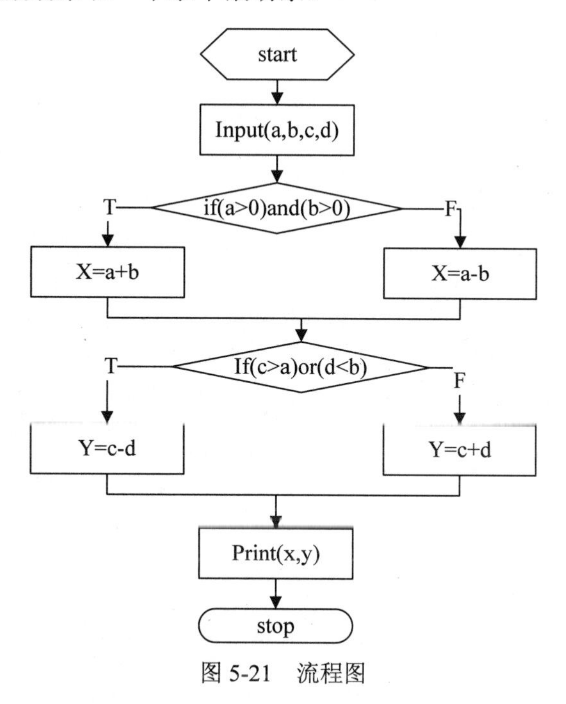

图 5-21　流程图

3. 实训内容

此用户界面是一个表单，如图 5-22 所示。

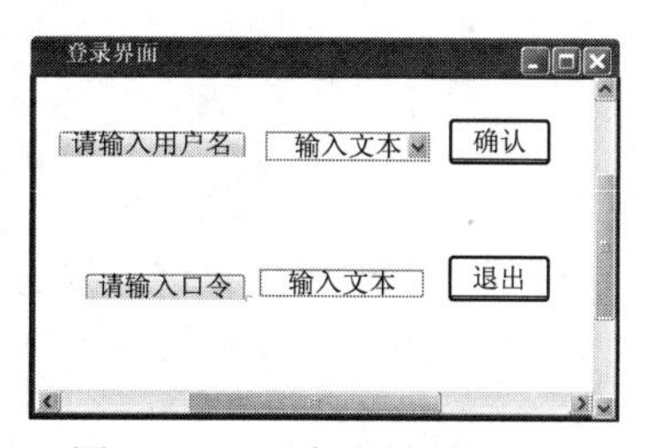

图 5-22　用户登录界面原型

提示：Visio－软件－Windows XP 用户界面。

实训 3　详细设计说明书的编写

1. 实训目的

详细设计的结果是产生详细设计说明书，通过本实训学会编写详细设计说明书。

2. 实训要求

对一个软件系统（工资管理系统/人事管理系统/学籍管理系统/图书管理系统/库存管理系

统/飞机或火车订票系统/学生选课系统等）进行详细设计，并写出详细设计说明书。

3. 实训内容

详细设计说明书的主要内容包括：

1. 引言

1.1 编写的目的

1.2 背景

1.3 定义

1.4 参考资料

2. 系统的结构

3. 程序 1（标志符）设计说明

3.1 程序描述

3.2 功能

3.3 性能

3.4 输入项

3.5 输出项

3.6 算法

3.7 流程逻辑

3.8 接口

3.9 存储分配

3.10 注释设计

3.11 限制条件

3.12 测试计划

3.13 尚未解决的问题

4. 程序 2（标志符）设计说明

与程序 1 设计说明类似，对程序 2 至程序 n 进行描述。

……

习题五

一、选择题

1．软件设计一般分为概要设计和详细设计，它们之间的关系是（　　）。

A．全局和局部　　B．抽象和具体　　C．总体和层次　　D．功能和结构

2．在详细设计阶段，一种二维树型结构并可自动生成程序代码的描述工具是（　　）。

A．PAD　　B．PDL　　C．IPO　　D．判定树

3．结构化程序设计的一种基本方法是（　　）。

A．筛选法　　B．递归法　　C．迭代法　　D．逐步求精法

4．PDL 是软件开发过程中用于（　　）阶段的描述工具。

A．需求分析　　B．概要设计　　C．详细设计　　D．编程

5．在详细设计阶段，可自动生成程序代码并可作为注释出现在源程序中的描述工具是（　　）。

A．PAD　　B．PDL　　C．IPO　　D．流程图

6．程序的三种基本控制结构是（　　）。

A．过程、子程序和分程序　　B．顺序、选择和循环

C．递归、堆栈和队列　　D．调用、返回和转移

7．程序的三种基本控制结构的共同特点是（　　）。

A．不能嵌套使用　　B．只能用来写简单程序

C．已经用硬件实现　　D．只有一个入口和一个出口

二、填空题

1．结构化程序设计方法使用________、________、________构造程序。

2．在详细设计阶段，一种历史最悠久、使用最广泛的描述程序逻辑结构的工具是________。

3．详细描述处理过程常用的三种工具是图形、语言和________。

4．PDL 具有严格的关键字外层语法，用于定义控制结构、数据结构和________。

5．在详细设计阶段，除了对模块内的算法进行设计，还应对模块内的________进行设计。

6．过程设计工具包括________、________、________、________、________、________。

7．数据库设计过程一般包括 6 个阶段：________、________、________、________、________、________。

8．接口设计的主要依据是数据流图中的系统边界。系统边界将数据流图中的处理划分为________、________。

三、简答题

1．详细设计和概要设计阶段的工作有什么不同？

2．详细设计的任务和原则是什么？

3．什么是 PAD 图？它有什么特点？

4．什么是 PDL？它有什么特点？

5．概念结构设计的方法是什么？

6．结构化程序设计方法的基本要点是什么？

6

程序编码

编码就是把软件设计结果翻译成用某种程序设计语言书写的程序。作为软件工程的一个阶段，编码是对设计的进一步具体化。虽然程序的质量主要取决于软件设计的质量，但是所选用的程序设计语言的特点及编码风格也会对程序的可靠性、可读性、可测试性和可维护性产生深远的影响。

本章主要讲授程序编码的目的和任务、程序设计语言、编码风格、程序效率、冗余编程及容错技术、程序复杂性的度量、程序编码的依据等内容。

6.1　程序编码的目的和任务

6.1.1　程序编码的目的

编码（Coding）的目的是使用选定的程序设计语言（Program Design Language），把模块的过程性描述翻译为用该语言书写的源程序（源代码），如图 6-1 所示。

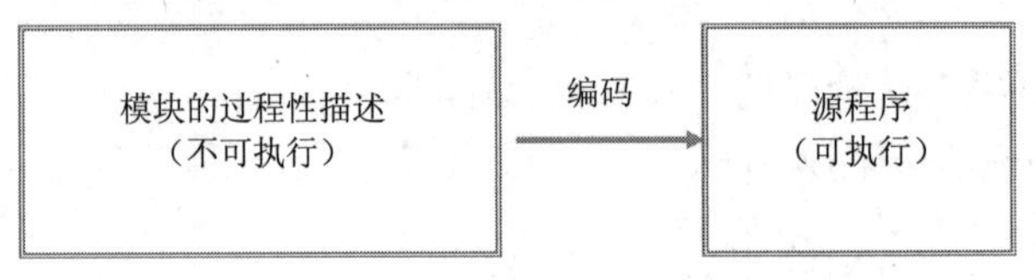

图 6-1　编码的目的

编码产生的源程序应该正确可靠、简明清晰，且具有较高的效率。源代码越是清楚和简明，就越便于验证源代码和模块规格说明的一致性，越容易对它进行测试和维护。但是，清晰和效率却常有矛盾，要求清晰性好的程序一般效率较低，而要求效率高的程序清晰性不好。对于大多数模块，编码时应该把简明清晰放在第一位，如果个别模块要求特别高的效率，就应把具体要求告诉程序员，以便作特殊的处理。

设计是编码的前导。实践表明，编码中出现的问题，许多是由设计的缺陷引起的。可见程序的质量，首先取决于设计的质量。但这并不是说，编码阶段就不能有所作为。恰恰相反，程序员应该像优秀的译员一样，在编码“翻译”中坚持简明清晰、高质量的原则，竭力避免过于繁杂晦涩。为此，程序不仅要养成良好的编码风格，而且要十分熟悉所使用的语言，以便能得心应手、恰到好处地运用语言的特点，为提高程序的清晰性和效率服务。

6.1.2 程序编码的任务

编码就是把详细设计的结果用计算机能理解的形式——计算机代码来表示，即使用某种程序设计语言来编写程序。作为软件设计的一个步骤，编码是软件开发的一个重要阶段。软件的质量主要由软件设计的质量来保证。为使软件开发达到预定的目标，要求软件开发人员完成以下主要任务。

将详细设计阶段完成的程序设计说明使用选定的程序设计语言书写源程序并保证模块的接口与设计说明的一致性。虽然软件的质量主要取决于软件设计的质量，但是程序设计语言的特性和编码的方法、风格也会对软件的可靠性、可读性、可测试性、可维护性产生深远的影响。

6.2 程序设计语言

6.2.1 程序设计语言的分类

程序设计语言有多种分类方法：

（1）按照语言的抽象级别，有低级语言和高级语言。

1）低级语言。

低级语言包括机器语言和汇编语言。这两种语言的选择依赖于相应的机器结构，其语句和计算机硬件操作相对应。每种汇编语言都是支持该语言的系列计算机所独有的，因此，其指令系统因机器而异，难学难用。从软件工程学观点来看，其生产率低，容易出错，维护困难，所以现在的软件开发中，除了开发系统软件和对时间响应要求高的实时应用软件外，一般不使用汇编语言。

2）高级语言。

高级语言的出现不但使程序设计的方法产生了深刻的变革，而且也使计算机应用得到了极大地普及，同时也提高了软件生产的效率。高级语言使用的概念和符号与人们经常使用的概念和符号接近，它具有不依赖于实现这种语言的计算机、通用性强的特点。

从应用的角度来看，高级语言可以分为基础语言、现代语言和专用语言三类。

从语言的内在特点看，高级语言可以分为系统实现语言、静态高级语言、块结构高级语言和动态高级语言四类。

程序设计语言是人与计算机交流的媒介。高级程序设计语言是软件工程中实现系统功能的重要工具，也是软件工程师应该了解的主要方面。高级程序设计语言可以描述为具有以下特征的表示法、约定与规则的集合：

①若不考虑程序效率的因素，高级程序设计语言不要求程序员掌握有关机器代码的知识（如寄存器、数据的内部表示、I/O 通道等）。

②高级程序设计语言本身独立于任何特定的计算机，易于编写能在多种机器上运行程序。

③用高级程序设计语言编写的源程序可以编译成能在多种不同的计算机上运行的机器代码程序。

（2）按照应用的范围，有通用语言和专用语言。

通用语言可适用于多种应用，包括 Basic、FORTRAN、COBOL、C 以及面向对象语言 Visual C（Visual 族）、Java、.net 族等。

专用语言是为特殊的应用设计的语言。通常具有自己特殊的语法形式。面对特定的问题，其输入结构及词汇表与该问题的相应范围密切相关。例如人工智能领域 Lisp、PROLOG，图像处理语言 MATLAB 等。

（3）按照对用户的要求，有过程性语言和非过程性语言。

过程性语言是一种通过指明一系列可执行的运算和运算次序来描述计算过程的语言，如 C、FORTRAN、COBOL 等。

非过程性语言是一种不显示指定处理细节的程序设计语言，如结构化查询语言 SQL、程序生成器、判定支持语言、原型语言、形式化规格说明语言等。

6.2.2 程序设计语言的选择

为特定项目选择语言时应从技术角度、工程角度、心理学角度评价和比较各种语言的适用程度，考虑现实可能性，有时需要做出合理的折衷。

在选择与评价语言时，首先要从问题入手，确定它的要求是什么，这些要求的相对重要性如何，再根据这些要求和相对重要性来衡量能采用的语言。

选择语言时通常考虑的因素有：

（1）项目的应用范围；

（2）算法的复杂性；

（3）软件运行的环境；

（4）软件性能上的考虑与实现的条件；

（5）数据结构的复杂性；

（6）软件开发者的知识水平和心理因素等。

项目应用领域是选择语言的关键因素，软件的应用领域有下列几种类型：

（1）科学工程计算软件，如 FORTRAN 语言、Pascal 语言、C 语言、PL/1 语言。

（2）数据处理与数据库应用软件，如 Cobol 语言、SQL 语言、Oracle；FoxPro、Power Builder。

（3）实时处理软件，如汇编语言、Ada 语言。

（4）系统软件，如汇编语言、C 语言、Pascal 语言和 Ada 语言。

（5）人工智能软件，如 Lisp 语言、Prolog 语言。

6.3 编码风格

编码风格（Coding Style），是指一个人编写程序时所表现出来的特点、习惯、思维方式等。从 70 年代以来，编码的目标从强调效率转变到强调清晰。与此相应，编码风格也从追求“聪明”和“技巧”，变为提倡“简明”和“直接”。人们逐渐认识到，良好的编码风格能在一定程度上弥补语言存在的缺点，反之，不注意风格，即使使用了结构化的现代语言，也不一定能写出高质量的程序。当多个程序员合作编写一个大的程序时，尤其需要强调良好的和一致的风格，以利于相互通讯，减少因不协调而引起的问题。

良好的编码风格包括：

（1）源程序文档化；

（2）数据说明；

（3）语句结构；

（4）输入/输出方式。

6.3.1 源程序文档化

1. 标识符的命名

标识符包括文件名、模块名、常量名、变量名、子程序名、数据区名以及缓冲区名等。这些名字应能反映它所代表的实体，应有一定实际意义。

例如，表示次数用 Times，表示总量用 Total，表示平均值用 Average，表示和的量用 Sum 等。在一个程序中，一个变量只应用于一种用途。

2. 程序的注释

程序中的注释是程序员与日后的读者之间进行通信的重要手段。注释不是可有可无的，一些正规的程序文本中，注释行的数量占到整个源程序的 1/3 到 1/2，甚至更多。

注释分为序言性注释和功能性注释。

（1）序言性注释。

通常置于每个程序模块的开头部分，它应当给出程序的整体说明，对于理解程序本身具有引导作用。

包括：

①程序标题；

②有关本模块功能和目的的说明；

③主要算法；

④接口说明：包括调用形式，参数描述，子程序清单；

⑤有关数据描述：重要的变量及其用途，约束或限制条件，以及其他有关信息；

⑥模块位置：在哪一个源文件中，或隶属于哪一个软件包；

⑦开发简历：模块设计者、复审者、复审日期、修改日期及有关说明等。

（2）功能性注释。

功能性注释嵌在源程序体中，用以描述其后的语句或程序段在做什么工作，或是执行了下面的语句会怎么样。

要点：

①只给重要的、理解困难的程序段或程序语句加注释，而不是每一个语句都要加注释；

②注意注释格式，使程序与注释容易区别；

③注释要准确无误；

④修改程序时，要注意修改相应的注释部分。

3. 视觉效果

恰当地使用括号，可以突出运算的优先级，避免发生运算的错误。

例如，将表达式 3+10÷2>8-2×3 写成(3+(10÷2))>(8-(2×3))。

自然的程序段之间可用空行隔开。

移行，也叫做向右缩格。它是指程序中的各行不必都在左端对齐。对于选择语句和循环语句，把其中的程序段语句向右做阶梯式移行，使程序的逻辑结构更加清晰。

例如，两重选择结构嵌套，写成下页右边的移行形式，层次就清楚得多。

```
IF (…) THEN                IF (…) THEN
IF (…) THEN                  IF (…) THEN
……                              ……
ELSE                           ELSE
……                             ……
ENDIF                         ENDIF
……                           ……
ELSE                         ELSE
……                           ……
ENDIF                      ENDIF
```

6.3.2 数据说明

在设计阶段已经确定了数据结构的组织及其复杂性。在编写程序时，则需要注意数据说明的风格。

为了使程序中数据说明更易于理解和维护，必须注意以下几点：数据说明的次序应当规范化；说明语句中变量安排有序化；使用注释说明复杂数据结构。

1. 数据说明的次序规范化

数据说明次序规范化，使数据属性容易查找，也有利于测试、排错和维护。

一般来说，数据说明的次序与语法无关，其次序是任意的。但出于阅读、理解和维护的需要，最好使其规范化，使说明的先后次序固定。

2. 说明语句中变量安排有序化

当多个变量名在一个说明语句中说明时，应当对这些变量按字母的顺序排列。

例如，把 integer size,length,width,cost,price;

写成：integer cost,length,price,size,width;

3. 使用注释说明复杂数据结构

如果设计了一个复杂的数据结构，应当使用注释来说明这个数据结构的固有特点。

例如，对链表结构和 C、C++中用户自定义的数据类型，都应当在注释中做必要的补充说明。

6.3.3 语句结构

在设计阶段确定了软件的逻辑流结构，但构造单个语句则是编码阶段的任务。语句构造力求简单、直接，不能为了片面追求效率而使语句复杂化。

在定义语句结构时应做到：

（1）一行只写一条语句。

在一行内只写一条语句，并且采取适当的移行格式，使程序的逻辑和功能变得更加明确。许多程序设计语言允许在一行内写多个语句。但这种方式会使程序可读性差，因而不可取。

例如，有一段排序程序：

```
FOR I:=1 TO N－1 DO BEGIN T:=I; FOR J:=I＋1 TO N DO IF A[J]<A[T] THEN T:=J; IF T≠I THEN BEGIN WORK:=A[T]; A[T]:=A[I]; A[I]:=WORK; END END;
```

由于一行中包括了多个语句，掩盖了程序的循环结构和条件结构。

```
//改进布局
FOR I:=1 TO N-1 DO
    BEGIN
     T:=I;
    FOR J:=I＋1 TO N DO
        IF (A[J]<A[T]) THEN
            T:=J;
        IF T≠I THEN
            BEGIN
            WORK:=A[T];
            A[T]:=A[I];
            A[I]:=WORK;
            END
    END;
```

（2）程序编写首先应当考虑清晰，再考虑效率。

（3）程序要能直截了当说明程序员的用意。

（4）保证程序正确，然后才要求提高速度。

（5）避免使用临时变量而使可读性下降。

（6）让编译程序做简单的优化。

（7）尽可能使用库函数。

（8）避免不必要的转移。

（9）尽量只采用三种基本的控制结构来编写程序。

（10）避免使用空的 ELSE 语句。

（11）避免采用过于复杂的条件测试。

（12）尽量减少使用“否定”条件的条件语句。

（13）数据结构要有利于程序的简化。

（14）尽可能用通俗易懂的伪码来描述程序的流程，然后再翻译成使用的语言。

（15）使程序模块化，模块功能尽可能单一化，模块间的耦合能够清晰可见。

（16）利用信息隐蔽，确保每一个模块的独立性。

（17）从数据出发去构造程序。

（18）不要试图修补不好的程序，要重新编写。也不要一味地追求代码的复用，要重新组织。

（19）对太大的程序，要分块编写、测试，然后再集成。

6.3.4 输入/输出方式

输入和输出的方式和格式应当尽可能方便用户使用。在需求分析阶段和设计阶段，就应基本确定输入和输出的风格。

对于输入输出方式在设计和编码时应考虑以下原则：

（1）对所有输入数据都要进行检验，识别错误的输入，以保证每个数据的有效性。

（2）检查输入项的各种组合的合理性，必要时报告输入状态信息。

（3）输入的步骤和操作要尽可能简单，并保持简单的输入格式。

（4）输入数据时，应允许使用自由格式。

（5）应允许使用缺省值。

（6）输入一批数据时，最好使用输入结束标志。

（7）在交互式输入/输出方式输入时，在屏幕上使用提示符明确提示交互输入的请求，指明可使用选择项的种类和取值范围。

（8）保持输入格式与输入语句要求的一致性。

6.4 程序效率

软件的高效率，即用尽可能短的时间及尽可能少的存储空间实现程序要求的所有功能，是程序设计追求的主要目标之一。

一个程序效率的高低取决于多种因素，主要包括需求分析阶段模型的生成、设计阶段算法的选择和编码阶段语句的实现。

6.4.1 程序效率的准则

程序的效率是指程序的执行速度及程序所需占用的内存的存储空间。

程序效率的准则为：

（1）效率是一个性能需求，应当在需求分析阶段定义。

（2）软件效率以需求为准，不应以人力所及为准。

（3）良好的设计可以提高效率。

（4）程序的效率与程序的简单性相关。

6.4.2 算法对效率的影响

源程序的效率与详细设计阶段确定的算法的效率直接相关。在详细设计翻译转换成源程序代码后，算法效率反映为程序的执行速度和存储容量的要求。

（1）在编程序前，尽可能化简有关的算术表达式和逻辑表达式。

（2）仔细检查算法中嵌套的循环，尽可能将某些语句或表达式移到循环外面。

（3）尽量避免使用多维数组。

（4）尽量避免使用指针和复杂的表。

（5）不要混淆数据类型，避免在表达式中出现类型混杂。

（6）尽量采用整数算术表达式和布尔表达式。

（7）选用等价的高效率算法。

6.4.3 存储效率

对内存采取基于操作系统的分页功能的虚拟存储管理，给软件提供了巨大的逻辑地址空间。

采用结构化程序设计，将程序功能合理分块，使每个模块或一组密切相关模块的程序体积大小与每页的容量相匹配，可减少页面调度，减少内外存交换，提高存储效率。

选择可生成较短目标代码且存储压缩性能优良的编译程序，有时需采用汇编程序。提高存储效率的关键是程序的简单性。

6.4.4 输入/输出效率

输入/输出效率分为两种类型：一种是面向设备的输入/输出效率；另一种是面向人（操作员）的输入/输出效率。

如果操作员能够十分方便、简单地输入数据，能够十分直观、一目了然地了解输出信息，则面向人的输入/输出是高效的。

面向设备的输入/输出效率分析起来比较复杂。从详细设计和程序编码的角度来说，可以提出一些提高输入/输出效率的指导性原则：

（1）输入/输出的请求应当最小化。

（2）对于所有的输入/输出操作，安排适当的缓冲区，以减少频繁的信息交换。

（3）对辅助存储设备（例如磁盘），选择尽可能简单的存取方法。

（4）对辅助存储的输入/输出，应当成块传送。

（5）对终端或打印机的输入/输出，应考虑设备特性，尽可能改善输入/输出的质量和速度。

（6）任何不易理解的，对改善输入/输出效果关系不大的措施都是不可取的。

（7）任何不易理解的所谓“超高效”的输入/输出是毫无价值的。

（8）好的程序设计风格对提高输入/输出效率会有明显的效果。

6.5 冗余编程及容错技术

6.5.1 冗余编程

冗余（Redundancy）是指所有对于实现系统规定功能来说是多余的那部分资源，包括硬件、软件、信息、时间。它是改善系统可靠性的一种重要技术手段。

硬件冗余有并行冗余和备用冗余。对于一个系统，提供两套或更多的设备，使之并行工作，这种方式称为并行冗余，也称热备用或主动式冗余。另一种情况是，如果提供多套的硬件资源，但是只有一套资源在运行，只有当它出现故障时，才启用备用资源，该方式称为备用冗余，也称为冷备用或被动式冗余。

使用冗余技术可以大大提高系统运行的可靠性。比如，单个元件的可靠性为 80%，则它发生故障的概率为 20%，如果两个元件是相互独立的并行工作，则只有当两个元件都失效时系统才会失败，系统失败的概率为 4%（0.2×0.2），可靠性提高到了 96%。

但是，对于软件系统不能简单照搬硬件冗余的情况。因为如果运行两个功能一样且程序一样的系统，则一个软件上的任何错误都会在另一个软件上出现。因此，在冗余软件设计时，必须由不同的人设计出功能相同，但算法和设计不同的源程序。

6.5.2 软件容错技术

软件系统的应用十分广泛，航空航天、军事、银行监管系统、交通运输系统以及其他重要的工业领域对软件的可靠性要求非常高。系统出现故障不仅会导致财产的重大损失，还会危及人身安全。因此，系统的可靠性越来越受到重视。

一般而言，提高系统的可靠性有两种有效的方法。一种是避错（Fault Avoidance），就是避免出现故障，即在软件开发的过程中不让错误潜入软件的技术。这主要体现在提高软件的质量管理，采用先进的软件分析技术和开发方法。但即使这样，由于各种因素的影响总避免不了出现故障。这就要求在系统出现故障的情况下容忍故障的存在，即第二种方法是容错（Fault Tolerance）技术。容错技术最早由约翰•冯•诺依曼（John Von Neumann）提出。所谓容错是指在出现一个或者几个硬件或软件方面的故障或错误的情况下，计算机系统能够检测出故障的存在并采取措施容忍故障，不影响正常工作，或者在能够完成规定的任务的情况下降级运行。

1. 容错软件的定义

容错软件具有以下四层含义：

（1）对自身的错误具有屏蔽作用。

（2）可以从错误状态恢复到正常状态。

（3）发生错误时，能在一定程度上完成预期的功能。

（4）在一定程度上具有容错能力。

2. 容错技术主要方法

实现容错的主要技术手段是冗余，由于加入了冗余资源，有可能使系统的可靠性得到较大的提高。按实现冗余的类型来分，通常冗余技术分为四类：结构冗余、信息冗余、时间冗余和冗余附加技术。

（1）结构冗余。

结构冗余是最常用的冗余技术。按其工作方式，又有静态冗余、动态冗余和混合冗余三种。

静态冗余也叫被动冗余，通过冗余结果的表决和比较来屏蔽系统出现的错误。静态冗余常见的形式是三模冗余（TMR），其基本原理是：系统输入通过3个功能相同的模块处理，将产生的3个结果送到多数表决器进行表决，即三中取二的原则，如果模块中有一个出错，而另外两个模块正常，则表决器的输出正确，从而可以屏蔽一个故障，如图6-2所示。

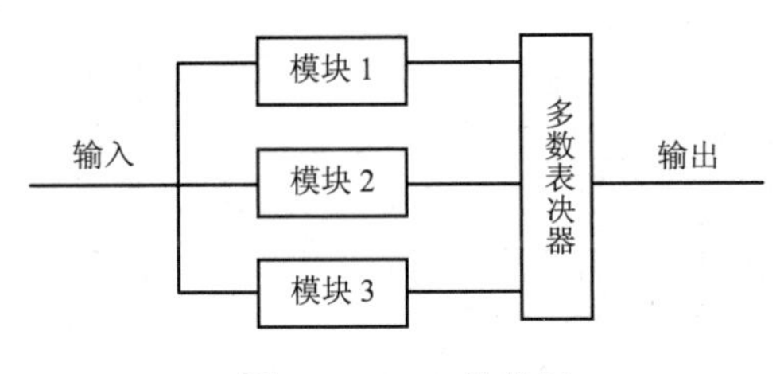

图6-2 TMR结构图

三模表决器的程序分析：

设模块 1、2、3 的输出分别为 M1、M2、M3，则可能的输出结果有 M1=M2=M3，M1=M2，M1=M3，M2=M3，M1≠M2≠M3。

程序如下：

```
DO CASE
CASE M1=M2 OR M1=M3
?M1
CASE M2=M3
?M2
OTHERWISE
? “ 输出错误”
ENDCASE
```

三模冗余可推广到 N 模冗余（NMR），其基本原理与 TMR 的原理相同，其中 N>3，且 N 为奇数，以便进行多数表决。

动态冗余是指系统连接一个参与工作的主模块，同时准备若干个备用模块，当系统检测到工作的主模块出现故障时，就切换到一个备用的模块，当换上的备用模块又发生故障时，再切换到另一个备用模块，依次类推，如图 6-3 所示。

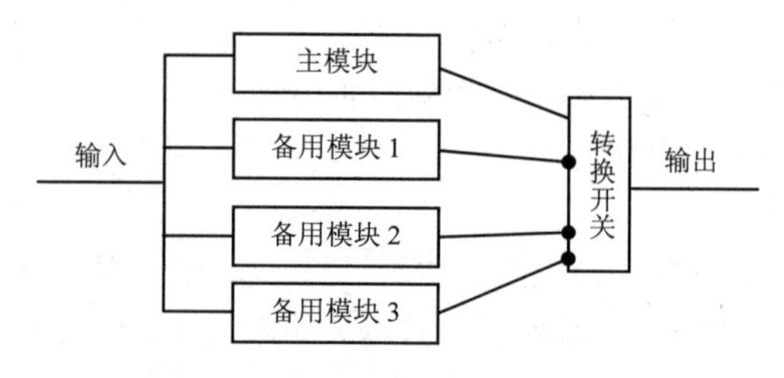

图 6-3　动态冗余结构图

混合冗余是静态冗余和动态冗余的结合。通常有 N 个模块并行工作并进行多数表决，组成静态冗余，有 M 个模块作为动态冗余中的备用模块，当参与表决的一个并行模块出现故障时就用一个备用模块来替换，以维持静态冗余系统的完整性，如图 6-4 所示。

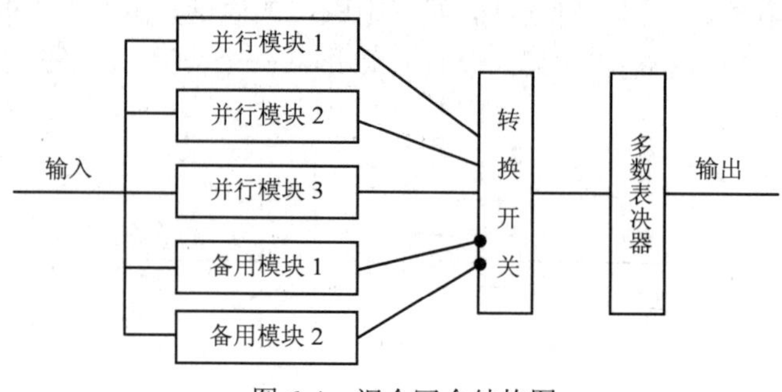

图 6-4　混合冗余结构图

（2）信息冗余。

信息冗余是通过在数据中附加冗余的信息位来达到故障检测和容错的目的。通常情况下，附加的信息位越多，其检错纠错的能力就越强，但是这同时也增加了复杂度和难度。信息冗余最常见的有检错码和纠错码。检错码只能检查出错误的存在，不能改正错误，而纠错码能检查出错误并能纠正错误。常用的检错纠错码有奇偶校验码、海明码、循环码等。

（3）时间冗余。

时间冗余的基本思想是：重复执行指令或者一段程序来消除故障的影响，以达到容错的效果，它是用消耗时间来换取容错的目的。根据执行的是一条指令还是一段程序，分成两种方法：

一种是指令复执。当检测出故障的时候，重复执行故障指令，若故障是瞬时的，则在指令复执期间可能不会出现，程序就可以继续向前运行。

另一种是程序返（卷）回。它不是重复执行一条指令，而是重复执行一小段程序。在整段程序中可以设置多个恢复点，程序有错误的情况下可以从一个个恢复点处开始重复执行程序。首先检验一小段程序的计算结果，若结果出现错误则返回再重复执行这个部分，若一次返回不能解决，可以多次返回，直到故障消除。

（4）冗余附加技术。

冗余技术实际上是对硬件、程序、指令、数据等资源进行的冗余储备，所有这些冗余资源和技术统称为冗余附加技术。按不同的容错目的，实现冗余附加技术的侧重点不同。

以屏蔽硬件错误为目的的冗余附加技术包括：

①关键程序和数据的冗余存储和调用。

②检测、表决、切换、重构、纠错和复算的实现。

以屏蔽软件错误的冗余附加技术包括：

①各自独立设计的功能相同的冗余备份程序的存储及调用。

②错误检测程序及错误恢复程序。

③为实现容错软件所需的固化程序。

3. 容错软件的设计过程

容错系统设计过程，如图6-5所示。

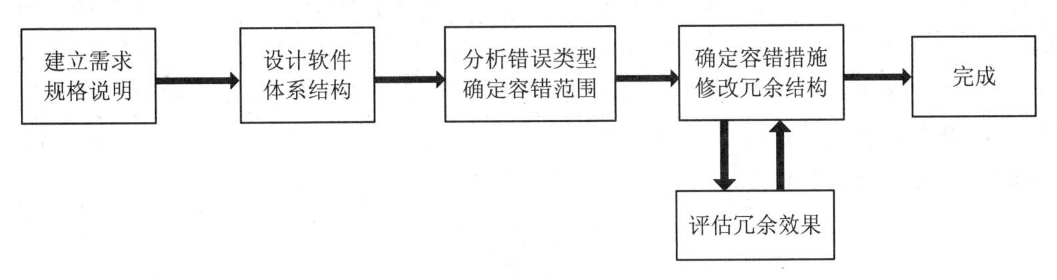

图6-5　容错系统设计过程

容错系统的设计过程如下：

（1）按设计任务要求进行常规设计，尽量保证设计结果正确，不能把希望寄托在容错上。

（2）根据系统的工作环境对可能出现的错误分类，确定实现容错的范围。例如，对于硬件的瞬时错误可以采用指令复执或程序复算；对于永久性错误，则采用备份替换或系统重构方式。对于软件来说，只有最大限度地弄清发生错误的原因和规律，才能正确地判断和分类，实现成功容错。

（3）按照“成本——效益”最优的原则，选用某种冗余手段（结构、信息、时间）来实现对各类错误的屏蔽。

（4）分析验证上述冗余结构的容错效果。如果没有达到预期效果，则应重新进行冗余设计，直到冗余效果满意为止。

6.6 程序复杂性的度量

程序复杂性主要指模块内程序的复杂性。它直接关系到软件开发费用的多少、开发周期的长短和软件内部错误的多少。程序的复杂性是进行成本核算和任务分配的依据。

程序复杂性度量的参数主要有：

（1）规模：程序指令条数或源程序行数。

（2）难度：与程序操作数和操作符有关的度量。

（3）结构：与程序分支或循环数有关的度量。

（4）智能度：算法的难易程度。

6.6.1 代码行度量法

度量程序的复杂性，最简单的方法就是统计程序的源代码行数。

程序复杂性随着程序规模的增加呈不均衡地增长，对于少于 100 个语句的小程序，源代码行数与出错率是线性相关的。随着程序的增大，出错率以指数级方式增长。

控制程序规模最好采用分而治之的办法，即将一个大程序分解成若干个简单的可理解的程序段。

代码行估算技术：为了使程序规模的估计值更接近实际值，可以由多名软件工程师分别做出估计，每个人都估计代码行的最小值（a）、最大值（b）和最可能值（m），分别算出这 3 种规模的平均值，再用加权方法计算程序代码行的估计值：

$$L=\frac{\overline{a}+4\overline{m}+\overline{b}}{6}$$

例 6-1 设某项目 3 位工程师的代码行估计值如表 6-1 所示。

表 6-1　代码行估计值表

工程师	最小值	最大值	最可能值
甲	800	1200	950
乙	780	1300	880
丙	900	1240	1100
平均	827	1247	977

$$代码行估计值 = \frac{827 + 4 \times 977 + 1247}{6} = 997行$$

6.6.2　McCabe 度量法

McCabe 度量法，又称环路复杂性度量，是一种基于程序控制流的复杂性度量方法。它基于一个程序模块的程序图中环路的个数，因此计算它先要画出程序图。

程序图（也叫流图）是退化的程序流程图。流程图中每个处理都退化成一个结点，流线变成连接不同结点的有向弧，如图 6-6 所示。

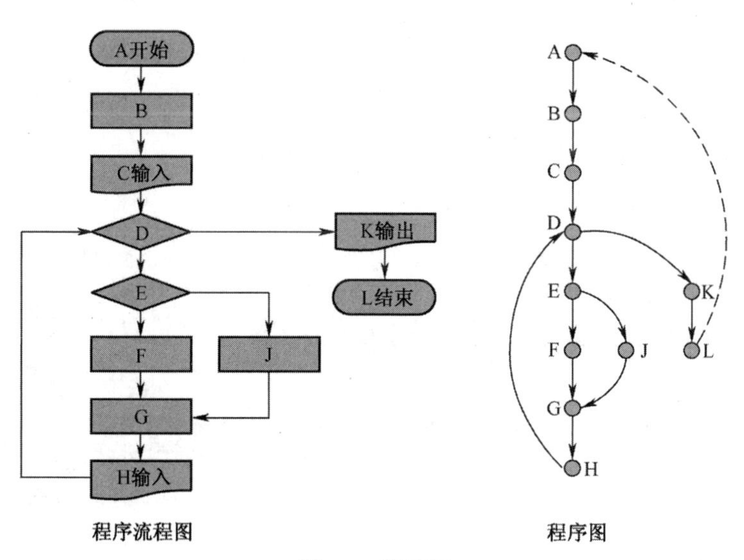

图 6-6　程序图

程序图仅描述程序内部的控制流程，不反映对数据的具体操作以及分支和循环的具体条件。

计算环路复杂度的方法：

（1）由有向弧数和结点数计算：V(G)＝m-n+2，其中，V(G)是有向图 G 中环路个数，m 是图 G 中弧数，n 是图 G 中结点数。如图 6-6 得 V(G)=12-11+2=3。

（2）由判定点数计算：V(G)=P+1，其中，P 为判定点个数。

（3）用封闭区数计算：V(G)=有界封闭区个数+无界封闭区个数。

说明：

（1）环路复杂度取决于程序控制结构的复杂度。当程序的分支或循环数目增加时其复杂度也增加。

（2）McCabe 环路复杂度隐含的前提是：错误与程序的判定加上子程序的调用数目成正比。

（3）环路复杂度是可加的。即两个模块的复杂度等于两个模块复杂度之和。

（4）McCabe 建议，对于复杂度超过 10 的程序，应分成几个小程序，以减少程序中的错误。

这种度量的缺点是：

（1）对于不同种类的控制流的复杂性不能区分。

（2）简单 IF 语句与循环语句的复杂性同等看待。

（3）嵌套 IF 语句与简单 CASE 语句的复杂性是一样的。

（4）模块间接口当成一个简单分支一样处理。

（5）一个具有 1000 行的顺序结构程序与 1 行语句的复杂性相同。

尽管 McCabe 复杂性度量法有许多缺点，但它容易使用，在选择方案和估计排错费用等方面都是很有效的。

实训

程序图的绘制与环路复杂性的度量

1．实训目的

McCabe 度量法，又称环路复杂性度量，是一种基于程序控制流的复杂性度量方法。环路复杂度是进行资源分配和成本核算的依据。

通过本实训，学会程序图的绘制及环路复杂度的计算。

2．实训要求

根据第 5 章实训 1 的伪代码及程序流程图，绘制出程序图（流图），并计算环路复杂度。

3．实训内容

程序图（也叫流图）是退化的程序流程图。流程图中每个处理都退化成一个结点，流线变成连接不同结点的有向弧，如图 6-7 所示。

环路复杂度的计算方法：

V(G)＝m-n+2
V(G)=P+1
V(G)=有界封闭区个数+无界封闭区个数

提示：①Visio—流程图—基本流程图；②虚线设置：右键—格式—线条。

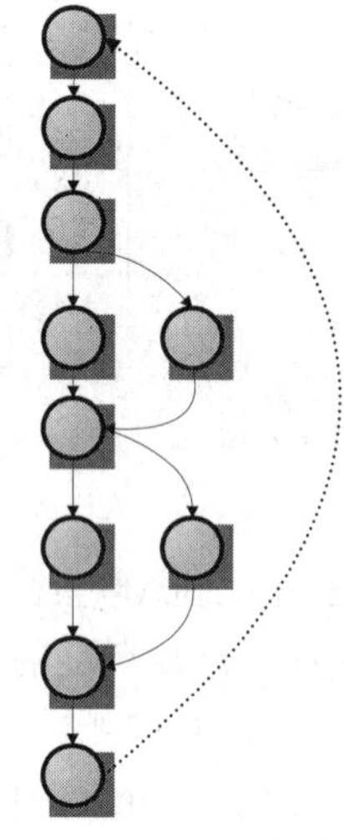

图 6-7　程序图

习题六

一、选择题

1．在编制程序时应采纳的原则之一是（　　）。

A．不限制 goto 语句的使用　　B．减少或取消注释行

C．程序越短越好　　D．程序结构应有助于读者理解

2．一个程序如果把它作为一个整体，它也是只有一个入口、一个出口的单个顺序结构，这是一个（　　）。

A．结构化程序　　B．组合的过程

C．自顶向下程序设计　　D．分解过程

3．程序控制一般分为（　　）、选择和循环等三种基本控制结构。

A．分块　　B．顺序　　C．迭代　　D．循环

4．源程序文档化要求在每个模块的首部加序言性注释。该注释的内容不应有（　　）。

A．模块的功能　　B．语句的功能

C．模块的接口　　D．程序的效率

5．功能性注释的作用是解释下面的语句（　　）。

A．怎么做　　B．做什么　　C．何时做　　D．为何做

6．对于不好的程序，应当（　　）。

A．打补丁　　B．修改错误　　C．重新编写　　D．原封不动

7．程序设计语言的心理特性在语言中表现不应包括（　　）。

A．二义性　　B．简洁性　　C．保密性　　D．传统性

8．程序设计语言的技术特性不应包括（　　）。

A．数据结构的可描述性　　B．抽象类型的可描述性

C．数据库的易操作性　　D．软件的可移植性

9．Lipow 证明了：当源程序少于 100 个语句时，每行代码的出错率随程序行数的增长（　　）。

A．呈线性相关关系　　B．呈指数方式增长

C．呈对数方式增长　　D．没有一定规律

二、填空题

1．程序设计风格是人们编写程序的________、________和________等。

2．编码的目的就是使用选定的程序设计语言，把模块的过程性描述翻译为用该语言书写的________。

3．良好的编码风格包括________、________、________、________。

4．程序的注释分为________和________。

5．一个程序效率的高低取决于多种因素，主要包括________、________和________。

6．程序的效率是指程序的________及程序所需占用的________。

7．冗余（Redundancy）是指所有对于实现系统规定功能来说是多余的那部分资源，包括________、________、________、________。它是改善________的一种重要技术手段。

8．提高系统的可靠性有两种有效的方法。一种是________，另一种方法是________。

9．常用的检错纠错码有________、________、________等。

三、简答题

1．程序设计语言的分类方法有哪些？

2．为了使程序中数据说明更易于理解和维护，必须注意哪几点？

3．在定义语句结构时应做到哪些方面？

4．什么是容错技术？

7

面向对象的分析与设计

面向对象技术强调在软件开发过程中面向客观世界或问题域中的事物，采用人类在认识客观世界的过程中普遍运用的思维方法，直观、自然地描述客观世界中的有关事物。

本章主要讲授了面向对象的基本概念、分析过程和设计方法，这些理论和方法是学习统一建模语言的基础。

7.1 面向对象概述

7.1.1 面向对象方法

面向对象（Object-Oriented，OO）思想最初出现于20世纪60年代挪威奥斯陆大学和挪威计算机中心共同研制的Simula67语言中。之后，随着美国加利福尼亚州的Xerox研究中心分别在70年代和80年代推出的Smalltalk-76和Smalltalk-80语言，面向对象的程序设计技术开始迅猛发展。

面向对象方法的思路是尽可能模拟人类习惯的思维方式，使开发软件的方法与过程尽可能接近人类认识世界解决问题的方法与过程，也就是使描述问题的空间（也称为问题域）与实现解法的空间（也称为求解域）在结构上尽可能一致。面向对象方法解决问题的思路是从现实世界中的客观对象（如人和事物）入手，尽量运用人类的自然思维方式从多方面来构造软件系统。

Coad和Yourdon给出了面向对象方法的定义：

面向对象=对象+类+继承+通信

如果一个软件系统是使用这样4个概念设计和实现的，则称这个软件系统是面向对象的。

面向对象的程序每一成份都是对象，数据处理是通过对象的建立和对象之间的通信来执行的。从面向对象分析到面向对象设计再到面向对象实现都使用了一致的概念和表示法，不用转换。

因此，面向对象的基本思想如下：

（1）从问题域中客观存在的事物出发来构造软件系统，用对象作为对客观事物的抽象表示，并以此作为系统的基本构成单位。

（2）事物的静态特征（即可以用一些数据表达的特征）用对象的属性来表示，事物的动态特征（即事物的行为）用对象的操作表示。对象的属性与操作结合为一体，成为一个独立的实体。

（3）相同属性和相同操作的对象归为一类，对象是类的一个实例。

（4）通过在不同程度上运用抽象原则（忽略事物之间的一些差异），可以得到较一般的类和较特殊的类。特殊类继承一般类的属性和操作，面向对象方法支持这种继承关系的描述与实现，从而简化系统的构造过程及其文档。

（5）复杂对象可以用简单的对象作为其构成部分（称为聚合）。

（6）对象之间通过消息进行通信，以实现对象之间的动态联系。

（7）通过关联表达对象之间的静态关系。

从以上几点可以看出，面向对象强调以问题域中的事物为中心来思考问题、认识问题，并根据这些事物的本质特征，把它抽象地表示为系统中的对象，作为系统的基本构成单位。面向对象方法可以使系统直接地映射问题域，保持问题域中事物及其相互关系的本来面貌。面向对象方法是一种运用对象、类、继承、封装、聚合、关联、消息和多态性等概念和原理来构造系统的软件开发的方法。

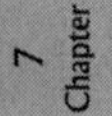

面向对象方法的主要优点：

（1）与人类习惯的思维方法一致。使用现实世界的概念思考问题从而自然地解决问题。面向对象以对象为核心，提供了对现实世界更加完整的描述，设计数据、行为和通信等。在面向对象方法中，计算机观点已被淡化，现实世界模型成为构造系统的最重要的依据。该方法鼓励开发人员，能够更多地使用用户应用领域中的概念去思考问题。在开发过程中自始至终都在考虑如何建立问题域对象模型，从对问题域进行自然的对象分解，到确定需要使用的类、对象，再到在对象之间建立消息通道以实现对象间的联系等。面向对象技术帮助人们先设计出由抽象类（概念类）构成的系统框架，然后随着认识的深入，逐步派生出更加具体的派生类。这样的开发过程与人们在解决复杂问题时逐步深化的渐进过程是一致的。

（2）稳定性好。与传统方法不同，面向对象方法以对象为中心来构造软件系统，它的基本做法是用对象模拟问题域中的实体，并以对象之间的联系来表现领域实体之间的联系。因此当对系统的功能需求改变时，一般仅需要对一些局部对象进行修改，而并不需要改变整个软件结构。例如，可以从已有的类中派生出一些新的子类，以实现系统功能的扩充或修改。由于现实世界中的实体是相对稳定的，因此，以对象为中心来构造的软件系统也比较稳定。系统的功能需求变化时不会引起软件结构的整体变化，往往仅需要作一些局部性的修改。

（3）可重用性好。对象是比较理想的模块和可重用的软件成分。软件重用是提高软件生产率的最主要的途径之一。面向对象技术可使软件系统具有更大的灵活性，其主要的重用机制是利用类的继承性，可以通过上级父类派生出下级子类，这不仅可以重复使用父类的数据结构和程序代码，并且可以在其父类代码的基础上，方便地进行子类的修改和扩充。面向对象技术所实现的可重用性是自然的和准确的，在重用技术中面向对象技术是最成功的一个。

（4）容易开发大型软件产品。当开发大型软件产品时，组织开发人员的方法不恰当往往是出现问题的主要原因。用面向对象模型开发软件时，可以把一个大型软件系统分解成一系列相互独立的子系统来处理，这就不仅降低了开发的技术难度，而且也使得对开发工作的管理变得容易多了。同时，当把面向对象技术用于大型软件开发时，软件成本明显地降低了，软件的整体质量也提高了。

（5）可维护性好。利用面向对象方法开发的软件系统便于维护与扩充。当软件需求发生改变时，通常不会引起软件体系发生整体变动，只需要逐个改变局部类模块，而不影响其他部分。类是独立性较强的模块，因此当修改该类时，不易引起“波动效应”，只要接口不变，就不影响其他部分。另外，使用面向对象方法开发的软件比较容易理解，因为软件系统结构与问题域空间结构具有较好的一致性，易于理解、修改、测试。

7.1.2 面向对象的基本概念

面向对象的方法以对象作为最基本的元素，对象是分析问题、解决问题的核心。对象与类是讨论面向对象方法的最基本最重要的概念。

1. 对象（Object）

对象无处不在，组成了整个世界。可以从两个角度来理解对象：一个角度是现实世界，另一个角度是所建立的系统。按照人们的认识角度，从客观世界中任何有确定边界、可触摸、可感知的事物，到某种可思考、可认识的概念（如速度、时间等）均可认为是对象。例如，客观世界中，学生、教师、电视、汽车等都是对象的例子，表示客观世界中的某些概念。每个对象有其自身的属性。例如，学生有学号、性别、年龄、年级、专业、成绩等。对象的属性值可因施加于该对象上的行为动作而变更。例如，根据学生升留级的情况，改变学生的年级属性值。对于所要建立的特定系统模型来说，现实世界中的有些对象是有待于抽象的事物。

在面向对象的系统模型中，对象是构成系统的一个基本单位，是指问题域中某些事物的一个抽象，反映该事物在系统中需要保存的信息和发挥的作用，是由数据（属性）及其上的操作（也称为服务、方法或行为）组成的封装体，也可以是一个抽象的数据类型。对象的行为是定义在对象属性上的一组操作方法的集合，是用来描述对象动态特征的一个动作序列。可以说，对象是一个具有局部状态和具体操作集合的实体，不仅能表示具体的实体，也能表示抽象的规则、计划或事件。它是面向对象开发模式的基本成分。

对象=对象名+数据（属性）+操作（行为）

每个对象可以用它本身的一组属性和可执行的一组操作来定义。属性指的是对象所具有的性质（数据值），是对象的静态属性，一般只能通过执行对象的操作来改变。操作又称为方法或服务，它描述了对象执行的功能。是对象的动态属性。对象可以是外部实体、信息结构、事件、角色、组织结构、地点或位置、操作规程等。

如图 7-1 所示，描述了三个多边形对象，其中（a）图中表明客观实例，（b）图中即是对客观实例的对象表述，该对象包括对象名、属性、操作等。

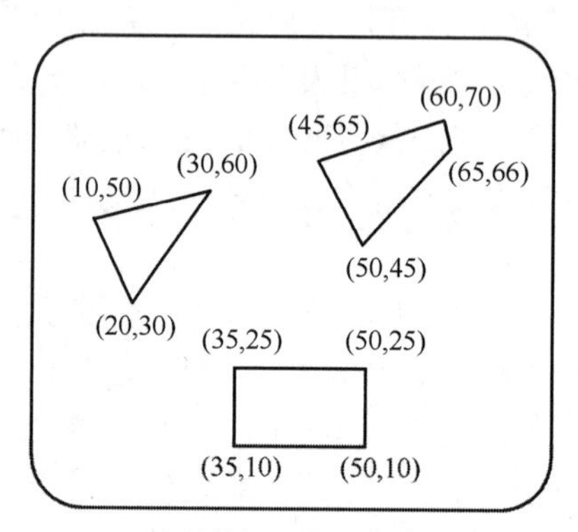

（a）在计算机屏幕上的三个多边形

对象名	triangle	quadrilateral1	quadrilateral2
属性	(10,50) (30,60) (20,30)	(35,10) (50,10) (35,25) (50,25)	(45,65) (50,45) (65,66) (60,70)
操作	draw move(Δx, Δy) contains(aPoint)	draw move(Δx, Δy) contains(aPoint)	draw move(Δx, Δy) contains(aPoint)

（b）表示多边形的三个对象

图 7-1　对象图

2. 类（Class）

类又称对象类（Object Class）是一组具有相同属性和相同操作的对象的集合。

类的定义包括一组数据属性和在数据上的一组合法操作。类代表一种抽象，作为具有类似特性与共同行为的对象的模板，可用来产生对象。类的概念是人们能对该类的全部个体事物进行统一的描述。把具有共同性质的事物划分为一类，得出一个抽象的概念，是人们在认识客观世界时经常采用的思维方法。分类所依据的原则是抽象，即忽略事物的非本质的特征，只注意那些与当前目标有关的本质特征，从而找出事物的共性。在一个类中，每个对象都是类的实例（Instance），它们都可使用类中提供的函数。

（1）对象和类的关系。

类是对象的抽象及描述，它是具有共同属性和方法的多个对象的统一描述体，是用来定义一组对象共有属性和方法的模板。类是静态概念，而对象则是一个动态概念，因为只有在运行时才给对象分配空间，对象才真正存在。

如图 7-2 所示，类 Quadrilateral 就是对象 quadrilateral1 和 quadrilateral2 的抽象描述。

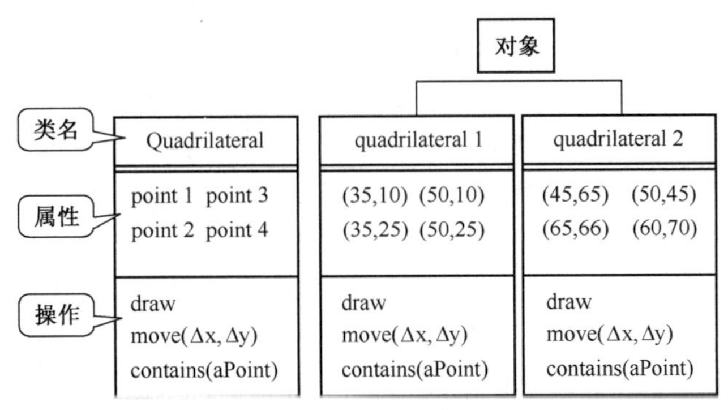

图 7-2　类和两个四边形对象

（2）类的层次结构。

一个类的上层可以有超类（Superclass），下层可以有子类（Subclass）。

一般与特殊结构（分类结构）。反映的是抽象与具体的关系，一般类即通用类，是从若干相似类中抽取它们的共同属性和方法，形成通用类，具体类继承了通用类的属性和方法，同时拥有自己的属性和方法，形成特殊类。

整体与部分结构（组装结构）。部分对象是整体对象的组成部分，可将部分对象组装成整体对象。

如图 7-3 所示，左图计算机是一个通用类，服务器和客户机是特殊类；右图部门和子公司是跨国公司的组成部分。

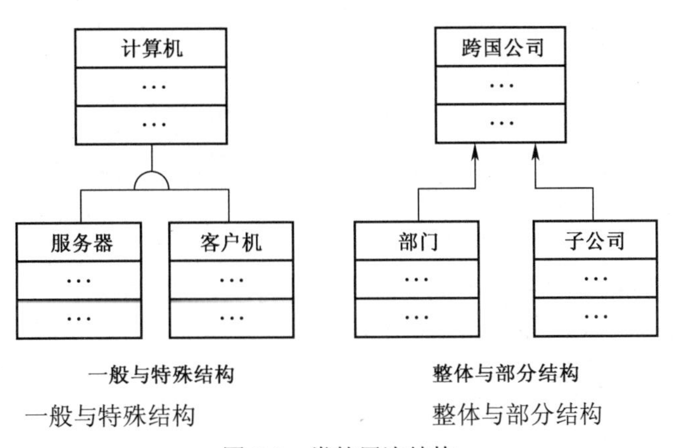

图 7-3　类的层次结构

3. 封装（Encapsulation）

封装是面向对象的一个重要原则，封装是指把对象的外部特征与内部实现细节分开，使得一个对象的外部特征对其他对象来说是可访问的，而它的内部细节对其他对象是隐藏的。从外部只能看到对象的行为（操作），而并不知道那些存在的操作是怎样工作的。例如，用“售报亭”对象描述现实中的一个售报亭。它的属性是售报亭内各种报纸杂志的名称、定价和钱箱（总金额），有两个服务（操作）：报刊零售和货款清点。封装意味着售报亭对象是由属性和操作结合成的一个整体，它通过售报亭的窗口对外提供零售服务。顾客只能从这个窗口请求服务，而不能自己到售报亭内去拿报纸或找零。货款清点则是一个内部操作，不向客户开放。

一个对象具有封装的条件如下：

（1）有一个清楚的边界，所有私有数据和操作的代码都被封装在这个边界内，从外面看不见更不能访问。

（2）有确定的接口，接口是可见的，这些接口描述这个对象和其他对象之间的相互作用。

（3）受保护的内部实现，实现对用户来说是不可见的，这个实现给出了由软件对象提供的功能细节，实现细节能在定义这个对象的类的外部访问。

通过封装及信息隐藏就避免了外部错误对它的“交叉感染”，另外对象内部修改对外部的影响很小，减少了修改引起的“波动效应”。封装的另一个目的在于将对象的使用者和开发人员分开。当对某一对象进行修改时，不影响其他对象的使用。加工操作是对象的一部分，可通过向对象传递一个消息而启动。对象之间只能通过消息进行通信。但是，严格的封装也会带来问题，如编程麻烦、执行效率受损。有些语言不强调严格的封装和信息隐藏，而实现可见性控制，以此来解决问题，如 C++和 Java，通过定义对象的属性和操作的可见性，对外规定了其他对象怎样获得对其属性和操作的访问。

4. 消息（Message）

消息是面向对象系统中实现对象间关系的通信和请求任务的操作。电视机和遥控器就是一个直观的例子。当你想看电视的时候，按下遥控器的“开机”按钮，遥控器向电视机发送了一个开机的消息，电视机对象接收到这个消息后知道怎样去执行开机操作，并打开电视。对象之间通过消息进行通信，实现了对象之间的动态联系。在对象之间只能通过消息进行通信，而不允许在对象之外直接地存取对象内部的属性，这是由封装性和信息隐蔽原则引起的。消息的具体用途有多种，如请求读取或设置对象本身的某个（些）属性，请求其他对象的操作等。因此，消息就是用来请求对象执行某个处理或回答某些信息的要求。消息既可以是数据流，也可以是控制流。一条消息可以发送给不同的对象，对消息的解释完全由接收信息的对象来完成，不同的对象对相同形式的消息可以有不同的解释。

一个消息由三个部分组成：

（1）消息名；

（2）发送和接收信息的对象；

（3）零个或多个变元（参数）。

通常，一个对象向另一个对象发送信息请求某项服务，接收对象响应该消息，激发所要求的服务和操作，并将操作结果返回给请求服务的对象这种通信机制叫做消息传递。发送消息的对象不需要知道接收消息的对象如何对请求予以响应。

5. 方法（Method）

方法就是对象所能执行的操作，也就是类中所定义的服务。方法描述了对象执行操作的算法，响应消息的方法。在C++语言中把方法称为成员函数。例如，为了Circle类的对象能够响应让它在屏幕上显示自己的消息Show(green)，在Circle类中必须给出成员函数Show(int color)的定义，也就是要给出这个成员函数的实现代码。

6. 继承（Inheritance）

继承是面向对象描述类之间相似性的重要机制。在现实世界中大量的实体都存在一定程度的相似性，人们总是希望能够最大程度地利用种种相似性，不仅在管理系统的类的时候，而且在定义新的类的时候也希望通过利用这种相似性来简化工作，并重用之前的工作。继承刻画了一般性和特殊性，在软件开发中定义特殊类时，不需要把它的一般类已经定义过的属性和服务重复地书写一遍，只需要声明它是某个类的特殊类即可。继承具有“是一种”的含义。例如，人们认知了汽车的特征之后，在考虑货车时只要知道货车也是一种汽车这个事实，就理所当然地知道货车具有汽车的全部特征，只要把精力用于发现和描述货车独有的那些特征即可。

继承的重要意义在于它简化了人们对事物的认知和描述。利用继承可以达到重用公共描述的目的，这将产生更容易理解的、更小的模型。另外，当人们想修改或增加新的特征时，只需要修改相关地方即可。例如，增加汽车的“颜色”属性，只需在类“汽车”中进行修改即可。

7. 聚合（Aggregation）

现实世界中既有比较简单的事物，也有比较复杂的事物。人们在认识比较复杂的事物时，常常采用这样一种思想方式：把复杂事物看作由若干比较简单的事物构成。在一个复杂事物的内部识别出若干相对独立的组成部分，把它们作为一些比较简单的事物，认识它们的特征，然后由它们构成复杂事物。这种思想方法反映在面向对象方法中就是聚合。

聚合是面向对象方法的基本概念之一。它是一种系统构造原则，即由比较简单的对象构成比较复杂的对象。同时它也是对象之间的一种关系。即整体对象和部分对象之间的关系。整体对象和部分对象也是相对而言的，前者描述了一个复杂事物的整体，后者则描述复杂事物中的一个相对独立的局部。整体对象和部分对象之间的关系便是聚合关系，又称整体一部分关系。在现实世界中，有些事物之间的组成关系是紧密而固定的。例如，人体的四肢和内脏是一个人与生俱来、不可分割的组成部分。有些事物之间的组成关系则是松散而灵活的，如一个公司和这个公司的经理，虽然也是整体与部分的关系，但是这种关系并不是一成不变的，反映在面向对象方法中，聚合关系也分为紧密固定的和松散灵活的两种情况。在UML中把紧密固定的聚合关系称为组合（Composition），而聚合则泛指所有的情况。在以往的某些面向对象分析与设计方法中组合这个术语也被用做聚合的同义词。

聚合关系有两种实现方式。第一种方式是用部分对象作为整体对象的一个属性（这个属性的数据类型是部分对象的类，因此它不是一个普通数据，而是一个对象，即部分对象），从而构成一个嵌套对象。在这种方式下，一个部分对象只能隶属于唯一的整体对象，并与它同生同灭。第二种方式是独立地定义、创建整体对象和部分对象，并在整体对象中设置一个属性，它的值是部分对象的对象标识，或者是一个指向部分对象的指针。在这种方式下，整体对象和部分对象可以有不同的生存期。整体对象中的一个部分可以在不同的时刻更换成不同的对象；一个部分对象在不同的时刻可以属于不同的整体，而且可以同时属于多个整体。虽然，前一种实现方式便于表示紧密、固定的聚合关系（即组合关系）；后一种实现方式便于表示松散、灵活的聚合关系。

整体－部分结构是把一组具有聚合关系（即整体－部分关系）的类组织在一起所形成的结构。它是一个以类为结点，以聚合关系为边的连通有向图。整体－部分结构描述了对象之间的组成关系，即一些对象是另一些对象的组成部分。在模型中，整体对象和部分对象都是通过它们的类来表示的，二者之间的这种组成关系也是通过在它们的类之间画出的关系表示符号来表达的。这就是说，整体－部分结构的表达是在类的抽象层次上进行的，而它的语义则是描述了对象实例之间的组成关系。一个整体－部分结构可以包含两个或者两个以上的类，其中所包含的聚合关系可以是一个或多个。

8. 关联（Association）

面向对象的思路是把事物之间的各种关系归结为泛化、聚合和关联 3 类关系。泛化关系主要表现为继承机制，关联是类之间的静态关系。如，公司与员工之间具有“雇佣”关系。关联关系表示两个类之间存在某种语义上的联系。关联可具有一定的名称。关联可以有方向，包括单向和双向。公司与员工之间就具有一种单向关联——“雇佣”，由公司指向雇员；而贸易合同就是一种双向关系。关联可以注明一个数目，以标明一个范围，指向多个对象与另一个（或多个）对象具有一对一、一对多或者多对多的关系。例如，一个公司要雇佣多个员工。在实现这种关联时，可以通过对象的属性表达出来。例如，用类“公司”的对象属性来记录该对象具有雇佣的雇员对象（由类“人”创建）。

9. 多态性（Polymorphism）

对象的多态性是指在一般类中定义的属性或操作被特殊类继承之后，可以具有不同的数据类型或表现出不同的行为。这样，相应的对象可以按不同的行为响应同一个消息。例如，某个图形元素具有一个“移动”操作，因而“移动”是该图形元素的外界接口。然而移动的方式有很多，如指明距离间隔的移动、指明目标地点的移动和指明路线的移动等。因此，该图形元素对象就要实现移动的多种形态：Move（distant）、Move（destination）、Move（routine）……外部对象可以随意要求给图形元素对象移动，如指明要求移动一段固定距离，移动到某个确定地点和按某条确定路线移动等。这时外部对象并不关心该图形元素如何实现这些不同方式的移动（事实上也不知道）。图形元素对象接收到要求移动自己的消息请求后，根据消息中的相关参数确定服务请求者需要的操作类型，如移动一段距离等，这样对象就可以决定以某个行为形态去正确地响应来自外部的操作请求了。多态性表明消息由消息的接收者进行解释，不是由消息的发送者解释。消息的发送者只需知道消息接收者具有某种行为形态即可。

多态性往往和重载、动态绑定等概念结合在一起。多态属于运行时的问题，而重载是编译时的问题。

多态性的实现需要 OOPL 提供支持，在目前最常使用的几种 OOPL 中仅有部分是支持多态性的。支持多态性实现的语言应具有以下功能：

（1）重载：在特殊类中对继承来的属性或服务进行重新定义。

（2）动态绑定：在运行时根据对象接收的消息、动态地确定要了解哪一段服务代码。

（3）类属：服务参量的类型可以是参数化的。

多态性是保证系统具有较好适应性的一个重要手段。在设计时，需要指定什么应该发生，而不是应该怎样发生，以便获得一个易修改、易变更的系统。例如，在 C++语言中多态性是通过虚函数来实现的。当需要扩充系统功能或在系统中增加新的实体类时，只要派生出与新的实体类相应的新的子类，并在该派生出的子类中定义符合该类需要的虚函数，而无需修改原有的程序代码。

7.1.3 面向对象的特性

面向对象方法三个基本特性：继承性、封装性、多态性。

（1）继承性。继承是以既存类为基础，定义新类的技术。新类的定义可以是既存类所声明的数据和新类所增加的声明的组合。新类复用既存类的定义，而不要求修改既存类。既存类可当做基类来引用，新类相应地可当作派生类来引用。如图 7-4 所示，四边形 Quadrilateral 类是多边形 Polygon 类的子类，Polygon 类也可作基类。

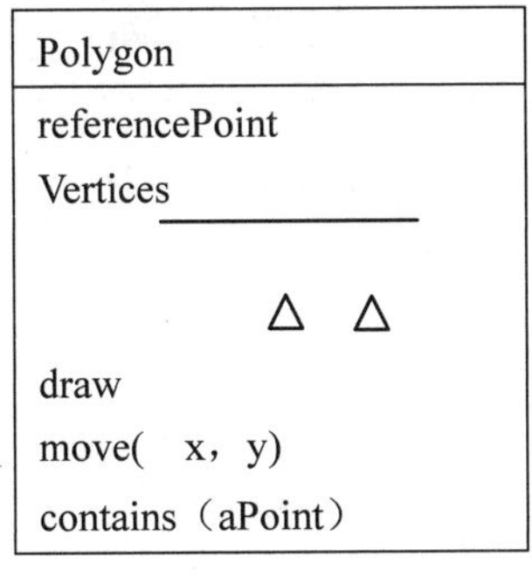

（a）Polygon 类

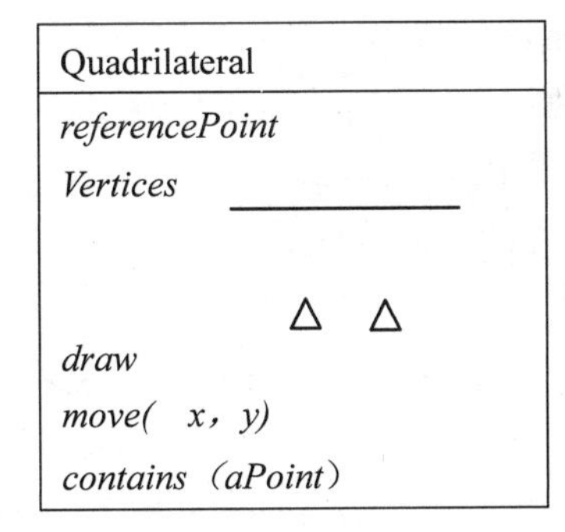

（b）Polygon 类的子类 Quadrilateral

图 7-4 基类和子类

使用继承设计一个新类，可以视为描述一个新的对象集，它是既存类所描述对象集的子集。这个新的子集可以认为是既存类的一个特例。例如 Quadrilateral 类是 Polygon 类的特例。Quadrilateral 是限制为四条边的多边形。我们还可以进一步地把类 Quadrilateral 特殊化为 Rectangle，如图 7-5 所示。

在类的继承层次中，Quadrilateral 的实际参数可以替换 Polygon 的形式参数。继承具有传递性。

继承可分为单继承和多继承。若子类仅有一个父类的继承为单继承，有两个或两个以上父类的继承为多继承。如图 7-6 所示，客车和货车是单继承，客货两用车是多继承。

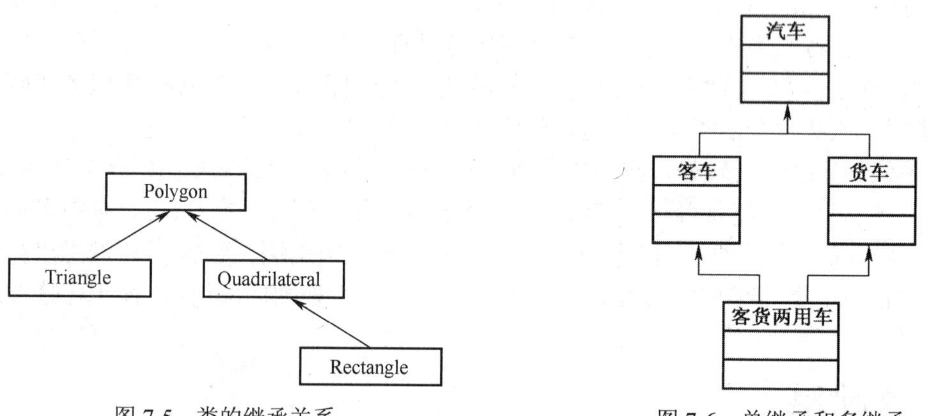

图 7-5　类的继承关系

图 7-6　单继承和多继承

（2）封装性。封装性是一种信息隐蔽技术，用户只能看到对象封装界面上的信息，对象内部对用户是隐蔽的。如果属性或方法被定义为 public，它就是接口的一部分，其他类可以直接访问它；如果属性或方法被定义为 private，它就是实现的一部分。只有类自己的方法可以访问它。缺省 public 和 private 时，系统默认为私有变量，只能由类内部其他成员来访问，不能由程序的其他部分来访问。这是一种实现封装的方法。

（3）多态性。是指同一个操作作用于不同的对象上可以有不同的解释，产生不同的执行结果。例如，“画”操作，作用在“矩形”对象上，则在屏幕上画一个矩形，作用在“圆”对象上，则在屏幕上画一个圆。多态性增加了操作的灵活性。封装性、继承性、多态性是构成面向对象程序设计的三大特征。

7.2　面向对象分析与对象模型化技术

7.2.1　面向对象的分析过程

面向对象分析（Object-Oriented Analysis，OOA）是软件开发过程中的问题定义阶段，即运用面向对象的方法进行需求分析，是面向对象方法从编程领域向分析领域延伸的产物，充分体现了面向对象的概念与原则。这一阶段最后得到的是对问题论域的清晰、精确的定义。

面向对象的分析阶段包括两个步骤：论域分析和应用分析。该阶段的目标是获取对问题论域的清晰、精确的定义，产生描述系统功能和问题论域的基本特征的综合文档。

1. 论域分析（Domain Analysis）

论域分析是抽取和整理用户需求并建立问题域精确模型的过程。其主要任务是充分理解专业领域的业务问题和投资者及用户的需求，提出高层次的问题解决方案。考察问题论域（软件系统所涉及的应用领域和业务范围）内一个较宽的范围，分析覆盖的范围应比直接要解决的问题域更大。论域分析用于建立大致的系统实现环境。

2. 应用分析（Application Analysis）

应用分析则根据特定应用的需求进行论域分析。将论域分析建立起来的问题论域模型，用某种基于计算机系统的语言表示出来。响应时间需求、用户界面需求和数据安全等特殊的需求都在这一层分解抽出。

应用（或系统）分析细化在论域分析阶段所开发出来的信息，把注意力集中在当前要解决的问题上。图7-7描述了OOA分析过程的具体步骤。

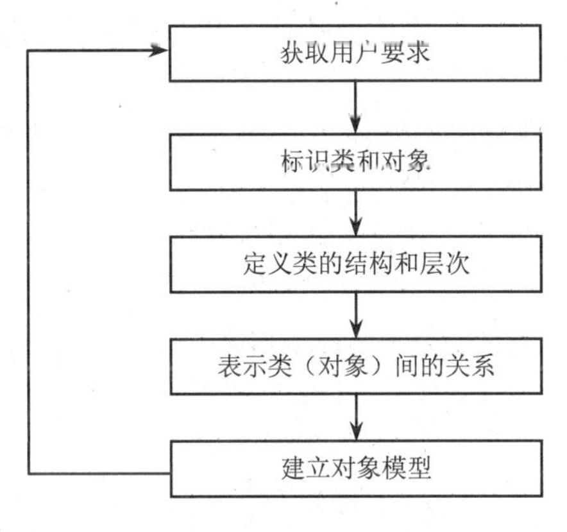

图7-7　OOA分析过程

（1）获取用户基本需求。

首先，用户与开发者之间进行充分交流，通常使用用例（User Case）来收集和描述用户的需求，然后标识使用该系统的不同的行为者（Actor），所提出的每个使用场景（或功能）称为一个用例。建立系统的所有用例，构成了完整的系统需求。

（2）标识类和对象。

标识类与对象是一致的。在确定系统的用例后，可标识类及类的属性和操作。从问题域或用例的描述入手，发现类及对象。列出对象可能有的形式：外部实体、事物、发生的事件、角色、组织单位、场所、构造物等。

在此基础上，进一步确定最终对象。通常可根据以下原则确定：保留对象具有需要保留的信息，需要的服务，具有多个属性，具有公共属性及操作。标识类（对象）属性，从本质上讲，属性定义了类，可从问题的陈述中或通过对类的理解而标识出属性。定义操作，操作定义了对象的行为并以某种方式修改对象的属性。操作分为对数据的操作、计算操作和控制操作。

（3）定义类的结构和层次。

类的结构有：一般与特殊（Generalization-Specialization）结构，整体与部分（Whole-Part）结构。构成类图的元素所表达的模型信息，通常分为三个层次，如图 7-8 所示。

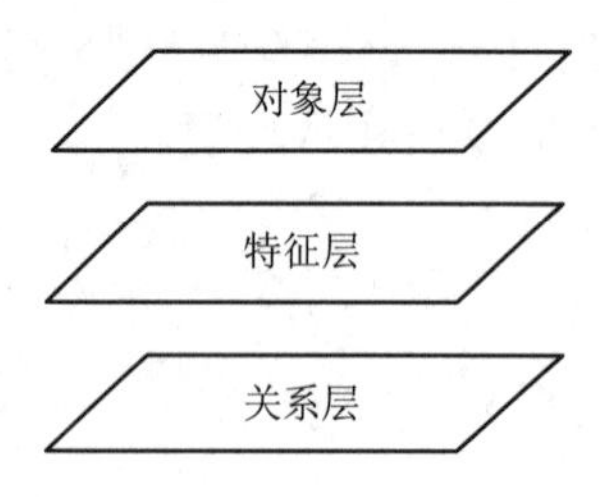

图 7-8　OOA 基本模型

特征层，给出类（对象）的内部特征，即类的属性和操作。关系层，给出各类（对象）之间的关系，包括继承、组合、一般－特殊、整体－部分、属性的静态依赖关系、操作的动态依赖关系等。

（4）建立类（对象）之间的关系用“对象－关系模型”描述系统的静态结构。

建立“对象－行为”模型，描述系统的动态行为。

7.2.2　面向对象的开发方法

目前，面向对象开发方法的研究已日趋成熟，面向对象开发方法有 Booch 方法、Coad&Yourdon 方法、OMT 方法、OOSE 方法等。

1. Booch *方法*

Booch 最先描述了面向对象软件开发方法的基础问题，指出面向对象开发是一种不同于传统的功能分解的设计方法。面向对象的软件分解更接近人对客观事物的理解，而功能分解只通过问题空间的转换来获得。

Booch 方法的开发模型包括静态模型和动态模型：静态模型分为逻辑模型和物理模型，描述了系统的构成和结构。动态模型包括状态图和时序图。该方法对每一步都做了详细的描述，描述手段丰富、灵活。不仅建立了开发方法，还提出了设计人员的技术要求，以及不同开发阶段的人力资源配置。

2. Coad&Yourdon *方法*

Coad&Yourdon 方法是 1989 年 Coad 和 Yourdon 提出的面向对象开发方法。该方法的主要优点是通过多年来大型系统开发的经验与面向对象概念的有机结合，在对象、结构、属性和操作的认定方面，提出了一套系统的原则。该方法完成了从需求角度进一步进行类和类层次结构的认定。特点是：表示简练、易学，对于对象、结构、服务的认定较系统、完整、可操作性强。

3. OMT *方法*

对象模型化技术 OMT（Object Modeling Technology）是 1991 年由 James Rumbaugh 等 5

人提出来的，其经典著作为《面向对象的建模与设计》。该方法是一种新兴的面向对象的开发方法，开发工作的基础体现了建模的思想，是对真实世界的对象建模，讨论如何建立一个实际的应用模型，从三个不同而又相关的角度建立三类模型：对象模型、动态模型和函数模型。然后围绕这些对象使用分析模型来进行独立于语言的设计。OMT 促进了对需求的理解，有利于开发更清晰、更容易维护的软件系统。该方法为大多数应用领域的软件开发提供了一种实际的、高效的保证，努力寻求一种问题求解的实际方法。

4. OOSE 方法

面向对象的软件工程 OOSE（Object-Oriented Software Engineering），是 Jacobson 提出的一种用例驱动的方法。用例模型是整个分析模型的核心，也是分析阶段、构造阶段和测试阶段的基础。OOSE 是一种在 OMT 的基础上用于对功能模型进行补充，指导系统开发活动的系统方法。目前 OOSE 技术已经在很大程度上让位于 UML（Unified Modeling Language，统一建模语言）。

5. UML（Unified Modeling Language）语言

软件工程领域在 1995 年～1997 年取得了前所未有的进展，其成果超过软件工程领域过去 15 年的成就总和，其中最重要的成果之一就是统一建模语言（UML）的出现。UML 将是面向对象技术领域内占主导地位的标准建模语言。

UML 不仅统一了 Booch 方法、OMT 方法、OOSE 方法，而且对其作了进一步的改进，最终成为被大众接受的标准建模语言。UML 是一种定义良好、易于表达、功能强大且普遍适用的建模语言。它融入了软件工程领域的新思想、新方法和新技术。支持用例驱动（Use-Case Driven），以架构为中心（Architecture-Centric），递增（Incremental）和迭代（Iterative）地进行软件开发。它的作用域不限于支持面向对象的分析与设计，还支持从需求分析开始的软件开发全过程。

7.2.3　对象模型化技术

对象模型化技术（OMT）把需求分析时收集的信息构造在三类模型中，即对象模型、功能模型和动态模型。这个建模过程是一个不断的修改和迭代过程，如图 7-9 所示。

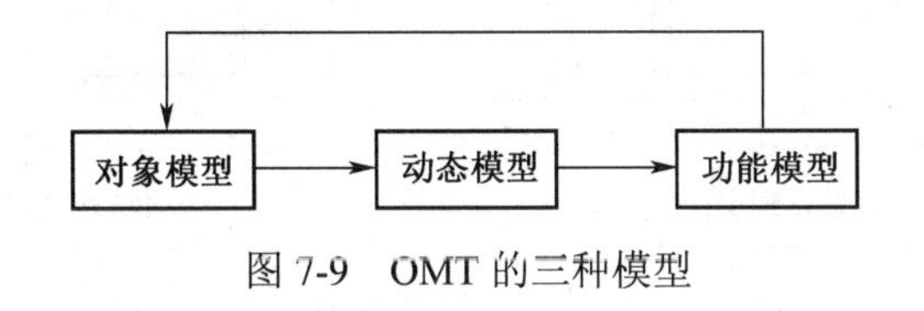

图 7-9　OMT 的三种模型

1. 对象模型

对象模型是三个模型中最关键的一个模型，它的作用是描述系统的静态结构，包括构成系统的类和对象，它们的属性和操作及它们之间的关系。在 OMT 中，类与类之间的关系叫关联。关联代表一组存在于两个或多个对象之间的具体连接。

关联中的一些概念（各关联类型如图 7-10 所示，图 7-11 为关联实例）：

聚合，也叫聚集，代表整体与部分的关系，这是一种特殊形式的关联。在需求陈述中使用的“包含”、“由…组成”、“分为…部分”等字句，往往意味着存在聚合关系。

泛化，通常是指继承关系，它是一般类和特殊类之间的一种分类关系。特殊类完全拥有一般类的属性和操作，并且可以附加一些特有的属性和操作，泛化关联如图 7-12 所示。

限定，用以对关联的含义做某种约束。通过限定，可以提高语义的精确性，增强查询能力。

角色，用来说明关联的一端。由于多数关联具有两个端点，因而涉及到两个角色。可附加说明对象之间的连接属性。

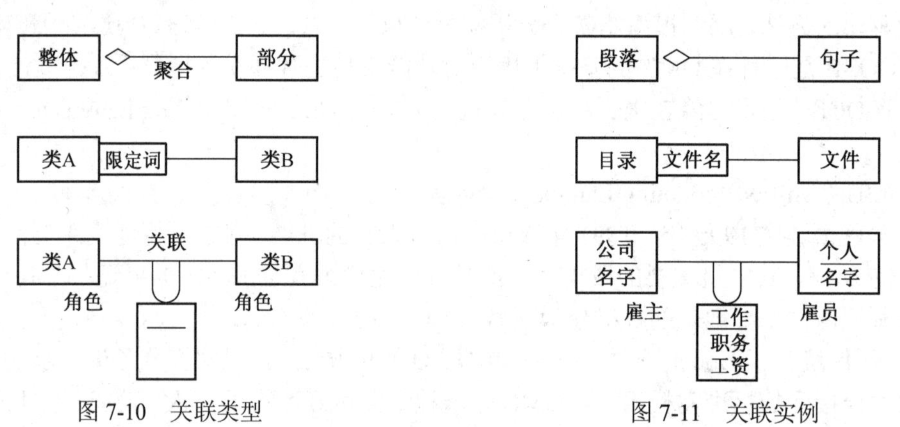

图 7-10　关联类型　　　　图 7-11　关联实例

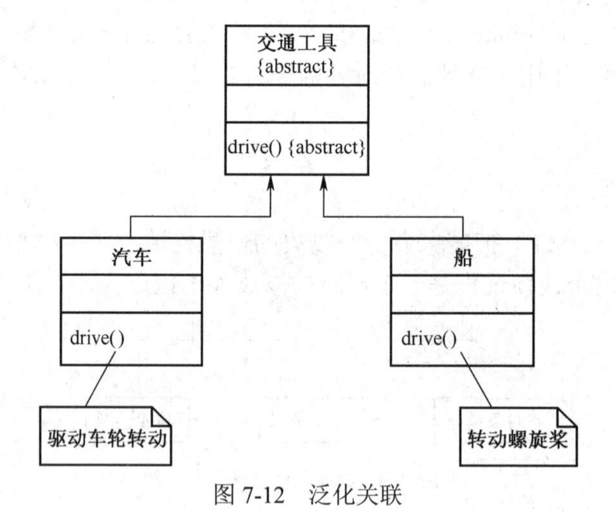

图 7-12　泛化关联

2. 动态模型

要想对一个系统了解得比较清楚，还应当考察对象在某一时刻的状态及其关系的改变。系统的这些特征涉及时序和状态改变，需用动态模型来描述。

动态模型着重于系统的控制逻辑。它包括两个图形，一个是状态图，一个是事件追踪图。

（1）状态图。

状态图（也叫状态转换图或状态迁移图）是一个状态和事件的网络，侧重于描述每一类对象的动态行为，如图7-13所示。

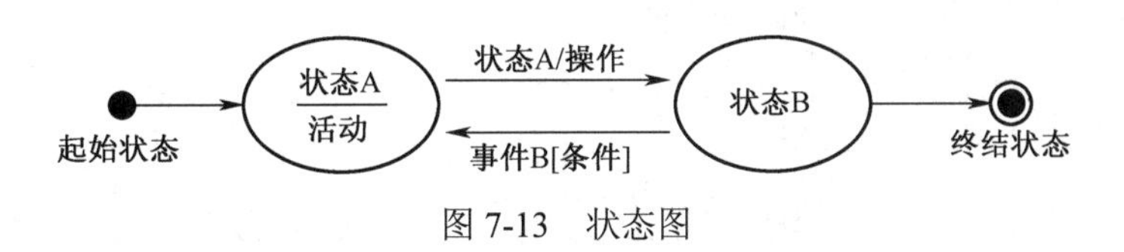

图7-13 状态图

在状态图中，状态是对某一时刻中属性特征的概括。而状态迁移表示这一类对象在何时对系统内外发生的哪些事件做出何种响应。事件是指某一特定时刻发生的事情，它是引起对象状态转换的行为，是控制信息。有些事件可能传送的是简单的信号，如“要发生的事”，而有些事件则可能传送的是数据值。例如，列车出发（线路、班次、城市）、按下鼠标按钮（单击、双击、右击）、拿起电话受话器数字拨号（数字）。

（2）事件追踪图。

事件追踪图也叫事件跟踪图，是用图形方式说明发生于系统执行过程中的一个特定“场景”。场景也叫做脚本，是完成系统某个功能的一个事件序列的文本描述（如图7-14描述了一个电话通话的脚本）。场景通常起始于一个系统外部的输入事件，结束于一个系统外部的输出事件，也包括发生在这个期间的系统所有的内部事件。

打电话者拿起电话受话器
电话忙音开始
打电话者拨数字（8）
电话忙音结束
打电话者拨数字（2）……
打电话者拨数字（3）
接电话者的电话开始振铃
铃声在打电话者的电话上传出
接电话者回答
接电话者的电话停止振铃
铃声在打电话者的电话中消失
通电话……

图7-14 电话通话脚本

在事件追踪图中，一条竖线代表一个对象，每个事件用一条水平的箭头线表示，箭头方向从事件的发送对象指向接收对象，时间从上向下递增，如图 7-15 所示。

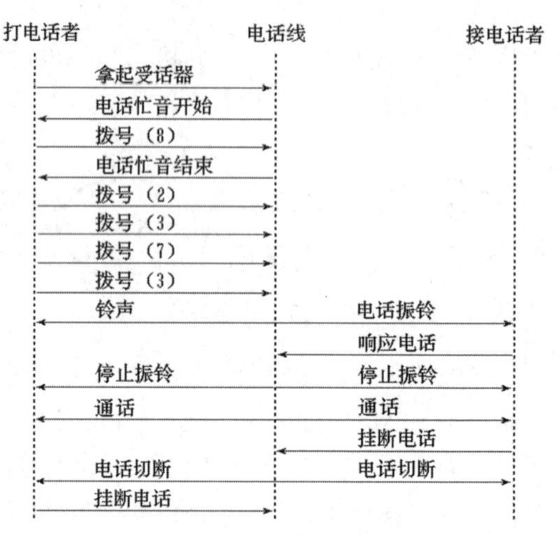

图 7-15　电话通话追踪图

状态图与事件追踪图的关系：状态图叙述一个对象的个体行为，事件追踪图则给出多个对象所表现出来的集体行为。它们从不同侧面来说明同一系统的行为。

3. 功能模型

功能模型由多个数据流图组成，它们指明从外部输入，通过操作和内部存储，直到外部输出，这整个的数据流情况。功能模型表明，通过计算，从输入数据能得到什么样的输出数据，不考虑参加计算的数据按什么时序执行。功能模型中所有的数据流图往往形成一个层次结构。在这个层次结构中，一个数据流图中的过程可以由下一层的数据流图做进一步的细化。一般来讲，高层的过程相应于作用在聚合对象上的操作，而低层的过程则代表作用于一个简单对象上的操作，如图 7-16 所示。

数据流图中允许加入控制流，但这样做将与动态模型重复，一般不提倡夹带控制流。

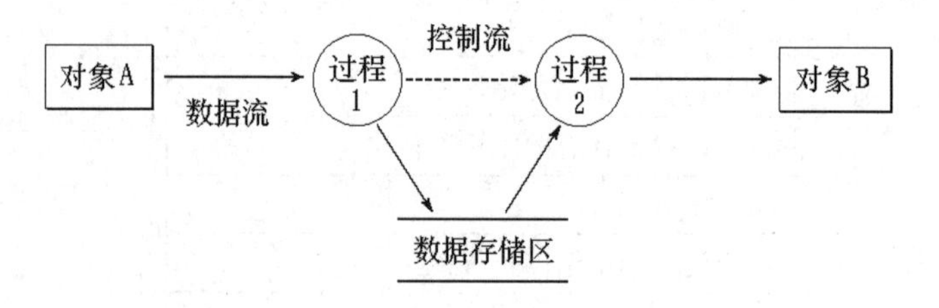

图 7-16　数据流图

基于三个模型的分析过程：对象模型定义“对谁做”、动态模型定义“何时做”、功能模型定义“做什么”，功能模型指出发生了什么，动态模型确定什么时候发生，而对象模型确定发生的客体。它们之间的关系如下：

（1）功能模型。对象模型展示了功能模型中的行为者、数据存储及流的结构；动态模型定义的操作可以与功能模型的功能对应起来，展示了执行处理的顺序。

（2）对象模型。功能模型展示了对象模型中类的操作及其涉及的自变量，它表示类中的供应者—客户关系；动态模型展示了每个对象的状态和它接收事件及改变状态时所执行的操作。

（3）动态模型。功能模型展示了动态模型中未定义的终端动作和活动的定义，可将各功能当作动态模型中的操作来调用，对象模型展示了谁改变了状态和经受了操作。

7.2.4　Coad&Yourdon 面向对象分析

Coad&Yourdon 认为通过 OOA 建立的系统模型是以概念为中心的，因此称为概念模型。这种模型由一组相关的类组成。软件规格说明就是基于这样的概念模型形成的，以模型描述为基本部分，再加上接口要求、性能限制等其他方面的要求说明。

OOA 概念模型由五个层次组成：类与对象、属性、服务、结构和主题，如图 7-17 所示。

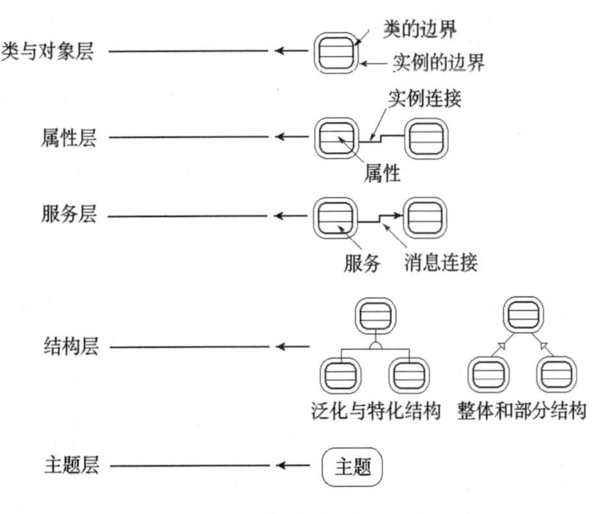

图 7-17　OOA 概念模型的五个层次

1. 识别类和对象

面向对象分析的第一个层次主要是识别类和对象。类和对象是对与应用有关的概念的抽象。它不仅是说明应用问题的重要手段，同时也是构成软件系统的基本元素。识别类和对象是建立分析模型的基础。

（1）寻找类与对象。

识别对象需要对对象的分类加以认识，一般对象有以下几种形式：

①与系统相关的外部物理实体，如键盘、打印机等各种物理设备。

②与目标系统交互的人员及各种角色，如用户、程序员等。

③系统运行中要记忆的事件，如故障错误引起的报告等。

④各种环境因素、问题等。

⑤客观存在的事物、概念。

（2）筛选出正确的类和对象。

①删除冗余的类或对象。

②删除与问题域无关的类与对象。

③去掉笼统和模糊的概念。

④分清对象、属性和操作，不要误把属性和操作当成对象。

⑤不应过早地考虑系统的实现，去掉与系统实现有关的候选类和对象。

图 7-18 给出了将客观存在的实物逐步抽象成对象和类的过程。

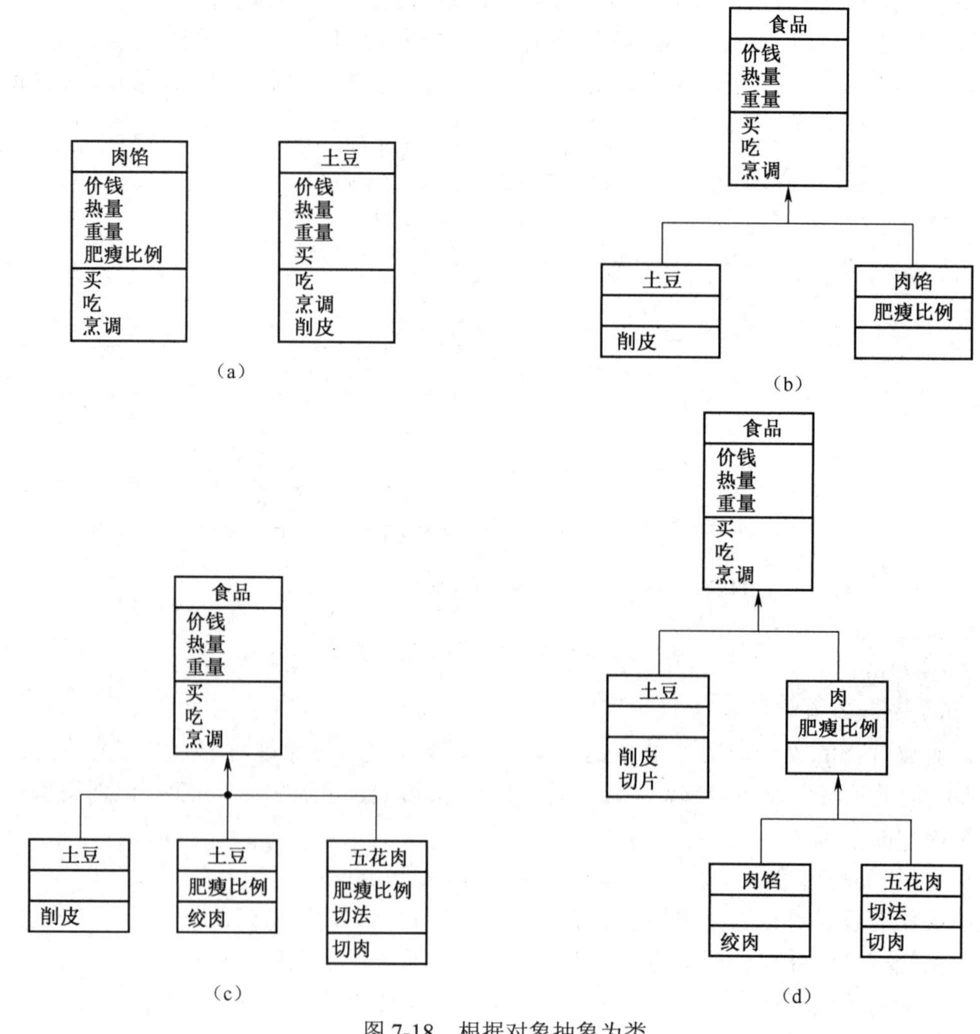

图 7-18　根据对象抽象为类

2. 标识属性

下一个层次为属性层，对前面已识别的类和对象做进一步的说明。在这里，对象所保存的信息称为它的属性。类的属性所描述的是状态信息，每个实例的属性值表达了该实例的状态值；标识属性的方法和策略；找出属性，属性是问题域中对对象性质的描述，是用形容词来描述对象的可能状态。如图 7-19 所示，报纸订阅的属性有订阅标识、订阅状态、价格标识、付款标识等，订户的属性有订户标识、订户信息、地址标识等。

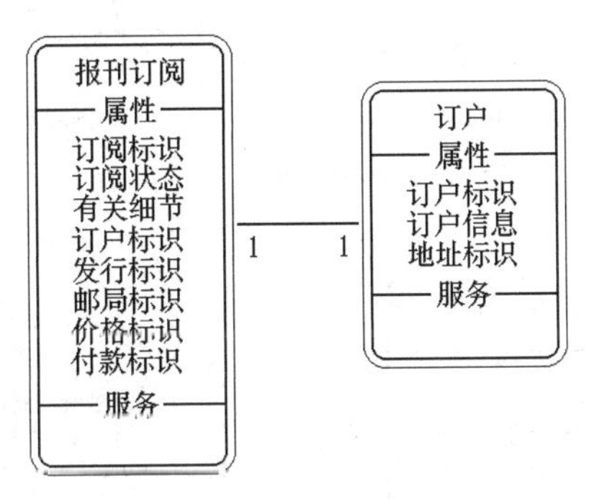

图 7-19 对象的属性及关联

识别属性时需考虑以下问题：

（1）怎样描述一个对象的特征。

（2）该对象具有哪方面的状态和信息。

（3）该对象在目标系统中的作用如何，怎样完成这些功能。

属性的优化和筛选：

（1）不能误把对象当作属性。

（2）删除多余的或没有意义的属性。

（3）仅有一种相关属性的对象可以表示为其他对象的属性。

（4）不要误把关联类的属性当作一般类的属性。

找出实例连接。实例连接表示两个或多个实例间的联系，有一对一、一对多、多对一、多对多等连接，如图 7-20 所示。

3. 定义服务

对象收到消息后所能执行的操作称为它可提供的服务。对每个对象及结构的增加、修改、删除、选择等服务有时是隐含的，在图中不标出，但在存储类和对象有关信息的对象库中有定义。其他服务则必须显式地在图中画出。如图 7-21 所示，对象中定义了相关服务。

定义服务的方法和策略：

（1）利用状态转换图，找出每一个对象的所有状态，在各种状态下需要做的工作。

（2）找出必要的操作。

（3）建立消息连接。

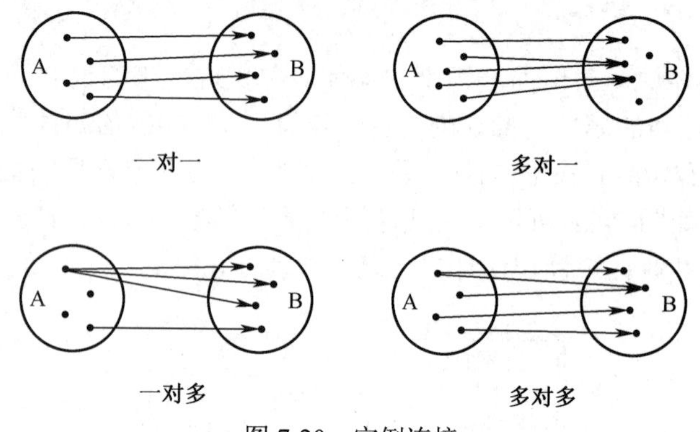

图 7-20　实例连接

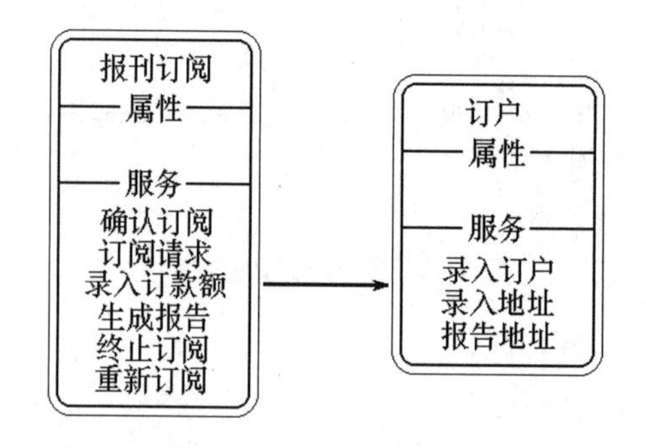

图 7-21　服务请求

（4）描述服务：利用状态转换图、脚本和事件追踪图，描述服务的功能。

消息连接的标识。两个对象之间可能存在着由于通信需要而形成的关系，这称为消息连接。消息连接表示从一个对象发送消息到另一个对象，由接收对象完成某些处理。它们在图中用箭头表示，方向从发消息的对象指向收消息的对象，如图 7-22 所示。

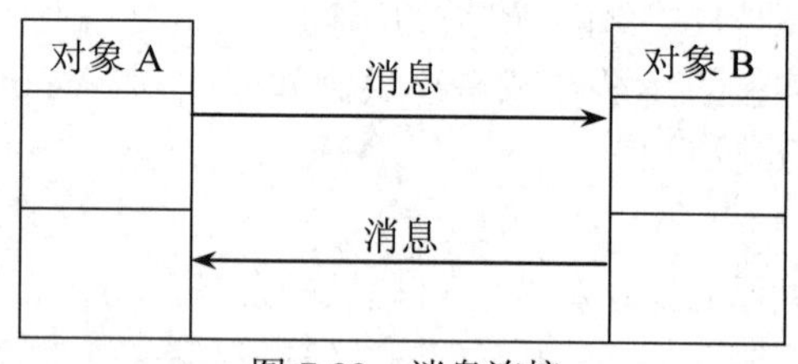

图 7-22　消息连接

找出消息连接的方法及策略。对于每一个对象，执行下列操作：

（1）查询该对象需要哪些对象的服务，从该对象画一个箭头到另一个对象。

（2）查询哪个对象需要该对象的服务，从那个对象画一个箭头到该对象。

（3）循消息连接找到下一个对象，重复以上步骤。

4. 标识结构

面向对象分析的下一步工作是标识结构。典型的结构有两种：

（1）一般化－特殊化结构（Gen-Spec 结构），如图 7-23 所示。

（2）整体－部分结构（Whole-Part 结构），如图 7-24 所示。

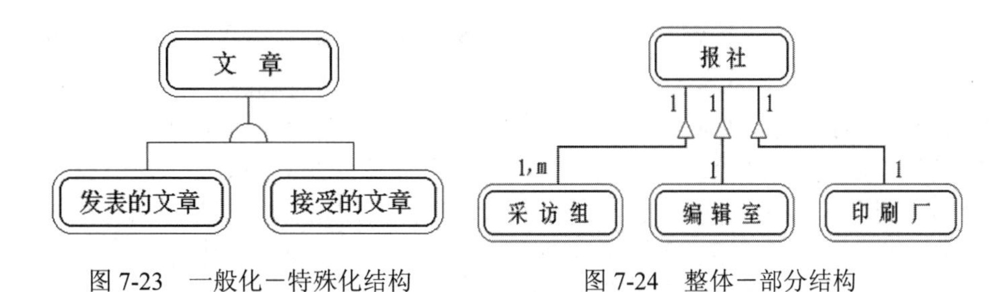

图 7-23 一般化－特殊化结构　　图 7-24 整体－部分结构

从特殊化的视点来看，一个 Gen-Spec 结构可以看作是“is a”或“is a kind of”结构。例如，

a Truck is a Vehicle
a Truck is a kind of Vehicle

在 Gen-Spec 结构中，使用继承将一般化的属性和服务放在一般化的类和对象中。

从整体的视点来看，一个 Whole-Part 结构可看作一个“has a”或“is a part of”结构。例如，

Vehicle has an Engine
Engine is a part of Vehicle

其中，Vehicle 是整体对象，Engine 是局部对象。

标识 Gen-Spec 结构的方法和策略：

对于每一个类和对象，将它看作是一个一般化的类，对它的所有特殊情况，考虑以下问题：

（1）它是否在问题论域中？

（2）它是否在系统的职责内？

（3）继承性是否存在？

（4）它是否符合选择类和对象的标准？

标识 Whole-Part 结构的方法和策略：

（1）应当寻找什么？

①总体－部分（Assembly-Parts）关联，如飞机－发动机之间的关系。

②包容－内含（Container-Content）关联，如飞机－驾驶室之间的关系。

③收集－成员（Collection-Members）关联，如机构－职员之间的关系。

（2）将每一个类看作是一个 Whole 类，对它所有可能的 Part 情况，考虑以下问题：

①它是否在问题论域中？

②它是否在系统的职责内？

③它是否代表一个以上的状态值？若不是，是否将它变为 Whole 中的一个属性？

④它是否提供问题论域中有用的抽象？

同样地，把每一个类置于 Part 的地位，对于它所有的 Whole 情形考虑上述 4 个问题。检查以前在相同或类似问题论域中面向对象分析的结果，看是否有可直接复用的 Whole-Part 结构。

5. 识别主题

主题是在对象和结构的基础上更高层次的抽象，是为了提高分析结果的清晰性而对对象和类的进一步分类。在面向对象分析中，主题是一种指导读者（如管理者、负责人等）和用户研究大而复杂系统的机制。主题有助于分解大型项目以便于建立工作小组。

主题可以看成是高层的模块或子系统。对于面向对象分析模型，主题表示此模型的整体框架，可以是一个层次结构。通过对主题的识别，可以让人们能够比较清晰地了解大而复杂的模型。

主题的划分：

（1）可将每一种结构（包括整体－部分结构和一般化－特殊化结构）中最上层的类提升为主题。

（2）将不属于任何结构的类提升为主题。

（3）检查在相同或类似的问题论域中以前做过的面向对象分析的结果，看是否有可直接复用的主题。

7.3 面向对象设计

面向对象的设计（Object-Oriented Design，OOD）是面向对象方法（OO）的核心阶段。从面向对象分析（OOA）到面向对象设计（OOD），是一个逐渐扩充模型的过程。或者说，面向对象设计就是用面向对象观点建立求解域模型的过程。

尽管分析和设计的定义有明显区别，但是在实际的软件开发过程中二者的界限是模糊的。按照描述 OO 方法的“喷泉模型”，软件生命期的各阶段交叠回溯，整个生命期的概念、术语、描述方式具有一致性，许多分析结果可以直接映射成设计结果，而在设计过程中又往往会加深和补充对系统需求的理解，从而进一步完善分析结果。因此，分析和设计活动是一个反复迭代的过程。

7.3.1 面向对象设计准则

一个优秀的软件设计过程是权衡了各种因素，从而使得系统在整个生命周期中花费最小的设计。建立 OOD 模型，可以看作是按照设计的准则，对分析模型进行细化。虽然这些设计准则并非面向对象的系统独用，但对面向对象设计起着重要的支持作用。面向对象的设计准则如下。

1. 模块化

面向对象开发方法很自然地支持了把系统分解成模块的设计原则：对象就是模块。它是把数据结构和操作这些数据的方法紧密地结合在一起所构成的模块。

2. 抽象

抽象是指强调实体的本质、内在的属性，而忽略了一些无关紧要的属性。在系统开发中，分析阶段使用抽象仅仅涉及应用域的概念，在理解问题域以前不考虑设计与实现。而在面向对象的设计阶段抽象概念不仅用于子系统，在对象设计中，由于对象具有极强的抽象表达能力，而类实现了对象的数据和行为的抽象。

面向对象方法不仅支持过程抽象，而且支持数据抽象。类实际上是一种抽象数据类型。某些面向对象的程序设计语言还支持参数化抽象，这种抽象使得类的抽象程度更高、应用范围更广，可重用性更高。

3. 信息隐藏

在面向对象方法中，信息隐藏通过对象的封装性实现：类结构分离了接口与实现，从而支持了信息隐藏。封装性是保证软件部件具有优良的模块性的基础。封装性是指将对象的属性及操作（服务）结合为一个整体，尽可能屏蔽对象的内部细节，软件部件外部对内部的访问通过接口实现。

类是封装良好的部件，类的定义将其说明（用户可见的外部接口）与实现（用户内部实现）分开，而对其内部的实现按照具体定义的作用域提供保护。对象作为封装的基本单位，比类的封装更加具体、更加细致。对于类的用户来说，属性和方法的算法实现都应该是隐藏的。

4. 低耦合

耦合主要是指不同对象之间相互关联的紧密程度。按照抽象与封装性，低耦合是指子系统之间的联系应该尽量少。子系统应具有良好的接口，子系统通过接口与系统的其他部分联系。一般来说，对象之间的耦合可分为两大类：

交互耦合：如果对象之间的耦合通过消息连接来实现，则这种耦合就是交互耦合。为使交互耦合尽可能松散，应该遵守下述准则：

（1）尽量降低消息连接的复杂程度。

（2）减少对象发送（或接收）的消息数。

继承耦合：与交互耦合相反，应该提高继承耦合的程度。为获得紧密的继承耦合，应该确定特殊类的确是对它的一般化类的一种具体化。

5. 高内聚

高内聚是指子系统内部由一些关系密切的类构成，除了少数的“通信类”外，子系统中的类应该只与该子系统中的其他类协作，构成具有强内聚性的子系统。

服务内聚：一个服务应该完成一个且仅完成一个功能。

类内聚：设计类的原则是，一个类应该只有一个用途，它的属性和服务应该是高内聚的。

一般－特殊内聚：设计出的一般－特殊结构，应该符合多数人理解的概念，更准确地说，这种结构应该是对相应的领域知识的正确抽取。例如，机动车都有发动机，汽车和飞机都有发动机，但将飞机列入机动车则不符合人们的分类习惯。正确的做法是建立一个交通工具类，把飞机和机动车作为交通工具的子类，而汽车又是机动车的子类。

6. 可重用

只有构建独立性强（弱耦合、强内聚）的子系统和类，才能够有效地提高所设计的部件的可重用性。软件重用是提高软件开发效率和目标系统质量的重要途径。重用有两方面含义：一是尽量使用已有的类（包括开发环境提供的类库以及以往开发类似系统时创建的类）；二是如果确实需要创建新类，则在设计这些新类的协议时，应该考虑将来的可重复使用性。

7.3.2 面向对象设计的启发式规则

1. 设计结果应该清晰易懂

使设计结果清晰、易读、易懂，是提高软件可维护性和可重用性的重要措施。显然，人们不会重用那些他们不理解的设计。

保证设计结果清晰易懂的主要因素如下：

（1）用词一致。

（2）尽量使用已有的协议。

（3）减少消息模式的数目。

（4）避免模糊的定义。

2. 一般—特殊结构的深度应适当

应该使类等级中包含的层次数适当。中等规模的系统中，类等级层次数应保持为 7±2。

3. 设计简单的类

（1）应该尽量设计小而简单的类，以便于开发和管理。

（2）避免包含过多的属性。

（3）有明确的定义。

（4）尽量简化对象之间的合作关系。

（5）不要提供太多服务。

4. 使用简单的协议

一般来说，消息中的参数不要超过 3 个。

5. 使用简单的服务

面向对象设计出来的类中的服务通常都很小，一般只有 3～5 行源程序语句，编写实现每一个服务时，应避免复杂的语句和结构。

6. 把设计变动减至最小

通常，设计的质量越高，设计结果保持不变的时间也越长。

7.3.3　Coad&Yourdon 设计方法

Coad&Yourdon 在设计阶段中继续采用分析阶段中提到的五个层次（类与对象、属性、服务、结构和主题），组成系统的五个横切片。在设计阶段中，这五个层次用于建立系统的四个组成成分，组成系统的四个垂直切片。问题论域部分、人机交互部分、任务管理部分、数据管理部分，如图 7-25 所示。

图 7-25　典型的面向对象设计模型

1. 问题论域的设计

问题论域部分包括与应用问题直接有关的所有类和对象。识别和定义这些类和对象的工作在 OOA 中已经开始，在 OOA 阶段得到的有关应用的概念模型描述了要解决的问题。在 OOD 阶段，应当细化 OOA 阶段的工作，对在 OOA 中得到的结果进行改进和增补。对 OOA 模型中的某些类与对象、结构、属性、操作进行组合与分解。

问题域设计的主要内容：

（1）调整需求。

（2）复用已有的类。

在已有的类中找到能被问题域重用的类；由重用的类派生出问题域的类；添加定义问题域类；修改与问题域类相关的关联。

（3）组合问题域类。

引入一个能把问题域类组合在一起的类（称为根类），把下层的问题域类组合在一起，根类起到概括类及对象的作用。

（4）调整继承关系。

若对象模型中存在多重继承，而程序设计语言不支持多重继承，则需要将多重继承调整为单继承关系。

2. 用户界面设计

在设计阶段必须根据需求把交互细节加入到用户界面设计中，包括人机交互所必需的实际显示和输入。

用户界面设计准则：

（1）操作过程简单容易。

（2）输入要有提示信息。

（3）界面易学易用，提供帮助信息。

（4）若系统出错或用户操作错误，应能恢复到出错前的状态。

在 OOA 阶段给出了所需的属性和操作，在设计阶段必须根据需求把交互细节加入到用户界面设计中，包括人机交互所必需的实际显示和输入。

用户界面部分设计主要由以下几个方面组成：

（1）用户分类。

按技能层次分类：外行/初学者/熟练者/专家。

按组织层次分类：行政人员/管理人员/专业技术人员/其他办事员。

按职能分类：顾客/职员。

（2）描述用户及其任务脚本。

对以上定义的每一类用户进行描述：用户性质与职责、目的、特点、成功的关键因素、熟练程度等。

任务脚本的内容包括：识别核心的类和对象、识别核心结构、发现新的属性或操作时加进模型中。

（3）设计命令层。

研究人机交互活动的内容和准则如下：

①建立初始的命令层：可以有多种形式，如一系列 Menu Screen、或一个 Menu Bar、或一系列 Icon。

②细化命令层：排列命令层次。把使用最频繁的操作放在前面；按照用户操作步骤排列；通过逐步分解，找到整体－局部模式，以帮助在命令层中对操作分块；根据人们短期记忆的“7±2”或“每次记忆 3 块/每块 3 项”的特点，把深度尽量限制在三层之内。

③减少操作步骤：把点击、拖动和键盘操作减到最少。

（4）设计详细的交互。

用户界面设计有若干原则，包括：①一致性：采用一致的术语、一致的步骤和一致的活动；②操作步骤少：减少敲键和鼠标点击的次数，减少完成某件事所需的下拉菜单的距离；③避免“哑播放”：每当用户等待系统完成一个活动时，要给出一些反馈信息；④取消操作（Undo）：在操作出现错误时，要恢复或部分恢复原来的状态；⑤减少人脑的记忆负担：不应在一个窗口使用在另一个窗口中记忆或写下的信息；需要人按特定次序记忆的东西应当组织得容易记忆；⑥学习的时间和效果：提供联机的帮助信息；⑦趣味性：尽量采取图形界面，符合人类习惯。

（5）设计界面原型。

用户界面原型是用户界面设计的重要工作。人需要对提交的人机交互活动进行体验、实地操作，并精炼成一致的模式。使用快速原型工具或应用构造器，对各种命令方式，如菜单、弹出、填充以及快捷命令，做出原型让用户使用，通过用户反馈、修改、演示的迭代，使界面越来越有效。

（6）设计人机交互（HIC）类。

窗口需要进一步细化，通常包括：类窗口、条件窗口、检查窗口、文档窗口、画图窗口、过滤器窗口、模型控制窗口、运行策略窗口、模板窗口等。设计 HIC 类，首先从组织窗口和部件的用户界面的设计开始。

（7）设计图形用户界面。

图形用户界面区分为字型、坐标系统和事件。字型是字体、字号、样式和颜色的组合；坐标系统主要因素有原点（基准点）、显示分辨率、显示维数等；事件则是图形用户界面程序的核心，操作将对事件做出响应。

3. 任务管理部分设计

任务，是进程的别称，是执行一系列活动的一段程序。当系统中有许多并发行为时，需要依照各个行为的协调和通信关系，划分各种任务，以简化并发行为的设计和编码。

任务管理主要包括任务的选择和调整，它的工作有以下几种：

（1）识别任务驱动。

有的任务是由事件驱动的，有的任务是由时钟驱动。事件驱动型任务：一些负责与硬件设备通信的任务是由事件驱动的，也就是说，这种任务可由事件来激发；时钟驱动型任务：以固定的时间间隔激发这种事件，以执行某些处理。某些人机界面、子系统、处理机或与其他系统需要周期性的通信。

（2）确定任务的优先级。

在有多个任务的情况下，需要确定任务的优先级。有些任务需要在紧迫时间内完成，则设置为高优先级，将不太紧迫的任务设置为低优先级。

（3）确定关键任务。

关键任务对操作起着关键作用，这类任务需要设计为高度的可靠性。

（4）确定协调任务。

当系统出现三个以上任务时，需要增加一个协调任务来协调各任务的工作。

（5）定义每个任务。

定义任务的工作主要包括：它是什么任务、如何协调工作及如何通信。

①它是什么任务：为任务命名，并简要说明这个任务。

②如何协调工作：定义各个任务如何协调工作。指出它是事件驱动还是时钟驱动。

③如何通信：定义各个任务之间如何通信。任务从哪里取值，结果送往何方。

一个任务模板的定义如下：

Name（任务名）

Description（描述）

Priority（优先级）

Service Included（包含的操作）

Communication Via（经由谁通信）

4. 数据管理部分设计

数据管理部分提供了在数据管理系统中存储和检索对象的基本结构。不同的数据存储管理模式有不同的特点，适用的范围也不同，应根据不同的项目特点选择相应的模式。

数据管理方法主要有3种：文件管理、关系数据库管理和面向对象数据库管理。

（1）文件管理：提供基本的文件处理能力。

（2）关系数据库管理系统（RDBMS）：通过关系数据库系统使用若干表格来管理数据。

（3）面向对象数据库管理系统（OODBMS）：面向对象的数据库管理系统以两种方法实现，一是扩充的RDBMS，二是扩充的面向对象程序设计语言。

7.4 面向对象编程

面向对象实现，就是把面向对象分析和设计的结果转换为用某种面向对象的程序设计语言书写的程序，并对程序进行必要的测试和调试，以确保软件的质量。

因此，面向对象的实现包括两个方面：

（1）面向对象的编程（OOP）。

（2）面向对象的测试（OOT）。

7.4.1 面向对象语言的优点

面向对象出现以前，结构化程序设计是程序设计的主流，结构化程序设计又称为面向过程的程序设计。在面向过程程序设计中，问题被看作一系列需要完成的任务，函数（在此泛指例程、函数、过程）用于完成这些任务，解决问题的焦点集中于函数。其中函数是面向过程的，即它关注如何根据规定的条件完成指定的任务。在多函数程序中，许多重要的数据被放置在全局数据区，这样它们可以被所有的函数访问。每个函数都可以具有它们自己的局部数据。这种结构很容易造成全局数据在无意中被其他函数改动，因而程序的正确性不易保证。面向对象程序设计的出发点之一就是弥补面向过程程序设计中的一些缺点：对象是程序的基本元素，它将数据和操作紧密地连接在一起，并保护数据不会被外界的函数意外地改变。

比较面向对象程序设计和面向过程程序设计，可以得到面向对象程序设计的优点：

（1）数据抽象的概念可以在保持外部接口不变的情况下改变内部实现，从而减少甚至避免对外界的干扰。

（2）通过继承大幅减少冗余的代码，并可以方便地扩展现有代码，提高编码效率，也降低了出错概率，降低软件维护的难度。

（3）结合面向对象分析、面向对象设计，允许将问题域中的对象直接映射到程序中，减少软件开发过程中中间环节的转换过程。

（4）通过对对象的辨别、划分可以将软件系统分割为若干相对独立的部分，在一定程度上更便于控制软件复杂度。

（5）以对象为中心的设计可以帮助开发人员从静态（属性）和动态（方法）两个方面把握问题，从而更好地实现系统。

（6）通过对象的聚合、联合可以在保证封装与抽象的原则下实现对象在内在结构以及外在功能上的扩充，从而实现对象由低到高的升级。

7.4.2　面向对象语言的技术特点

面向对象语言的形成借鉴了历史上许多程序语言的特点，从中吸取了丰富的营养。当今的面向对象语言，从 20 世纪 50 年代诞生的 LISP 语言中引进了动态联编的概念和交互式开发环境的思想，从 20 世纪 60 年代推出的 SIMULA 语言中引进了类的概念和继承机制，此外，还受到 20 世纪 70 年代末期开发的 Modula_2 语言和 Ada 语言中数据抽象机制的影响。20 世纪 80 年代以来，面向对象语言大量涌现，形成了两大类：一类是纯面向对象语言，如 Smalltalk 和 Eiffel 等语言。另一类是混合型面向对象语言，也就是在过程语言的基础上增加面向对象机制，如 C++等语言。

纯面向对象语言着重支持面向对象方法研究和快速原型的视线，而混合型面向对象语言的目标则是提高运行速度和使传统程序员容易接受面向对象思想。成熟的面向对象语言通常都提供丰富的类库和强有力的开发环境。

因此，选择面向对象语言时，应着重考虑以下技术特点：

（1）支持类与对象概念机制。

所有面向对象语言都允许用户动态创建对象，并且大多可以用指针引用动态创建的对象。允许动态创建对象，意味着系统必须处理内存管理问题，如果不及时释放不再需要的对象所占用的内存，动态存储分配就有可能耗尽内存。有两种管理内存的方法，一种是有语言的运行机制自动管理内存，即提供自动回收“垃圾”的机制；另一种是有程序员编写释放内存的代码。自动管理内存不仅方便而且安全，但是必须采用先进的垃圾收集算法才能减少开销。

（2）实现聚集（整体－部分）结构机制。

一般来说，有两种实现方法，分别使用指针和独立的关联对象实现整体—部分结构。大多数现有的面向对象语言并不显示支持独立的管理对象，在这种情况下，使用指针是最容易的实现方法，通过增加内部指针可以方便地实现关联。

（3）实现泛化（一般－特殊）结构机制。

既包括实现继承的机制，也包括解决名字冲突的机制。所谓解决名字冲突，指的是处理在多个基类中可能出现的重名问题，这个问题仅在支持多重继承的语言中才会遇到。某些语言拒绝接受有名字冲突的程序，另一些语言提供了解决冲突的协议。不论使用何种语言，程序员都应该尽力避免出现名字冲突。

（4）实现属性和服务机制。

对于实现属性的机制应该着重考虑以下几个方面：

①支持实例连接的机制；

②属性的可见性控制；

③对属性值的约束。

对于服务来说，主要应该考虑下列因素：

①支持消息连接（即表达对象交互关系）的机制；

②控制服务可见性的机制；

③动态联编。

（5）类型检查机制。

程序设计语言可以按照编译时进行类型检查的严格程序来分类。

如果语言仅要求每个变量或属性隶属于一个对象，则是弱类型的；如果语法规定每个变量或属性必须准确地属于某个特定的类，则这样的语言是强类型的。面向对象语言在这方面差异很大，例如，Smalltalk 实际上是一个无类型语言（所有变量都是未指定类的对象）；C++和Eiffel 则是强类型语言。强类型语言有利于在编译时发现程序错误，增加了优化的可能性。混合型语言（如 C++、Object-C 等）甚至允许属性值不是对象而是某种预定义的基本类型数据（如整数、浮点数等），这可以提高操作的效率。

（6）类库。

大多数面向对象语言都提供一个实用的类库。某些语言本身并没有规定提供什么样的类库，而是由实现这种语言的编译系统自行提供类库。存在类库，许多软构件就不必由程序员重头编写了，这为实现软件重用带来很大方便。类库中往往包含实现通用数据结构（例如，动态数组、表、队列、栈、树等等）的类，通常把这些类称为包容类。在类库中还可以找到实现各种关联的类。更完整的类库通常还提供独立于具体设备的接口类（例如，输入输出流），此外，用于实现窗口系统的用户界面类也非常有用，它们构成一个相对独立的图形库。

（7）效率。

许多人认为面向对象语言的主要缺点是效率低。产生这种印象的一个原因是，某些早期的面向对象语言是解释型的而不是编译型的。事实上，使用拥有完整类库的面向对象语言，有时能比使用非面向对象语言得到运行更快的代码。这是因为类库中提供了更高效的算法和更好的数据结构。例如，程序员已经无须编写实现哈希表或者平衡树算法的代码了，类库中已经提供了这类数据结构，而且算法先进、代码精巧可靠。

（8）持久保持对象机制。

任何应用程序都对数据进行处理，如果希望数据能够不依赖于程序执行的生命期而长时间保存下来，则需要提供某种保存数据的方法。希望长期保存数据主要出于以下两种原因：

①为实现在不同程序之间传递数据，需要保持数据；

②为恢复被中断了的程序的运行，需要保持数据。

一些面向对象语言，没有提供直接存储对象的机制。这些语言的用户必须自己管理对象的输入输出，或者购买面向对象的数据库管理系统。另外一些面向对象语言（例如，Smalltalk），把当前的执行状态完整地保存在磁盘上。还有一些面向对象语言，提供了访问磁盘对象的输入输出操作。

（9）参数化类机制。

所谓参数化类，就是使用一个或者多个类型去参数化一个类的机制，有了这种机制，程序员可以先定义一个参数化的类模板(即在类定义中包含以参数形式出现的一个或多个类型)，然后把数据类型作为参数传递进来，从而把这个类模板应用在不同的应用程序中，或用在同一应用程序的不同部分。Eiffel 语言中就有参数化类，C++语言也提供了类模板。

（10）开发环境。

软件工具和软件工程环境对软件生产率有很大影响。由于面向对象程序中继承关系和动态联编等引入的特殊复杂性，面向对象语言所提供的软件工具或者开发环境就显得尤为重要了。至少应该包括一些最基本的软件工具：编辑程序、编译程序或解释程序、浏览工具、调试器（Debugger）等。

7.4.3 选择面向对象语言的现实因素

目前，面向对象的语言主要包含 4 个基本的分支。

(1) 基于 Smalltalk 的语言。这个分支包括 Smalltalk 的 5 个版本，以 Smalltalk-80 为代表。尽管 Smalltalk-80 支持多重继承，但是仍被认为是最面向对象的语言（The Truest OO Language）。

（2）基于 C 的语言。基于 C 的语言主要包括 Object-C、C++、C#和 Java。在基于 C 的面向对象语言中，Object-C 是 Brand Cox 开发的带有丰富类库的语言，已经被成功用于大型系统的开发。C++是由贝尔实验室的 Bjane Stroustrup 开发的，他将 C 语言中的 Struct 扩展为具有数据隐藏功能的 Class，其多态性通过虚函数（Virtual Functions）来实现。C++ 2.0 支持多继承，在大多数领域，尤其是 UNIX 平台上，C++都是首选的面向对象编程语言。C#是一种安全的、稳定的、简单的、优雅的，由 C 和 C++衍生出来的面向对象的编程语言。它在继承 C 和 C++强大功能的同时去掉了一些它们的复杂特性（例如没有宏以及不允许多重继承）。C#综合了 VB 简单的可视化操作和 C++的高运行效率，以其强大的操作能力、优雅的语法风格、创新的语言特性和便捷的面向组件编程的支持成为.NET 开发的首选语言。Sun Microsystems 开发的基于 Internet 的面向对象语言 Java 伴随着 Internet 的流行而迅速得到广泛应用。Java 不仅支持多线程和并发机制，还具备了跨平台特性，成为了当今主流的面向对象的程序设计语言。

（3）基于 LISP 的语言。这个分支主要包括 Flavors、XLISP、LOOPS 和 CLOS。基于 LISP 的语言多被用于知识表达和推理的应用中，其中 CLOS（Common LISP Object System，公用 LISP 对象系统）是面向对象 LISP 的标准版。

（4）基于 Pascal 的语言。此分支主要包括 Object Pascal、Turbo Pascal、Eiffel 和 Ada95。在基于 Pascal 的语言中，Object Pascal 是由 Apple 和 Niklaus Wirth 为 Macintosh 开发的，它的类库是 MacApp，Turbo Pascal 是 Borland 公司以 Object Pascal 为范本开发的。Eiffel 由交互软

件工程公司的 Bertrand Meyer 于 1987 年发布，它的语法类似 Ada，可以运行于 UNIX 环境。Ada 在 1983 年刚推出时并不支持继承和多态性，到了 1995 年，面向对象的 Ada 问世，即 Ada95。

除了上述面向对象的语言之外，还有一些基于对象的语言，如 Alphard、CLU、Euclid、Gypsy、Mesa 和 Modula。

在实际的开发中，选择哪种语言更合适，需要考虑以下几种现实因素：

（1）将来能否占主导地位。尽量使用目前主流的程序设计语言，正常情况下尽量避免使用小众语言和杜绝使用过时的语言。

（2）可重用性。良好的代码可重用性可以使开发人员使用已开发好的代码来完成当前的任务，从而提高软件的生成率，缩短了开发周期，由于重复性的使用了已有的代码，使得代码的安全性和可靠性增加，降低了软件的开发和维护成本。

（3）类库和开发环境。具有丰富的类库和方便的开发环境的面向对象程序设计语言，是实现面向对象设计的最佳选择。

（4）其他因素。主要包括：用户学习和培训的难易程度、语言所能提供的技术支持情况、语言对机器性能和内存的需求、集成已有软件的难易程度等。

7.4.4 程序设计风格

随着计算机技术的发展，软件的规模增大了，软件的复杂性也增强了。为了提高程序的可阅读性，要建立良好的编程风格。因此，进行面向对象程序设计，既要遵循传统的面向过程的设计风格准则，也要遵循面向对象方法所特有的新准则。

（1）提高重用性。

提高方法的内聚。一个方法应该只完成一个独立的功能，否则将其分解为更小的方法；减小方法的规模。如果方法规模过大应该进一步分解，保持方法的一致性。相同的方法应该有相同的名字、参数特征、返回值类型、使用条件和出错条件等，把策略和实现分开。不要把策略和实现放在一个方法中。策略方法用于检查系统的运行状态，并进行出错处理。实现方法针对数据完成特定处理，通常用于实现复杂的算法，全面覆盖输入条件的各种可能组合。一个方法应既能够处理正常值，也能够对边界值、界外值等异常情况做出合适的响应；尽量少使用全局变量，以降低方法的耦合性；充分利用继承机制。继承机制是实现方法重用的主要途径。

（2）提高扩充性。

封装类的实现细节。为了提高类的独立性，需要将类的实现细节封装起来，对外仅提供公共接口，不要用一个方法遍历多条关联链。一个方法应该只包括对象模型中的有限内容，否则将导致方法过于复杂，难以理解和扩充，避免使用多分支语句。一般来说，可以利用 DO CASE 语句测试对象的内部状态，而不要根据对象类型选择相应的行为，否则在添加新类时将不得不修改原有代码。要合理利用多态机制，根据对象类型自动选择其相应的操作，精心选择和定义公有方法。公有方法是类与外界的接口，与其他类相关联，通常修改的代价会比较高，应该精心选择和定义。

（3）提高健壮性。

预防用户的错误操作。当用户在输入数据时发生错误，不应该引起程序运行中断，更不应该造成“死机”。任何一个接收用户输入数据的方法，对其接收到的数据必须进行检测，即使发现了非常严重的错误，也应该给出恰当的提示信息，并准备再次接收用户的输入，检查参数的合法性。对公有方法，尤其应该着重检查其参数的合法性，因为用户在使用公有方法时可能违反参数的约束条件，不要预先设定数据结构的限制条件。在设计阶段，往往很难准确地预测出应用系统中使用的数据结构的最大容量需求。因此，不应该预先设定限制条件。如果有必要和可能，则应该使用动态内存分配机制，创建未预先设定限制条件的数据结构，先测试后优化。在效率和健壮性之间做出合理的折衷，应该在为提高效率而进行优化之前，先测试程序的性能。经过测试，合理地确定为提高性能应该着重优化的关键部分。

（4）源程序文档化。

程序应加注释。注释是程序员与日后读者之间通信的重要工具，用自然语言或伪码描述。它说明了程序的功能，特别在维护阶段，为理解程序提供了明确指导。注释分序言性注释和功能性注释。序言性注释应置于每个模块的起始部分，主要内容有：

①说明每个模块的用途、功能。

②说明模块的接口：调用形式、参数描述及从属模块的清单。

③数据描述：重要数据的名称、用途、限制、约束及其他信息。

④开发历史：设计者、审阅者姓名及日期，修改说明及日期。

功能性注释嵌入在源程序内部，说明程序段或语句的功能以及数据的状态。应注意以下几点：

①注释用来说明程序段，而不是每一行程序都要加注释。

②使用空行或缩格或括号，以便很容易区分注释和程序。

③修改程序也应修改注释。

案例：自动取款机（ATM）系统的分析与设计

1. 需求陈述

（1）某银行拟开发一个自动取款机系统，它是一个由自动取款机、中央计算机、分行计算机及柜员终端组成的网络系统。ATM 和中央计算机由总行投资购买。

（2）总行拥有多台 ATM 机，分别设在全市各主要街道上。分行负责提供分行计算机和柜员终端。柜员终端设在分行营业厅及分行下属的各个储蓄所内。该系统的软件开发成本由各个分行分摊。

（3）银行柜员使用柜员终端处理储户提交的储蓄事务。储户可以用现金或支票向自己拥有的某个账户内存款或开新账户。储户也可以从自己的账户中取款。通常，一个储户可能拥有多个账户。

（4）柜员负责把储户提交的存款或取款事务输进柜员终端，接收储户交来的现金或支票，或付给储户现金。柜员终端与相应的分行计算机通信，分行计算机具体处理针对某个账户的事务并且维护账户。

（5）拥有银行账户的储户有权申请领取现金兑换卡。使用现金兑换卡可以通过 ATM 访问自己的账户。目前仅限于用现金兑换卡在 ATM 上提取现金（即取款），或查询有关自己账户的信息（例如，某个指定账户上的余额）。将来可能还要求使用 ATM 办理转账、存款等事务。

（6）所谓现金兑换卡就是一张特制的磁卡，上面有分行代码和卡号。分行代码唯一标识总行下属的一个分行，卡号确定了这张卡可以访问哪些账户。通常，一张卡可以访问储户的若干个账户，但是不一定能访问这个储户的全部账户。

（7）每张现金兑换卡仅属于一个储户所有，但是，同一张卡可能有多个副本，因此，必须考虑同时在若干台 ATM 上使用同样的现金兑换卡的可能性。也就是说，系统应该能够处理并发的访问。

（8）当用户把现金兑换卡插入 ATM 之后，ATM 就与用户交互，以获取有关这次事务的信息，并与中央计算机交换关于事务的信息。

经过以上需求描述得到 ATM 系统，如图 7-26 所示。

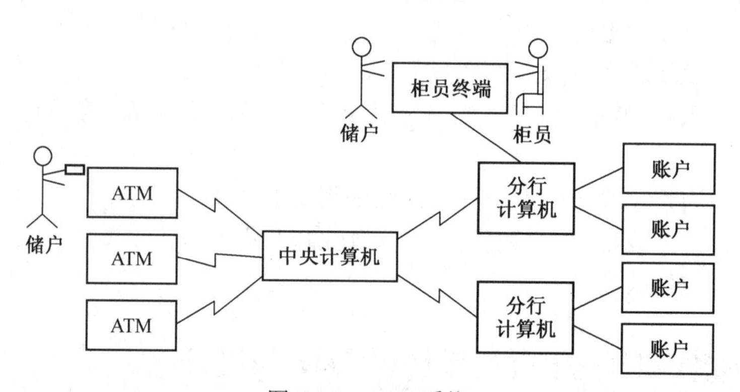

图 7-26　ATM 系统

首先，ATM 要求用户输入密码，接下来 ATM 把从这张卡上读到的信息以及用户输入的密码传给中央计算机，请求中央计算机核对这些信息并处理这次事务。

中央计算机根据卡上的分行代码确定这次事务与分行的对应关系，并且委托相应的分行计算机验证用户密码。如果用户输入的密码是正确的，ATM 就要求用户选择事务类型（取款、查询等）。当用户选择取款时，ATM 请求用户输入取款额。最后，ATM 从现金出口吐出现金，并且打印出账单交给用户。

2. 建立对象模型

（1）确定类与对象。

以 ATM 系统为例，类与对象的候选者有：银行、自动取款机（ATM）、系统、中央计算机、分行计算机、柜员终端、网络、总行、分行、软件、成本、市、街道、营业厅、储蓄所、柜员、储户、现金、支票、账户、事务、现金兑换卡、余额、磁卡、分行代码、卡号、用户、信息、密码、类型、取款额、账单、访问等。

筛选出正确的类与对象：

冗余：如“储户”与“用户”、“磁卡”与“现金兑换卡”；

无关：如“成本”、“街道”、“营业厅”、“储蓄所”；

笼统：如“银行”、“网络”、“系统”、“软件”、“信息”；

属性：如“余额”、“分行代码”、“卡号”、“密码”、“类型”；

操作：如“访问”；

实现：如 ATM 中隐含的实体、通信链路、事务日志。

在 ATM 实例中，经过初步筛选，剩下的类与对象为：ATM、中央计算机、分行计算机、柜员终端、总行、分行、柜员、储户、账户、事务、现金兑换卡。

（2）确定属性。

通常，在需求陈述中用形容词或名词词组表示属性。属性的确定既与问题域有关，也与目标系统的任务有关。

应该首先找出类和对象最重要的属性，以后再逐渐把其余属性添加进去。

根据下述情况，删除不必要的属性：

①不要误把对象当属性；

②不要误把关联类的属性当作一般对象的属性；

③不要误把限定当成属性（如“站号”不是“分行计算机”的属性）；

④不要误把内部状态当属性；

⑤删除过细的属性。

如下列限定词不能作为类和对象的属性：

①“卡号”是“分行发放现金兑换卡”关联上的限定词；

②“分行代码”是“分行组成总行”关联上的限定词；

③“账号”是“分行保管账户”关联上的限定词；

④“雇员号”是“分行雇佣柜员”关联上的限定词；

⑤“站号”是“分行拥有柜员终端”、“柜员终端与分行计算机通信”及“中央计算机与ATM 通信”3 个关联上的限定词。

经过以上分析，得到 ATM 系统中各个类的属性如图 7-27 所示。

3. 确定关联

（1）初步确定关联。

①直接提取动词短语得出的关联。

总行	拥有	ATM
储户	拥有	账户
分行计算机	维护	账户
……	……	……

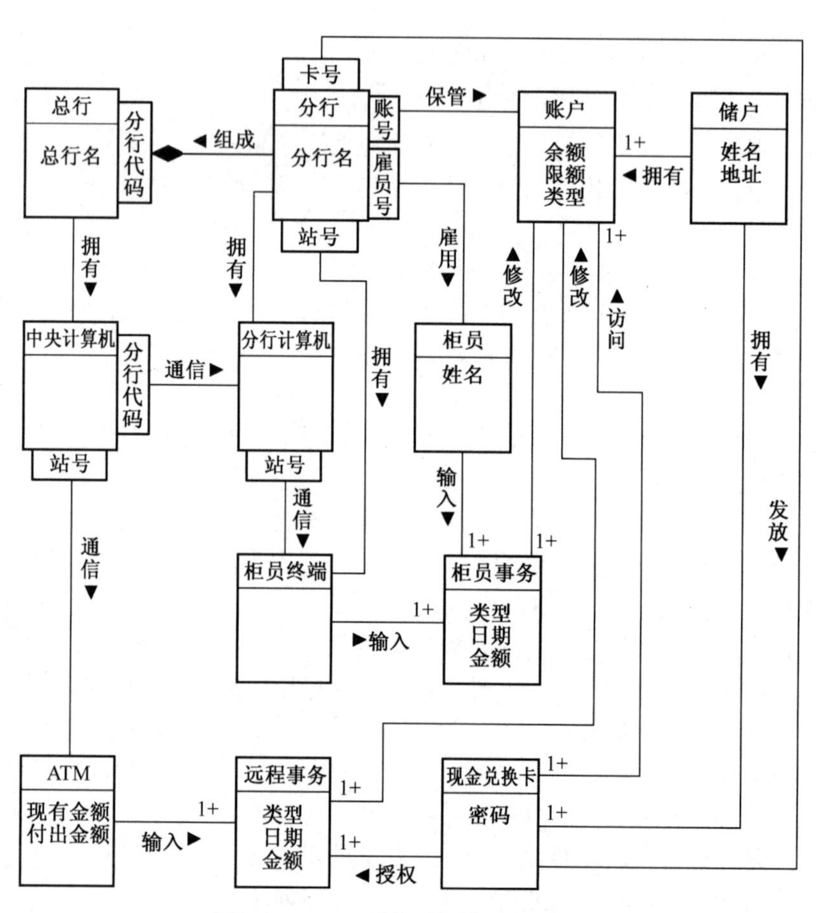

图 7-27　ATM 系统对象模型中的属性

②需求陈述中隐含的关联。

分行	组成	总行
分行	保管	账户
……	……	……

③根据问题域知识得出的关联。

现金兑换卡	访问	账户
分行	雇用	柜员
……	……	……

（2）筛选

根据下述标准删除候选关联：

①已删除的类之间的关联。

如“系统”、“成本”等类已经删除，所以也应该删除的关联：

系统　　维护　　事务日志

分行　　分摊　　软件成本

②与问题无关的或应在实现阶段考虑的关联。

如应删除的关联：

系统　　处理　　并发访问

③瞬时事件。

关联不应是一个瞬时事件，如应该删除：

ATM　　读取　　现金兑换卡

④三元关联。

三个或三个以上对象之间的关联，可分解为二元关联：

“柜员输入针对帐户的事务”可分解为：

“柜员　输入　事务”，“事务　修改　账户”

⑤派生关联。

去掉可以用其他关联定义的冗余关联。

如“分行计算机 维护 账户”，可用“分行 保管 账户”，“事务 修改 账户”代替。

（3）识别继承关系。

确定了类和对象的属性后，就可以利用继承机制共享公共属性，并对系统中众多的类加以组织。

有两种方式建立继承关系：

①自底向上：抽象现有类的共同属性泛化出父类。

②自顶向下：把现有类细化为更具体的类。

（4）划分主题。

以 ATM 系统为例，可以把它划分为总行、分行和 ATM 三个主题。通过上述分析，将系统中多个对象和类用关联连接起来便构成对象模型。

图 7-28 是一个简化了的且未划分主题的 ATM 对象模型。

4. 建立动态模型

系统如果涉及时序和状态改变，需用动态模型来描述。

建立动态模型的步骤：

第一步，编写交互行为（含正常情况和非正常情况）的脚本；

第二步，从脚本中提取出事件，确定触发每个事件的动作对象，以及接受事件的目标对象；

第三步，排列事件发生的次序，确定每个对象可能的状态及状态之间的转换关系，并用状态图来描述；

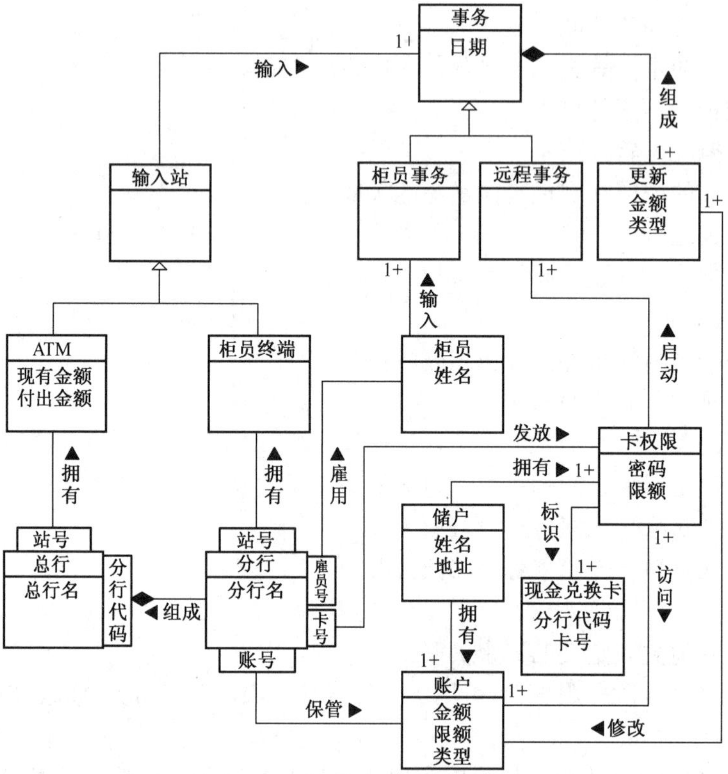

图 7-28　ATM 对象模型

第四步，比较各个对象的状态图，检查它们之间的一致性，确保事件之间的匹配。

（1）编写脚本。

在建立动态模型的过程中，脚本是指系统在某一执行期间内出现的一系列事件。

脚本描述用户（或其他外部设备）与目标系统之间的一个或多个典型的交互过程。

编写脚本的目的：保证不遗漏重要的交互步骤。

编写脚本时，首先编写正常情况的脚本。然后，考虑特殊情况，例如输入或输出的数据为最大值（或最小值）。最后，考虑出错情况。

ATM 系统的正常情况脚本如下：

ATM 确认取款额在预先规定的限额内，然后要求总行处理这个事务；总行把请求转给分行，分行成功地处理完这项事务并返回该账户的新余额。
ATM 吐出现金并请储户取走；储户取走现金。
ATM 问储户是否继续取款；储户回答“不”。

ATM 打印账单，退出现金兑换卡，请储户拿走它们；储户取走账单和卡。
ATM 请储户插卡。

ATM 系统的异常情况脚本如下：

ATM 请储户插卡；储户插入一张现金兑换卡。
ATM 接受这张卡并顺序读它上面的数字。
ATM 要求密码；储户误输入“8888”。
ATM 请求总行验证输入的数字和密码；总行在向有关分行咨询之后拒绝这张卡。
ATM 显示“密码错”，并请储户重新输入密码；储户输入“1234”；ATM 请总行验证后密码正确。
ATM 请储户选择事务类型；储户选择“取款”。
ATM 询问取款额；储户改变主意不想取款了，敲“取消”键。
ATM 退出现金兑换卡，并请储户取卡；储户拿走他的卡。
ATM 请储户插卡。

（2）画事件追踪图。

为了有助于建立动态模型，通常在画状态图之前先画出事件追踪图。

应该仔细分析每个脚本，以便从中提取出所有外部事件，并确定每个事件的发送对象和接受对象。

事件追踪图中，一条竖线代表一个对象，每个事件用一条水平的箭头线表示，箭头方向从事件的发送对象指向接受对象，时间从上向下递增，如图 7-29 所示。

（3）画状态图。

状态图也叫状态转换图或状态迁移图。通常，用一张状态图描绘一类对象的行为，它确定了由事件序列引发的状态序列，如图 7-30 所示。

从一张事件追踪图出发画状态图时，应该集中精力仅考虑影响一类对象的事件，也就是说，仅考虑事件追踪图中指向某条竖线的那些箭头线。把这些事件作为状态图中的有向边（即箭头线），标上事件名。一般来说，如果同一个对象对相同事件的响应不同，则这个对象处在不同状态。应该尽量给每个状态取个有意义的名字。通常，从事件追踪图中竖线射出的箭头线，是这条竖线代表的对象达到某个状态时所做的行为（往往是引起另一类对象状态转换的事件）。

5. 设计用户界面

设计用户界面的目的：①用户界面用于确定信息交换的方式，确保能够完成全部必要的信息交换，而不会丢失重要的信息；②用户界面的好坏往往对用户是否喜欢、是否愿意接受一个新系统起到至关重要作用。在设计用户界面时可设计一个用户界面原型，让用户评价并反复修改，直到用户满意为止。图 7-31 为 ATM 机的界面格式。

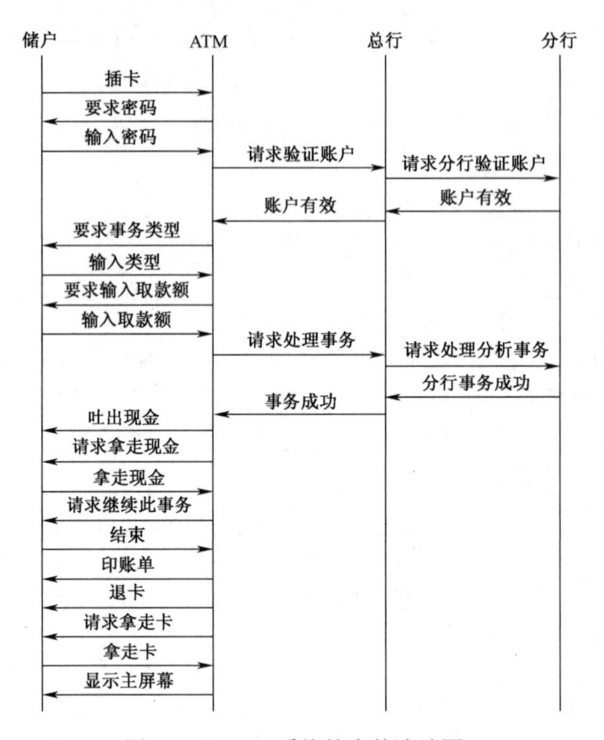

图 7-29　ATM 系统的事件追踪图

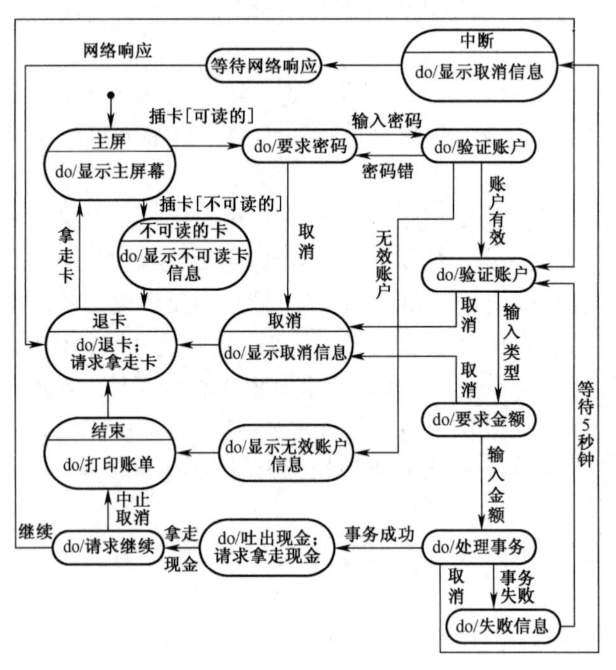

图 7-30　ATM 机的状态图

6. 建立功能模型

系统的功能模型是数据流图，顶层数据流图中的加工是软件系统的名称（ATM 系统），第一层数据流图是对顶层加工进行的功能分解，第二层的数据流图是对第一层数据流图进一步分解和细化，直至分解到最后的加工只完成一个独立的任务为止。图 7-32 为 ATM 系统的基本模型，图 7-33 为 ATM 系统功能级数据流图。

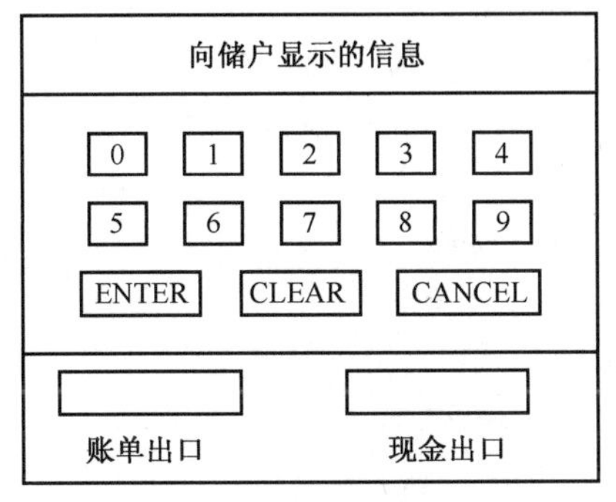

图 7-31　ATM 机的界面格式

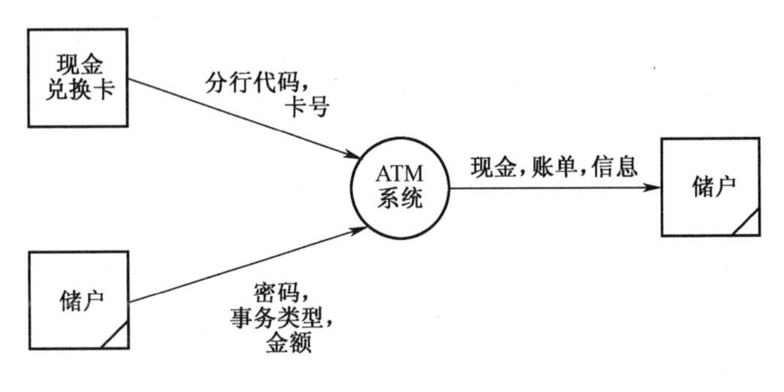

图 7-32　ATM 系统的基本系统模型

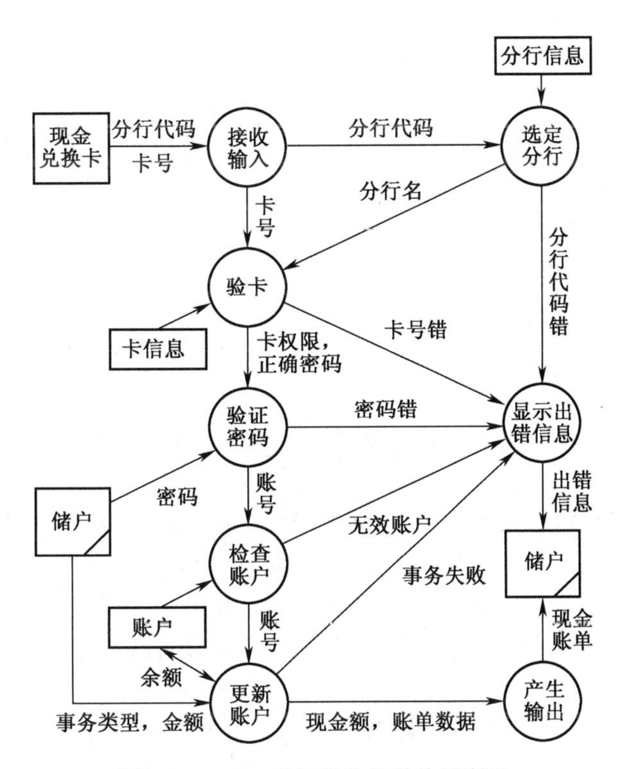

图 7-33　ATM 系统的功能级数据流图

习题七

一、选择题

1. 面向对象的主要特征除对象唯一性、封装、继承外，还有（ ）。
   A. 多态性　B. 完整性　C. 可移植性　D. 兼容性
2. 软件开发过程中，抽取和整理用户需求并建立问题域精确模型的过程叫（ ）。
   A. 生存期　B. 面向对象设计
   C. 面向对象程序设计　D. 面向对象分析
3. 汽车有一个发动机。汽车和发动机之间的关系是（ ）关系。
   A. 一般具体　B. 整体部分　C. 分类关系　D. 主从关系
4. 状态是对某一时刻中（ ）的概括。
   A. 属性特征　B. 方法　C. 功能　D. 行为
5. 面向对象技术使数据和操作（ ）于对象的统一体中，很好地实现了信息的隐藏。
   A. 抽象　B. 隐藏　C. 封装　D. 结合
6. 动态模型一般通过（ ）来描述
   A. 数据流图　B. 状态图　C. 对象图　D. 结构图
7. 一个设计得好的 OO 系统具有（ ）。
   A. 低内聚、低耦合的特征
   B. 高内聚、低耦合的特征
   C. 高内聚、高耦合的特征
   D. 低内聚、高耦合的特征

二、填空题

1. 面向对象的程序每一成份都是对象，________是通过对象的建立和对象之间的通信来执行的。

2. 事物的静态特征用对象的_______来表示，事物的动态特征用对象的_______来表示。

3. 类代表一种抽象，作为具有类似特性与共同行为的对象的模板，可用来产生_______。

4. 抽象原则包括________和_______两个方面。其中_______是指任何一个完成确定功能的操作序列，其使用者都可以把它看作一个单一的实体，尽管实际上它可能是由一系列更低级的操作完成的。

5. ________就是把对象的属性和服务结合为一个不可分的系统单位，并尽可能隐藏对象的内部细节。

6. 泛化，通常是指_______关系，它是_______和_______之间的一种分类关系。其中

_______完全拥有_______的属性和操作，并且可以附加一些特有的属性和操作。

7．动态模型着重于系统的控制逻辑。它包括两个图形，一个是状态图，一个是事件追踪图。其中状态图叙述一个对象的_______，事件追踪图则给出多个对象所表现出来的_______。它们从不同侧面来说明同一系统的行为。

8．OOA 概念模型由五个层次组成：类与对象、_______、服务、结构和______形成一种类层次结构。

三、简答题

1．面向对象的基本思想是什么？

2．面向对象方法的主要优点是什么？

3．面向对象的特征是什么？

4．简述面向对象分析过程遵循什么原则。

5．什么是论域分析和应用分析？

6．面向对象设计的启发式规则是什么？

8

统一建模语言 UML

UML 是当今面向对象系统开发领域中优秀的、功能强大的、可视化的建模语言，并已经成为国际上承认的标准，广泛适用于各个应用领域。

本章主要讲授了 UML 的发展历程和 UML 模型图，这些模型图描述了软件开发过程中从需求分析到实现和测试的全过程，是软件工程学科的基础，也是核心，具有极高的实用性。

8.1 UML 概述

8.1.1 UML 的产生和发展

随着面向对象方法的应用和推广，出现了许多软件建模语言，公认的面向对象建模语言产生于 20 世纪 70 年代中期。从 1989 年到 1994 年，面向对象建模语言数量也从不到 10 种增加到了 50 多种。同时，一些面向对象的设计方法也出现了，到 90 年代，最引人注目的是 Booch1993、OOSE 和 OMT-2 等方法。这些建模语言和建模方法形式多样，各有自己的特点，相互之间既有共性也有差异，以至于采用不同建模语言描述系统的用户和开发人员之间很难进行有效的交流和沟通，同时，用户和开发人员并不了解不同建模语言之间的差异，因而很难根据应用特点选择合适的建模语言。在这种情况下，开发人员期望能有一种集众家之长且具有统一标准的建模语言，从而使用户和开发人员对问题的描述达到相同的理解，以减少语义差异，保障分析的正确性。

从 1994 年开始，Grady Booch、James Rumbaugh 和 Ivar Jacobson 三位面向对象方法领域的大师合作致力于要将多种面向对象方法论统一为一个通用的方法。他们在研究过程中逐步认识到，在不同的公司和不同的文化背景之间，各种方法的区别很大，要创建一个人人都能使用的标准方法相当困难，而建立一种标准的建模语言比建立标准的方法要简单得多。

基于上述区别，他们把工作重点放在创建一种标准的建模语言上，提出了统一建模语言（Unified Modeling Language，UML）。UML 不仅统一了他们 3 人的表示方法，而且融入了众多优秀的软件方法和思想，从而把面向对象方法提高到一个崭新的高度。

1994 年 10 月 James Rumbaugh 和 Grady Booch 共同合作把他们的 OMT 和 Booch 方法统一起来，到 1995 年成为“统一方法”（Unified Method）UM0.8。随后，Ivar Jacobson 加入研究行列，并采用他的用例（Use Case）思想，到 1996 年，成为“统一建模语言”UML 0.9。

1997 年 1 月，UML 1.0 被提交给 OMG（对象管理组织），作为软件建模语言标准的候选。在其后的半年多时间，一些重要的软件开发商和系统集成商都成为“UML 伙伴”，如 IBM、Microsoft、HP 等。1997 年 11 月 UML 被正式采纳作为业界标准。2005 年，UML 发布了 2.0 版本。

UML 是一种定义良好、易于表达、功能强大且普遍适用的建模语言。UML 已得到许多著名公司的使用和支持，并被 OMG 采纳，成为面向对象建模的标准语言。近年来，不论在学术界、软件产业界、还是商业界，UML 已经逐渐成为人们为各种系统建模、描述系统体系结构、商业体系结构和商业过程时使用的统一工具，而且在实践过程中人们还在不断扩展它的应用领域。

8.1.2 UML 的组成

作为一种建模语言，UML 的定义包括 UML 语义和 UML 表示法两个部分。

1. UML 语义

UML 语义通过元模型来精确定义。元模型为 UML 的所有元素在语法和语义上提供了简单、一致、通用的定义性说明，使开发者能在语义上取得一致，消除了因人而异的表达方法所造成的影响。此外，UML 还支持对元模型的扩展定义。

UML 支持各种类型的语义，如布尔、表达式、列表、阶、名字、坐标、字符串和时间等，还允许用户自定义类型。

2. UML 表示法

UML 表示法定义了图形符号的表示，为开发者或开发工具使用这些图形符号和文本语法为系统建模提供了标准。这些图形符号和文字所表达的是应用级的模型，在语义上它是 UML 元模型的实例。

UML 表示法由通用表示和图形表示两部分组成。

（1）通用表示。

字符串：表示有关模型的信息。

名字：表示模型元素。

标号：赋予图形符号的字符串。

特定字串：赋予图形符号的特性。

类型表达式：声明属性变量及参数。

定制：一种用已有的模型元素来定义新模型元素的机制。

（2）图形表示

UML 建模型语言的描述方式以标准的图形表示为主，是由视图（Views）、图（Diagrams）、模型元素（Model Elements）和通用机制（General Mechanism）构成的层次关系。

8.1.3 UML 视图

1. 视图（Views）

视图是表达系统的某一方面特征的 UML 建模元素的子集，视图并不是图，是由一个或者多个图组成的对系统某个角度的抽象。UML 有不同的视图，用于从不同角度来认识一个系统，通过定义多个反映系统不同方面的视图，才能对系统做出完整、精确的描述。UML 主要由下列五类视图来定义：

（1）用例视图（Use Case View）。

从使用者的角度描述系统的外部特性及系统应具备的功能等。用例视图是其他视图的核心和基础，直接影响到其他视图的建立和描述。

①作用：用例视图描述系统的功能需求，找出用例和执行者。

②适用对象：客户、分析者、设计者、开发者和测试者。

③描述用图：用例图和活动图。

④地位：用例视图是其他视图的核心，它的内容直接驱动其他视图的开发。另外，通过测试用例视图，还可以检验和最终校验系统。

（2）逻辑视图（Logical View）。

逻辑视图是从系统的静态结构和动态行为角度显示如何实现系统的功能。

①作用：描述用例视图中提出的系统功能的实现。

②适用对象：设计者、开发者和分析者。

③描述用图：系统的静态结构在类图和对象图中进行描述，而动态模型则在状态图、顺序图、协作图及活动图中进行描述。

④地位：描述了系统的静态结构和因发送消息而出现的动态协作关系。

（3）并发视图（Concurrency View）。

并发视图主要考虑资源的有效利用、代码的并行执行及系统环境中异步事件的处理。

①作用：并发视图是显示系统的并发性，解决在并发系统中存在的通信和同步问题。

②适用对象：开发人员和系统集成人员。

③描述用图：状态图、协作图及活动图组成。

④地位：将系统划分成并发执行的控制线程，处理这些线程的通信和同步。

（4）组件视图（Component View）。

组件是不同类型的代码模块，它是构造应用的软件单元。

①作用：组件视图描述系统构建组织和实现模块及它们之间的依赖关系。

②适用对象：开发者。

③描述用图：组件图。

④地位：描述系统如何划分软件构建，如何进行编程。

（5）配置视图（Deployment View）。

配置视图显示系统的具体部署，部署是指将系统配置到由计算机和设备组成的物理结构上。

①作用：配置视图显示系统的物理部署，如笔记本式计算机、硬件设备及它们之间的连接。

②描述用图：配置图。

③适用对象：开发者、系统继承者和测试者。

④地位：描述硬件设备的连接和哪个程序或对象在哪台计算机上执行。

2. 图（Diagrams）

图用来描述一个视图的内容，是构成视图的成分。UML 语言定义了 10 种不同的图，包括用例图、类图、对象图、包图、状态图、活动图、顺序图、合作图、构件图及配置图，将它们有机地结合起来就可以描述系统的所有视图。在 UML 建模语言中又把这 10 种图分为 5 类。

（1）用例图（Use Case Diagram）。

用例图从用户角度描述系统应该具备的功能，并指出各功能的操作者，一般用于需求分析阶段。用例仅仅描述系统参与者从外部观察到的系统功能，并不描述这些功能在系统内部的具体实现。用例图的用途是列出系统中的用例和参与者，并显示哪个参与者参与了哪个用例的执行。

（2）静态图（Static Diagram）。

包括类图、对象图和包图。其中类图描述系统中类的静态结构。不仅定义系统中的类，表示类之间的联系（如关联、依赖、聚合等），也包括类的内部结构（类的属性和操作）。

①类图描述的是一种静态结构，在系统的整个生命周期都是有效的。

②对象是类的实例，对象图几乎使用与类图完全相同的标识。他们的不同点在于对象图显示类的多个对象实例，而不是实际的类。一个对象图是类图的一个实例。由于对象存在生命周期，因此对象图只能在系统某一时间段存在。

③包图用于描述系统的分层结构，由包或类组成，表示包与包之间的关系。

（3）行为图（Behavior Diagram）。

描述系统的动态模型和对象间的交互关系，包括状态图和活动图。其中状态图描述类的对象所有可能的状态以及事件发生时状态的转移条件。通常，状态图是对类图的补充。在实际应用中不需要为所有的类画状态图，仅需要为那些受外部事件的影响其状态发生改变的类画状态图；活动图则描述满足用例要求所进行的活动以及活动间的约束关系，它有利于识别并行活动。

（4）交互图（Interactive Diagram）。

描述对象间的交互关系，包括顺序图和合作图。其中顺序图显示对象之间的动态合作关系，强调对象之间消息发送的顺序，同时显示对象之间的交互。合作图与顺序图相似，显示对象间的动态合作关系。除显示信息交换外，合作图还显示对象以及它们之间的关系。如果强调时间和顺序，则使用顺序图；如果强调上下级关系，则选择合作图。这两种图合称为交互图。

（5）实现图（Implementation Diagram）。

描述系统的物理实现和物理配置，包括构件图和配置图。其中构件图描述代码部件的物理结构及各部件之间的依赖关系。一个部件可能是一个资源代码部件、一个二进制部件或一个可执行部件。构件图有助于分析和理解部件之间的相互影响程度；配置图定义系统中软硬件的物理体系结构。它可以显示实际的计算机和设备（用结点表示），以及它们之间的连接关系，也可显示连接的类型及部件之间的依赖性。在结点内部，放置可执行部件和对象以显示结点与可执行软件单元的对应关系。

从应用的角度看，采用面向对象技术设计系统时，首先是描述需求；其次根据需求建立系统的静态模型，以构造系统的结构；最后是描述系统的行为。其中在第一步与第二步中所建立的模型是静态的，包括用例图、类图（包含包）、对象图、构件图和配置图五个图形，是 UML 的静态建模机制。第三步所建立的模型或者可以执行，或者表示执行时的时序状态或交互关系。它包括状态图、活动图、顺序图和合作图四个图形，是 UML 的动态建模机制。因此，标准建模语言 UML 的主要内容也可以概括为静态建模机制和动态建模机制两大类。

8.1.4 UML 的主要特点

标准建模语言 UML 的主要特点可以归结为：

（1）统一了标准。

UML 统一了 Booch、OMT 和 OOSE 等方法中的基本概念，已成为 OMG 的正式标准，提供了标准的面向对象的模型元素的定义和表示，为用户提供无二义性的设计模型交流方法。

（2）面向对象建模。

UML 是面向对象的建模技术，吸取了面向对象技术领域中其他流派的长处。

（3）可视化建模。

UML 是一种图形化语言，它自然地支持可视化建模。UML 符号考虑了各种方法的图形表示，删掉了大量易引起混乱的、多余的和极少使用的符号，也添加了一些新符号。

（4）表达能力强。

UML 在演进的过程中提出了一些新概念，如模板（Stereotypes）、职责（Responsibilities）、扩展机制（Extensibility Mechanisms）、线程（Threads）、过程（Processes）、分布式（Distribution）、并发（Concurrency）、模式（Patterns）、合作（Collaborations）、活动图（Activity Diagram）等

新概念，并清晰地区分类型（Type）、类（Class）和实例（Instance）、细化（Refinement）、接口和组件（Components）等概念。这些概念有效地支持了各种抽象领域和系统内核机制的建模。UML 强大的表达能力使它可以对各种类型的软件系统建模，甚至可用于商业领域的业务过程。

（5）易学易用。

由于 UML 的概念明确，建模表示法简洁明了，图形结构清晰，易于掌握和使用。因此可以认为，UML 是一种先进实用的标准建模语言，但其中某些概念尚需验证，UML 也必然存在一个进化过程。

8.1.5 UML 的应用

UML 是一种标准的建模语言和标准的表示方法，它的应用范围非常广泛，可以描述许多类型的系统，也可以用于软件开发的各个阶段，从需求规格描述到系统完成后的测试全过程。

1. 在不同类型系统中的应用

UML 以对象模型为基础来描述系统，最直接的方法是用 UML 为软件系统创建模型，UML 也可用来描述非软件领域的系统以及商业机构或过程。UML 常见的应用有：信息系统、技术系统、嵌入式系统、分布式系统、系统软件和商业系统等。总之，UML 作为通用的标准建模语言，可对任何具有静态结构和动态行为的系统进行建模。

2. 在软件开发各个阶段的应用

UML 的应用贯穿于软件开发的各个阶段：

（1）需求：可以用用例模型来捕获用户的需求。通过用例建模，可以描述系统的外部角色及其对系统的功能要求。

（2）分析：分析阶段主要关心问题域中的基本概念（例如，抽象、类和对象等）和机制，需要识别这些类以及相互间的关系。类图描述系统的静态结构、协作图、顺序图、活动图和状态图描述系统的动态行为。在这个阶段只为问题域的类建模，而不定义软件系统的解决方案细节（例如，处理用户接口、数据库、通信和并行处理等问题）。

（3）设计：把分析阶段的结果扩展成技术解决方案，加入新的类来定义软件系统的技术方案细节。

（4）构造：这个阶段的任务是把来自设计阶段的类转换成某种面向对象程序设计语言的代码。

（5）测试：对系统的测试通常分为单元测试、集成测试、系统测试和验收测试等几个不同的步骤。UML 模型可作为测试阶段的依据，不同测试小组使用不同的 UML 图作为他们工作的依据：单元测试使用类图和类规格说明；集成测试使用构件图和协作图；系统测试使用用例图来验证系统的行为；验收测试由用户进行，用与系统测试类似的方法，验证系统是否满足在分析阶段确定的所有需求。

8.2 通用模型元素

8.2.1 模型元素

能够在 UML 图中使用的概念统称为模型元素。模型元素在 UML 图中用其相应的视图元素表示。利用视图元素可以把图形直观地表示出来，一个视图元素可以存在于多个不同类型的图中，但是具体以怎样的方式出现在哪种类型的图中要依据一定的规则。

模型元素是 UML 构建模型的基本单位。通用模型元素分为以下两类：

（1）基元素。

基元素是 UML 已定义的模型元素。例如，类、结点、构件、注释、关联、依赖和泛化等。

（2）构造型元素。

在基元素的基础上构造的新的模型元素叫构造型元素，是由基元素增加了新的定义而构成的，构造型元素用括在双尖括号<< >>中的构造版型来表示。

目前 UML 提供了 40 多个预定义的构造型元素。如使用<<use>>、扩展<<extend>>等。

图 8-1 给出了类、对象、结点、包和组件等部分常用模型元素的符号图示。

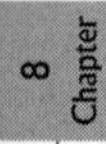

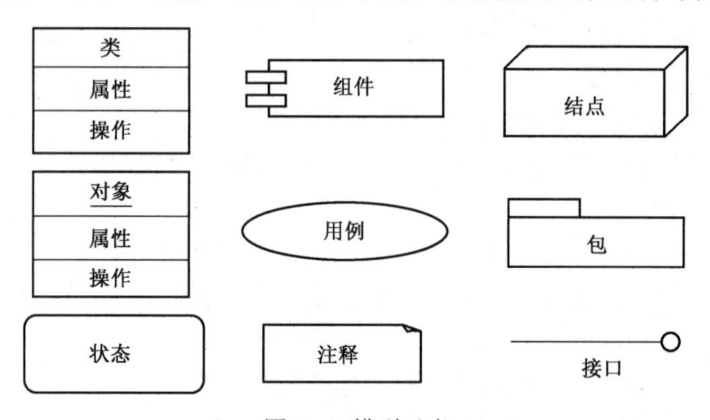

图 8-1　模型元素

模型元素与模型元素之间的连接关系也是模型元素，常见的关系有依赖、关联、泛化和实现等。这些关系的图示符号如图 8-2 所示。

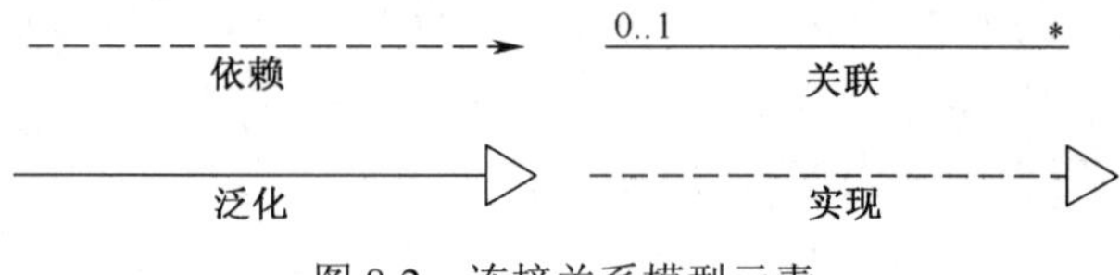

图 8-2　连接关系模型元素

关联：连接模型元素及链接实例。

依赖：表示一个元素以某种方式依赖于另一种元素。

泛化：表示一般与特殊的关系，即“一般”元素是“特殊”元素的泛化。

实现：是规格说明和其实现之间的关系。规格说明描述了某种事物的结构和行为，但是不决定这些行为实现的细节。实现提供了如何以高效的可执行的方式来实现这些行为的细节。

除了上述的模型元素外，模型元素还包括消息、动作等。

8.2.2　约束

（1）约束的含义。

约束是用来标识元素之间的约束条件，约束扩展了模型元素的语义，允许增加新的规则或修改现有的规则。约束规定某个条件或命题必须保持为真，否则该模型表示的系统无效。UML 中提供了一种简便、统一和一致的约束条件的表示方式，是各种模型元素的一种语义条件或限制。

（2）约束的表示。

①约束由一对花括号括起来，花括号中为约束内容。即：{约束内容}。

②对于单个模型元素可以将约束写在其附近。

③对于两个模型元素之间的约束，可以写在两元素之间的虚箭线上。

如图 8-3 所示，约束由虚箭头与字串{subset}表示。

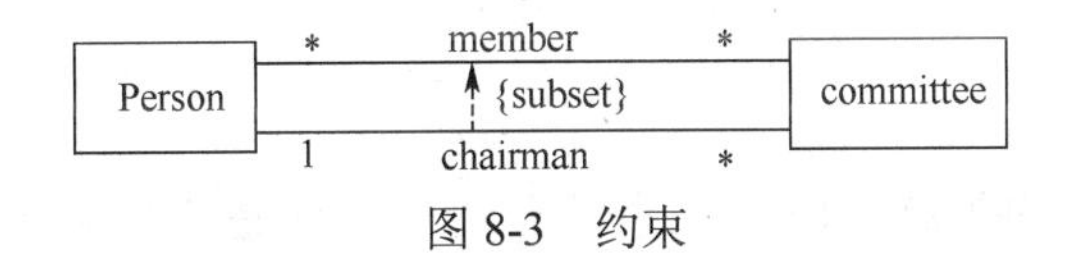

图 8-3　约束

8.2.3　依赖关系

（1）依赖关系的含义。

依赖关系描述的是两个模型元素（如类、用例等）之间的连接关系，其中一个模型元素是独立的，另一个模型元素是非独立的，它依赖于独立的模型元素，如果独立模型元素发生改变将会影响非独立模型元素。

（2）依赖关系的表示。

图示具有依赖关系的两个模型元素时，用带箭头的虚线连接，箭头指向独立的类，箭头旁边还可带一个版类标签，具体说明依赖的种类。图 8-4 表示类 X 依赖于类 Y，其依赖关系为友元。

（3）依赖关系的使用。

在 UML 中，类图、包图、构件图和配置图中都会用到依赖关系。例如在类图中，导致依赖的原因有多种，如一个类向另 个类发送消息，一个类是另一个类的数据成员，一个类用另一个类作为它的某个操作的参数等。

图 8-4 依赖关系

8.2.4 细化

（1）细化的含义。

有两个元素 A 和 B，若 B 元素是 A 元素的详细描述，则称 B 和 A 之间的关系为 B 元素细化 A 元素。细化关系表示了元素之间更详细的关系描述。

细化与类的抽象层次有密切的关系，人们在构造模型时不可能一下就把模型完整、准确地构造出来，而是要经过逐步细化的过程。

（2）细化的表示。

两个元素细化的关系用两个元素之间的空心三角箭头的虚线来表示，箭头的方向由细化了的元素指向被细化的元素。如图 8-5 所示，类 B 是对类 A 细化的结果。

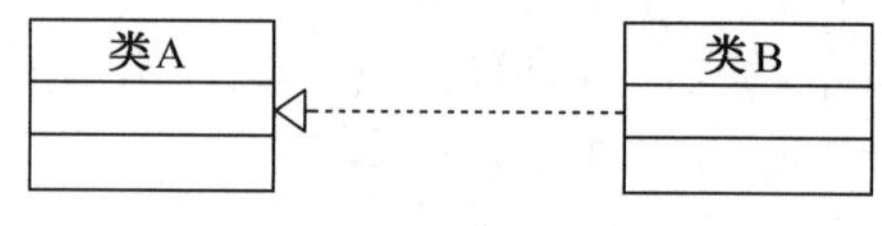

图 8-5 细化关系

（3）细化的使用。

在建立一个应用问题的类结构时，在系统分析中要先建立概念层次上的类图，用于描述问题域的概念，这种描述是初步的、不详细的描述，在进入系统设计时，要建立说明层次的类图，该类图描述了软件接口部分，它比概念层次的类图更详细；进入系统实现时要建立实现层次的类图，描述类的实现，实现层次的类图比说明层次的类图更加详细。

8.2.5 注释

（1）注释的含义。

注释用于对 UML 语言的元素进行说明、解释和描述，一般用自然语言进行注释。它的信息类型是不被 UML 解释的字符串。UML 为用户提供的注释功能弥补了建模语言不能表示所有信息的不足，使建模语言拥有更强的表现力。注释可以附加到任何模型中去，可以放置在模型的任意位置上，并且可以包含任意类型的信息。

（2）注释的表示。

注释由注释体和注释连接组成。注释体的图符是一个矩形，其右上角下折，矩形中标注要注释的内容。注释连接用虚线表示，把注释体与被注释的元素连接起来。注释的表示在 UML 的各种模型图中，凡是需要注释的元素均可加注释。

（3）注释的原则。

UML 图中附加注释的目的是为了使模型描述更详细和清晰，附加注释时最好要遵循以下原则：

①注释要放于要注释元素的旁边，使用依赖关系的线将注释和注释元素连接起来。

②可以隐藏元素或使隐藏的元素可见，这样会使模型图简洁。

③若注释很长或不仅仅是普通文本，可以将注释放到一个独立的外部文件中（如 Word 文档），然后链接或嵌入到模型中。

如图 8-6 所示，“这是一个学生类”为注释体，是对学生类的注释。

图 8-6　注释

8.3　静态建模机制

任何一个系统都具有静态结构，它不随时间变化而变化，它是认识一个系统的基础，也是认识系统动态特征的基础。同样，任何建模语言都以静态建模机制为基础，标准建模语言 UML 也不例外。所谓静态建模，是指对象之间通过属性互相联系，而这些关系不随时间改变而转移。

UML 的静态建模机制包括用例图、类图、对象图、包图、构件图和配置图等。其中，用例图主要用来描述系统的外部行为；类图和对象图主要用来定义和描述类和对象以及它们的属性和操作；包图则主要用来管理那些具有紧密关联的 UML 模型元素。

8.3.1　用例图

UML 的面向对象系统开发过程中在需求分析阶段的需求模型由用例建模完成，以用例为驱动，因此又称为用例模型。用例模型是表达系统外部事物（参与者）与系统之间交互的可视化工具。一个系统的用例模型由若干用例图组成，用例图的主要成分有参与者、用例及用例间的各种关系。另外，用例图可以包含注释和约束，还可以包含包，用于将模型中的元素组合成更大的模块。

在用例模型中，功能以用例的形式来表示，每个用例指明了一个完整的功能；系统由若干用例组成，通过用例定义了一个系统所具有的功能；通过参与者与系统中的用例进行交互，具体描述系统是如何提供这些功能来完成相应的服务的。

因此，用例图主要用于对系统、子系统或类的行为进行建模。它只说明系统实现什么功能，而不必说明如何实现。用例图描述的是外部参与者所理解的系统功能。用例模型用于需求分析阶段，它的建立是系统开发者和用户反复讨论协商的结果，表明了开发者和用户对需求规格达成的共识。在 UML 中，一个用例模型由若干个用例图描述，用例图中显示参与者、用例及用例之间的关系。用例图中使用的符号如图 8-7 所示。

1. 系统（System）

系统是用例模型的一个组成部分，系统的边界用来说明构建的用例模型的应用范围。系统代表的是一部机器或一个业务活动，而不是真正实现的软件系统。一般情况下，先识别出系统的基本功能，然后在此基础上建立一个稳定的、精确定义的系统构架，以后再不断地扩充系统功能，逐步完善。如图 8-8 所示，一台自动售货机具有售货、供货、提取销售款等功能，这些功能在自动售货机范围内起作用，自动售货机之外的情况不予考虑。

名称	图标符号	功能描述
参与者	参与者	用于描述与系统功能有关的外部实体，它可以是用户，也可以是外部系统
用例	用例	用于表示用例图中的用例。每个用例用于表示所开发系统的一项外部功能需求，即从用户角度分析所得的需求
系统	系统	用于界定系统功能范围。描述系统功能的用例置于其中，而描述外部实体的参与者置于其外
关联	——	连接参与者和用例，表示该参与者所代表的系统外部实体与该用例所描述的系统需求有关，是参与者和用例之间的唯一合法连接
使用	<< uses >>	由用例 A 连到用例 B，表示用例 A 中使用了用例 B 中的行为或功能
扩展	<<extends>>	由用例 A 连到用例 B，表示用例 B 描述了一项基本需求，而用例 A 则描述了该基本需求的特殊情况，即一种扩展

图 8-7　用例图中使用的符号

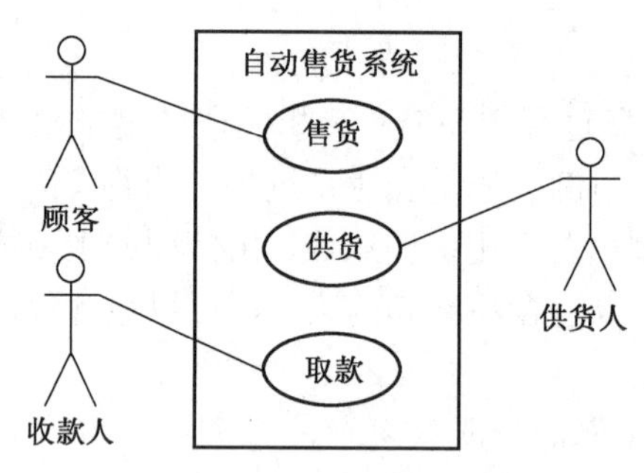

图 8-8　自动售货系统用例图

2. 用例（Use case）

用例是对一组动作序列的描述，用例代表的是一个完整的功能，系统执行该组动作序列，动作执行的结果能被参与者察觉。一个用例包含了一个参与者和用例之间发生的所有事件。可以简单地将用例理解为外部用户（参与者）使用系统的某种特定的功能。例如在自动售货系统中，当顾客付款之后，系统自动送出顾客想要的饮料，这是一种动作，付款后若需要的饮料无货，则提示可否买其他货物或退款等。系统中的每种可执行情况就是一个动作，每种动作由许多步骤组成。在 UML 中，用例表示为一个椭圆，用例的名字写在椭圆的内部或下方（如图 8-9），用例位于系统边界的内部，角色与用例之间的关联关系用一条直线表示。

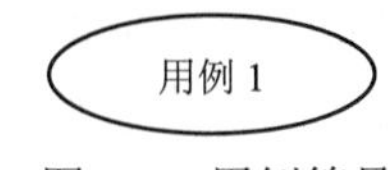

图 8-9　用例符号

（1）用例特点。

①用例捕获某些用户可见的需求，实现一个具体的用户目标。

②用例由参与者激活，并提供确切的值给参与者。

③用例可大可小，但它必须是对一个具体的用户目标实现的完整描述。

（2）确定用例。

识别用例的方法有多种，其基本出发点可以从系统的功能考虑，可以根据以上特征确定用例，也可以通过回答以下问题来确定用例：

①与系统实现有关的主要问题是什么？

②系统需要哪些输入/输出？这些输入/输出从何而来？到哪里去？

③参与者需要系统提供哪些功能？

④参与者需要读取、创建、撤消、修改、或存储系统的某些信息吗？

⑤每个参与者的特定任务是什么？

⑥是否任何一个参与者都要向系统通知有关突发性的、外部的改变？或者必须通知参与者关于系统中发生的事件？这些事件代表了哪些功能？

⑦哪些用例支持或维护系统？

⑧是否所有功能需求都被用例使用了？

⑨系统当前实现的主要问题是什么？

在自动售货机系统用例图中“售货”、“供货”、“取货款”都是典型的用例。

系统的全部需求通常不可能在一个用例中体现出来，所以一个系统往往会有很多用例，即存在一个用例集。

（3）参与者（Actor）。

参与者也叫执行者，是指用户在系统中所扮演的角色，是与系统交互的人或事。参与者在用例图中是用类似人的图形来表示，但参与者未必是人。例如，参与者可以是一个外界系统，该系统可能需要从当前系统中获取信息，与当前系统进行交互。

在自动售货机系统用例图中有 3 个参与者：顾客、供货人和收款人。参与者在系统之外，参与者是与系统交互或者使用系统的人或事，但它不是系统的一部分；它提供系统的输入并从系统接收有关信息。

每个参与者定义了一个角色集，代表的是一类能使用某个功能的人或事，而不是指某个个体。例如，在自动售货系统中，系统有售货、供货和提取售货款等功能，启动售货功能的是人，那么人是参与者，如果再把人具体化，该人可以是张三，也可以是李四，但是张三和李四这些个体对象不能称作参与者，他们是参与者的实例。事实上，一个具体的人可以在系统中充当不同的参与者，例如张三可以为售货机添加新物品（执行供货），也可以将售货机中的钱取走（执行提取货款）。通常系统会对参与者的行为有所约束，使其不能执行某些功能。

参与者可以分为主要参与者和次要参与者。主要参与者（一般放在用例图的左边）指的是执行系统主要功能的参与者，次要参与者（一般放在用例图的右边）指的是使用系统次要功能的参与者，次要功能是指完成维护系统的一般功能，如管理数据库、通信备份等。将参与者分级的目的是保证把系统的所有功能表示出来。

确定参与者首先要与系统的用户进行广泛而深入的交流，明确系统的主要功能，以及使用系统的用户责任等。

①谁使用系统的主要功能（主要参与者）？

②谁将需要系统的支持来完成他们的日常任务？

③需要谁维护管理系统的日常运行（次要参与者）？

④系统需要控制哪些硬件设备？

⑤系统需要与其他哪些系统交互？

⑥谁或者什么对系统产生的结果感兴趣？

用例和参与者之间有连接关系，它们直接的关系属于关联，又称通信关联，这种关联表示哪个参与者能与该用例通信。关联关系是双向的多对多关系，一个参与者可以与多个用例通信，一个用例也可以与多个参与者通信。

（4）用例之间的关系。

在用例图中除了包含参与者与用例之间的关联外，用例之间也存在一定的联系，用例之间通常有扩展、使用、组合三种关系。使用和扩展都是继承关系的不同形式，分别用<<use>>和<<extend>>表示，组合则是把相关的用例打成包，当作一个整体来看待。

①扩展关系。

一个用例中加入一些新的动作后就构成另一个用例，这两个用例之间的关联是泛化关系，称作扩展关系。后者是继承前者的一些行为得来的，通常把前者称为基本用例，而把后者称为扩展用例。基本用例通常是一个独立的用例，一个扩展用例是对基本用例在对某些“扩展点”的功能的增加。被扩展的用例是一般用例，扩展用例是特殊用例。

引入扩展用例的好处是便于处理概括用例中不易描述的某些具体情况，扩展系统提供了系统性能，减少不必要的重复工作。

在图 8-10 中，“售货”是一个基本用例，定义的是售罐装饮料，而用例“售散装饮料”则是在继承了“售货”的一般功能的基础上进行修改，因此是“售货”的扩展。

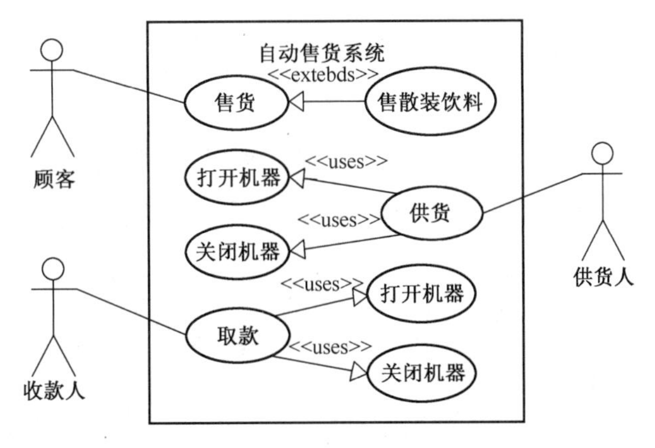

图 8-10　含扩展和使用关系的用例图

②使用关系。

使用关系也是一种泛化关系，一个用例使用另一个用例时，这两个用例之间就构成了使用关系。一般情况下，如果若干个用例的某些行为是相同的，则可以把这些相同的行为提取出来单独作为一个用例，这个用例称作抽象用例。当某个用例使用该抽象用例时，这个用例包含了抽象用例的所有行为。

例如，自动售货机系统中“供货”与“取货款”这两个用例的开始动作都是打开机器，它们的结束动作都是关闭机器。因此，将开始动作抽象为“打开机器”用例，将结束动作抽象为“关闭机器”用例，“供货”与“取货款”用例在执行时必须使用这两个用例。

扩展与使用之间既有相同点又有不同点。它们两个都意味着从几个用例中抽取那些公共的行为并放入一个单独用例中，而这个用例被其他几个用例使用或扩展，但使用和扩展的目的是不同的。当描述一般行为的变化时，采用使用关系；当在两个或更多的用例中出现重复描述而又想避免这种重复时采用扩展关系。

用例模型是获取需求、规划和控制项目迭代过程的基本工具。在建立用例模型时还要考虑用例的数目，用例数目大则每个用例小，小的用例易于理解和执行，但用例数量过多则使用例图显得过于繁杂，因此要根据系统大小，适当选择用例数目。

8.3.2　类图和对象图

类与对象及它们之间的关联是面向对象技术中最基本的元素。对于一个系统的描述，其类模型和对象模型揭示了系统的结构。在 UML 中，类和对象模型分别由类图和对象图表示。

1. 类图

类图是用类和它们之间的关系描述系统的一种图示，是从静态角度表示系统的一种静态模型。类图技术是面向对象方法的核心。

UML 的基本任务就要识别系统所必需的类，分析类之间的联系，并以此为基础建立系统的其他模型。

类是面向对象建模的最基本的模型元素，用于描述一类对象的属性和行为。UML 对类描述的图示，分为长式和短式。

长式用被划分为三个格子的矩形表示，分别由类名、属性及操作三部分组成；短式则只列示类名，缺省了属性和操作，如图 8-11 所示。

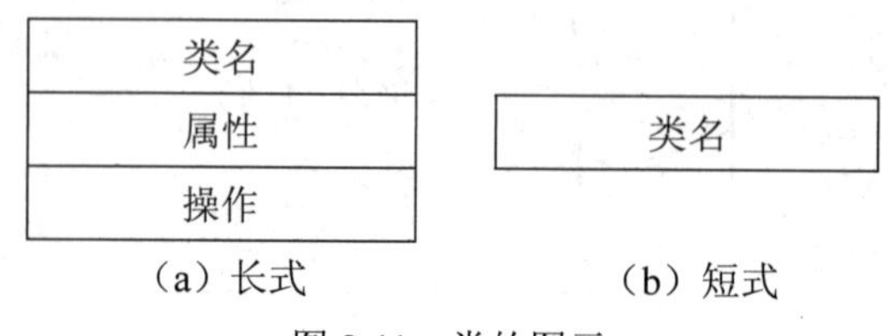

图 8-11　类的图示

（1）类的识别。

类的识别是一个依赖于人的创造力的过程，必须与领域专家合作，对研究领域进行仔细的分析，抽象出领域中的概念（名词或名词短语），并进行必要的取舍，定义其含义及相互关系，分析出系统类，并用领域中的术语为其命名。

（2）类的名称。

每个类都必须有一个名字，用来区分其他类。类的命名应尽量使用应用领域中的术语。类名应明确、无歧义，以利于开发人员与用户之间的相互理解和交流。

（3）类的属性。

属性用来描述该类的对象所具有的特征。识别属性时应该考虑以下因素：类的属性应能描述并区分每个特定的对象；只有对系统有用的特征才包含在类的属性中；系统建模的目的也会影响到属性的选取；类的属性与选用的程序设计语言有关。

属性类型表示该属性的种类，它可以是基本数据类型，也可以是用户自定义的类型。常见的类型有：Char、Boolean、Double、Float、Integer、Short、String 等。

每条属性可以包括属性的可见性、属性名称、类型、缺省值和约束特性。

UML 描述属性的语法格式为：

[可见性]属性名[多重性][:类型名][=初值][{约束特性}]

其中：可见性表示该属性对类外的元素是否可见，属性的可见性分为三种：

①公共属性（Public）：能够被系统中其他任何操作查看和使用，当然也可以被修改，用“+”号表示。

②私有属性（Private）：仅在类内部可见，只有类内部的操作才能存取该属性，该属性不能被其子类使用，用“-”号表示。

③保护属性（Protected）：供类中的操作存取，并且该属性也能被其子类使用，用“#”号表示。

如图 8-12 的“发货单”类中，“日期”属性描述为“+日期：Date=当天日期”。可见性“+”表示它是公共属性，其属性名为“日期”，类型为“Date”，缺省值为“当天日期”。

发货单
+日期：Date = 当天日期 +客户名：String -客户地址：String +货物名称：String -管理员：String = SYSTEM -货物数量：Integer
+取发货日期()：Date

图 8-12　属性及操作的可见性实例

多重性表示属性的值可能有多个。

约束特性是用户对该属性性质的一个特征说明，有可变化的、仅增加的和冻结的三种。可变化的表示对修改属性的值没有约束；仅增加的对于多重性大于 1 的属性可以增加附加值，但一旦被创建就不可对值进行消除或改变；冻结的指在对一个对象赋初值后就不允许改变属性值。

（4）类的操作。

对数据的具体处理方法的描述放在操作部分，操作说明了该类能做什么工作。操作通常称为函数，它是类的一个组成部分，只能作用于该类的对象上。

每种操作由可见性、操作名、参数表、返回值类型等几部分构成。标准语法格式为：

[可见性]操作名[(参数表)]:[返回值类型][{约束特性}]

其中，可见性与属性的可见性相同。

参数表由多个参数构成，参数的语法格式为：

参数名:参数类型名=缺省值

其中，缺省值的含义是：如果调用该操作时没有为操作中的参数提供实际参数，那么系统就自动将参数定义中的缺省值赋给该参数。

返回类型：表示操作返回的结果类型。

约束特性主要有查询、顺序、监护和并发。

在“发货单”类中有“取发货日期”操作，其中“+”表示该操作是公有操作，返回类型为 Date 型。

2. 类之间的关系

在 UML 中，类之间的关系通常有关联、泛化、依赖和实现。

（1）关联关系（Association）。

关联表示两个类之间存在某种语义上的联系。由于对象是类的实例，因此，类与类之间的关联也就是其对象之间的关联。类与类之间有多种连接方式，每种连接的含义各不相同，但外部表示形式相似，故统称为关联。例如，某公司有许多部门，一个部门有多个职工，就认为公司、部门和职工之间存在某种语义上的联系。在分析设计的类图模型中，则在对应的公司类、部门类和职工类之间建立关联关系。

在 UML 中，关联用一根连接类的实线表示，在关联线上注明关联的名称。为关联命名的原则是该命名要有助于理解该模型。关联关系一般都是双向的，即关联的对象双方彼此都能与对方通信，称作双向关联。

如果类与类之间的关联是单向的，表示该关联单方向被使用，则称为导航关联。导航关联采用实线箭头连接两个类。为了避免混淆，在关联名字前或后带一个表示关联方向的黑三角，黑三角指明关联的方向。

图 8-13 为导航关联，表示用户拥有口令，但口令不能拥有用户。

图 8-13　导航关联

①关联的角色。

关联两端的类以某种角色参与关联。图 8-14 中，“公司”以“雇主”的角色，“人”以“雇员”的角色参与的“工作合同”关联。“雇主”和“雇员”称为角色名。如果在关联上没有标出角色名，则隐含地用类的名称作为角色名。

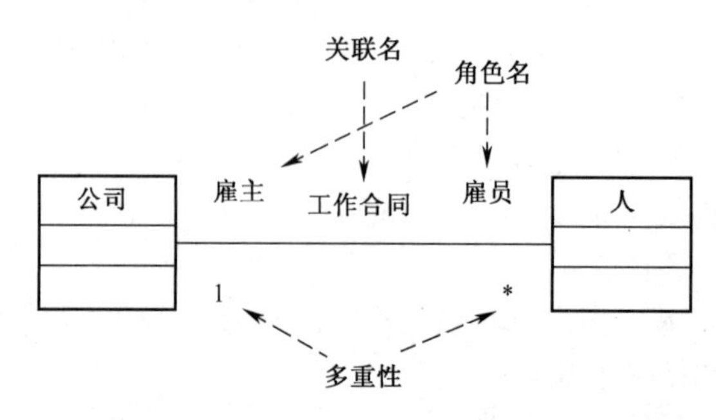

图 8-14　关联的角色

角色还具有多重性，表示可以有多少个对象参与该关联。雇员只能与一个雇主签订工作合同，在雇主方表示为“1”；雇主可以和多个雇员签订工作合同，在雇员方表示为“*”。常用多重性标识如图 8-15 所示。

②关联类。

在有些情况下，不仅需要标识类之间的关联关系，而且还需要设置一些关联属性、操作以及其他特征，这时可引入一个关联类来记录。表明关联关系的类称作关联类。关联类并不位于表示关联关系的直线两端，而是对应一个实际的关联，用关联类表示关联关系的一些附加信息。关联类通过一根虚线与关联连接。

多重性	含义
1	仅有一个
N	多个
0..1	0 个或者 1 个
0..n	0 或者更多
1..n	一个或者更多
<number>	确定的个数。例如：5 个(5)
<number1>..<number2>	特定的范围。例如：4 到 6 个(4..6)
<number1>..<number2>,<number3>	特定的范围或者一个确定数字。例如，2 到 6 个或者 8 个(2..6,8)
<number1>..<number2>,<number3>..<number4>	几个范围中的一个 例如：2 到 5 个或 7 到 9 个(2..5,7..9)

图 8-15　UML 中常用的多重性标识

图 8-16 是表明仓库类和零件类关联关系的类——存放类，存放类中有入库时间和数量两个属性。

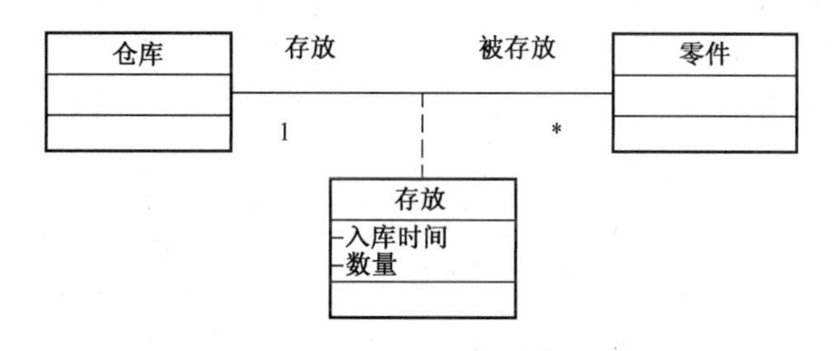

图 8-16　关联类

③整体—部分关联。

在需求分析中，“包含”、“组成”、“分为……部分”等经常设计成整体—部分关系。例如一辆轿车包含四个车轮、一个方向盘、一个发动机和一个底盘。

在 UML 中，整体—部分关联有两种特殊的表示法：组合和聚集。组合关联表示整体拥有各部分，部分与整体共存，如整体不存在了，部分也会随之消失。“整体”称作组成对象，“部分”称作成分对象。

在 UML 中，组合表示为实心菱形。在图中组成对象和每个成分对象之间的关联表示为一端有黑色菱形的关联线，菱形放在组成对象一侧。组合关系中可以出现重数、角色（仅用于表示部分的类）和限定词，也可以给组合关系命名。

例如，一篇论文由摘要、关键字、正文和参考文献组成，其中关键字不少于 5 个，参考文献不少于 10 篇，如图 8-17 所示。显然，如果论文不存在，就不会有组成该论文的摘要、关键字和参考文献等内容。

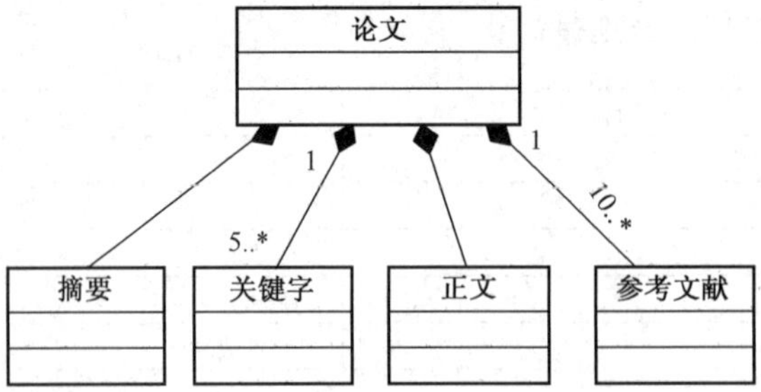

论文
1 1
5..* 10..*
摘要 关键字 正文 参考文献

图 8-17　组合

聚集是一种特殊形式的关联，它也表示类之间的整体－部分关联，但主要强调机构和成员的关联。整体被称作聚集对象，部分称作构成对象。

聚集具有三个特征：

①构成对象不存在，聚集对象还可以存在。例如把一个项目的所有人员都解散，那么该项目仍然存在。

②每个对象都可以是多个聚集的构成，如一个人员可能参加多个项目。

③聚集往往是同构的，也就是说，典型的聚集的构成对象属于同一个类。

在 UML 中，聚集表示为一端为空心菱形的关联线，菱形放在具有整体性质的类一侧。例如，部门和职工之间是聚集关系，图 8-18 项目和人员也是聚集关系。

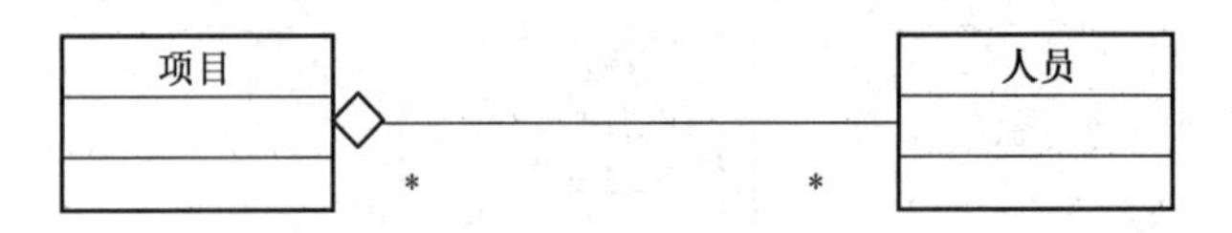

图 8-18　聚集关系

（2）泛化关系（Generalization）。

在 UML 中，泛化关系是指类之间的“一般与特殊关系”，它是通用元素与具体元素之间的一种分类关系，通常是指类的继承关系（如图 8-19（a）所示）。一般类又称为父类，它描述了多个具体类的共性，通过特化得到子类。在 UML 中，泛化表示为一头为空心三角形的连线，三角形的尖对着一般类，父类与子类之间可构成类的分层结构，图 8-19（b）是一个分层继承类图的实例。

UML 对定义泛化关系有下述三个要求：

①特殊元素继承一般元素，一般元素所具有的关联、属性和操作，特殊元素也都隐含性地具有。

②特殊元素还应包含额外信息。

③允许使用一般元素实例的地方，也应能使用特殊元素。

（3）依赖关系（Dependency）。

依赖关系是描述两个或多个模型元素之间语义上的关系。简单来说它是表示一个模型元素（需求方）需要另一个模型元素（供应方）来达到某种目的。它表示了这样一种情形：供应方的某些变化会要求或指示依赖关系中需求方的变化，也就是说依赖关系将行为和实现与影响其他类的类联系起来。

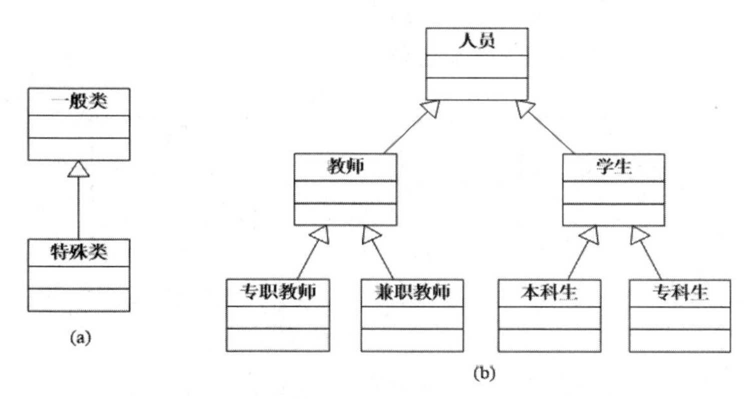

图 8-19 类的泛化

在 UML 图中，依赖用一条带有箭头的虚线来表示，箭头的方向指向独立的类。例如图 8-20 所示，顾客买票的时候，需要依赖于售票员。

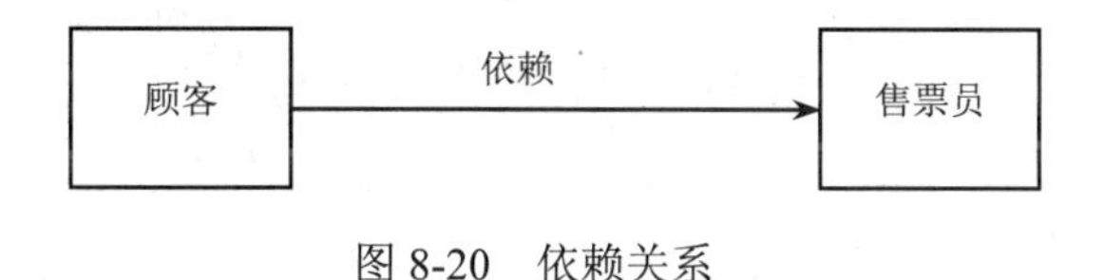

图 8-20 依赖关系

依赖关系可以再细分为 5 种类型，分别是绑定依赖、实现依赖、使用依赖、抽象依赖和授权依赖。

（4）实现关系（Realization）。

实现关系是指两个实体之间的一种约定。一个实体定义一个约定，而另一个实体要实现这种约定。其主要使用在接口与实现该接口的类之间和用例及实现该用例的协作之间。在 UML 图中，实现关系通常用一条带有空心三角箭头的有向虚线表示，箭头的方向指向实现的类。例如，汽车的部分行为可以实现驾驶员的行为，如图 8-21 所示。

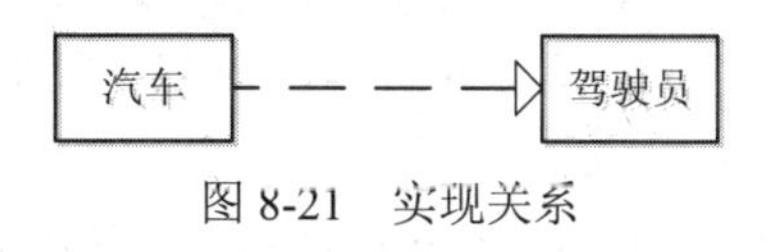

图 8-21 实现关系

2. 对象图

对象是类的实例，因此对象图可以看作是类图的一个实例，对象之间的链（Link）是类之间关联的实例。在 UML 中，对象与类的图形表示相似，主要区别在于对象名要加下划线（如图 8-22 所示）。对象之间链的图示与类的关联相似。对象图由对象和链构成，常用于表示复杂类图的一个实例。

对象名有下列三种表示格式：

（1）object　　　注明对象名，但未指出它的类型

（2）:class　　　指明对象类型，但未指出它的名称

（3）object:class　指明对象的名称和类型

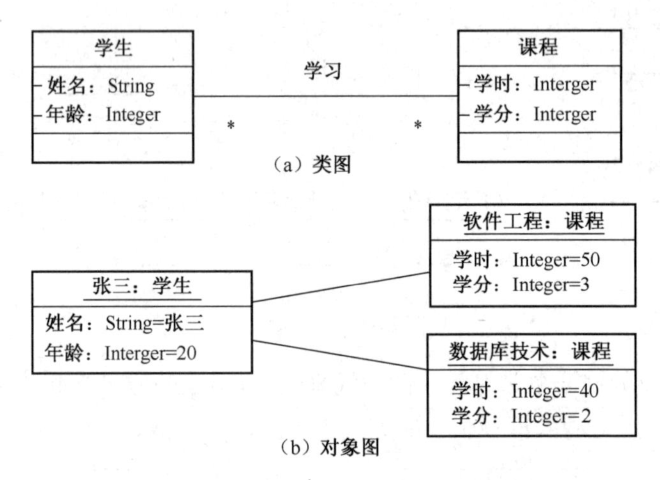

图 8-22　类图和对象图示例

8.3.3　包图

当一个大型系统出现上百个甚至更多的类时，理解和修改该系统会变得非常困难。因此如何有效地管理这些类，成为分析人员要解决的重要问题。解决这个问题的一个基本方法是将许多类组合成一个更高层次的单位，形成高内聚、低耦合的类的集合，这种分组机制在 UML 中称为包。引入包是为了降低系统的复杂性，包图是维护和控制系统总体结构的重要建模工具。

构成包的模型元素称为包的内容，包通常用于对模型的组织管理，因此有时又将包称为子系统。

通常可以把系统划分为不同的主题或子系统，将属于同一个主题层或子系统的元素放在一个包中。包的图示为类似书签卡片的形状，由两个矩形组成，小矩形位于大矩形的左上角，用于标识包名，大矩形用于标识包的内容。如果包的内容没被标识出来，则包的名字也可以写在大矩形内，如图 8-23（a）所示。

一个包可以包括多个包，包之间可以存在依赖关系，如图 8-23（b）所示。

在大项目中，包图是一种重要的管理工具。包的概念对测试也特别有用，可以以类为单位进行测试，但有时以包为单位进行单元测试则更为方便自然。每个包应包含一个或更多个测试类来测试包的行为。

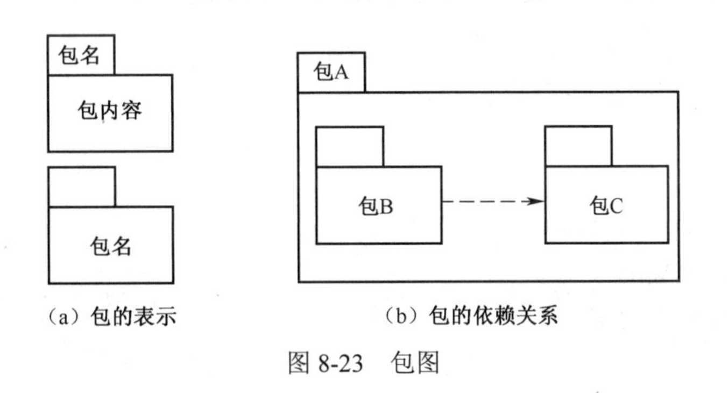

（a）包的表示　　（b）包的依赖关系

图 8-23　包图

8.3.4　构件图

系统由各种构件组成，构件是系统的物理可替换单元，代表系统的一个物理组件及其联系，表达的是系统代码本身的结构。构件可以看作包与类对应的物理代码模块，逻辑上与包、类对应，实际上是一个文件，构件的命名和类的命名规则相似。

构件的图形表示是把构件画成带有两个标签的矩形，如图 8-24 所示。

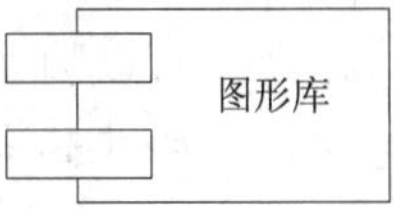

图 8-24　构件

构件图又称为组件图，用来建立系统实际结构并表示这些构件之间的依赖关系。构件图通常包括构件、接口和依赖、泛化等关系，也可以包括包或子系统。利用构件图可以对系统静态实现视图进行建模，包括对存在于每一个结点上的物理事物建模，如可执行体、库、表、文件及文档等。

如图 8-25 所示，有一个包括画圆、画矩形的 C++绘图程序，包含主程序（Main）类、画圆（Circle）类、画矩形（Square）类。这 3 个类的源程序分别为 Main.cpp，Circle.cpp，Square.cpp，编译后的目标程序分别为 Main.obj，Circle.obj，Square.obj，通过链接后的可执行程序为 Main.exe。

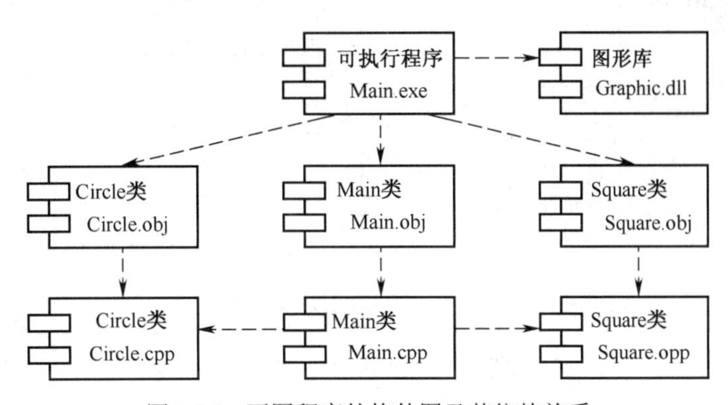

图 8-25　画图程序的构件图及其依赖关系

可执行程序构件依赖于动态连接库 Graphic.dll 构件和 3 个目标程序构件，3 个目标程序的构件分别依赖于 3 个源程序构件，而 Main.cpp 构件分别依赖于 Circle.cpp 和 Square.cpp 构件。

构件图用于对系统的物理实现进行建模，描述系统构件与构件之间的关系。构件本身是系统的一个物理模块，它的实际应充分体现软件的模块性和可重用性。设计一个结构良好的构件应遵循以下原则：

（1）从物理结构上对软件系统进行抽象。

（2）构件应是内聚的。

（3）构件中类应彼此重用。

（4）提供一组定义完整的接口实现。

（5）构件所包含的类其功能应相关，以便满足实现接口。

（6）构件之间不应有循环的依赖。

（7）构件、接口之间一般只有依赖和实现关系。

8.3.5 配置图

配置图也叫部署图，用于描述系统中硬件和软件的物理配置情况和系统体系结构。配置图的元素有结点和连接，配置图中的简单结点是指实际的物理设备以及在该结点上运行的构件或对象。配置图还描述结点之间的连接以及通信类型，如系统在网络上的布局、构件在网络上的位置、网络性能和并发用户数目等情况。一个系统只有一个配置图。

在 UML 中，配置图包含 3 个元素：处理器、设备和连接。处理器指的是具有计算功能的硬件，在处理器中可以运行各种程序或进程，如工作站或各种服务器。设备指的是不具备计算能力的硬件，如调制解调器、打印机或各种终端。连接指的是处理器之间、设备之间或处理器与设备之间的物理上的实际连接。

图 8-26 描述了一个保险系统的配置图，配置图中“客户 PC”结点和“保险服务器”结点是由通信路径按照 TCP/IP 协议连接的，结点“保险服务器”包含了“保险系统”、“保险系统配置”和“保险数据库”三个构件。

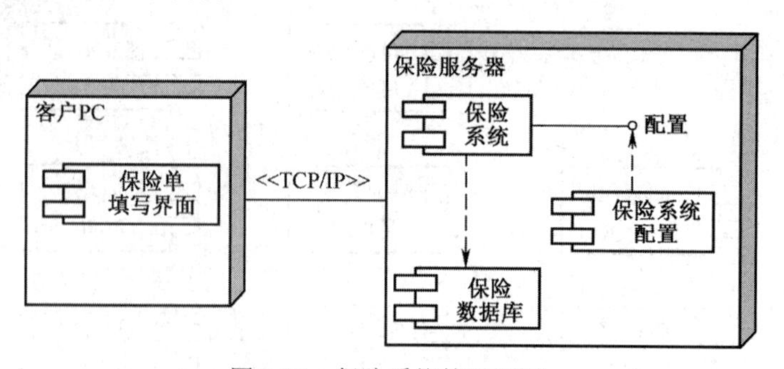

图 8-26　保险系统的配置图

类和对象等元素所定义的公有属性及操作称为接口，用一个连接小圆圈的线段表示。在保险系统配置图中的“保险系统”构件，提供了一个称为“配置”的接口，图中还显示了构件之间的依赖关系，即“保险系统配置”构件通过接口依赖于“保险系统”构件。

配置图主要用于在网络环境下运行的分布式系统或嵌入式系统的建模。

并不是所有的系统都需要建立配置图，一个单机系统只需建立包图或构件图就行了。但是，如果要开发的软件系统需要使用标准设备以外的其他设备（如路由器、打印机、扫描仪等），或者系统中的硬件设备、软件组件分布在多个处理器上，这就必须进行配置图建模，以帮助开发人员理解系统中软件和硬件之间的映射关系。

8.4 动态建模机制

动态模型主要是描述系统的动态行为和控制结构。动态行为包括系统中对象生存期内可能的状态，以及事件发生时状态的转移，还包括对象之间的动态合作关系。动态模型显示对象之间的交互过程以及交互顺序，同时描述了为满足用例要求所进行的活动以及活动间的约束关系。

UML 动态模型包括状态图、顺序图、协作图和活动图。

顺序图：是一种交互图，主要描述对象之间的动态合作关系以及合作过程中的行为次序，常用来描述一个用例的行为。

协作图：用于描述相互合作的对象间的交互关系，它描述的交互关系是对象间的消息连接关系。

状态图：用来描述一个对象在其生命周期内的状态及状态迁移，以及引起状态迁移的事件和对象在状态中的动作等。

活动图：着重描述操作实现中完成的工作以及用例实例或对象中的活动，活动图是状态图的一个变种。

8.4.1 消息

在动态模型中，对象间的交互是通过对象间消息传递来完成的。对象通过相互间的消息传递进行合作，并在其生命周期中根据通信的结果不断改变自身的状态。通常情况下，当一个对象调用另一个对象中的操作时，消息是通过一个简单的操作调用来实现的；当操作执行完成时，控制和执行结果返回给调用者。

UML 定义的消息类型有四种：

（1）简单消息：表示简单的控制流，描述控制如何从一个对象传递到另一个对象，但不描述通信的细节。

（2）同步消息：是一种嵌套的控制流。操作的调用是一种典型的同步消息。调用者发出消息后必须等待消息返回，只有当处理消息的操作执行完毕后，调用者才可继续执行自己的操作。如电话通讯是一种同步消息，双方通话要同时进行。

（3）异步消息：表示异步控制流，消息的发送者在消息发送后，不用等待消息的处理和返回即可继续执行。如电子邮件是一种异步消息，发送邮件后不用等待回复。

（4）同步且立即返回消息：这是同步消息和简单消息的合成，也就是操作调用一旦完成就立即返回。

在 UML 中，消息的图形表示是用带有箭头的线段将消息的发送者和接收者联系起来，箭头的类型表示消息的类型。同步消息的箭头和简单消息的箭头分别放在合并后的消息两端，如图 8-27 所示。

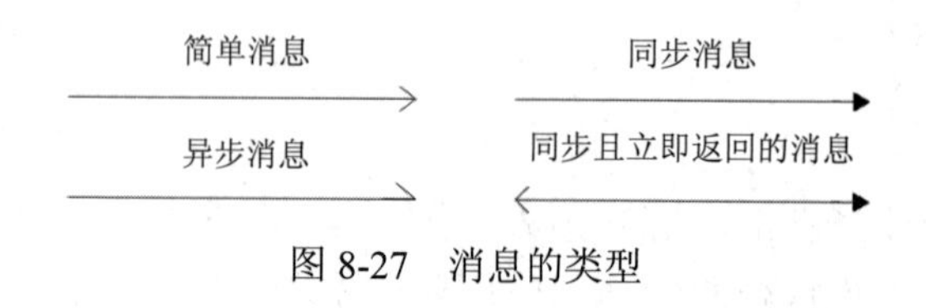

图 8-27　消息的类型

8.4.2　顺序图

顺序图用来描述对象之间动态的交互关系，着重描述对象间消息传递的时间顺序。

顺序图是一个二维坐标图形，顶部横向列出参加交互的对象，垂直虚线是对象的生命线，用于表示在某段时间内对象是存在的。生命线上的窄矩形条称作激活，表示该对象正在执行某个操作。激活矩形的长度表示动作的持续时间，矩形条的顶部表示动作的开始，底部表示动作的结束。

对象间的通信通过在对象的生命线之间的消息来表示，消息的箭头类型指明消息的类型，分为简单消息、同步消息和异步消息。

两根对象的生命线之间的箭头表示消息。消息按发生的时间顺序从上到下排列。每一条消息可以有一个说明，内容包括名称和参数。返回自身生命线的消息箭头叫回授，表示对象发送消息给自己。

消息还可带有条件表达式，表示分支或决定是否发送消息。如果用于表示分支，则分支是互斥的，即在某一时刻仅可发送分支中的一个消息。

在顺序图的左边可以有说明信息，用于说明消息发送的时刻、描述动作的执行情况以及约束信息等。可以定义两个消息间的时间限制。

顺序图具备了时间顺序的概念，从而可以清晰地表示对象在其生命期某一时刻的动态行为。

图 8-28 是一个打电话的顺序图，图中有呼叫者、交换、接收者三个对象，对象之间传送消息。左边的 A、B、C、D、E 表示消息发送和接收的时刻，花括号中的信息表示时间限制，这些都是说明信息。

在系统动态行为建模的过程中，当强调按时间展开信息的传送时，一般使用顺序图建模技术。然而，一个单独的顺序图只能显示一个控制流。一般情况下，一个完整的控制流是非常复杂的，要描述它需要创建很多交互图（包括顺序图和协作图），一些图是主要的，另一些图用来描述可选择的路径和一些例外，再用一个包对它们进行统一的管理。这样用一些交互图来描述一个庞大、复杂的控制流。

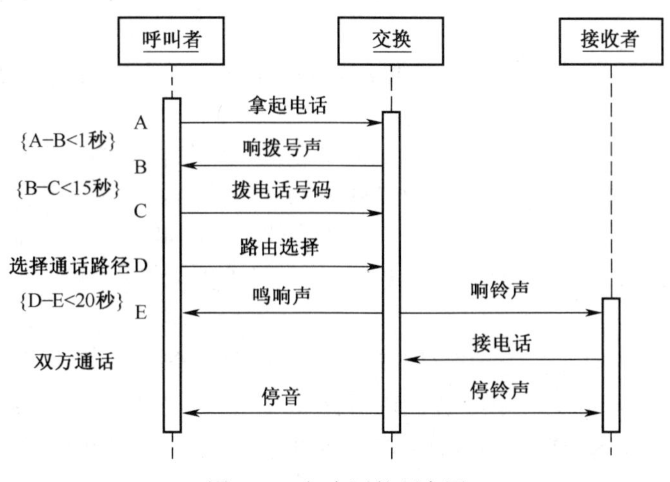

图 8-28　打电话的顺序图

8.4.3　协作图

协作图也称为合作图，用于描述相互合作的对象间的交互关系和链接关系。在协作图中，箭头表示消息发送的方向，而消息的执行顺序则由消息的编号来标明。

图 8-29 是打印文件的协作图，图中有 3 个对象："计算机"、"打印服务器"和"打印机"。用户向计算机发出打印文件的消息，当打印机空闲时，计算机向打印服务器发打印消息，打印服务器再向打印机发打印消息。

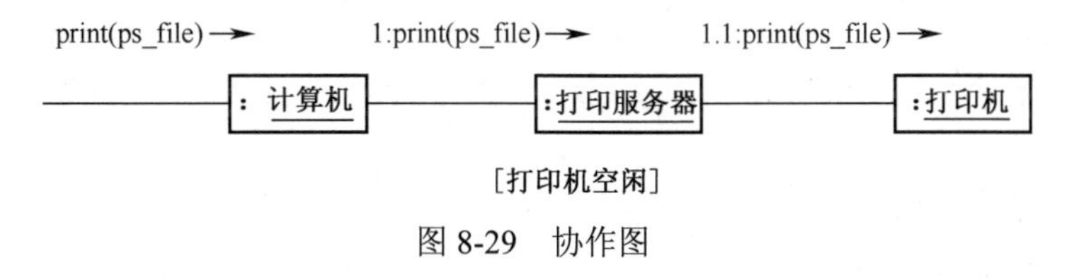

图 8-29　协作图

1. 构成元素

构成协作图的图形元素主要有 3 种：对象、链接和消息。

（1）对象。

协作图中对象的外观与顺序图中的一样。如果一个对象在消息的交互中被创建，则可在对象名称之后标以{new}。如果一个对象在交互期间被删除，则可在对象名称之后标以{destroy}，如图 8-30 所示。

图 8-30　对象的创建和删除

（2）链接。

链接用于表示对象间的各种关系，包括组成关系的链接、聚集关系的链接、限定关系的链接以及导航链接等。各种链接关系与类图中的定义相同。

另外，在链接的两端还可以标明约束，用来对角色进行约束的种类有以下 3 种：

①全局性（Global）：表明该角色是全局的。

②局部性（Local）：表明该角色是一个操作中的局部变量。

③参数性（Parameter）：表明该角色是一个操作中的参数。

（3）消息。

消息用来描述系统动态行为，它是从一个对象向另一个或几个对象发送信息，或者由一个对象调用另一个对象的操作。在协作图的链接线上，可以用带有消息串的消息来描述对象间的交互。利用消息可以完成很多任务，可以顺序执行、添加条件限制发送、创建带有消息的对象实例和执行迭代。

消息由三部分组成，即发送者、接收者和活动。消息用带标签的箭头表示，它附在链上。链连接发送者和接收者，箭头所指方向为接收者。每个消息包括一个顺序号和该消息的名称，其中顺序号标识了消息的相关顺序，消息的名称可以是一个方法，包含名称、参数表和返回值。

消息串定义的格式如下：

消息类型 标号 控制信息：返回值：=消息名 参数表

其中用标号表示消息执行的顺序，它有 3 种形式：

①顺序执行：按整数大小执行，如 1，2，……。

②嵌套执行：标号中带小数点，整数部分表示模块号，小数部分表示该模块中的执行顺序，如 1. 1，1.2，1.3，……。

③并行执行：标号中带小写字母，表示这两个标号的消息是并行执行的，如 1.1.1a，1.1.1b，……。

控制信息包括：

①条件控制信息，如[X>Y]

②重复控制信息，如*[I=1..N]

2. 遵循原则

对系统动态行为建模，当按组织对控制流建模时，一般使用协作图，与顺序图一样，一个单独的协作图只能显示一个控制流。

使用协作图建模时可以遵循如下策略：

（1）确定交互过程的上下文。

（2）确定参与交互过程的活动者与对象。

（3）如果需要，为每个对象设置初始特性。

（4）确定活动者、对象之间的链接。一般先确定关联的链接，因为这是最主要的，它代表了结构的链接。然后需要确定其他链接，用合适的路径构造型进行修饰，这表达了对象间是如何互相联系的。

（5）从引发该交互过程的初始消息开始，将每个消息附到相应的链接上，可以用带小数点的编号来表达嵌套。

（6）细化消息内容。比如需要说明时间或空间的约束，可以用适当的时间或空间约束来修饰每个消息。

3. 顺序图与协作图的比较

从面向对象的角度来看，系统的功能是由一组对象通过相互发送消息来完成的，顺序图和协作图就是通过描述这样的对象和消息来描述系统的动态行为的。协作图和顺序图作为交互图都表示出了对象间的交互作用，两者都直观地规定了发送对象和接收对象的责任，并且都支持所有的消息类型，在耦合性上，两者都可以作为衡量的工具。两者在语义上是等价的，它们之间可以相互转换。多数的 UML 工具支持顺序图与协作图之间的相互转换，而不丢失任何信息。也就是说，只要设计出其中一种图就可以转换成另外一种图。

但是两者在使用和细节上又有所区别，综合起来，两者有以下区别：

（1）顺序图清楚地表示了交互作用中的时间顺序，但没有明确表示对象间的关系；顺序图可以反映对象的生命周期，但是协作图不能；协作图清楚地表示了对象间的关系，但必须从顺序号获得时间顺序。

（2）侧重点不同。顺序图强调消息的时间顺序的交互，图像上是一张表，对象沿 X 轴排列，消息沿 Y 轴按时间顺序排列；协作图强调发送和接收消息的对象之间的组织结构的交互，图形上是定点和弧的结合。

（3）顺序图可以反映对象的创建、激活、销毁等生命周期，协作图没有。

（4）协作图能反映动作路径，消息必须有顺序号，但是顺序图没有。

在实际应用中，如果需要清楚地表示交互作用中的时间顺序，则应该选择顺序图；如果更注重清楚地表示对象间的关系，则应该选择协作图。总之，顺序图常常用于表示方案，而协作图用于过程的详细设计。

8.4.4 状态图

状态图用来描述一个特定对象的所有可能的状态及其引起状态转移的事件。大多数面向对象技术都用状态图表示单个对象在其生命周期中的行为，即所经历的各种状态，状态之间的转移，发生转移的动因、条件，转移中所执行的活动及构成这些活动的动作。

1. 状态

所有对象都具有状态，状态是对象执行了一系列活动的结果。引起对象状态改变的行为称为“事件”，当某个事件发生后，对象的状态将发生变化。状态图用来显示对象对事件的反应以及对象状态的改变。

状态图中定义的状态有：

①初态：状态图的起始点，一个状态图只能有一个初态。

②终态：是状态图的终点，终态则可以有多个。

③中间态：处于初态和终态之间。中间态一般包含三个部分，上部分为状态的名称；中间部分为状态变量，可以是对象的一个属性（或属性组合），也可以是临时变量；下部分为活动列表，列出有关事件和活动。

④复合状态：可以进一步细化的状态称作复合状态，如图 8-31 所示。

活动通常有进入状态的活动、退出状态的活动和处于状态中的活动。

活动部分的语法格式为：

事件名 (参数表[条件]）/活动表达式

其中事件名可以是任何事件，但通常有 3 个标准事件，而且都无参数：

entry 事件：用于指明进入该状态时的特定动作；

exit 事件：用于指明退出该状态时的特定动作；

do 事件：用于指明在该状态中时执行的动作。

参数表指明事件的参数，活动表达式指明相对于该事件对象所采取的动作。

例如，用户登录状态的如图 8-32 所示。

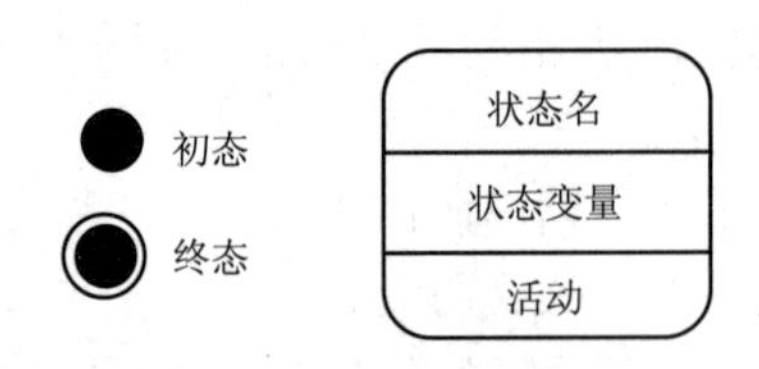

图 8-31　对象的状态

状态名

登录时间 = 当前时间

entry/输入“登录”
do/获得用户名
do/获得口令
help 显示帮助
exit/login（用户名，口令）

图 8-32　登录状态

2. 状态转移

转移是两个状态之间的一种关系，它指明对象在第一个状态中执行一定的动作，并当特定事件发生或特定的条件满足时进入第二个状态。当状态间发生某转移时，称该转移被激活。转移被激活之前对象的状态称为源状态，转移被激活之后对象的状态称为目标状态。

状态转移用一条带箭头的线表示。转移的语法表示如下：

事件名(参数表) [守卫条件]/动作表达式

（1）事件：指引起状态转移的输入事件。当状态中的活动完成后，并且相应的输入事件发生时，转移才会发生。如果转移上未标明事件，则表示在源状态的内部活动执行完毕后自动触发转移。

（2）守卫条件：守卫条件是状态转移的一个布尔表达式。如果将守卫条件和事件说明放在一起，则当事件发生且布尔表达式成立时状态才发生转移。如果状态转移只有守卫条件而无事件说明，则只要守卫条件为真，状态就发生转移。

（3）动作表达式：指状态转移时要执行的动作。

转移通常可以分为外部转移、自转移、内部转移和复合转移4种：

（1）外部转移是最常用的一种转移，用从源状态到目标状态的箭头表示。

（2）自转移是指一个转移不会改变对象的状态，但会导致状态的中断的转移。自转移的源状态与目标状态为同一状态，它打断当前状态下的所有活动，使对象退出当前状态，然后又返回该状态。

自转移在作用时首先将当前状态下正在执行的动作全部中止，然后执行该状态的出口动作，接着执行触发事件的相关动作，再返回到该状态，开始执行该状态的入口动作和其他动作。自转移使用一种弯曲的箭头标记符表示，指向状态本身。

（3）内部转移是指有一个源状态，但是没有目标状态，它转移后的状态仍然是该状态本身。内部转移激活规则和外部转换的激活规则相同，如果一个内部转移带有动作，动作也要被执行，但由于没有发生状态改变，因此不需执行入口动作和出口动作。

虽然都不改变状态本身，但自转移与内部转移存在本质的不同，它们的区别主要在于：自转移使离开本状态后重新进入该状态，它需要执行状态的出口动作和入口动作；而内部转移自始至终都不离开本状态，所以也不需要执行入口动作和出口动作。

（4）复合转移是由判定、并发分叉和并发接合将一些简单转移组合在一起而成的转移。

3. 事件

事件是激发状态迁移的条件或操作，是对一个在时间和空间上占有一定位置的有意义的发生的规约。在状态机的语境中，一个事件是一个激励的发生，它能够触发一个状态转移。

在UML中，有4类事件：

（1）变化事件：当条件为真时该事件才出现，表示状态转移上的守卫条件。

（2）信号事件：收到来自外部对象的信号，表示为状态转移上的事件特征，也称为消息。

（3）调用事件：收到来自外部对象的某个操作中的一个调用，表示为状态迁移上的事件特征，也称为消息。

（4）时间事件：指某个时刻出现的事件。

如图8-33所示，电梯接收到上行/下行的外部对象信号或者超时的时间事件，则电梯的状态改变。

4. 状态图的嵌套

状态图可以有嵌套的子状态图。子状态又可分为两种：“与”子状态和“或”子状态。例如汽车“行驶”状态有两个或关系的子状态：“向前”或“向后”，“低速”或“高速”分别是两对或关系的子状态，虚线上、下又分别构成与关系的子状态，如图8-34所示。

状态图适合于描述跨越多个用例的单个对象的行为，而不适合于描述多个对象之间的协作行为。因此，需要将状态图与其他技术结合起来使用。

在使用状态图进行动态建模时，可以参照以下步骤进行：

（1）识别一个需要继续建模的实体。

（2）对状态建模，即确定对象可能存在的状态。

（3）对事件建模，即确定能引起状态转移的事件。

（4）对动作建模，即确定转移激活时被执行的动作。

（5）对建模结果进行精化和细化。

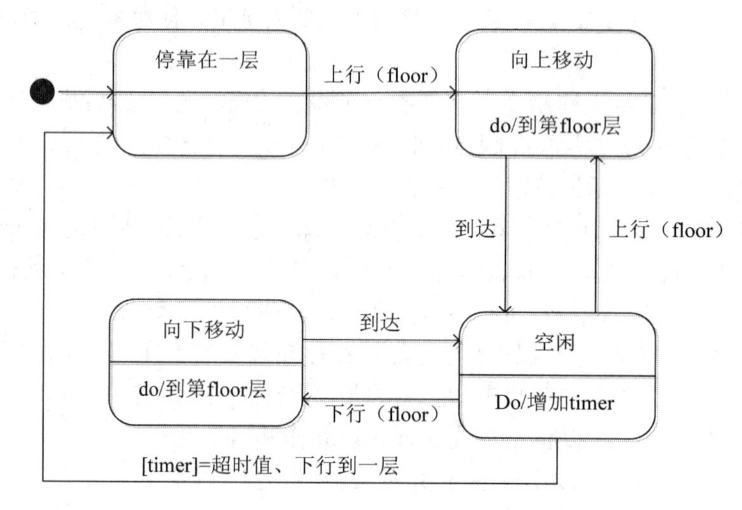

图 8-33　电梯状态图

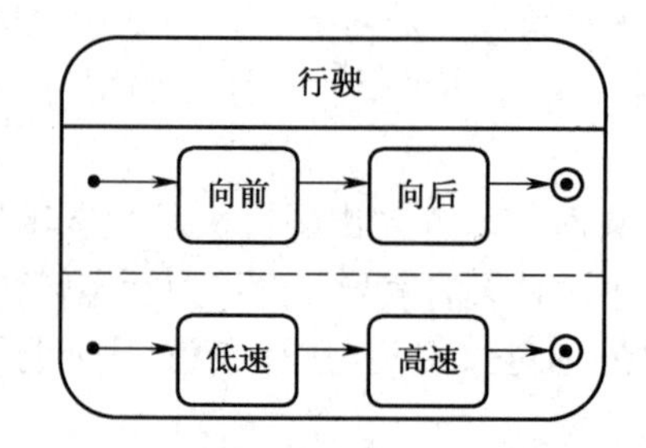

图 8-34　“与”子状态和“或”子状态

8.4.5　活动图

活动图是 UML 用于对系统的动态行为建模的常用图形工具之一，描述面向对象系统中完成一个操作所需的活动，或一个用例实例的活动，显示从活动到活动的控制流。一个活动是一个状态机中进行的非原子的执行单元。活动的执行最终延伸为一些独立动作的执行，每个动作将导致系统状态的改变或消息传送。动作包括单纯的计算、调用另一个操作、发送一个信号、创建或撤消一个对象等。

活动图的作用是对系统的动态行为建模。无论是软件系统还是非软件系统的建模总要描述系统中的各种行为。UML 把活动图、状态图及各种交互图都称为行为图。其中，活动图示把系统的一项行为表示成一个可以由计算机、人或其他参与者执行的活动，通过给出活动中的各个动作及动作之间的转移关系来描述系统的行为。

活动图本质上是一种流程图。活动图和流程图相比有许多相似之处。流程图的各种成分在活动图中都有，但是活动图借鉴了工作流建模、Petri 网等流域的若干概念，使其表达能力比流程图更强，应用范围也更宽。

例如，总成本处理过程的活动图如图 8-35 所示，在成本计算过程中，若成本小于 50，则可赊账，若成本大于或等于 50，则需取得授权。

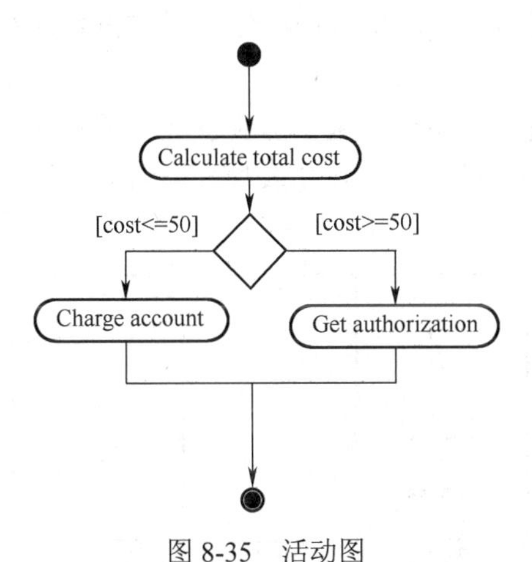

图 8-35　活动图

构成活动图的模型元素有：活动、转移、泳道、对象流、信号等。

（1）活动。

活动是构成活动图的核心元素，是具有内部动作的状态，由事件触发活动的转移。

活动用圆角矩形来表示，矩形内标注活动名。活动图还有其他的图符：初态、终态、判断、同步线，如图 8-36 所示。

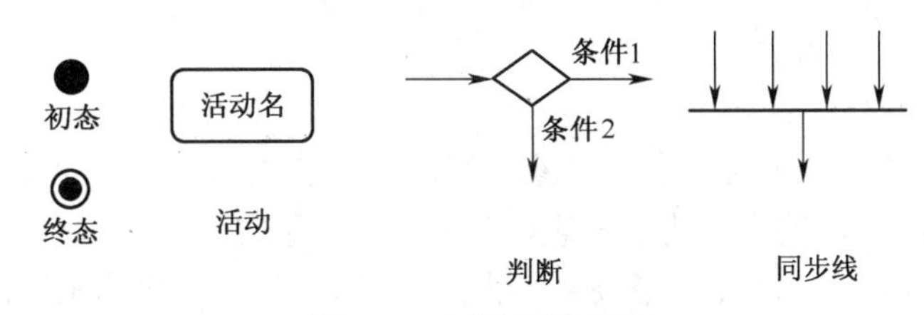

图 8-36　活动图的图符

活动图有一个起点，一个或者多个终点。在活动图中使用一个菱形表示判断，判断是一种特殊的活动，判断标志可以有多个输出转移，但在活动的运作中仅触发其中的一个。同步也是一种特殊的活动，同步线描述了活动之间的同步关系。

（2）转移。

转移描述活动之间的关系，描述由于隐含事件引起的活动迁移，即转移可以连接各活动及特殊活动（初态、终态、判断、同步线）。

转移用带箭头的直线表示，可标注执行该转移的条件，无标注表示顺序执行。

（3）泳道。

泳道将一个活动图中的活动状态进行分组，每一组表示负责该组活动的业务组织。当对业务过程的工作流建模时，泳道非常有用。

可以把活动图分成可见的“泳道”，用垂直线把相邻的泳道分开。每个泳道最终可由一个或多个类实施。在一个被划分为泳道的活动图中，每个活动都明确地属于一个泳道，而转移可以跨越泳道。

图 8-37 是一个带有泳道的活动图，图中描述了客户的购物过程，有客户、售货员和仓库 3 个泳道。在客户泳道中有要求服务、付款和取货 3 个活动；售货员泳道有开发票和交货 2 个活动；仓库泳道有提货活动。

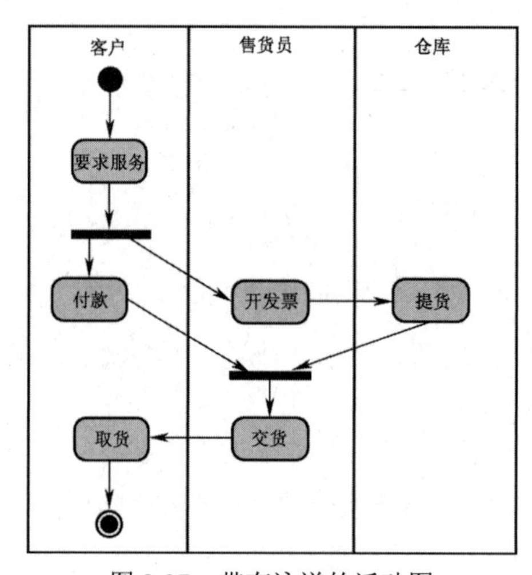

图 8-37　带有泳道的活动图

（4）对象流。

对象可以作为动作的输入或输出，对象用矩形符号来表示。当一个动作向对象输入数据时，用一个从动作指向对象的虚线箭头来表示。当一个对象向一个动作输入数据时，用一个从对象指向动作的虚线箭头来表示；如图 8-38 测量活动所产生的结果输出给对象“测量值”，再由该对象将值传送给显示活动。

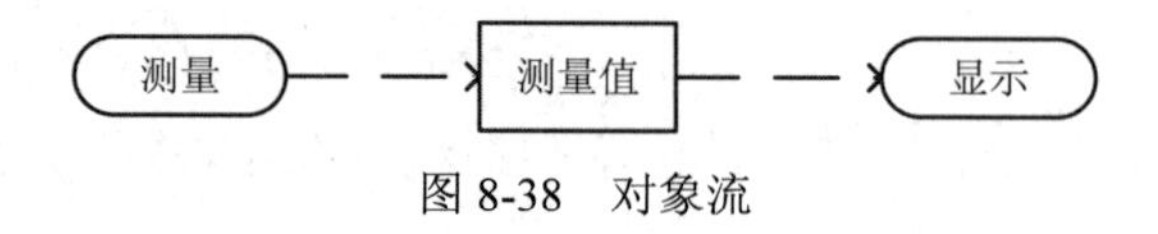

图 8-38　对象流

（5）信号。

在活动图中可以用信号图符表示信号的发送与接收。信号发送与接收可以与对象相连，它们之间用虚线箭头连接，箭头的方向是指信号的传送方向，如图 8-39 所示。

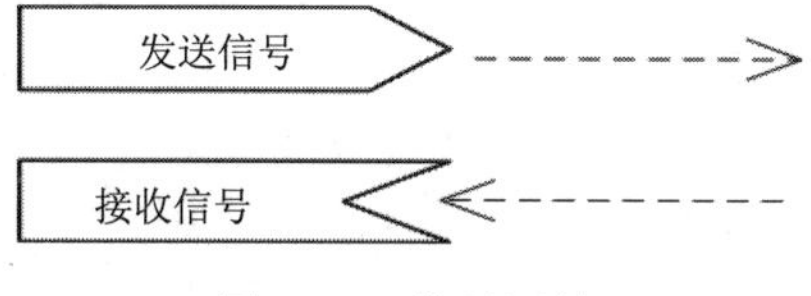

图 8-39　信号图符

图 8-40 描述了一个煮咖啡的过程，开始煮咖啡时将“红灯亮”信号发送到对象“咖啡壶”，当煮咖啡完成后，对象“咖啡壶”接收“红灯灭”信号。

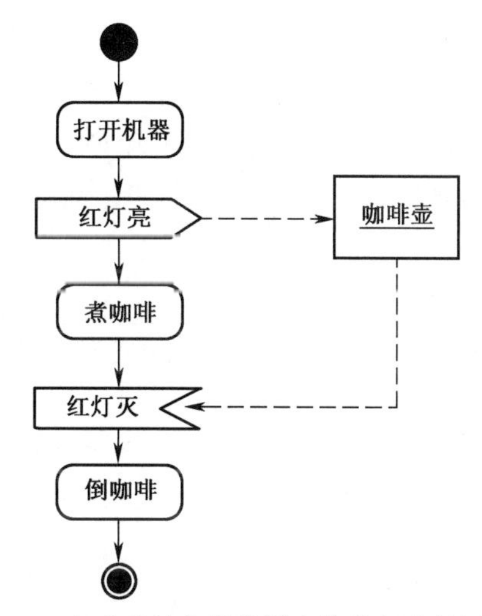

图 8-40　咖啡壶的信号发送和接收标志的活动图

案例：医院电话挂号系统

某公司为某医院开发一个电话挂号系统，需求陈述如下：

当病人打电话挂号时，接线员查阅挂号登记表，如果病人申请的就诊时间与医生的接诊时间不冲突，则直接安排就诊，接线员将输入约定时间和病人的名字。如果申请的就诊时间与医生的接诊时间冲突，接线员建议一个就诊时间以安排病人尽早得到就诊。系统将核实病人的名字并提供记录的病人数据，数据包括病人的病历号等。在每次治疗后，护士将标记相应的挂号就诊已经完成，如果必要的话会安排病人下一次复诊时间。

系统能够按病人姓名和日期进行查询，能够显示记录的病人数据和挂号信息。接线员可以取消挂号，可以打印出前三天已挂号但尚未就诊的病人清单。系统可以从病人记录中获知病人的电话号码。接线员还可以打印出所有医生每天和每周的工作安排。

要求使用 UML 方法对该系统进行分析、设计，建立该系统的用例模型、对象模型、状态图和功能模型。

1. 建立用例图

在这个阶段，通过用例来捕获用户的需求。用例图从用户角度描述系统的功能，它必须包含用户关心的所有关键功能。用户通常就是用例图中的参与者。为了画出系统的用例图，首先应该找出系统的用户，然后根据用户对系统功能的需求确定用例。

从需求陈述可知，接线员负责处理病人挂号事务，为此他需要访问挂号登记表和病人记录，接线员也可以取消挂号。此外，接线员还可以根据挂号登记表打印出关于所有医生的每天和每周的工作安排，医生将按照工作安排接诊病人；在病人就诊后，护士将标记相应的挂号诊治已完成，必要时还将安排病人下次复诊，即护士也可以更新挂号登记表的内容；系统能够按照病人姓名和日期查询预约信息。“查询预约”这个用例的参与者可以是医院的护士和接线员。

根据上述分析，系统中的参与者有接线员、医生和护士；用例有打印工作安排、取消挂号、更新挂号、查询挂号、完成挂号、访问病人记录和访问挂号登记表等。

图 8-41 是医院电话挂号管理系统的用例图。

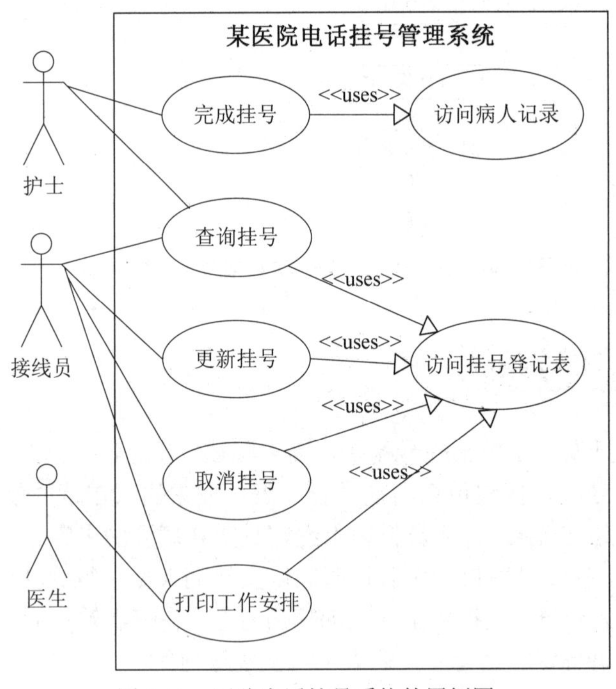

图 8-41　医院电话挂号系统的用例图

2. 建立类图

类是面向对象开发方法的基础，UML 的基本任务就要识别系统所必需的类，并分析类之间的联系，以此为基础，建立系统的其他模型。建立类图的第一步工作是确定系统有哪些类。

从对医院挂号问题的陈述中，可以按名词“识别法”找出下列名词作为类的候选：

医院，接线员，医生，护士，软件系统，挂号，病人，挂号登记表，就诊时间，挂号时间，约定时间，系统，名字，记录的病人数据，病历号，姓名，日期，挂号信息，病人清单，病人记录，电话号码，每天工作安排，每周工作安排。

由于通过名词识别法找到的候选者中有许多并不是问题域中真正有意义的类，因此必须对这些候选者进行严格的筛选，从中删去不正确的或不必要的，只保留确实应该记录其信息或需要其提供服务的那些类。

根据需求陈述，电话挂号管理系统的主要功能是管理病人的挂号情况，并不关心医院内每名工作人员的分工，因此，医生、护士和接待员都不是问题域中的类；“软件系统”和“系统”是同义词，指的是将要开发的软件产品，不是问题域中的类；“就诊时间”、“挂号时间”和“约定时间”在本问题陈述中的含义相同，指的都是挂号时约定的就诊时间，它们包括日期和时间两部分，但是，它们是挂号登记表包含的属性，不能作为问题域中的类。

“名字”和“姓名”是同义词，应该作为病人和挂号登记表的属性；“记录的病人数据”实际上就是“病人记录”，可以统一使用“病人记录”作为类名；“病历号”和“电话号码”是病人记录的属性，不是独立的对象；从需求陈述可知，“病人清单”是已挂号但尚未就诊的病人名单，应该包含病人姓名、约定的就诊时间等内容，它和“挂号信息”包含的内容基本相同，可以只保留“病人清单”作为问题域中的类。

通过以上分析，电话挂号系统中的类有：医院、病人、挂号登记表、病人清单、病人记录、预约、每天工作安排、每周工作安排。

确定了问题域中的类之后，接下来要分析类之间的关系。“每天工作安排”和“每周工作安排”有许多共同点，可以从它们泛化出一个父类“工作安排”。此外，问题域的类之间还有下述关联关系：医院可以接诊多名病人；一位病人有一份病人记录；一位病人可能预约多次也可能一次也没有预约；医院在一段时间内将打印出多份病人清单；医院已经建立了多份挂号登记表；挂号登记表中记录了多位病人的挂号记录；根据挂号登记表在不同时间可以制定出不同的工作安排。

通过上述分析，可以画出医院电话挂号管理系统的类图，如图 8-42 所示。

3．建立状态图

如果需要深入理解类，可以画状态图来详细描述类的状态变化情况。实际工作中，不需要为每个类都画状态图，只对所关心的某些类的行为进行描述即可。电话挂号系统的主要功能是实现病人预约挂号，根据需求陈述可以画出医院电话挂号系统的状态图，如图 8-43 所示。图中把除了完成病人预约之外的事务笼统地称为日常事务。

4．建立功能模型

功能模型表明了系统中有关的数据处理功能以及数据之间的依赖关系，它由一组数据流图组成。从需求陈述可知，当进行电话挂号时病人提供姓名、希望的就诊日期等数据，系统查询挂号登记表，以确定一个有效的就诊日期。此外，系统还将查询病人记录以获得病历号等病人数据。护士在每次就诊后，应该更新挂号登记表，以标记相应的电话挂号已经完成，必要时将约定下次复诊时间。接线员可以根据病人姓名和日期查询预约信息，也可以取消预约。此外，系统可以打印出每天和每周的工作安排给医生。

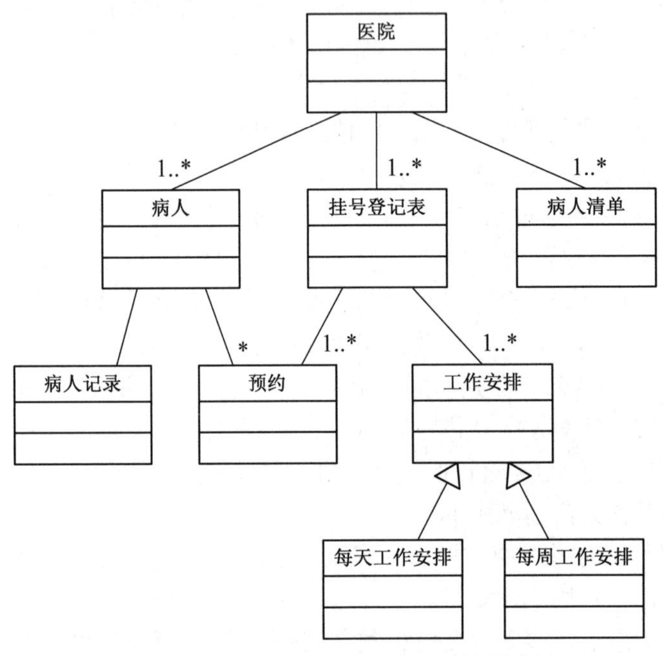

图 8-42　医院电话挂号系统的类图

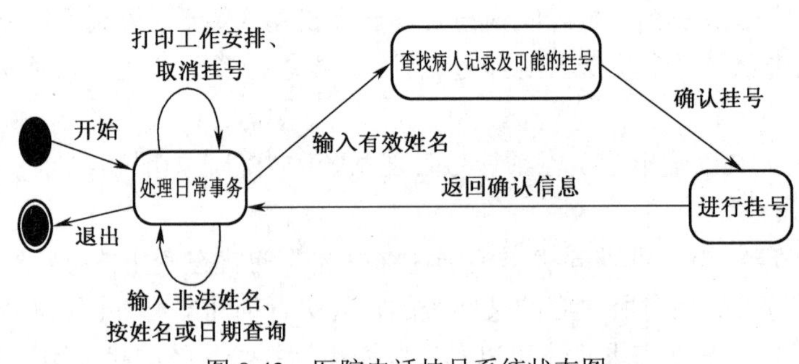

图 8-43　医院电话挂号系统状态图

根据上述的功能分析，可以画出电话挂号系统的数据流图，如图 8-44 所示。

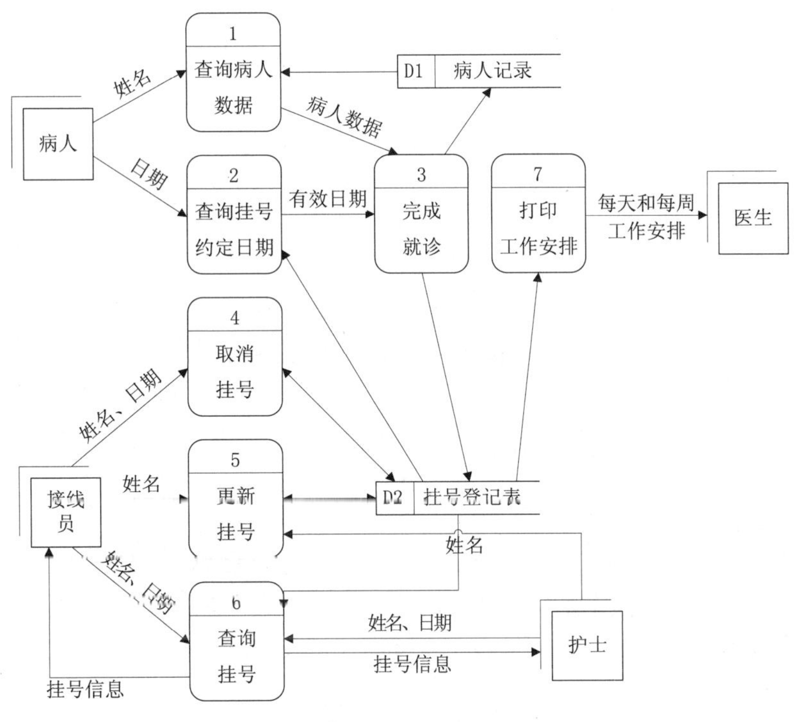

图 8-44　医院电话挂号系统数据流图

实训

实训 1　用例图的绘制

1. 实训目的

用例图主要用于对系统、子系统或类的行为进行建模。用例图描述的是外部参与者所理解的系统功能。用例模型用于需求分析阶段，它的建立是系统开发者和用户反复讨论协商的结果，表明了开发者和用户对需求规格达成的共识。通过本实训，学会绘制用例图。

2. 实训要求

有一自动售货系统，包括售货、供货和取款三项功能，顾客使用售货功能，供货人使用供货功能，收款人使用取款功能，要求绘制用例图，如图 8-45 所示。

3. 实训内容

在 UML 中，一个用例模型由若干个用例图描述，用例图中显示参与者、用例及用例之间的关系。

提示：Visio－软件－UML 模型图－UML 用例。

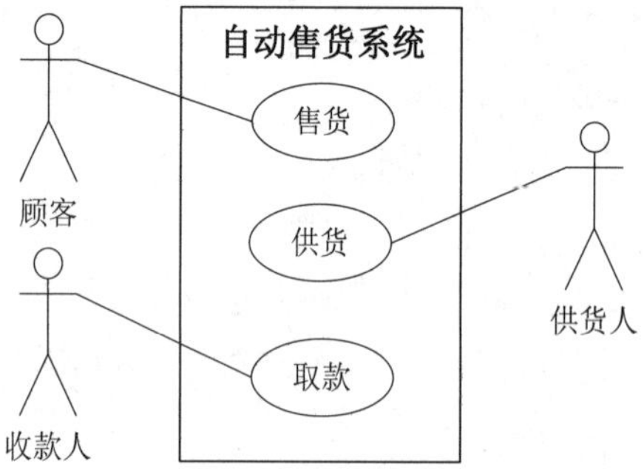

图 8-45　自动售货系统用例图

实训 2　一般特殊关系类图的绘制

1. 实训目的

类图是用类和它们之间的关系描述系统的一种图示，是从静态角度表示系统的一种静态模型。在 UML 中，泛化关系是指类之间的“一般与特殊关系”，它是通用元素与具体元素之间的一种分类关系。通过本实训，学会一般特殊关系类图的绘制。

2. 实训要求

有一教学管理系统，涉及的人员有教师和学生，教师分为专职教师和兼职教师，学生分为本科生和专科生，要求按一般特殊关系（继承关系）绘制类图，如图 8-46 所示。

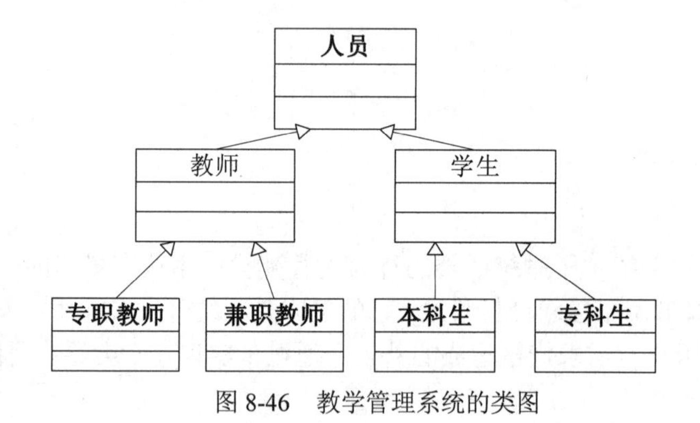

图 8-46　教学管理系统的类图

3. 实训内容

在 UML 中，泛化表示为一头为空心三角形的连线，三角形的尖对着一般类，父类与子类之间可构成类的分层结构。

提示：①Visio－软件－UML 模型图－静态结构；②连接线设置：右击连接线－直线连接线。

实训 3　整体—部分关系类图的绘制

1．实训目的

在需求分析中，“包含”、“组成”、“分为……部分”等经常设计成整体—部分关系。通过本实训，学会整体部分关系的类图绘制。

2．实训要求

一篇论文由 1 个摘要、5 个以上的关键字、1 篇正文和 10 个以上的参考文献组成，要求绘制整体部分关系的类图，如图 8-47 所示。

3．实训内容

在 UML 中，组合表示为实心菱形。在图中组成对象和每个成分对象之间的关联表示为一端有黑色菱形的关联线，菱形放在组成对象一侧。组合关系中可以出现重数、角色（仅用于表示部分的类）和限定词，也可以给组合关系命名。

提示：①Visio－软件－UML 模型图－静态结构；②关联重数设置：双击关联线－删除端名－聚合设置：整体端设复合、部分端设无－多重性设置。

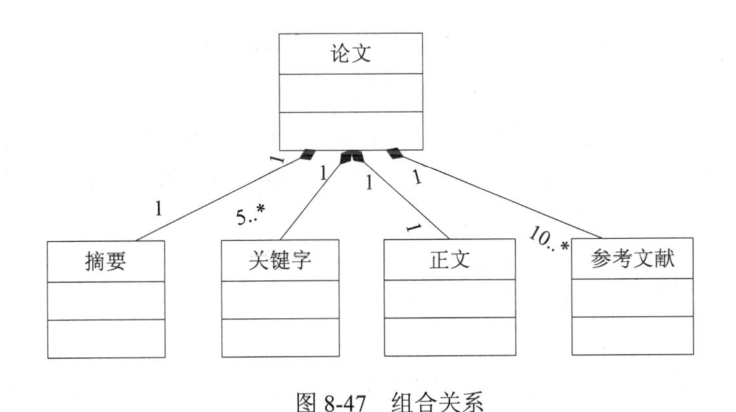

图 8-47　组合关系

实训 4　状态图的绘制

1．实训目的

状态图用来描述一个特定对象的所有可能的状态及其引起状态转移的事件。大多数面向对象技术都用状态图表示单个对象在其生命周期中的行为。通过本实训，学会状态图的绘制。

2．实训要求

医院病人电话挂号，当病人打电话挂号时，接线员查阅挂号登记表，如果病人申请的就诊时间与医生的接诊时间不冲突，则直接安排就诊，接线员将输入约定时间和病人的名字。如果申请的就诊时间与医生的接诊时间冲突，接线员建议一个就诊时间以安排病人尽早得到就诊。

系统将核实病人的名字并提供记录的病人数据，数据包括病人的病历号等。在每次治疗后，护士将标记相应的挂号就诊已经完成，如果必要的话会安排病人下一次复诊时间。

系统能够按病人姓名和按日期进行查询，能够显示记录的病人数据和挂号信息。接线员可以取消挂号，可以打印出前三天已挂号但尚未就诊的病人清单。接线员还可以打印出所有医生每天和每周的工作安排。

根据医院电话挂号工作流程绘制状态图，如图 8-48 所示。

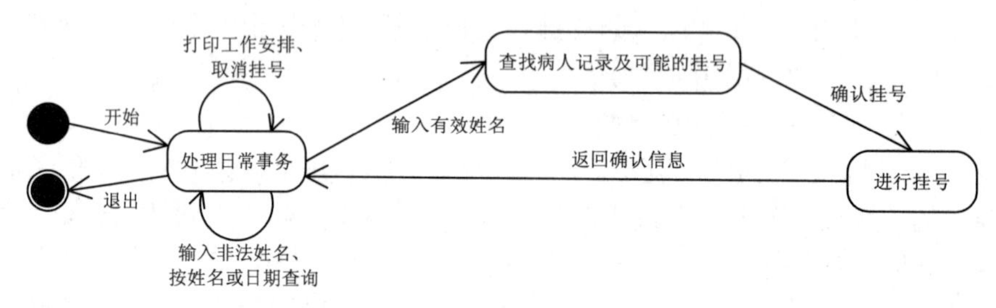

图 8-48　医院电话挂号管理系统状态图

3. 实训内容

状态图中定义的状态有初态、终态、中间态，活动通常有进入状态的活动、退出状态的活动和处于状态中的活动，事件是指引起状态转移的输入事件。

提示：①Visio－软件－UML 模型图－UML 状态图；②转换线的命名：单击工具栏中的字母 A，在转换线旁拖动鼠标，在文本框中输入转换线名；③取消文本插入：单击工具栏指针工具即可。

实训 5　活动图的绘制

1. 实训目的

活动图的应用非常广泛，它既可用来描述操作（类的方法）的行为，也可以描述用例和对象内部的工作过程，并可用于表示并行过程。通过本实训，学会绘制活动图。

2. 实训要求

绘制图书管理系统中带泳道的还书登记活动图，如图 8-49 所示。

3. 实训内容

构成活动图的模型元素有：活动、转移、对象、信号、泳道等。活动图有一个起点，一个或者多个终点。在活动图中使用一个菱形表示判断。泳道将一个活动图中的活动状态进行分组，每一组表示负责该组活动的业务组织。

提示：①Visio－软件－UML 模型图－UML 活动；②添加连接线：单击工具栏中的连接线工具。③取消连接线工具：单击工具栏指针工具 即可。

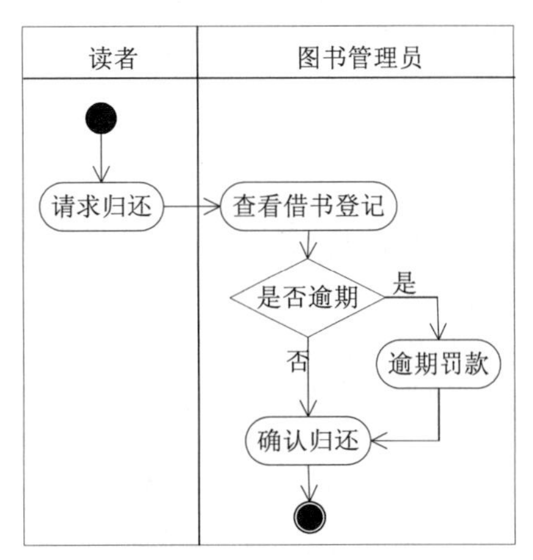

图 8-49 还书登记活动图

习题八

一、选择题

1．UML 图不包括（　　）。
A．用例图　　B．类图　　C．状态图　　D．流程图

2．下面哪个视图属于 UML 语言的交互图（　　）。
A．行为图　　B．状态图　　C．实现图　　D．顺序图

3．类之间的关系不包括（　　）。
A．依赖关系　　B．泛化关系　　C．实现关系　　D．分解关系

4．在 UML 中，协作图的组成不包括（　　）。
A．对象　　B．消息　　C．发送者　　D．链接

5．强调对象间关系是 UML 哪个视图中的概念（　　）。
A．类图　　B．状态图　　C．协作图　　D．组件图

6．构件图的组成不包括（　　）
A．接口　　B．构件　　C．发送者　　D．依赖关系

7．下面哪个 UML 视图是描述一个对象的生命周期的（　　）。
A．类图　　B．状态图　　C．协作图　　D．顺序

8．在类图中，哪种关系连接模型元素及连接实例（　　）。
A．关联　　B．实现　　C．依赖　　D．泛化

9．下面哪个不是 UML 中的静态视图（　　）。
A．类图　　B．包图　　C．状态图　　D．对象图

10．顺序图由类角色，生命线，激活期和（　　）组成。

A．关系　　B．消息　　C．用例　　D．实体

二、填空题

1．UML 的静态建模机制包括用例图、类图、对象图、包图、构件图和配置图等。其中，________主要用来描述系统的外部行为；________和________主要用来定义和描述类和对象以及它们的属性和操作；________则主要用来管理那些具有紧密关联的 UML 模型元素。

2．依赖关系可以再细分为 5 种类型，分别是绑定依赖、实现依赖、________、________和________。

3．顺序图是一个二维坐标图形，顶部横向列出参加交互的对象，________是对象的生命线，用于表示在某段时间内对象是存在的。生命线上的________称作激活，表示该对象正在执行某个操作。

4．动态模型显示对象之间的交互过程以及________，同时描述了为满足用例要求所进行的活动以及活动间的________。

5．协作图也称为________，用于描述相互合作的对象间的交互关系和链接关系。在协作图中，________表示消息发送的方向，而消息的执行顺序则由________来标明。

6．实现的符号和继承的符号有相似之处，两者的唯一差别是实现关系用________表示，继承关系用________表示。

7．状态图和类图、顺序图不同之处在于，后两种图能够对________建立模型，而状态图只是对________建立模型。

8．在实际应用中，如果需要清楚地表示交互作用中的时间顺序，则应该选择________；如果更注重清楚地表示对象间的关系，则应该选择________。

9．UML 动态模型包括状态图、顺序图、________和________。

三、简答题

1．简述统一建模语言（UML）。

2．UML 定义的四种消息类型是什么？

3．什么是用例图？用例图有什么作用？

4．使用顺序图对系统进行交互图建模的策略是什么？

5．顺序图和协作图的区别是什么？

9
统一软件开发过程 RUP

Rational 统一过程是软件工程的过程。它提供了在开发组织中分派任务和责任的纪律化方法。它的目标是在可预见的日程和预算前提下，确保满足最终用户需求的高质量产品。Rational 统一过程以适合于大范围项目和机构的方式捕捉了许多现代软件开发过程的最佳实践。部署这些最佳实践经验即使用 Rational 统一过程作为指南给开发团队提供了大量的关键优势。

本章主要介绍 RUP 的二维开发模型、RUP 开发阶段及里程碑、RUP 的四个要素、RUP 的核心工作流等内容。

9.1 RUP 概述

9.1.1 RUP 的意义

统一软件开发过程（The Unified Software Development Process，RUP）是 Rational 软件公司创建的软件工程过程和方法。

RUP 的目标是能够在预定的进度和预算中，提供高质量的、满足最终用户需求的软件。RUP 为广泛的项目和组织以可剪裁的形式捕获一些最流行的软件开发实践。在管理方面，RUP 提供了一套关于在软件开发组织中如何分配任务和职责的科学管理方法，同时允许团队根据项目需求的变化进行调整。

RUP 强调采用迭代和增量的方式来开发软件，整个项目开发过程由多次迭代过程组成。在每次迭代中只考虑系统的一部分需求，针对这部分需求进行分析、设计、实现、测试和部署等工作，每次迭代都是在系统已完成部分的基础上进行的，每次给系统增加一些新的功能，如此循环往复地进行下去，直至完成最终项目。

9.1.2 RUP的特点

RUP 统一过程，提供了在开发机构中分派任务和责任的纪律化方法。它的目标是在可预见的日程和预算前提下，确保满足最终用户需求的高质量产品。

RUP 是 Rational 公司开发和维护的过程产品，他们与顾客、合伙人、产品小组及顾问公司共同协作，确保开发过程持续地更新和提高以反映新的经验和不断演化的实践经历。

统一过程是一个软件开发过程，是一个将用户需求转化为软件系统所需要的活动的集合。它不仅仅是一个简单的过程，而是一个通用的过程框架，可用于各种不同的软件系统、应用领域、组织、功能级别和项目规模。

统一过程是基于构件的，使用统一建模语言来制定软件系统的所有视图。

RUP 的特点可以概括为：它是用例驱动，以构架为中心，迭代和增量的软件开发过程框架，它提供一种演进的特性。

1. RUP 是一个迭代的和增量的开发过程

开发一个商业软件产品是一项可能持续几个月、一年甚至更长时间的工作。因此，将此种工作分解成若干更小的部分或若干小项目是切合实际的。

每个小项目是指能导致一个增量的一次迭代。迭代指的是工作流中的步骤，而增量指的是产品的成长。为了更加高效，迭代必须受到控制。也就是说，必须对它们进行选择并有计划地实现它们。这就是为什么它们是小项目的原因。

开发人员根据两个因素来选择在一次迭代中要实现什么。首先，迭代与一组用例相关，这些用例共同扩展了到目前为止所开发的产品的可用性。其次，迭代涉及最为重要的风险。后续迭代是建立在先前的迭代完成后的开发成果之上的。它是一个小项目，因此，从用例开始，它还是必须经过下列开发工作：分析、设计、实现和测试，这样，就以可执行代码的形式在迭代中实现了用例。当然，一项增量并不一定就是添加性的。特别是在生命期的早期阶段，开发人员可能会用一个更为详尽或者复杂的设计来取代那种较为简单的设计。在后期，增量通常都是添加性的。

在每次迭代中，开发人员标识并详细定义相关用例，利用已选定的基本架构作为指导来建立一个设计，以组件形式来实现该设计，并验证这些组件满足的用例。如果一次迭代达到了它的目标（通常如此），那么开发过程就进入下一次迭代的开发了。当一次迭代没有满足它的目标时，开发人员必须重新审查先前的决定，试行一个新方法。

为了在开发过程中实现经济效益最大化，项目组应设法选择为达到项目目标所需要的迭代过程。它应当以逻辑顺序排列相关迭代。一个成功的项目所经历的过程通常都会与开发人员当初所计划的有细微的偏差。

当然，考虑到出现不可预见的问题需要额外的迭代或者改变迭代的顺序的影响，开发过程可能需要更多的时间和精力。使不可预见的问题减小到最低限度，也是风险控制的一个目标之一。

2. RUP 活动强调模型（Model）的创建和维护

模型（尤其是那些用 UML 说明的模型）为开发中的软件系统提供了语义丰富的表示。它们可以用多种方法查阅，并且其所表达的信息能够及时地被计算机捕获和控制。在 RUP 着重于模型胜于纸上文档的背后，基本原理是最小化产生和维护文档所需的费用而最大化有关的信息内容。

3. RUP 的开发是以构架为中心的（Architecture-Centric）

软件架构的作用在本质上与基本架构在建筑物结构中所起的作用是一样的。我们从不同的角度来观察建筑物：结构、服务、供热装置、水管装置和电力等。这样，在开始建设之前，建设人员就可以对建筑物有一个完整的把握。同样地，软件系统的基本架构也被描述成要创建的系统的各种不同视图。

软件基本架构这个概念体现了系统最为静态和动态的方面。基本架构根据企业的需求来设计，而这种需求则是由用户和其他利益关联人所感知的，并反映在用例之中。然而，它还受其他许多因素的影响：软件运行的平台（例如计算机基本结构、操作系统、数据库管理系统和网络通信协议等）、可得到的可再用构件（比如图形用户界面框架）、配置方面的考虑、已有系统和非功能性需求（比如性能和可靠性）等。

基本架构是一个关于整体设计的视图，在这个视图中，省略了一些细节，以使软件更为重要的特征体现得更为明显。由于什么东西是重要的部分取决于主观判断，而这种判断又来自于经验，因此，基本架构的价值取决于被指派完成该任务的人的素质。然而，过程有助于架构设计师集中精力于正确的目标，比如可理解性、顺应未来变化的灵活性和可重用性。

用例和基本架构间如何相关呢？每个产品都是功能和形式的有机统一。仅仅只有其中之一，都是不完整的。只有平衡把握这两个方面才能得到一个成功的产品。在这种情况下，功能应与用例相对应，而形式应当与基本架构相对应。用例和基本架构之间必定是相互影响的，这是一个“鸡和蛋”的问题。

一方面，实现的用例必须与基本架构相适应。而另一方面，基本架构必须留有实现现在和未来需要的所有用例的空间。在实践中，基本架构和用例必须平行进化。

因此，架构设计师通过某种表现形式刻画一个系统。这个形式即基本架构必须被设计成让系统不仅在初始开发期间，而且在未来的版本进化过程中能不断发展。要找到这样的一个形式，架构设计师必须对系统的关键功能也就是系统的关键用例有一个总体把握。这些关键用例只占用例总数的 5%～10%，但是它们却是最重要的，因为它们将构成整个系统的核心功能。

构架的基本步骤为：

（1）架构设计师首先从不与特定的用例相关的部分（比如平台）着手来创建基本架构的大致轮廓。尽管基本架构的这部分是用例无关的，但是，在建立基本架构的轮廓之前，架构设计师必须对用例有一个总体把握。

（2）设计人员应当从已经确认的用例子集着手开始工作，这些用例是指那些代表待开发系统的关键功能的用例。每个选定的用例都应当被详细描述，并在子系统、类和组件层次上实现。

（3）随着用例已经被定义并且逐渐成熟，基本架构就越来越成形了。而这种状况，反过来又导致更多用例的成熟。

（4）这个过程会不断持续下去，直至基本架构被认定为稳定了为止。

4. RUP 的开发活动是用例驱动（Use Case Driven）过程

用例是能够向用户（不仅是本系统，也可以是其他系统）提供有价值结果的系统中的一种功能。用例获取的是功能需求。所有的用例合在一起构成用例模型，它描述了系统的全部功能。用例捕捉的是功能性需求。

“系统应该为每个用例做什么？”这促使我们要从系统用户的价值方面来考虑问题，而不仅仅限于提供强大的功能。然而用例不只是一种确定系统需求的工具，它还能驱动系统设计、实现和测试的进行，即用例驱动开发过程。图 9-1 显示了 RUP 的用例驱动过程。

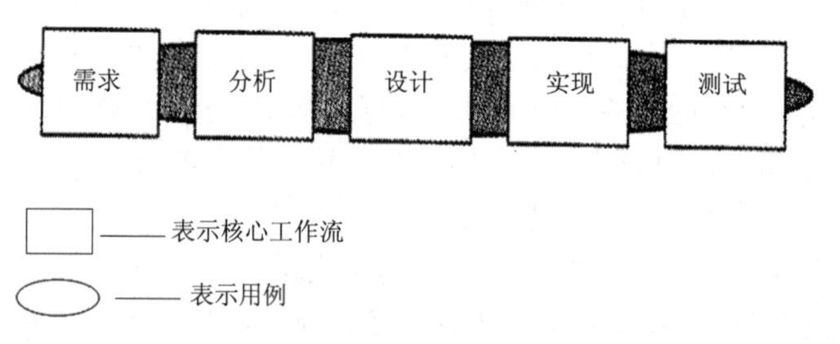

图 9-1　RUP 的用例驱动过程

基于用例模型，软件开发人员创建一系列的设计和实现模型来实现各种用例。开发人员审查每个后续模型，确保它们符合用例模型。测试人员将测试软件系统的实现，以确保实现模型中的组件正确实现了用例。这样，用例不仅启动开发过程，而且与开发过程结合在一起。

“用例驱动”意指开发过程将遵循一个流程：它将按照一系列由用例驱动的工作流程来进行。首先是定义用例，然后是设计用例，最后，用例是测试人员构建测试案例的来源。

尽管确实是用例在驱动整个开发过程，但是我们并不能孤立地选择用例。它们必须与系统架构协同开发。也就是说，用例驱动系统架构而系统架构反过来又影响用例的选择。因此，随着生命期的继续，系统架构和用例都逐渐成熟。

5. RUP 支持面向对象技术（Object-Oriented Technique）

RUP 模型支持对象、类以及它们之间的关系这些概念，并使用 UML 作为其公共的表示法。

6. RUP 是一个可配置（Configurable）的过程

没有一个开发过程能适合所有的软件开发。RUP 既适用小的开发团队也适合大型开发机构。RUP 建立简洁和清晰的过程结构为开发过程家族提供通用性。并且它可以变更以容纳不同的情况。它还包含了开发工具包，为配置适应特定组织机构的开发过程提供了支持。

7. RUP 是一个不断的质量控制（Quality Control）和风险管理（Risk Management）过程

用例驱动的、以基本架构中心的、迭代式和增量性的开发是同等重要的。基本架构提供了指导迭代中的工作的结构，而用例则确定了开发目标并推动每次迭代工作。缺乏这三个概念中的任何一个，都将严重降低“统一过程”的价值。这就好像一个三脚凳一样，一旦缺了任何一条腿，凳子都会翻倒。

9.2 RUP 的二维开发模型

传统的瀑布软件开发周期模型是一个一维模型，开发过程被划分为多个连续的阶段。

RUP 软件开发生命周期是一个二维软件开发模型。横轴通过时间组织，是过程展开的生命周期特征，体现开发过程的动态结构，用来描述它的术语主要包括周期（Cycle）、阶段（Phase）、迭代（Iteration）和里程碑（Milestone）。纵轴以内容来组织，为自然的逻辑活动，体现开发过程的静态结构，用来描述它的术语主要包括活动（Activity）、产物（Artifact）、工作者（Worker）和工作流（Workflow）。

产品每个生命期都产生系统的一个新版本，而每个版本即是一个能立即推向市场的产品。它包括体现在组件中的可被编译和执行的源代码，还有说明手册及其他可交付的相关产品。然而，最终产品也必须符合相关需要，此种需要并不仅仅是指用户的需要，而且指所有利益关联人的需要，也就是指那些将利用该产品来进行工作的所有人。软件产品应当不仅仅只是可执行的机器代码。

最终产品包括需求、用例、功能性需求和测试案例。它包括基本架构和可视模型（统一建模语言建模的产物）。事实上，它包括我们正在这里讨论的所有元素，因为它正是所有利益关联人（包括客户、用户、分析人员、设计人员、实现人员、测试人员和管理人员）要详细定义、设计、实现、测试和使用一个系统所需要的东西。

即使在用户看来，可执行组件是最重要的产物，但是，仅仅有这些产物是不够的。这是因为环境会不断发生变化。操作系统、数据库系统和作为系统基础的机器在不断发展。随着任务被更好地理解，需求本身也会发生变化。事实上，需求不断发生变化是软件开发领域里的诸常量之一。这样，开发人员就必须开始一个新的开发生命期，管理人员则必须为之提供资金。为了有效地实施下一个生命期，开发人员需要该软件产品的所有表现形式。

每个生命期都持续一段时间。这段时间反过来又可以分成四个阶段，如图 9-2 所示。通过一系列的模型，利益相关人可以直观地看到这些阶段的进展状况。在每个阶段中，经理人员或开发人员还可能进一步对工作进行细分：分成多次迭代并确保增量。每个阶段都结束于一个里程碑。我们以一组获得的成果来定义每个里程碑，亦即特定的模型或者文档已经达到了预定的状态。

里程碑用于许多目的。最重要的是，在工作进入下一个阶段之前，管理人员必须做出某些关键决策。

里程碑还能帮助管理人员以及开发人员在开发工作经过这四个关键点时监控工作进度。最后，通过对每个阶段上花费的时间和精力进行追踪，我们还能获得一组数据。这些数据在评估其他项目需要多少时间和人员、计划项目期间内需要的项目人员和根据这个计划来控制工作进度上是非常有用的。

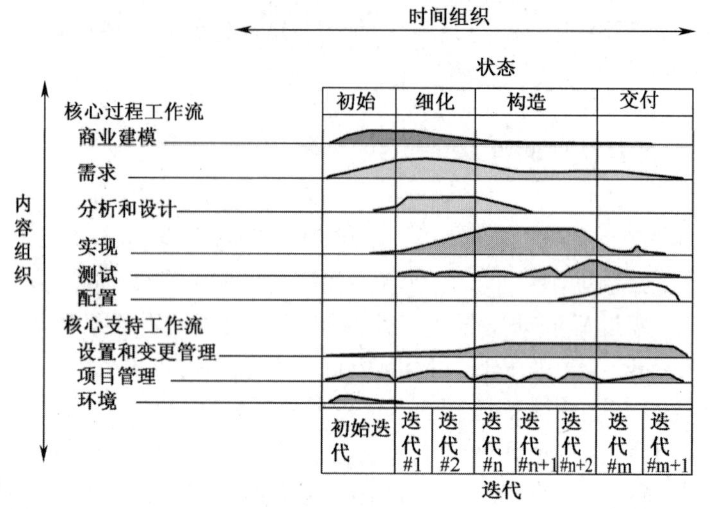

图 9-2　RUP 的二维开发模型

图 9-2 左边一栏列出了工作流程——需求、分析、设计、实现和测试。曲线大致（不能认为此种曲线就完全代表了实际情况）表示了每个阶段中工作流程被执行的内容。注意，每个阶段通常都被分解为迭代或称小项目。如图 9-2 中的确立阶段所示，一次典型的迭代要经历全部五个工作流程。

9.3　RUP 开发阶段及里程碑

RUP 中的软件生命周期在时间上被分解为四个顺序阶段，分别是：初始阶段（Inception）、细化阶段（Elaboration）、构造阶段（Construction）和交付阶段（Transition）。每个阶段结束于一个主要的里程碑（Major Milestones）；每个阶段本质上是两个里程碑之间的时间跨度。在每个阶段的结尾执行一次评估以确定这个阶段的目标是否实现。如果评估结果令人满意，则允许项目进入下一个阶段，如图 9-3 所示为 RUP 开发的四个阶段及其里程碑。

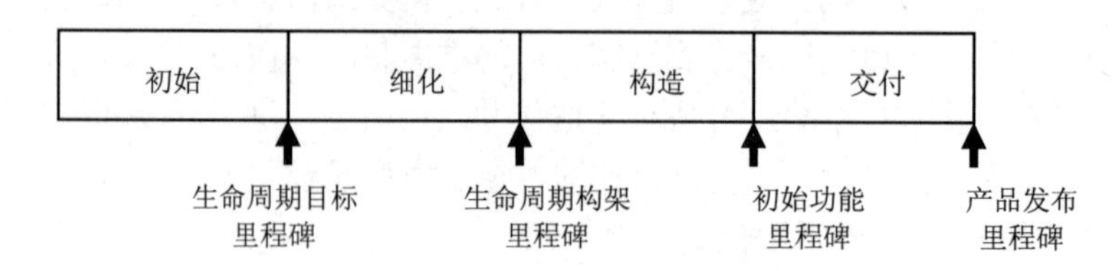

图 9-3　RUP 开发阶段及里程碑

在 RUP 过程中，各阶段的任务是：初始阶段启动项目，细化阶段构造构架基线，构造阶段形成初步可运行能力，移交阶段完成产品发布。

9.3.1　初始阶段

初始阶段的目标是为系统建立商业案例并确定项目的边界。为了达到该目标，必须识别所有与系统交互的外部实体，在较高层次上定义交互的特征。本阶段具有非常重要的意义，这个阶段所关注的是整个项目进行中的业务和需求方面的主要风险。对于建立在原有系统基础上的开发项目来讲，初始阶段可能很短。

本阶段的主要目标如下：

（1）明确软件系统的范围和边界条件。包括从功能角度的前景分析、产品验收标准和哪些做与哪些不做的相关决定。

（2）明确区分系统的关键用例和主要的功能场景。

（3）展现或者演示至少一种符合主要场景要求的候选软件体系结构。

（4）对整个项目的成本和日程做出初步估计（详细的估计将在随后的细化阶段中做出）。

（5）估计潜在的风险（主要指各种不确定因素造成的潜在风险）。

（6）准备好项目的支持环境。

初始阶段的产出是：

（1）蓝图文档：核心项目需求、关键特色、主要约束的总体蓝图。

（2）原始用例模型（完成 10%～20%）。

（3）原始项目术语表（可能部分表达为业务模型）。

（4）原始业务案例，包括业务的语景、验收规范，成本预计。

（5）原始的风险评估。

（6）一个或多个原型。

初始阶段结束时是第一个重要的里程碑：生命周期目标（Lifecycle Objective）里程碑。该里程碑用于评价项目基本的生存能力。

初始阶段的审核标准：

（1）风险承担者就范围定义、成本-日程估计达成共识。

（2）以客观的主要用例证实对需求的理解。

（3）成本－同程、优先级、风险和开发过程的可信度。

（4）被开发体系结构原型的深度和广度。

（5）实际开支与计划开支的比较。

（6）如果无法通过这些里程碑则项目可能被取消或需要仔细地重新考虑。

9.3.2　细化阶段

细化阶段的目标是分析问题领域，建立健全体系结构基础，编制项目计划，淘汰项目中最高风险元素。

为了达到该目标，必须在理解整个系统的基础上，对体系结构做出决策，包括其范围、主要功能和非功能（性能）需求。同时为项目建立支持环境，包括创建开发案例，创建模板、准则并准备工具。

本阶段的主要目标如下：

（1）确保软件结构、需求、计划足够稳定；确保项目风险已经降低到能够预计完成整个项目的成本和日程的程度。

（2）针对软件结构上的主要风险已经解决或处理完成。

（3）通过完成软件结构上的主要场景建立软件体系结构的基线。

（4）建立一个包含高质量组件的可演化的产品原型。

（5）说明基线化的软件体系结构可以保障系统需求控制在合理的成本和时间范围内。

（6）建立好产品的支持环境。

细化阶段的产出是：

（1）用例模型（完成至少 80%）：所有用例均被识别，大多数用例描述被开发。

（2）补充捕获非功能性需求。

（3）软件体系结构描述。

（4）可执行的软件原型。

（5）经修订过的风险清单和业务案例。

（6）总体项目的开发计划，包括纹理较粗糙的项目计划，显示迭代过程和对应的审核标准。

（7）指明被使用过程更新过的开发用例。

（8）用户手册的初始版本（可选）。

细化阶段结束是第二个重要的里程碑：生命周期构架（Lifecycle Architecture）里程碑。此时，应检验详细的系统目标和范围、结构的选择以及主要风险的解决方案。

细化阶段的审核标准包括：

（1）产品的蓝图是否稳定。

（2）体系结构是否稳定。

（3）可执行的演示版是否显示风险要素已被处理和可靠地解决。

（4）构造阶段的计划是否足够详细和精确，是否被可靠的审核基础支持。

（5）如果当前计划在现有的体系结构环境中被执行而开发出完整系统，是否所有的风险承担人认同该蓝图是可实现的。

（6）实际的费用开支与计划开支是否可以接受。

（7）如果无法通过这些里程碑，则项目可能被取消或需仔细地重新考虑。

9.3.3 构造阶段

在构造阶段，所有剩余的构件和应用程序功能被开发并集成为产品，所有的功能被详细测试。从某种意义上说，构造阶段是一个制造过程，其重点放在管理资源及控制运作以优化成本、进度和质量。

本阶段的主要目标如下：

（1）通过优化资源和避免不必要的返工达到开发成本的最小化。

（2）根据实际需要达到适当的质量目标。

（3）根据实际需要形成各个版本（Alpha,Beta,and other test release）。

（4）对所有必须的功能完成分析、设计、开发和测试工作。

（5）采用循环渐进的方式开发出一个可以提交给最终用户的完整产品。

（6）确定软件、站点、用户都为产品的最终部署做好了相关的准备工作。

（7）达成一定程度上的并行开发机制。

构造阶段的产出是可以交付给最终用户的产品，它最少包括：

（1）特定平台上的集成产品。

（2）当前版本的描述。

（3）用户手册。

构造阶段结束是第三个重要的项目里程碑：初始功能（Initial Operational）里程碑。此时，决定软件、环境、用户是否可以运作而不会将项目暴露在高度风险下。该版本也常被称为“beta”版。

构造阶段主要的审核标准包括：

（1）产品是否足够稳定和成熟以发布给用户？

（2）是否所有的风险承担人准备好向用户移交产品？

（3）实际费用与计划费用的比较是否仍可被接受？

如果无法通过这些里程碑，则移交不得不被延迟。

9.3.4　交付阶段

交付阶段的重点是确保软件对最终用户是可用的。交付阶段可以跨越几次迭代，包括为发布做准备的产品测试，基于用户反馈的少量调整。在生命周期的这一点上，所有主要的结构性问题已经在项目生命周期的早期阶段达到了解决，用户反馈主要集中在产品调整、设置、安装和可用性等问题。

本阶段的基本目标是：

（1）要满足初始阶段所确立的需求，让项目相关人员满意。

（2）处理在用户环境中运转时遇到的所有问题，包括纠正 beta 用户或验收测试人员所反馈的缺陷。

在交付阶段的终点是第四个重要的项目里程碑：产品发布（Product Release）里程碑。此时，决定是否目标已达到，是否应该开始下一个开发周期。在许多情况下，产品发布里程碑会与下一个周期的初始阶段相重叠。

交付阶段的评价准则：

（1）beta 用户是否使用了所有的关键功能？

（2）产品是否通过了由客户进行的验收测试？

（3）用户资料是否达到可验收质量？

（4）客户和用户是否对产品表示满意？

（5）是否已准备好所需要的课程培训资料？

项目可交付的内容：

（1）可执行软件。

（2）合同、许可证、弃权声明和保证书等法律文档。

（3）完成的和改正过的产品发布基线，包括系统的所有模型。

（4）完成的和更改过的构架描述。

（5）最终用户、操作员和系统管理人员使用手册和培训材料。

（6）客户支持链接和 Web 链接。

典型项目 RUP 各阶段消耗的时间和资源可用图 9-4 表示。

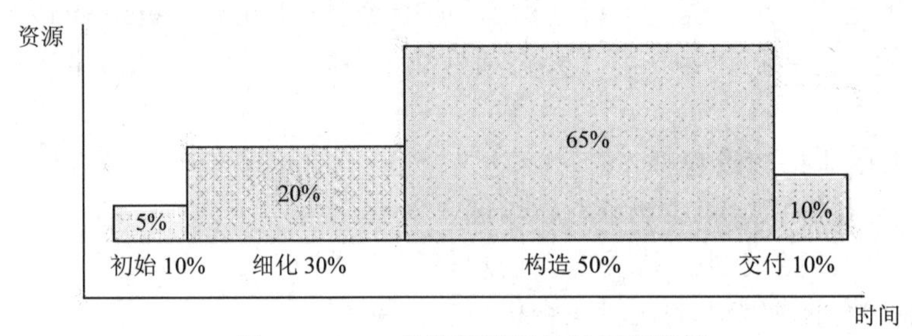

图 9-4　RUP 各阶段消耗的时间和资源

由图 9-4 可以看出，在构造阶段需要的时间和资源是最大的，其次是细化和交付阶段，最后才是初始阶段。

9.4　RUP 的四个要素

软件项目的最终结果是产品，产品在其开发期间是由许多不同类型的人员建造的。指导参与项目人员工作的是软件开发过程，它是一种模板，阐明了完成项目所需的各个步骤。过程一般可以通过一种或一组自动化或半自动化的工具完成。

软件开发的四个要素是：人员、项目、产品和过程。它们之间的关系如图 9-5 所示。

人员（People）：包括构架设计师、开发人员、测试人员和相应的管理人员，此外还有用户、客户和其他项目相关人员都是软件项目的主要推动者。如图 9-6 所示为参加软件的开发人员构成。

项目（Project）：管理软件开发的组织元素。项目的成果是可以发布的产品。

产品（Product）：在项目的生命周期内创建的制品，如模型、源代码、可执行代码和文档。

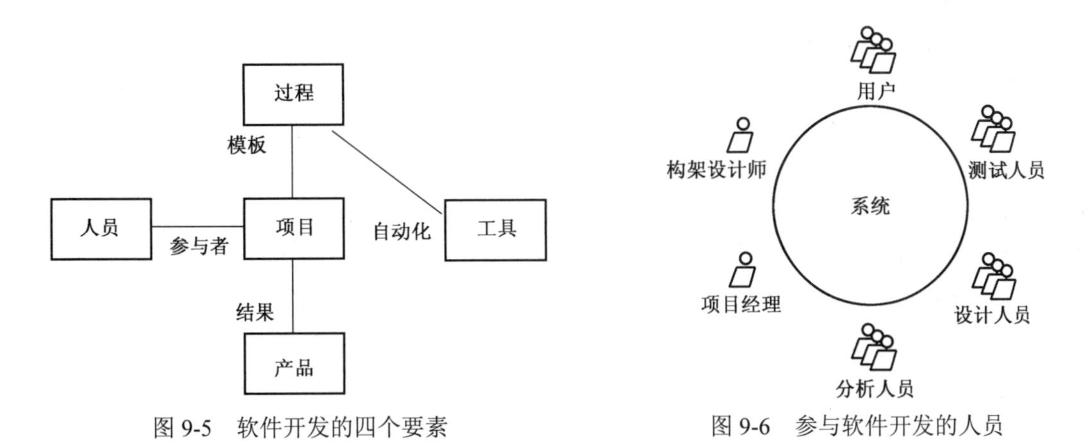

图 9-5　软件开发的四个要素　　图 9-6　参与软件开发的人员

过程（Process）：软件工程过程是指将用户需求转化为产品所需要的完整活动集合的定义。

此外，软件开发过程还使用工具（Tool），它是用于使过程中定义的活动自动化的软件。

9.4.1　人员至关重要

人员将参与软件产品的开发，并贯穿其整个生命周期，他们或许对产品提供资金，或进行规划、开发、管理、测试、使用，或从中受益。因此，指导产品开发的过程必须是面向人员的，也就是说，要便于人们运用。

开发过程影响人员。组织和管理软件项目的方式会极大地影响参与项目的人员。诸如项目可行性、风险管理、开发组结构、项目进度和项目易理解性等概念均起着重要的作用。

角色也会发生变化。因为软件开发的关键活动是由人员来完成的，因此需要有工具和统一建模语言来支持统一的开发过程，以便使人员效率更高。这样一个过程可使开发人员在兼顾投放市场时间、质量和成本的基础上构造出更好的软件；能够帮助他们详细说明更好满足用户需要的需求；能帮助他们选择一个构架，使所建立的系统具有投资效益且可及时修改。一个好的软件过程还有助于构造更复杂的软件系统。

为了理解和支持这些更为复杂的业务过程，并在软件中付诸实现，开发人员将会与很多其他类型的开发人员一起工作。为了使越来越大的组群工作更有效，亟需一个过程来提供指导。以后，大多数的软件人员与他们所支持的任务会更加密切，并且由于有了自动化过程和可重用构件，因此他们能开发出更为复杂的软件。人员对于软件开发也越来越重要了。

9.4.2　项目创造产品

一个开发项目将会得到一种产品的新版本。生命周期中的第一个项目开发和发布最初的系统或产品。后续的项目周期将在很多版本之上延续系统的生命周期。

在项目的整个生命周期中，项目组在项目实践的过程中必须综合考虑变化、迭代和组织模式这三方面的因素：

（1）一系列变化：系统开发项目产生产品，但沿着这一路径的过程是一系列的变化。在工作人员经历各个阶段和各次迭代时，必须牢记项目生命周期中的这种实际情况。

（2）一系列迭代：在一个周期的每个阶段，工作人员通过一系列的迭代完成该阶段的活动。每次迭代都会实现一些有关的用例或降低某些风险。在一次迭代中，开发人员将处理一系列的工作流：需求、设计、实现和测试。因为每次迭代都会经历所有的这些工作流。所以，可以把一次迭代看作是一个袖珍项目。

（3）组织模式：一个项目包括一组人员，他们被指派在业务约束的范围内实现某种结果。人员作为不同的工作人员进行工作。这种模式或模板指明了项目所需要的工作人员的类型以及项目将产生的制品。该过程还提供了一些指南、启发性知识及文档实践，以帮助承担任务的人员完成他们的工作。

9.4.3 产品不仅仅是代码

产品每个生命期都产生系统的一个新版本，而每个版本是一个能立即推向市场的产品。它包括体现在组件中的可被编译和执行的源代码，还有说明手册及其他可交付的相关产品。然而，最终产品也必须符合相关需要，此种需要并不仅仅是指用户的需要，而且指所有利益关联人的需要，也就是指那些将利用该产品来进行工作的所有人。

最终产品包括需求、用例、功能性需求和测试案例。它包括基本架构和可视模型（由统一建模语言建模的产物）。事实上，它包括我们正在这里讨论的所有元素，因为它正是所有利益关联人（包括客户、用户、分析人员、设计人员、实现人员、测试人员和管理人员）要详细定义、设计、实现、测试和使用一个系统所需要的东西。

在统一过程的语境中，所开发的产品是一个软件系统。这里所指的产品不是单指所交付的代码，而是整个系统。

9.4.4 过程指导项目

过程是一个使用很频繁的术语，它在不同的语境中具有不同的含义。在统一过程的语境中，过程是指软件开发业务中的关键“业务”过程，即开发和支持软件组织中的关键“业务”过程。在业务中还有其他过程，如与产品的用户交互的支持过程，以订单开始并交付产品的销售过程等。不过本书的重点在于开发过程。

过程是一个模板。软件开发过程定义了一个完整的活动集合，这些活动将用户需求转化成一组前后一致的、表示一种软件产品的制品集合，并将以后的需求变更转化成新的一组前后一致的制品集合。

过程的增值结果代表包含软件产品在内的一个或一系列应用系统的基线。过程是对一组活动的定义。

最后，过程不仅包括第一个开发周期，而且包含之后最常见的周期。在后续版本中，过程的实例获取需求中的增量变化，并对制品集合产生增量变化。

9.4.5　工具对于过程不可或缺

工具支持现代的软件开发过程。现在，不使用工具支持的过程而进行软件开发是不可思议的。过程和工具是相互配套的，工具对于过程不可或缺。

9.5　RUP 制品

制品（Artifact）是一些可被生成、操作或消耗的模型、文档、报告或可执行程序。

RUP 的每一个活动都有相关的制品，这些制品或者被要求作为输入，或者被产生而作为输出。制品可用来直接输入到后续活动中，或在项目中作为引用资源保存，或作为合约要求交付的产品。

9.5.1　模型

模型是 RUP 中最重要的制品。一个模型是现实的一种简化，创建模型是为了更好地理解将要创建的系统。在 RUP 中，有许多模型一起涵盖了所有重要的决策。

所有这些模型都是彼此相关的。它们一起表达了整个系统。在一个模型中的元素可向前或向后追溯到其他模型中。例如，（用例模型中的）一个用例可以被追溯到（设计模型中的）一项用例实现，再追溯到（测试模型中的）一个测试案例。可追踪性有利于理解和处理变化。

这些模型包括：

（1）业务用例模型：建立组织的抽象。

（2）业务分析模型：建立系统的语境。

（3）用例模型：建立系统的功能需求。这个模型表明了所有用例和这些用例与用户之间的关系。

（4）分析模型：建立概念设计。该模型有两个目的：更加详尽地细化用例，以及将系统的行为初步分配给一组提供这些行为的对象。

（5）设计模型：建立问题的词汇及解决方案。

（6）配置模型：该模型定义计算机的物理节点和组件向这些节点的映射。

（7）数据模型：为数据库建立数据表示法。

（8）部署模型：建立系统的硬件拓扑结构以及系统的并发和同步机制。

（9）实现模型：建立用于装配和发布物理系统的各部件。

（10）测试模型：该模型描述那些用来验证用例的测试实例。

还包括基本架构的表示和类向组件的映射。系统还应当有一个域模型或业务模型来描述系统的业务上下文。

各个模型之间的依赖关系如图 9-7 所示。

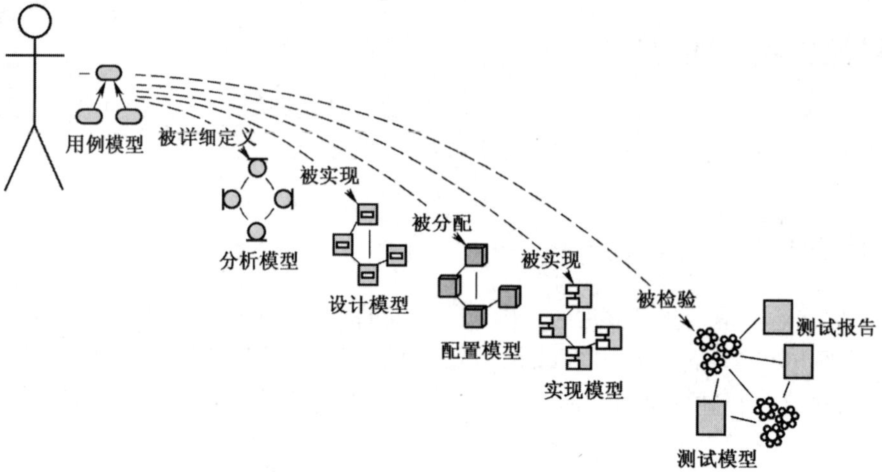

图 9-7　RUP 模型及其依赖关系

9.5.2　其他制品

RUP 的制品被归类为管理制品和技术制品，其中技术制品分为 5 个主要集合：

（1）需求集合：描述系统必须做什么。可能包括用例模型、非功能需求模型、领域模型、分析模型以及用户需求的其他表示形式。

（2）分析和设计集合：描述系统是如何被构造的信息，捕获关于系统如何被建造的决定，应考虑时间、预算、遗留系统、复用、质量目标等所有约束。它可以包括设计模型、测试模型以及系统特征的其他表示形式。

（3）实现集合：描述被开发的软件构件的装配，包括用各种编程语言编写的源代码、配置文件、数据文件、软件构件等，还包括描述如何装配这个系统的信息。

（4）测试集合：描述确认和验证系统的方法，包括脚本、测试用例、缺陷追踪指标以及验收标准。

（5）部署集合：提供用于可交付配置的所有数据，聚集了软件被实际包装、运载、安装以及在目标环境中运行的所有信息。

9.6　RUP 的核心工作流

工作流是产生具有可观察结果的活动序列。在软件开发过程中最基本的工作流称之为核心工作流。此外，还包括其他工作流（非核心工作流）。

RUP 有 9 个核心工作流（Core Workflows），包括 6 个核心过程工作流（Core Process Workflows）和 3 个核心支持工作流（Core Supporting Workflows）。其中 6 个核心过程工件流分别为：业务建模、需求、分析和设计、实现、测试、部署，而 3 个核心支持工作流为配置和变更管理、项目管理及环境。

9.6.1 业务建模

业务建模（Business Modeling）也叫商业建模，其工作流描述了如何为新的目标组织开发一个构想，并基于这个构想在业务用例模型和业务对象模型中定义组织的过程、角色和责任。

软件开发中的主要问题是软件开发人员和业务工作人员之间不能有效地进行交流和沟通，这导致了业务过程的产出没有作为软件开发输入而被正确地使用。RUP 针对该情况为两个群体提供了相同的语言和过程，同时显示了如何在业务工作和软件模型中创建和保持直接的跟踪关系。

在业务建模中，使用业务用例来文档化业务过程，从而确保组织中业务工作人员和软件开发人员达成共识。

1. 业务建模的目的

（1）了解目标组织（将要在其中部署系统的组织）的结构及机制。

（2）了解目标组织中当前存在的问题并确定改进的可能性。

（3）确保客户、最终用户和开发人员就目标组织达成共识。

（4）导出支持目标组织所需的系统需求。

为实现这些目标，业务建模工作流说明了如何拟定新目标组织的前景，并基于该前景来确定该组织在业务用例模型和业务对象模型中的流程、角色以及职责。

2. 业务建模会议

召开会议是业务建模最重要的手段，它是一种有效的沟通（Communication）方法。建模会议是一种范围较大的会议，所有项目的相关人员都应该参加。因为在业务建模时期，主要的目的是建立对系统的高层需求，这就要求项目相关人员的共同参与，以保证需求的广泛性。出资方、项目经理、用户、开发人员都应该参加或者派代表参加建模会议。

3. 业务建模提供的文档与模型

（1）业务逻辑模型。

（2）业务需求说明书。

（3）专业词汇表。

（4）风险说明。

（5）复审说明书。

4. 业务建模流程

业务建模流程如图 9-8 所示。

从图 9-8 的业务建模流程中可以看出，业务流程分析员建立的业务用例模型需要目标组织评估、业务规则、业务前景、业务建模指南、业务词汇表等作为基础材料，从而生成业务用例模型。业务设计员再根据基础资料及业务用例模型生成详细说明业务用例。通过补充业务规约再由业务模型复审员生成复审业务用例模型，同时生成文档类的复审记录。

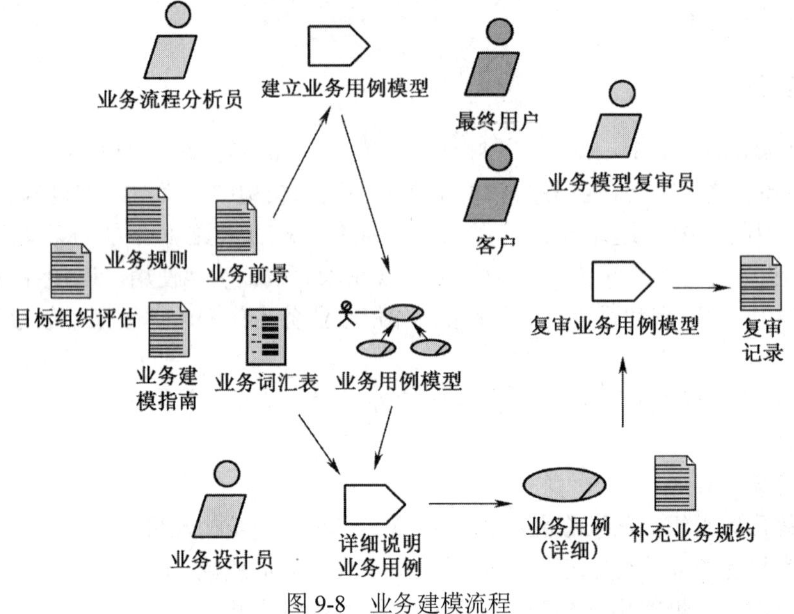

图 9-8　业务建模流程

业务建模工作流与其他工作流的关系如下：

（1）业务模型是需求工作流的一种重要输入，用来了解对系统的需求。

（2）业务实体是分析设计工作流的一种输入，用来确定设计模型中的实体类。

（3）环境工作流支持并维护业务建模，例如“业务建模指南”。

9.6.2　需求

需求（Requirements）工作流的目标是描述系统应该做什么，并使开发人员和用户就这一描述达成共识。为了达到该目标，要对系统的功能和约束进行提取、组织、文档化，最重要的是理解系统所解决问题的定义和范围。需求捕获涉及的工作人员及制品如图 9-9 所示。

1. 制品

需求中的主要制品是用例模型，包括用例和参与者。可能还有其他类型的的制品，如用户界面原型等。具体来讲，需求捕获工作流主要的制品有：

（1）参与者（Actor）。

（2）用例（Use Case）。

（3）用例模型（Use Case Model）。

（4）构架描述（用例模型视图）。

（5）术语表（Glossary）。

（6）用户界面原型。

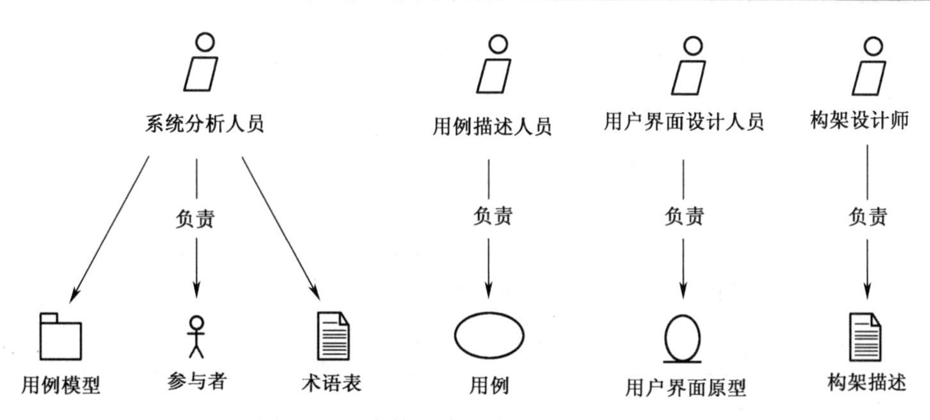

图 9-9　需求捕获涉及的工作人员及制品

2. 工作人员

参与需求捕获阶段的工作人员有：

（1）系统分析人员（System Analyst）。

（2）用例描述人员（Use Case Specifier）。

（3）用户界面设计人员（User Interface Designer）。

（4）构架设计师（Architect）。

我们要确定参与每个工作流的工作人员与制品。一个工作人员代表一个人可以赋予一个人或者一个群组的职位，并规定所需要的职责和能力。

制品是该系统中的工作人员在工作时所创造、生产、改变或者使用的各种描述和信息。制品可以是模型、模型元素或者文档。例如在需求工作流中，制品主要是用例模型及其用例。而在统一过程的业务模型中，制品是业务实体或者工作单元。每个工作人员负责一组制品。在图 9-9 中，用从工作人员到对应制品的名为“负责”的关联表示。

3. 工作流

需求捕获的工作流主要包括五个活动：

（1）确定参与者和用例。

（2）区分用例的优先级。

（3）详细描述一个用例。

（4）构造用例模型。

（5）构造用户界面原型。

需求捕获人员及其工作流如图 9-10 所示。

图 9-10 中使用泳道来表明每类工作人员所执行的活动；每个活动（用齿轮来表示）与执行它的工作人员处在同一泳道中。当工作人员执行活动时，它们会创建或改变制品。我们将工作流描述为一个活动序列，其中的活动是经过排序的，以便一个活动产生的输出作为下一个活动的输入。但是活动图展示的只是一种逻辑流。在实际的生命周期中，并不需要顺序执行各项

活动。相反，可以按任意方式执行，只要产生“等价的”最终结果。例如，我们可以从确定用例开始，然后设计用户界面，这时可能会发现需要增加新的用例，依次类推。

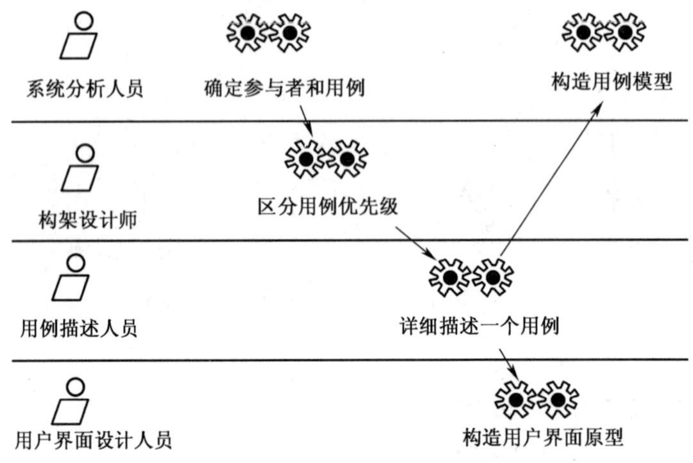

图 9-10　需求捕获人员及工作流

因此，一个活动可能会重复多次，每次重复可能只需要执行该活动的一部分。例如，在重复活动“确定参与者和用例”时，唯一新的结果可能是确定了一个补充的用例。因此，活动之间的路径只是表明了活动的逻辑顺序——将执行一个活动产生的结果作为执行另一个活动的输入。

通过需求工作流，蓝图被创建，需求被提取，代表用户和与开发系统交互的其他系统的 Actor 被指明，Use Case 被识别。

每一个用例被仔细地描述，用例描述显示了系统如何与 Actor 交互及系统的行为。非功能性的需求在补充说明中体现。

Use Case 起到贯穿整个系统开发周期线索的作用，相同的用例模型在需求捕获阶段、分析设计阶段和测试阶段中被使用。

9.6.3　分析

分析（Analysis）的主要工作开始于初始阶段的结尾，和需求一样是细化阶段的主要焦点。细化阶段的大部分活动是捕获需求，分析工作与需求捕获在很大程度上重叠。

分析阶段中所用的语言是基于一种称为分析模型的概念层对象模型。分析模型有助于我们精化需求，并探究系统的内部，包括其内部的共享资源。实际上，内部资源可以表示为分析模型中的对象。而且分析模型提供了更强的表达能力和形式化方法。从利益上看，当过渡到设计模型并构造系统时，通过修改分析模型的结构可以获得一个较好的构架。

1. 制品

分析工作流的主要制品有：

（1）分析模型。

（2）分析类。

（3）用例实现—分析。

（4）分析包。

（5）构架模型。

2. 工作人员

在分析工作流期间，参与的工作人员有：

（1）构架设计师。

（2）用例工程师。

（3）构件工程师。

其中分析中的工作人员及制品如图 9-11 所示。

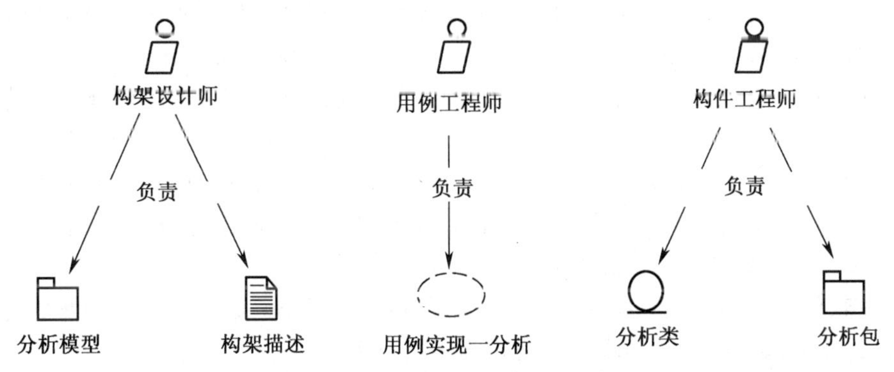

图 9-11　分析中的工作人员及制品

3. 工作流

分析工作流主要包括四个活动：构架分析、分析用例、分析类、分析包。其分析中的工作人员及工作流如图 9-12 所示。

分析模型的建立是由构架设计师通过确定主要分析包、显见的实体类和公用需求启动的。而后，用例工程师通过规定参与分析类的每个类的行为需求来实现每个用例。然后这些需求又由构件工程师通过为每个类创建一致的责任、属性和类之间的关系确定下类并集成到每个类中。在分析期间，随着分析模型的进化，构架设计师不断确定新的分析包、类和公用需求，而构架工程师负责对单个分析包不断进行精化和维护。

9.6.4　设计

设计（Design）工作流的主要工作是位于细化阶段的最后部分和构造阶段的开始部分的主要建模活动。系统建模最初的焦点是需求和分析，在分析活动逐步完善后，建模的焦点开始转向设计。设计模型是源代码的抽象，由设计类和一些描述组成。

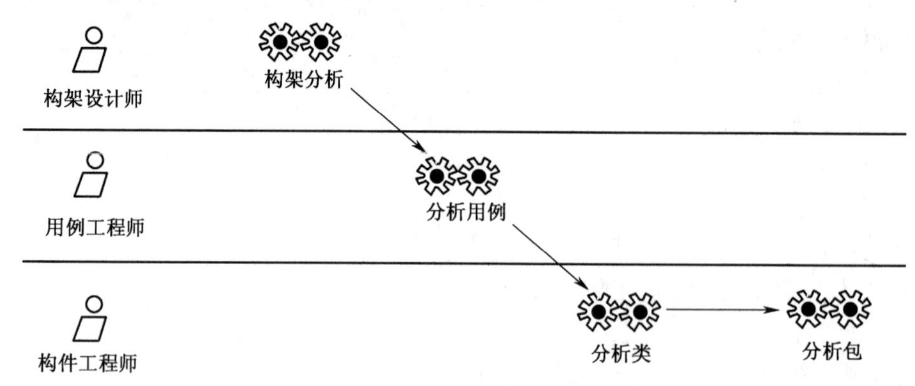

图 9-12　分析中的工作人员及工作流

设计的目的在于：

（1）深入理解与非功能性需求和约束相联系的编程语言、构件重用、操作系统、分布与并发技术、数据库技术、用户界面技术、事务管理技术等相关问题。

（2）通过对单个子系统、接口和类的需求捕捉，为后续的实现活动创建适当的输入和出发点。

（3）能够把实现工作划分成更易于管理的各个部分，而且尽可能并发地由不同的开发组去开发。这一点在无法基于需求获取或分析的结果来划分实现工作时是很有用的。例如，当不易获取需求和分析结果时就是如此。

（4）在软件生命周期的早期捕获子系统之间的主要接口。这一点在理解系统构架和使用接口作为保持不同开发组之间同步的手段时都是很有用的。

（5）通过使用通用的符号，可以可视化的刻画和思考设计。

（6）建立对系统实现的无缝抽象，把实现看成是设计的直接精化。它不改变结构，只填入血肉。这使得应用代码生成及在设计和实现之间的双向工程等技术成为可能。

1. 制品

设计工作流期间主要的制品有：

（1）设计模型。

（2）设计类。

（3）用例实现—设计。

（4）设计子系统。

（5）接口。

（6）配置图。

2. 工作人员

参与设计工作流的工作人员包括：

（1）构架设计师。

（2）用例工程师。

（3）构件工程师。

其设计中的工作人员和制品的关系如图 9-13 所示。

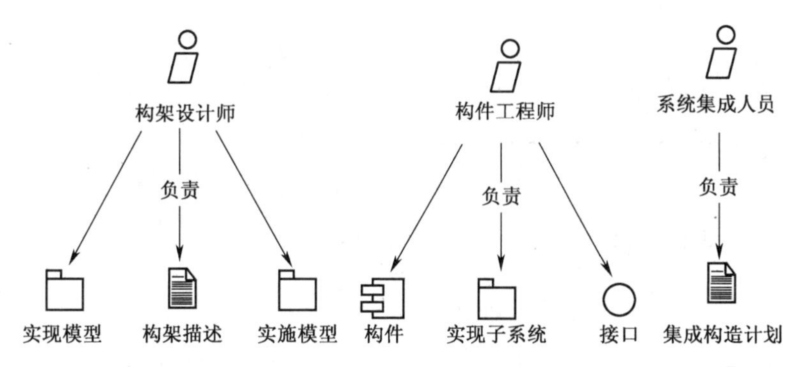

图 9-13 设计中的工作人员和制品

如图 9-13 可以看出，构架工程师负责定义和维护一个或多个设计类的操作、方法、属性、关系以及实现性需求，以确保每个设计类实现由它所参与的用例实现对它提出的需求。

构架工程师还负责保持一个或者多个子系统的完整性。这包括确保子系统的内容是正确的，确保它们对其他子系统或接口的依赖是正确的和最小化的，还确保它们能正确的实现所提供的接口。

让负责子系统的构建工程师同时也负责该子系统所包含的模型元素常常是合适的。此外，为了实现平滑无缝的开发，由同一个构件工程师把设计模型中的制品带入实现工作流并负责实现也就是很自然地事了。

3. 工作流

设计工作流主要包括四种活动：

（1）构架设计。

（2）设计一个用例。

（3）设计一个类。

（4）设计一个子系统。

其设计中的工作人员及工作流关系如图 9-14 所示。

设计模型和实施模型的创建是由构架设计师启动的，他们勾画出实施模型的节点、设计模型中的主要子系统及接口、包括主动类在内的重要的设计类及通用的设计机制等。然后，用例工程师通过参与设计类或子系统及其接口来实现每个用例。用例实现的结果规定了参与用例的每个类和子系统的行为需求。这些需求由构建工程师说明，并通过创建每个类的一致操作、属性和关系，或者通过创建每个子系统所提供的接口的一致的操作，把这些需求集成到每个类中。

在设计工作流的整个过程中，随着设计模型的进化，开发人员要识别新的子系统、接口、类和通用的设计机制的候选方案，负责各个子系统的构建工程师要精化和维护这些子系统。

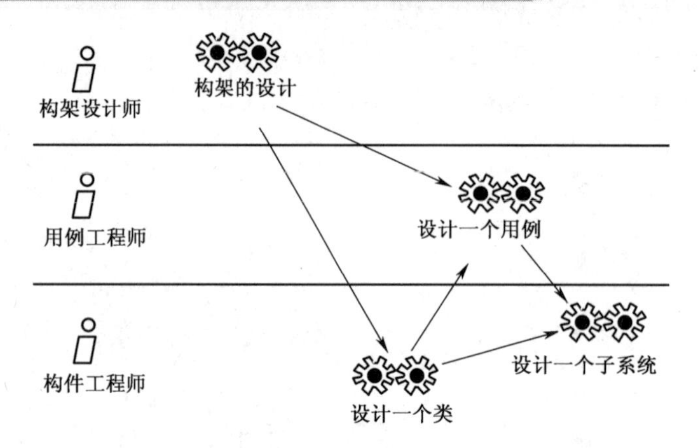

图 9-14　设计中的工作人员及工作流

设计类被组织成具有良好接口的设计包（Package）和设计子系统（Subsystem），而描述则体现了类的对象如何协同工作，实现用例的功能。设计活动以体系结构为中心，体系结构由若干结构视图来表达，结构视图是整个设计的抽象和简化，该视图中省略了一些细节，使重要的特点体现得更加清晰。体系结构不仅仅是良好设计模型的承载媒介，而且在系统的开发中能提高被创建模型的质量。

9.6.5　实现

实现（Implementation）工作流的目的包括以层次化的子系统形式定义代码的组织结构；以组件的形式（源文件、二进制文件、可执行文件）实现类和对象；将开发出的组件作为单元进行测试，以及集成由单个开发者（或小组）所产生的结果，使其成为可执行的系统。

实现的总体目的是从总体上充实构架和系统。具体目的如下：

（1）规划每次迭代中所要求的系统集成。采用增量式开发方法，即采取一系列细小且易于管理的步骤来实现一个系统。

（2）通过把可执行构件映射到实施模型中的节点的方式来分布系统。这主要基于设计过程中发现的主动类。

（3）实现设计过程中发现的设计类和子系统，特别是要将设计类实现为包含源代码的文件构件。

对构件进行单元测试，然后通过编译和连接把它们集成为一个或多个可执行程序，之后再送去做集成和系统测试。

1．制品

实现工作流主要有 6 种制品：

（1）实现模型。

（2）组件。

（3）实现子系统。

（4）接口。

（5）构架描述（实现模型）。

（6）集成构造计划。

2. 工作人员

参与实现工作流的工作人员有：构架设计师、构件工程师、系统集成人员。其实现阶段中的工作人员及制品如图 9-15 所示。

构件工程师通常还要维护一个或多个实现子系统的完整性。因为实现子系统与设计子系统是一一对应的，所以这些子系统的大多数变化在设计期间就加以了处理。但是，构建工程师需要保证实现子系统的内容是正确的，需要保证它们对其他子系统或接口的依赖性是正确的，并需要保证它们正确的实现它们所提供的接口。

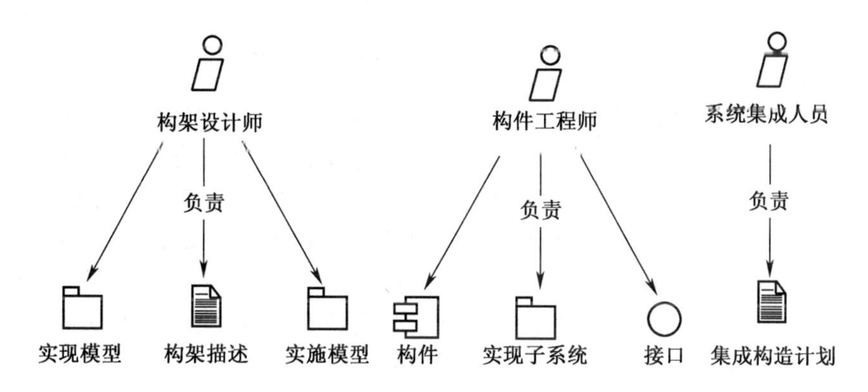

图 9-15　实现阶段中的工作人员及制品

对于负责一个子系统的构建工程师来讲，他通常也适宜于负责这个子系统所包含的模型元素（例如构件）。而且，为获得一个平滑无缝的开发，由一个构建工程师在整个设计和实现工作流中负责某个子系统及其内容是很自然的。因此，构建工程师应该在他或者她的职责范围内，既要设计类，又要实现类。

3. 工作流

实现工作流包括一系列活动：

（1）构架实现。

（2）实现一个子系统。

（3）实现一个类。

（4）执行单元测试。

（5）系统集成。

其实现中的工作人员及工作流如图 9-16 所示。

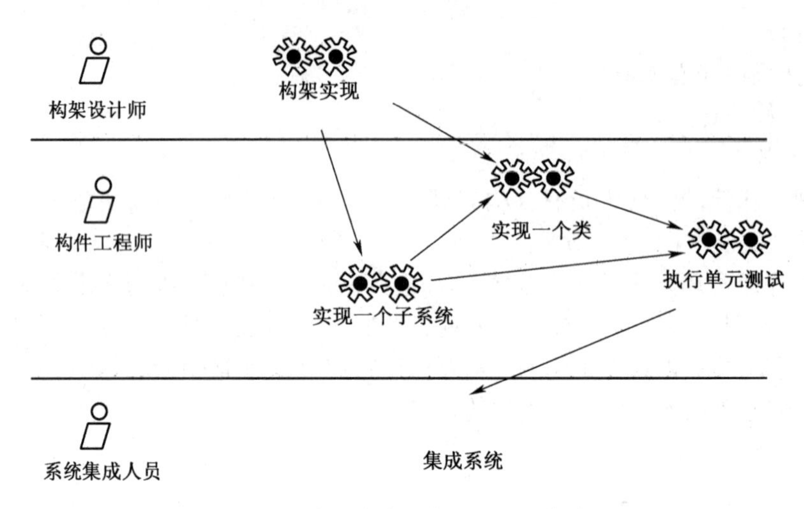

图 9-16 实现中的工作人员及工作流

如图 9-16 可以看出，实现阶段的主要目标是实现系统。这是由构架设计师通过勾画实现模型的关键构件而启动的。然后，集成人员描述所需实现的功能和将影响实现模型的哪部分。然后由构建工程师来实现在构造中对子系统和构件的需求；所得到的构件经过单元测试，提交给系统集成人员进行集成。然后，系统集成人员将新的构件集成到某个构造中，并交给集成测试人员进行集成测试。然后开发人员开始启动后续构造的实现，并考虑以前构造中的缺陷。

系统通过完成构件而实现，RUP 描绘了如何重用现有的组件或实现经过良好责任定义的新构件，使系统更易于使用，提高了系统的可重用性。

构件被构造成实施子系统。子系统被表现为带有附加结构或管理信息的目录形式。

9.6.6 测试

测试（Test）工作流要验证对象间的交互作用，验证软件中所有组件的正确集成，检验所有的需求已被正确的实现，识别并确认缺陷在软件部署之前被提出并处理。

RUP 提出了迭代的方法，意味着在整个项目中进行测试，从而尽可能早地发现缺陷，从根本上降低了修改缺陷的成本。

测试类似于三维模型，分别从可靠性、功能性和系统性能来进行。

测试的目的为：

（1）规划每一次迭代需要的测试工作，包括集成测试和系统测试。迭代中的每一个构造都需要作为集成测试，而系统测试仅需要在迭代结束时进行。

（2）设计和实现测试，采取的方法是创建用来详细说明要测试什么的测试用例，并创建用来详细说明如何执行测试的测试规程，如果可能，还要创建用来使测试自动化的可执行的测试构件。

（3）执行各种测试并系统的处理每一个测试的结果。发现有缺陷的构造要重新测试，甚至可能要送回给其他核心工作流，这样才能修复严重的缺陷。

1. 制品

测试工作流包括 7 个制品：

（1）测试计划。

（2）测试规程。

（3）测试模型。

（4）测试用例。

（5）测试组件。

（6）缺陷。

（7）评估测试。

2. 工作人员

参与测试工作流的工作人员主要有四类：

（1）测试设计人员。

（2）构件工程师。

（3）集成测试人员。

（4）系统测试人员。

其参与测试的工作人员和制品的关系如图 9-17 所示。

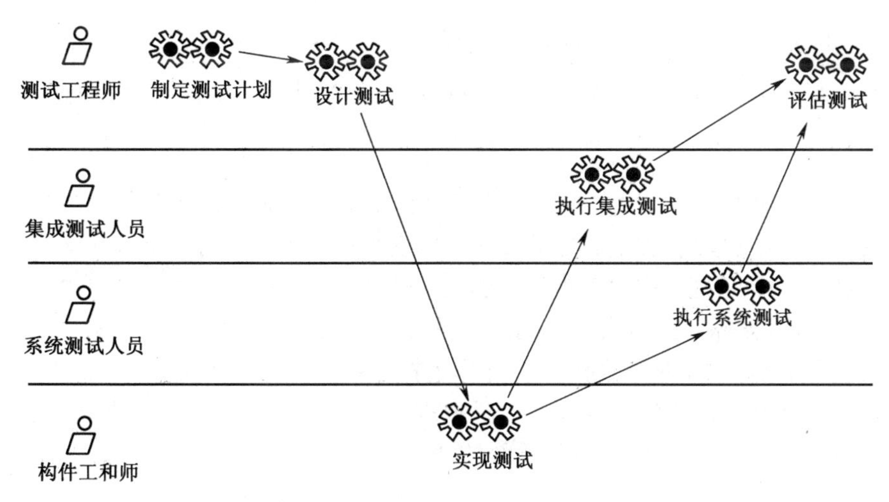

图 9-17　参与测试的工作人员和制品

从图 9-17 可以看出，测试设计人员的任务是保证模型的完整性，并保证模型实现其目的。测试设计人员还要规划测试，也就是说由他们来决定适当的测试目标和测试进度。而且，测试设计人员还要选择和描述测试用例以及相应的测试规程。在测试完成后，他们还要负责对集成和系统测试进行评估。应注意，测试设计人员实际上不执行测试，而是把注意力集中在测试准备和评估上。由另外两类工作人员（集成测试人员和系统测试人员）执行测试。

3．工作流

测试工作流包括 6 种活动：

（1）制定测试计划。

（2）设计测试。

（3）实现测试。

（4）执行集成测试。

（5）执行系统测试。

（6）评估测试。

其参与测试的工作人员和工作流关系如图 9-18 所示。

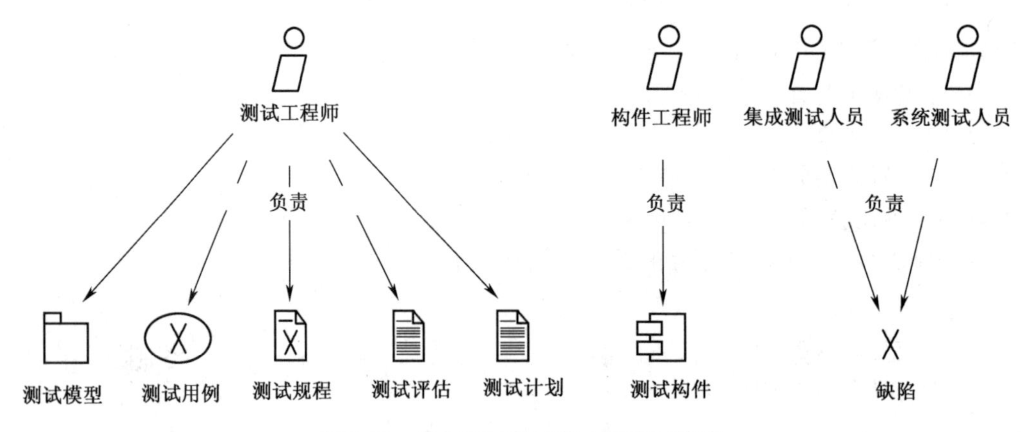

图 9-18　参与测试的工作人员和工作流

测试的主要目的是为了执行并评估测试模型所描述的测试。这是由在每次迭代中规划测试事宜的测试工程师发起的。接着，测试工程师描述所需的测试用例以及执行这些测试用例的测试规程。然后，如果可能，构建工程师要建立起使某些测试规程自动化的测试构件。当每个构件从实现工作流中发布时，就会按上面的步骤进行测试。

用这些测试用例、测试规程及测试构件作为输入，集成测试人员和系统测试人员测试每个构造并捕获发现的所有缺陷。接着，将这些缺陷反馈给其他工作流（如设计和实现），还要反馈给测试工程师，以对测试结果进行系统的评估。

9.6.7　部署

部署（Deployment）工作流的目的是成功的生成版本并将软件分发给最终用户。部署工作流描述了那些与确保软件产品对最终用户具有可用性相关的活动，包括软件打包、生成软件本身以外的产品、安装软件、为用户提供帮助。在有些情况下，还可能包括计划和进行 Beta 测试版、移植现有的软件和数据以及正式验收。

9.6.8　配置和变更管理

配置和变更管理（Configuration & Change Management）工作流描绘了如何在多个成员组成的项目中控制大量的产物。配置和变更管理工作流提供了准则来管理演化系统中的多个变体，跟踪软件创建过程中的版本。工作流描述了如何管理并行开发、分布式开发、如何自动化创建工程。同时也阐述了对产品修改的原因、时间、人员保持审计记录。

9.6.9　项目管理

软件项目管理（Project Management）平衡各种可能产生冲突的目标，管理风险，克服各种约束并成功交付使用户满意的产品。其目标包括：为项目的管理提供框架，为计划、人员配备、执行和监控项目提供实用的准则，为管理风险提供框架等。

9.6.10　环境

环境（Environment）工作流的目的是向软件开发组织提供软件开发环境，包括过程和工具。环境工作流集中于配置项目过程中所需要的活动，同样也支持开发项目规范的活动，提供了逐步的指导手册并介绍了如何在组织中实现过程。

以上核心工作流在项目中被轮流使用，在每一次迭代中以不同的重点和强度重复进行。

从需求到测试工作流所产生的模型如图 9-19 所示。参与到工作流中的工作人员如图 9-20 所示。

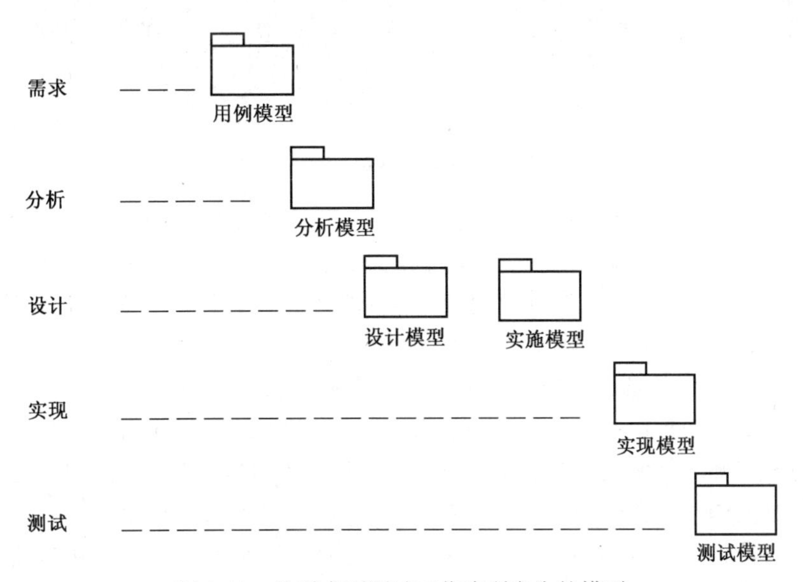

图 9-19　从需求到测试工作流所产生的模型

图 9-20 显示了工作人员的头衔纵向排列在左右两边，并用“泳道”加以识别。时间从左

至右递增，包含工作人员和他们所执行的活动的核心工作流圈在手画的“圆框”内。例如，构件工程师在分析工作流中分析一个类和一个包，在设计工作流内设计一个类和一个子系统，在实现工作流中实现了一个类和一个子系统并执行单元测试。

图 9-20 提供了对开发过程的一个概貌。即使如此，该图也并不简单，并且我们知道在实际工作中将比该图要复杂得多。图中的小齿轮代表工作，活动间的箭头代表现实中的关系。

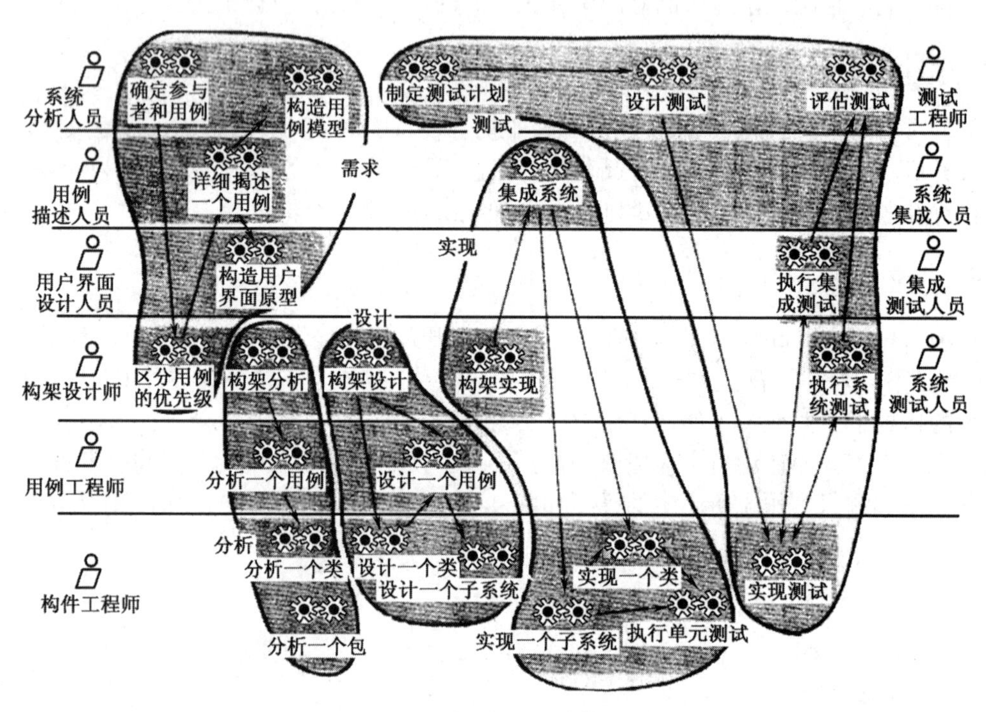

图 9-20　参与到工作流中的工作人员

另外，图 9-20 将给你留下在每一次迭代中发生什么的印象。例如，在左上角的开始处，系统分析人员识别出用例和参与者，并且将他们构造成用例模型。接着，用例描述人员详细说明每一个用例，用户界面设计人员建立用户界面原型。构架设计师考虑风险等因素，将用例在迭代中的开发顺序按优先等级排序。

可以看出，在整个开发过程中，需求“周期”内执行的特定活动将随着迭代位置的不同而有所变化。例如，在初始阶段，工作人员将用例的详细描述和优先级排序限定于仅在初始阶段需要用到的一小部分用例上。前四个工作流开展时尽管有些重叠，但主要还是按时间顺序执行的。参与分析工作流的三个工作人员将在设计工作流中继续开展工作。

然而，随着测试工程师对测试内容进行规划，测试工作流将很早就开始进行。只要在实现工作流中有一足够的细节可以利用，测试工程师就开始设计测试。随着对已经经过了单元测试的构件进行集成，系统测试人员和集成测试人员将针对集成的多个层次的结果进行测试。测试工程师将评估他所规定的测试是否已经足够充分。

9.7 RUP 裁剪

在一个成熟的 IT 企业或软件组织内部，通常要根据各种软件开发模型的特点，结合本单位的开发经验和行业特点的具体实际，还需要定制适合本单位的“生存周期模型裁剪指南”，有针对性地对选定的软件开发模型中定义的生存周期，进行适当剪裁，使它完全适合于本单位的需求。

所谓裁剪，就是对原模型中定义的内容进行增、改、删，去掉对本单位不适用的内容，同时进一步细化，从而构成了完全适合本单位的“软件生存周期模型裁剪指南”。该指南在软件组织内部，专供高层经理和项目经理在软件策划中选取软件开发模型时使用。

举一个例子，如果一个系统相当小，项目组在这方面又很有经验，则初始阶段会很短。开发组知道在开发过程中没有严重的风险，知道一个先前使用过的构架可以重新利用。结果是只要花几天就确定了系统的范围，并确保在这一范围内不会出现新的风险，使得初始阶段顺利完成。

RUP 是一个通用的过程模板，包含了很多开发指南、制品、开发过程所涉及的角色说明。由于它非常庞大，所以对具体的开发机构和项目用 RUP 时还要做适当的裁剪，也就是要对 RUP 进行配置。RUP 就像一个元过程，通过对 RUP 裁剪可以得到很多不同的开发过程，这些开发过程可以看作 RUP 的具体实例。

RUP 裁剪可以分为以下几步：

（1）确定本项目需要哪些工作流。RUP 的 9 个核心工作流并不总是需要的，可以取舍。

（2）确定每个工作流需要哪些制品。

（3）确定 4 个阶段（初始、细化、构造、交付）之间如何演进。阶段间演进要以风险控制为原则，决定每个阶段有哪些工作流，每个工作流执行到什么程度，制品有哪些，每个制品完成到什么程度。

（4）确定每个阶段内的迭代计划，规划 RUP 的 4 个阶段中每次迭代开发的内容。

（5）规划工作流内部结构，工作流涉及角色、活动及制品，工作流的复杂程度与项目规模（即角色多少）有关，工作流的内部结构通常用活动图的形式给出。

9.8 RUP 的迭代开发模式

RUP 中的每个阶段可以进一步分解为若干次迭代。一个迭代是一个完整的开发循环，产生一个可执行的产品版本，是最终产品的一个子集。它增量式地开发，从一个迭代过程到另一个迭代过程，直到成为最终的系统。RUP 的迭代过程如图 9-21 所示。

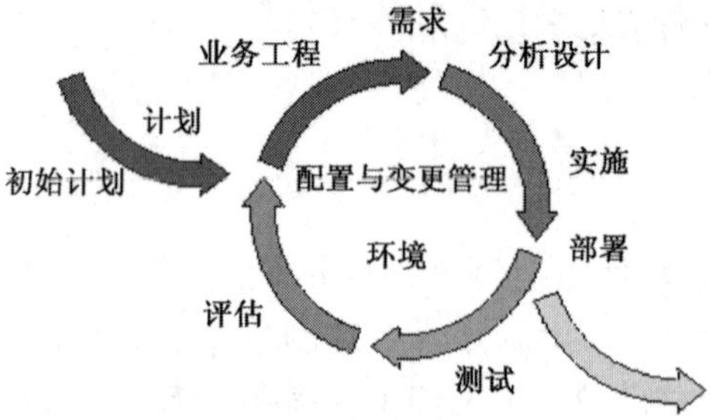

需求
业务工程
分析设计
计划
初始计划
配置与变更管理
实施
环境
部署
评估
测试

图 9-21　RUP 的迭代过程

传统上的项目组织是顺序通过每个工作流，每个工作流只有一次，也就是我们熟悉的瀑布生命周期，如图 9-22 所示。这样做的结果是到实现末期产品完成并开始测试，在分析、设计和实现阶段所遗留的隐藏问题会大量出现，项目可能要停止并开始一个漫长的错误修正周期。

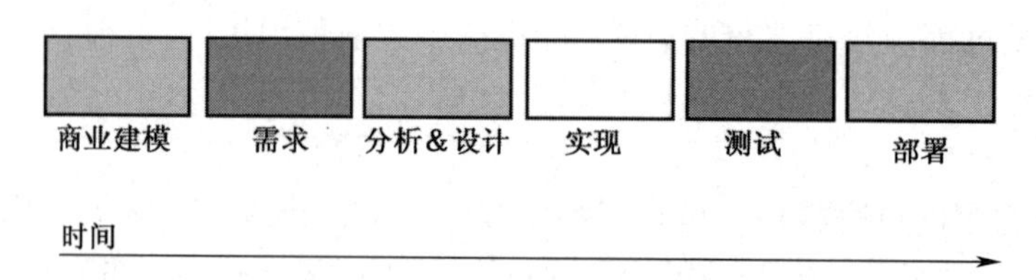

图 9-22　瀑布生命周期模型

一种更加灵活、风险更小的方法是多次通过不同的工作流，这样可以更好的理解需求，构造一个健壮的体系结构，并最终交付一系列逐步完成的版本，这叫做一个迭代生命周期。每一次顺序的通过工作流称为一次迭代，软件生命周期是连续的迭代，软件是增量的开发。

一次迭代包括了生成一个可执行版本的开发活动，还包括使用这个版本所必需的其他辅助成分，如版本描述、用户文档等。因此一个迭代开发在某种意义上是在所有工作流中的一次完整的过程，这些工作流至少包括：需求工作流、分析和设计工作流、实现工作流、测试工作流。其本身就像一个小型的瀑布项目如图 9-23 所示。

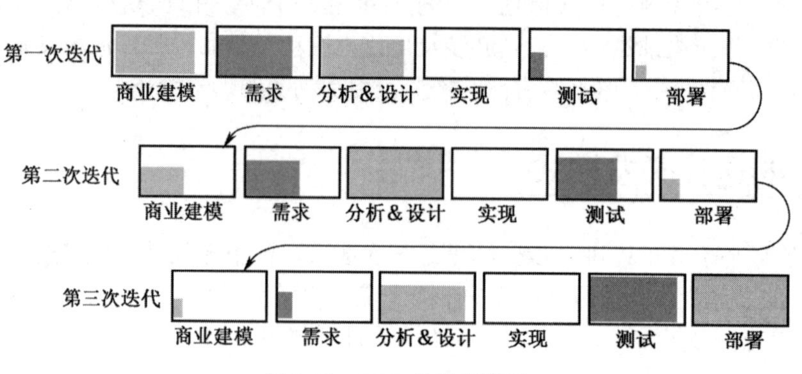

图 9-23　RUP 的迭代模型

与传统的瀑布模型相比较，迭代过程具有以下优点：

（1）降低开支风险。如果开发人员重复某个迭代，那么损失只是这一个开发有误的迭代的花费。

（2）降低了产品无法按照既定进度进入市场的风险。通过在开发早期就确定风险，可以尽早来解决而不至于在开发后期匆匆忙忙。

（3）加快了整个开发工作的进度。因为开发人员清楚问题的焦点所在，他们的工作效率会更高。

（4）由于用户的需求并不能在一开始就做出完全的界定，它们通常是在后续阶段中不断细化的。因此，迭代过程这种模式使适应需求的变化会更加容易。

习题九

一、选择题

1．RUP 软件开发生命周期是一个（　　）软件开发模型。

A．一维　　B．二维

C．三维　　D．多维

2．哪个不是 RUP 的四个主要要素（　　）。

A．人员　　B．项目

C．制品　　D．产品

3．哪个不属于参与需求捕获阶段的工作人员（　　）。

A．系统分析人员　　B．用例描述人员

C．用户界面设计人员　　D．测试人员

4．参与设计工作流的工作人员不包括（　　）。

A．构架设计师　　B．用例工程师

C．构件工程师　　D．用例描述人员

二、填空题

1．RUP 的核心工作流分别为________、需求、________、实现、________及________。

2．RUP 中的软件生命周期在时间上被分解为四个顺序阶段分别是：________、________、________和________。

3．RUP 的制品被归类为管理制品和技术制品，其中技术制品分为 5 个主要集合：________、________、________、测试集合及部署集合。

4．实现工作流主要有 6 种制品：________、________、________、________、________、________。

三、简答题

1．构架的基本步骤是什么？
2．初始阶段的产出是什么？
3．细化阶段的产出是什么？
4．构造阶段的产出是可以交付给最终用户的产品，它包括哪些？
5．在项目交付阶段，可交付的内容有哪些？
6．RUP 制品的模型有哪些？
7．业务建模提供的文档与模型有哪些？
8．需求捕获工作流主要的制品有哪些？
9．与传统的瀑布模型相比较，迭代过程具有什么优点？
10．RUP 裁剪可以分为几步？

10 软件测试

软件测试是为了发现错误而执行程序的过程。或者说软件测试是根据软件开发各阶段的规格说明和程序的内部结构而精心设计的一批测试用例，并利用这些测试用例去运行程序，以发现程序错误的过程。

本章主要讲授软件测试的基本概念和知识、软件测试用例的设计、软件测试策略及过程、面向对象的测试，以及测试计划与测试报告，其中重点讲授了白盒测试与黑盒测试方法。

10.1 软件测试基础

10.1.1 软件测试的意义

在 IEEE 提出的软件工程标准术语中，软件测试被定义为：“使用人工和自动手段来运行或测试某个系统的过程，其目的在于检验它是否满足规定的需求或弄清楚预期结果与实际结果之间的差别。”软件测试是与软件质量密切联系在一起的，归根结底，软件测试是为了保证软件质量。

在软件开发过程中，即使使用了保证软件质量的方法分析、设计和实现软件，但难免还会出现错误。这样，在软件产品中就会隐藏着许多缺陷，特别是对于规模大、复杂性高的软件更是如此。在这些错误中，有些错误是致命性的，如果不排除，就会导致生命与财产重大损失。

软件测试在软件生存期中横跨两个阶段：通常在编写出每一个模块之后就对它做必要的测试（称为单元测试）。模块的编写者与测试者是同一个人。编码与单元测试属于软件生存期中的同一个阶段。在这个阶段结束之后，对软件系统还要进行各种综合测试，这是软件生存期的另一个独立的阶段，即测试阶段，通常由专门的测试人员承担这项工作。

10.1.2 软件测试的目标

软件测试人员的任务就是站在使用者的角度，通过不断地使用和攻击刚开发出来的软件产品，尽量多地找出产品中存在的问题。

Myers 在其名著《The Art of Software Test》中强调：①测试是程序的执行过程，目的在于发现错误；②一个好的测试用例在于能发现至今未发现的错误；③一个成功的测试是发现了至今未发现的错误的测试。

设计测试的目标是想以最少的时间和人力系统地找出软件中潜在的各种错误和缺陷，通过修正各种错误和缺陷提高软件质量，回避软件发布后由于潜在的软件缺陷和错误造成的隐患所带来的商业风险。如果我们成功地实施了测试，就能够发现软件中的错误。测试的附带收获是，它能够证明软件的功能和性能与需求说明相符合。此外，实施测试收集到的测试结果数据为可靠性分析提供了依据。

测试不能表明软件中不存在错误，它只能说明软件中存在错误。

10.1.3 软件测试的原则

（1）应当把“尽早地和不断地进行软件测试”作为软件开发者的座右铭。

不应把软件测试仅仅看作是软件开发的一个独立阶段，而应当把它贯穿到软件开发的各个阶段中。坚持在软件开发的各个阶段技术进行评审，这样才能在开发过程中尽早发现和预防错误，把出现的错误在早期克服，杜绝某些发生错误的隐患。

（2）测试用例应由测试输入数据和与之对应的预期输出结果这两部分组成。

测试以前应当根据测试的要求选择测试用例（Test Case），用来检验程序员编制的程序，因此不但需要测试的输入数据，而且需要针对这些输入数据的预期输出结果。

（3）程序员应避免检查自己的程序。

（4）在设计测试用例时，应当包括合理的输入条件和不合理的输入条件。

合理的输入条件是指能验证程序正确的输入条件，不合理的输入条件是指异常的、临界的、可能引起问题异变的输入条件。软件系统处理非法命令的能力必须在测试时受到检验。用不合理的输入条件测试程序时，往往比用合理的输入条件进行测试能发现更多的错误。

（5）充分注意测试中的群集现象。

在被测程序段中，若发现错误数目多，则残存错误数目也比较多。这种错误群集性现象，已为许多程序的测试实践所证实。根据这个规律，应当对错误群集的程序段进行重点测试，以提高测试投资的效益。

（6）严格执行测试计划，排除测试的随意性。

（7）应当对每一个测试结果做全面检查。

（8）妥善保存测试计划，测试用例，出错统计和最终分析报告，为维护提供方便。

10.1.4 软件测试的信息流

测试阶段的信息流的输入信息有两类。

（1）软件配置，包括需求说明书、设计说明书和程序清单等。

（2）测试配置，包括测试计划和测试方案。

所谓测试方案不仅仅是测试时使用的输入数据（称为测试用例），还应该包括每组输入数据预定要检验的功能，以及每组输入数据预期应该得到的正确输出。实际上，测试配置是软件配置的一个子集，最终交出的软件配置应该包括上述测试配置软件开发公司通常比较测试得出的实际结果和预期的结果，如果两者不一致则很可能是程序中有错误。

最后，如果经过测试，一个错误也没有被发现，则很可能是因为对测试配置思考不充分，以致不能暴露软件少潜藏的错误。这些错误最终将被用户发现，而且需要在维护阶段改正它们（但是改正同一个错误需要付出的代价比在开发阶段高出许多倍）。在测试阶段积累的结果，也可以用更形式化的方法进行评价。软件测试的信息流如图 10-1 所示。

软件配置：软件需求规格说明、软件设计规格说明、源代码等。

测试配置：测试计划、测试用例、测试程序等。

测试工具：测试数据自动生成程序、静态分析程序、动态分析程序、测试结果分析程序、以及驱动测试的测试数据库等。

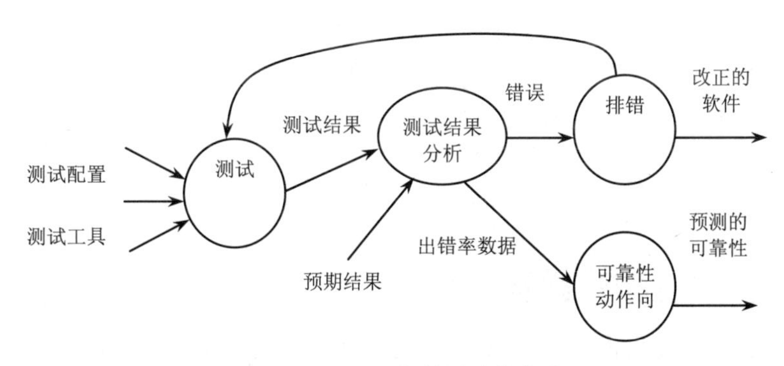

图 10-1 软件测试信息流

测试结果分析：比较实测结果与预期结果，评价错误是否发生。

排错（调试）：对已经发现的错误进行错误定位和确定出错性质，并改正这些错误，同时修改相关的文档。

修正后的文档再测试：直到通过测试为止。

测试之后，用实测结果与预期结果进行比较。如果发现出错的数据，就要进行调试。对已经发现的错误进行错误定位和确定出错性质，并改正这些错误，同时修改相关的文档。修正后的文档一般都要经过再次测试，直到通过测试为止。

通过收集和分析测试结果数据，对软件建立可靠性模型。

10.1.5 软件测试的对象

软件测试应贯穿于软件定义与开发的整个期间。因此，需求分析、概要设计、详细设计以及程序编码等所得到的文档资料，包括需求规格说明、概要设计说明、详细设计规格说明以及源程序，都应成为软件测试的对象。具体的软件测试对象如图 10-2 所示。

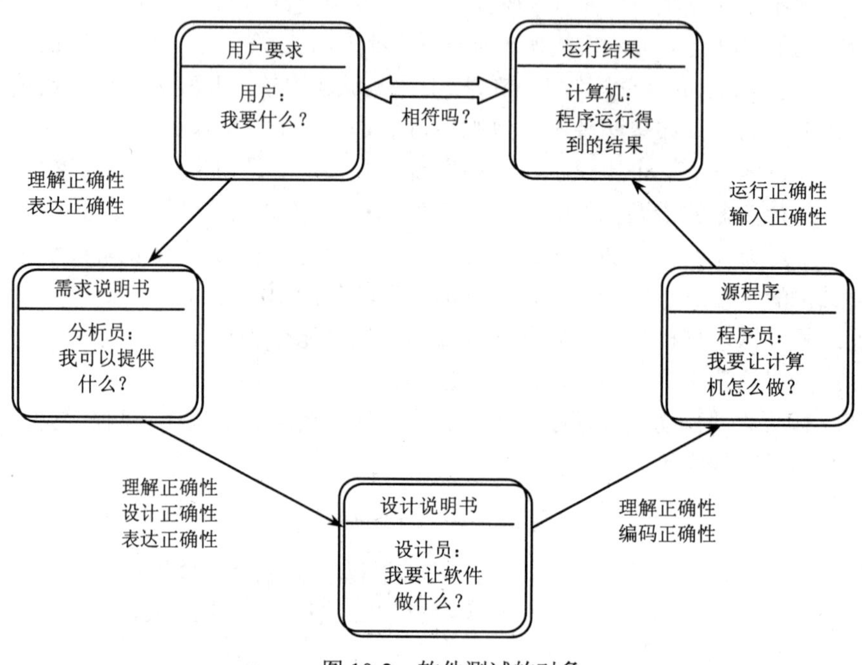

图 10-2 软件测试的对象

10.1.6 软件测试与软件开发阶段的关系

软件开发过程是一个自顶向下、逐步细化的过程，首先在软件计划阶段定义了软件的作用域，然后进行软件需求分析，建立软件的数据域、功能和性能需求、约束和一些有效性准则。接着进入软件开发，首先软件设计，然后把设计用某种程序设计语言转换成程序代码。而测试过程则是依相反的顺序安排的自底向上，逐步集成的过程，低一级测试为上一级测试准备条件。

如图 10-3 所示，首先对每一个程序模块进行单元测试，消除程序模块内部在逻辑上和功能上的错误和缺陷。再对照软件设计进行集成测试，检测和排除子系统（或系统）结构上的错误。随后再对照需求，进行确认测试。最后从系统全体出发运行系统，看是否满足要求。

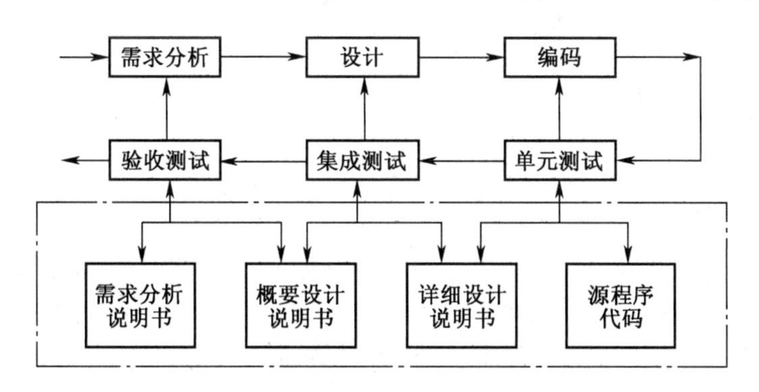

图 10-3　软件测试与软件开发阶段的对应关系

10.1.7　软件测试有关概念

软件测试的相关概念如图 10-4 所示。

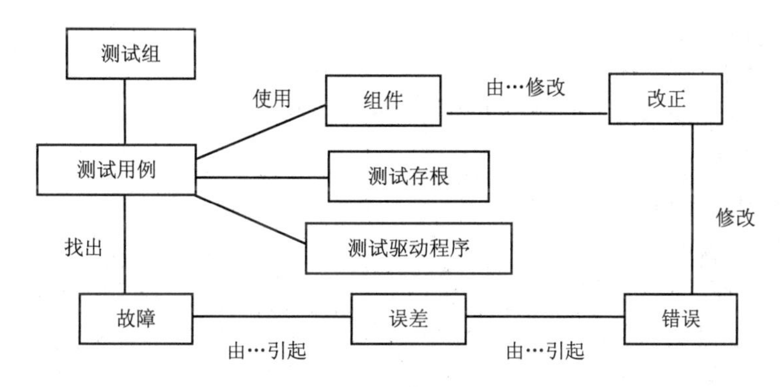

图 10-4　软件测试有关的概念

组件是系统中可以孤立进行测试的部分，一个组件可以是一个对象、一组对象、一个或多个子系统。

错误也称缺陷或不足，是可能引起组件不正常行为的设计或编码错误。

误差是系统执行过程中错误的表现。

故障是组件的规格说明与其行为之间的偏差，故障是由一个或多个误差引起的。

测试用例是一组输入和期待的结果，它根据引起故障和检查的目的来使用组件。

测试存根是被测试的组件所依赖的其他一些组件的实现部分。

测试驱动程序是依赖被测试组件的那个组件的实现部分。

改正是对组件的变化。改正的目的在于修正错误，改正可能会产生新的错误。

10.2 软件测试方法

10.2.1 静态测试和动态测试

根据程序是否运行可以把软件测试方法分为静态测试和动态测试两大类。

静态测试以人工测试为主，采取桌前检查、代码会审和程序走查的方式检查程序中可能存在的错误。静态分析技术包括：结构检查、流图分析、符号执行。

静态测试可以完成的工作如下：

（1）可以发现如下的程序缺陷：

- 错用了局部变量和全局变量
- 不匹配的参数
- 未定义的变量
- 不适当的循环嵌套或分支嵌套
- 无终止的死循环
- 不允许的递归等

（2）找出如下问题的根源：

- 未使用过的变量
- 不会执行到的代码
- 从未引用过的标号
- 潜在的死循环

（3）为进一步查错做准备。

（4）选择测试用例。

（5）进行符号测试。

动态方法是通过源程序运行时所体现出来的特征来进行执行跟踪、时间分析以及测试覆盖等方面的测试。动态测试是真正运行被测程序，在执行过程中，通过输入有效的测试用例，对其输入与输出的对应关系进行分析，以达到检测的目的。

动态测试方法的基本步骤如下：

（1）选取定义域有效值，或定义域外无效值。

（2）对已选取值决定预期的结果。

（3）用选取值执行程序。

（4）执行结果与预期的结果相比，不吻合程序有错。

10.2.2 白盒测试和黑盒测试

测试用例的设计是测试过程的一个关键步骤，按照测试用例的不同出发点，可以分为黑盒测试和白盒测试。一般来讲，在进行单元测试时采用白盒测试，而其余测试采用黑盒测试。

1. 黑盒测试

黑盒测试又叫做功能测试或数据驱动测试。这种方法是把测试对象看作一个黑盒子，测试人员完全不考虑程序内部的逻辑结构和内部特性，只依据程序的需求规格说明书，检查程序功能是否符合它的功能说明，测试证明每个实现了的功能是否符合要求。

黑盒测试方法是在程序接口上进行测试，主要是为了发现以下错误：

- 是否有不正确或遗漏了的功能？
- 在接口上，输入能否正确地接受？能否输出正确的结果？
- 是否有数据结构错误或外部信息（例如数据文件）访问错误？
- 性能上是否能够满足要求？
- 是否有初始化或终止性错误？

黑盒测试的具体技术方法主要包括边界值分析法、等价类划分法、比较测试法、因果图法、决策表法等。

2. 白盒测试

白盒测试又称为结构测试。这一方法是把测试对象看作一个打开的盒子，测试人员利用程序内部的逻辑结构及有关信息设计或选择测试用例，对程序所有逻辑路径进行测试。

软件的测试设计是一项需要花费许多人力和时间的工作，我们希望以最少量的时间和人力，最大可能地发现最多的错误。不论是黑盒测试，还是白盒测试，都不可能把所有可能的输入数据都拿来进行所谓的穷举测试。因为可能的测试输入数据数目往往达到天文数字。

例 10-1　假设一个程序 P 有输入量 X 和 Y 及输出量 Z。在字长为 32 位的计算机上运行。若 X、Y 取整数，按黑盒方法进行穷举测试，如图 10-5 所示。

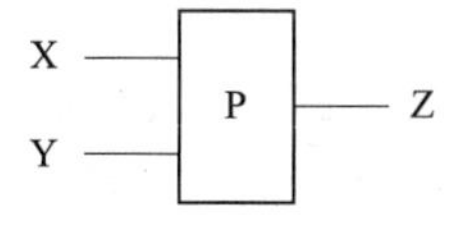

图 10-5　黑盒测试不能穷举的模型

可能采用的测试数据组：$2^{32}\times2^{32}=2^{64}$。

如果测试一组数据需要 1 毫秒，一年工作 365×24 小时，完成所有测试需 5 亿年。

这个例子告诉我们，黑盒测试是不能穷举的，所以要利用软件测试方法来设计有效的黑盒测试用例。

例 10-2　对一个具有多重选择和循环嵌套的程序，不同的路径数目可能是天文数字。给出一个小程序的流程图，如图 10-6 所示，它包括了一个执行 20 次的循环。

包含的不同执行路径数达 520 条，对每一条路径进行测试需要 1 毫秒，假定一年工作 365×24 小时，要想把所有路径测试完，需 3170 年。

以上的分析表明，穷举测试是不可能实施的。既然穷举测试不可行，就必须要从数量极大的可用测试用例中精心地挑选少量的测试数据，使得采用这些测试数据能够达到最佳的测试效果，能够高效率地把隐藏的错误揭露出来。

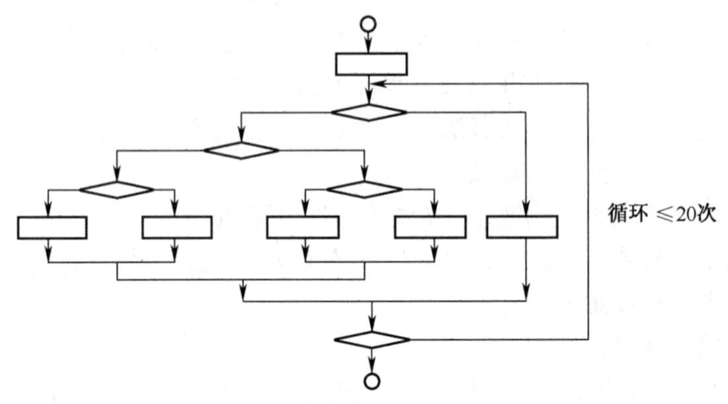

图 10-6　白盒测试用例不能穷举的模型

10.2.3　测试用例的设计

测试用例的设计包括黑盒测试与白盒测试用例的设计，本节首先介绍白盒测试用例的设计，后面再介绍黑盒测试用例的设计。

白盒测试是软件测试实践中最为有效和实用的方法之一。白盒测试是基于程序的测试，检测产品的内部结构是否合理以及内部操作是否按规定执行，覆盖测试与路径测试是其两大基本策略。本节围绕逻辑覆盖，路径分析及循环、判定测试展开介绍常见的白盒测试方法，并通过实例说明如何实际运用白盒测试技术。

1. 逻辑覆盖法

逻辑覆盖是以程序内部的逻辑结构为基础的设计测试用例的技术，属白盒测试。这一方法要求测试人员对程序的逻辑结构有清楚的了解，甚至要能掌握源程序的所有细节。

白盒测试法设计测试用例，有下面常用技术：语句覆盖、判定覆盖、条件覆盖、判定—条件覆盖、条件组合覆盖、路径覆盖。它们覆盖的程度是由低到高的。

下面以图 10-7 所示的程序流程图为例，分别给予说明。根据流程图可以看出，共有两个判定，两个赋值语句，4 条不同的路径。对于第一个判定取假分支，第一个判定取真分支，对于第二个判定取假分支，第二个判定取真分支，分别命名为 b、c、d 和 e。4 条路径表示为 L1(a→c→e)、L2(a→b→d)、L3(a→b→e)、L4(a→c→d)。

（1）语句覆盖。

语句覆盖就是设计若干个测试用例，运行被测程序，使得每一可执行语句至少执行一次。

在图 10-7 中，正好所有的可执行语句都在路径 L1 上，所以选择路径 L1 设计测试用例，就可以覆盖所有的可执行语句。

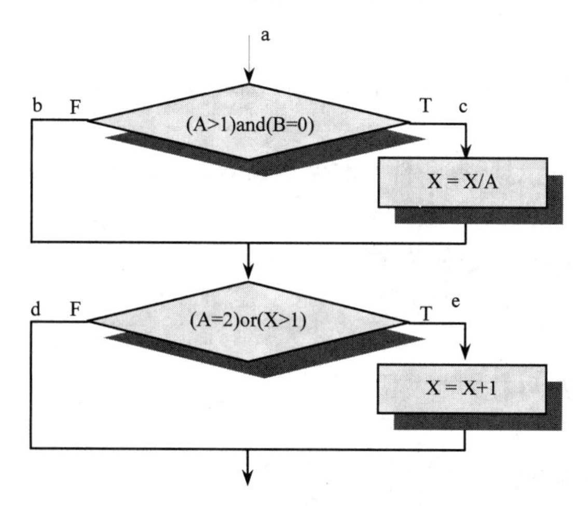

图 10-7 被测程序的流程图

测试用例的设计格式如下：

输入的(A,B,X)，输出的(A,B,X)

为该例设计满足语句覆盖的测试用例是：

(2,0,4)，(2,0,3)

覆盖 ace，即 L1

(A=2)and(B=0)or

(A>1)and(B=0)and(X/A>1)

（2）判定覆盖。

又称为分支覆盖，就是设计若干个测试用例，运行被测程序，使得程序中每个判断的取真分支和取假分支至少经历一次。

对于例子，如果选择路径 L1（走了 TT 路径）和 L2（走了 FF 路径），两个判定的取真分支和假分支的都取到了，就可得到满足要求的测试用例。

(2,0,4),(2,0,3) 覆盖 ace 即 L1

(1,1,1),(1,1,1) 覆盖 abd 即 L2

(A=2)and(B=0)or

(A>1)and(B=0)and(X/A>1)

(A≤1)and(X≤1)or

(B≠0)and(A≠2)and(X≤1)

如果选择路径 L3（走了 FT 路径）和 L4（走了 TF 路径），两个判定的取真分支和假分支的都取到了，还可得到另一组可用的测试用例：

(2,1,1),(2,1,2) 覆盖 abc 即 L3

(3,0,3),(3,1,1) 覆盖 acd 即 L4

（3）条件覆盖。

条件覆盖就是设计若干个测试用例，运行被测程序，使得程序中每个判断的每个条件的可能取值至少执行一次。

在图例中，我们事先可对所有条件的取值加以标记。例如：

对于第一个判断：

条件 A>1 取真为 T1，取假为 $\overline{T1}$

条件 B=0 取真为 T2，取假为 $\overline{T2}$

对于第二个判断：

条件 A=2 取真为 T3，取假为 $\overline{T3}$

条件 X>1 取真为 T4，取假为 $\overline{T4}$

条件覆盖的测试用例如表 10-1 所示。

表 10-1　条件覆盖的测试用例集

测试用例	覆盖分支	条件取值
(2,0,4),(2,0,3)	L1(c,e)	T1T2T3T4
(1,0,1),(1,0,1)	L2(b,d)	$\overline{T1}T2\overline{T3}T4$
(2,1,1),(2,1,2)	L3(b,e)	$T1\overline{T2}T3\overline{T4}$

或者

测试用例	覆盖分支	条件取值
(1,0,3),(1,0,4)	L3(b,e)	$\overline{T1}T2\overline{T3}T4$
(2,1,1),(2,1,2)	L3(b,e)	$T1\overline{T2}T3\overline{T4}$

（4）判定—条件覆盖。

判定—条件覆盖就是设计足够的测试用例，使得判断中每个条件的所有可能取值至少执行一次，同时每个判断的所有可能判断结果至少执行一次。判定—条件覆盖的测试用例如表 10-2 所示。

表 10-2　判定—条件覆盖的测试用例集

测试用例	覆盖分支	条件取值
(2,0,4) (2,0,3)	L1(c,e)	T1T2T3T4
(1,1,1) (1,1,1)	L2(b,d)	$\overline{T1T2T3T4}$

（5）条件组合覆盖。

条件组合覆盖就是设计足够的测试用例，运行被测程序，使得每个判断的所有可能的条件取值组合至少执行一次。

①A>1,B=0　　作　$T1\overline{T2}$

②A>1,B≠0　　作　T1T2

③A≯1,B=0　　作　$\overline{T1}T2$

④A≯1,B≠0　　作　$\overline{T1T2}$

⑤A=2,X>1　　作　T3T4

⑥A=2,X≯1　　作　$T3\overline{T4}$

⑦A≠2,X>1　　作　$\overline{T3}T4$

⑧A≠2,X≯1　　作　$\overline{T3T4}$

得到的条件组合覆盖的测试用例集如表 10-3 所示。

表 10-3　条件组合覆盖的测试用例集

测试用例	覆盖条件	覆盖组合
(2,0,4),(2,0,3)	(L1)T1T2T3T4	1)、5)
(2,1,1),(2,1,2)	(L3)T1T2T3T4	2)、6)
(1,0,3),(1,0,4)	(L3)T1T2T3T4	3)、7)
(1,1,1),(1,1,1)	(L2)T1T2T3T4	4)、8)

（6）路径覆盖。

路径覆盖就是设计足够的测试用例，覆盖程序中所有可能的路径。路径覆盖得到的测试用例集如表 10-4 所示。

表 10-4　路径覆盖的测试用例集

测试用例	通过路径	覆盖条件
(2,0,4),(2,0,3)	L1	T1T2T3T4
(1,1,1),(1,1,1)	L2	$\overline{T1T2T3T4}$
(1,1,2),(1,1,3)	L3	$\overline{T1T2T3}T4$
(3,0,3),(3,0,1)	L4	$T1T2\overline{T3T4}$

2. 基本路径覆盖

基本路径本质上是从程序入口到出口的一些通路。之所以称其为基本路径，原因在于可以通过对基本路径进行连接或者重复操作得到程序中的其他路径。

它的测试思想是根据程序的控制流图找出一个模块所需测试的基本路径，根据这些基本路径设计构造相应的测试用例。步骤如下：

（1）根据模块逻辑构造控制流图（Flow Graph）。

（2）计算控制流图的环路复杂度（Cyclomatic Complexity）。

（3）列出包含起始节点和终止节点的基本路径。

（4）检查一下列出的基本路径数目是否超过控制流图的环路复杂度。

（5）设计覆盖这些基本路径的测试用例。

控制流图是由节点和边组成的有向图。节点代表了代码或程序流程图中矩形框中所表示的处理，菱形表示的判断处理以及判断处理流程相交的汇合点，在图中用标有编号的圆圈表示。边表明了控制的顺序，在图中用有向箭头表示。如图 10-8 所示，显示了左边为程序的控制流程图，右边为对应的控制流图。

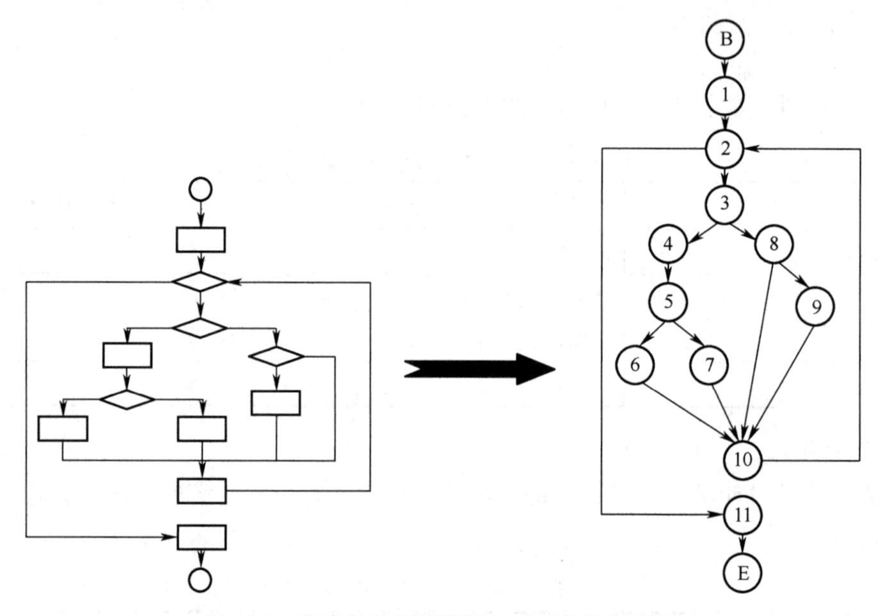

图 10-8　程序的控制流程图与对应的控制流图

控制流图有以下几个特点：

（1）具有唯一入口节点，即源节点，表示程序段的开始语句。

（2）具有唯一出口节点，即汇节点，表示程序段的结束语句。

（3）节点由带有标号的圆圈表示，表示一个或多个无分支的源程序语句。

（4）控制边由带箭头的直线或弧表示，代表控制流的方向。

环路复杂度用 V(G)表示，用来衡量一个模块判定结构的复杂程度，在数量上表现为独立的路径条数，是需要测试的基本路径数目的上限。

计算公式有三种方式：①V(G) = 闭合区域的数目，由节点和边围成的封闭区域这些封闭区域一定是不可再分的，包括周边的区域;②V(G) =二值判定节点个数+1；③V(G) =边的数目-节点的数目+ 2。针对图 10-8 控制流图的闭合区域为 5。二值判断点数为 4，根据“V(G) =二值判定节点个数 + 1”，环路复杂度为 5。图中有 13 个节点，16 条边，根据“V(G) = 边的数目-节点的数目+ 2”所以，环路复杂度仍为 5。最终根据三种方式得到的环路复杂度均为 5，即基本路径的上限为 5。

基本路径如果是一条从起始节点到终止节点的路径，而且至少包含一条其他基本路径没有包含的边。基本路径之间是相互独立的，可覆盖整个路径空间而且缺一不可。针对图 10-8 的基本路径为：

（1）1-2-11

（2）1-2-3-4-5-6-10-2-11

（3）1-2-3-4-5-7-10-2-11

（4）1-2-3-8-9-10-2-11

（5）1-2-3-8-10-2-11

最终根据这些路径来设计相应的测试用例集。

例如，有如下一段程序段：

```
1    main ()
2    {
3     int num1=0, num2=0, score=100;
4    int i;
5      char str;
6      scanf ("%d, %c\n", &i, &str);
7      while (i<5)
8      {
9            if (str='T')
10                num1++;
11           else if (str='F')
12           {
13              score=score-10;
14              num2 ++;
15             }
16           i++;
17     }
18     printf ("num1=%d, num2=%d, score=%d\n", num1, num2, score);
19   }
```

①导出程序控制流图。

根据源代码可以导出程序的控制流图，如图 10-9 所示。每个圆圈代表控制流图的节点，可以表示一个或多个语句。圆圈中的数字对应程序中某一行的编号。箭头代表边的方向，即控制流方向。

②求出程序环路复杂度。

根据程序环路复杂度的计算公式，求出程序路径集合中的独立路径数目。

公式 1：V(G)=10−8+2，其中 10 是控制流图 G 中边的数量，8 是控制流图中节点的数目。

公式 2：V(G)=3+1，其中 3 是控制流图 G 中判断节点的数目。

公式 3：V(G)=4，其中 4 是控制流图 G 中区域数目。

因此，控制流图 G 的环形复杂度是 4，就是说至少需要 4 条独立路径组成基本路径集合，并由此得到能够覆盖所有程序语句的测试用例。

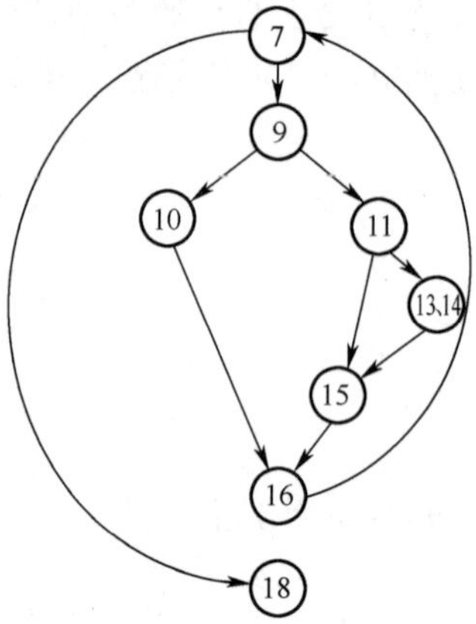

图 10-9　程序段对应的控制流图

③设计测试用例。

根据上面环路复杂度的计算结果，源程序的基本路径集合中有 4 条独立路径：

路径 1：7->18　　　　　　　　路径 2：7->9->10->16->7->18

路径 3：7->9->11->15->16->7->18　　路径 4：7->9->11->13->14->15->16->7->18

根据上述 4 条独立路径设计了测试用例组，如表 10-5 所示。

表 10-5　测试用例组

测试用例	输入		期望输出			执行路径
	i	str	num1	num2	score	
Test Case 1	5	'T'	0	0	100	路径 1
Test Case 2	4	'T'	1	0	100	路径 2
Test Case 3	4	'A'	0	0	100	路径 3
Test Case 4	4	'F'	0	1	90	路径 4

3. 判定结构分析

判定结构分析，根据模块中的逻辑条件设计测试用例，使得被测模块中的每一个复合条件以及构成这个复合条件的每一个简单条件的真假情况至少被执行一次。

简单条件是一个布尔变量或一个可能带有 NOT（“┐”）操作符的关系表达式，关系表达式的形式如：E1<关系操作符>E2，其中 E1 和 E2 是算术表达式，而<关系操作符>是下列之一：“<”，“≤”，“=”，“≠”（“ ┐=”），“>”，或“≥”。

复合条件由简单条件、布尔操作符和括弧组成。假定可用于复合条件的布尔算子包括 OR “|”，AND “&” 和 NOT “┐”，不含关系表达式的条件称为布尔表达式。

进行分支一条件测试可以发现下列缺陷：

（1）布尔变量错误。

（2）布尔括弧错误。

（3）关系操作符错误。

（4）算术表达式错误。

（5）布尔操作符错误，包括遗漏布尔操作符，布尔操作符多余，布尔操作符不正确。

例如：使用分支－条件方法设计下面逻辑条件的测试用例：

```
if ((a<b+c)&&(b<a+c)&&(c<a+b))
    isTriangle=true;
else
    isTriangle=false;
```

需被测试的逻辑条件：

复合条件：((a<b+c) && (b<a+c) && (c<a+b))

简单条件：a<b+c；b<a+c；c<a+b，第一组测试用例如表 10-6 所示。

表 10-6 第一组测试用例

	((a<b+c)&&(b<a+c)&&（c<a+b）	a<b+c	b<a+c	c<a+b
68,68,68	T	T	T	T
0,0,0	F	F	F	F

表 10-6 所示的测试用例有效性不高，因为

t && t=t || t=t 同时 f && f=f || f=f

((a<b+c) || (b<a+c) && (c<a+b))

((a<b+c) && (b<a+c) ||(c<a+b))

((a<b+c) || (b<a+c) || (c<a+b))，所以该测试用例不能有效地发现测试中存在的问题。第二组测试用例如表 10-7 所示。

表 10-7 第二组测试用例

	((a<b+c)&&(b<a+c)&&(c<a+b))	a<b+c	b<a+c	c<a+b
68,68,68	T	T	T	T
68,8,56	F	F	T	T
8,68,56	F	T	F	T
8,56,68	F	T	T	F

表 10-7 所示的这组测试用例也不好，因为如果错把((a<b+c) && (b<a+c) && (c<a+b))写成了((a<=b+c) && (b<a+c) && (c<a+b))，测试用例发现不了这个错误，也就是没有考虑边界的情况。第三组测试用例如表 10-8 所示。

表 10-8 第三组测试用例

	((a<b+c)&&(b<a+c)&&(c<a+b))	a<b+c	b<a+c	c<a+b
68,68,68	T	T	T	T
68,8,60	F	F	T	T
8,68,60	F	T	F	T
8,60,68	F	T	T	F

表 10-8 所示的这组测试用例就克服了表 10-7 第二组测试用例的缺点，对于下面几种错误该测试用例都能验证出来。

((a<=b+c) && (b<a+c) && (c<a+b))

((a<b+c) || (b<a+c) && (c<a+b))

((a<b+c) && (b<a+c) ||(c<a+b))

((a<b+c) || (b<a+c) || (c<a+b))

所以说，分支－条件测试可以发现但并不保证发现所有下列缺陷：布尔变量错误、布尔括弧错误、关系操作符错误、算术表达式错误、布尔操作符错误。

因此，实际设计测试用例过程中要结合具体问题选取恰当的测试输入。

4. 循环结构分析

循环分为 4 种不同类型：简单循环、连锁循环、嵌套循环和非结构循环，如图 10-10 所示。

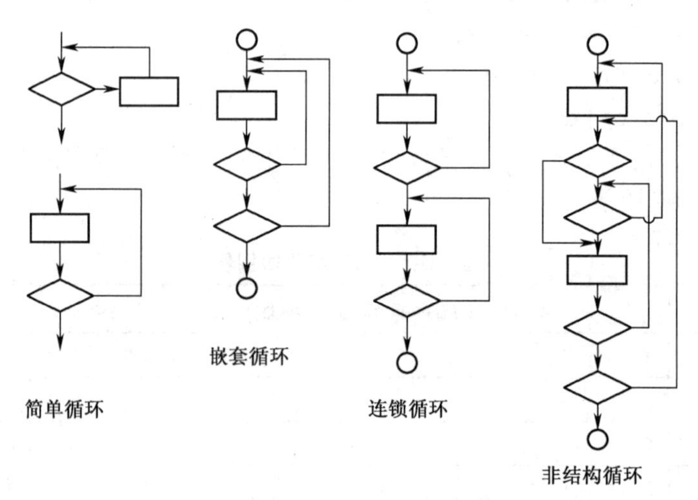

图 10-10 循环的分类

当程序中判定多于 1 个时，形成的分支结构可以分为两类：嵌套型分支结构和连锁型分支结构。

对于嵌套型分支结构，若有 n 个判定语句，需要 n+1 个测试用例。

对于连锁型分支结构，若有 n 个判定语句，需要有 2n 个测试用例，覆盖它的 2n 条路径，当 n 较大时将无法测试。嵌套型分支与连锁型分支结构如图 10-11 所示。

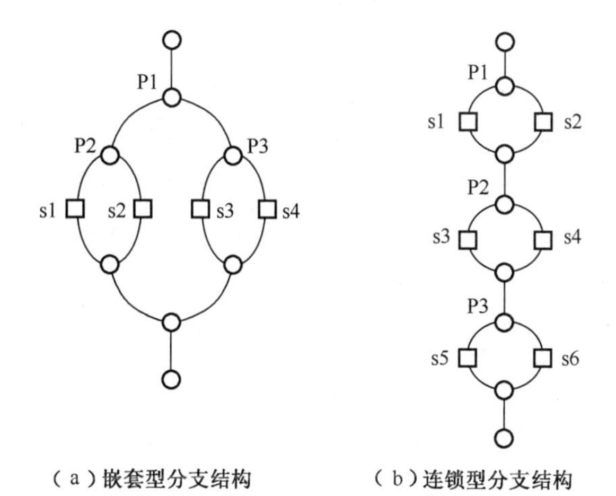

图 10-11 嵌套型分支结构与连锁型分支结构

（1）简单循环。

①零次循环：从循环入口到出口。

②一次循环：检查循环初始值。

③二次循环：检查两次循环。

④m 次循环：检查多次循环。

⑤最大次数循环、比最大次数多一次、少一次的循环。

（2）嵌套循环。

对于嵌套循环，不能将简单循环的测试方法简单地扩大到嵌套循环，因为可能的测试数目将随嵌套层次的增加呈几何倍数增长。这可能导致一个天文数字的测试数目。下面给出一种有助于减少测试数目的测试方法。

①对最内层循环做简单循环的全部测试。所有其他层的循环变量置为最小值。

②逐步外推，对其外面一层循环进行测试。测试时保持所有外层循环的循环变量取最小值，所有其他嵌套内层循环的循环变量取“典型”值。

③反复进行，直到所有各层循环测试完毕。

④对全部各层循环同时取最小循环次数，或者同时取最大循环次数。

（3）连锁循环。

对于连锁循环，要区别两种情况。如果各个循环互相独立，则连锁循环可以用与简单循环相同的方法进行测试。但如果几个循环不是互相独立的，则需要使用测试嵌套循环的办法来处理。

（4）非结构循环。

这一类循环应该使用结构化程序设计方法重新设计测试用例。

黑盒测试法是根据被测程序功能来进行测试，所以通常也称为功能测试。把系统看成一个不透明的黑匣，在完全不考虑系统内部结构和处理过程的情况下验证系统是否达到用户需求。不考虑系统或者组件的内部细节，只关注在选择的输入和相应的执行条件下所产生的输出结果。

通常运用一种测试用例设计方法不能获得理想的测试用例集。在设计测试用例时，比较实用的方法是综合运用几种设计技术，取长补短。进行黑盒测试设计方法的主要依据是软件系统需求规格说明书，因此，在进行黑盒测试设计之前需要确保说明书是经过评审的，其质量达到了既定的要求。另外，如果没有说明书的话，可以选择探索式测试黑盒测试思想不仅可以用于测试软件的功能，同时，也可用于测试软件的非功能，如性能、安全、可用性等。

用黑盒测试法设计测试用例，有 4 种常用技术：等价分类法、边界值分析、错误猜测法和因果图法。

5. 等价分类法

等价类划分是一种典型的黑盒测试方法。使用这一方法时，完全不考虑程序的内部结构，只依据程序的规格说明来设计测试用例。由于不可能用所有可以输入的数据来测试程序，而只能从全部可供输入的数据中选择一个子集进行测试。如何选择适当的子集，使其尽可能多地发现错误。解决的办法之一就是等价类划分。

使用这一方法设计测试用例要经历两个步骤分别为：①划分等价类：有效等价类、无效等价类；②选取测试用例。

有效等价类是指对于程序的规格说明来说，是合理的有意义的输入数据构成的集合。利用它可以检验程序是否实现预先规定的功能和性能。

无效等价类是指对于程序的规格说明来说，是不合理的、无意义的输入数据构成的集合。程序员主要利用这一类测试用例来检查程序中功能和性能的实现是否不符合规格说明要求。

划分有效等价类的原则：

（1）如果输入条件规定了取值范围或值的个数，则可以确立一个有效等价类和两个无效等价类。

例如，在程序的规格说明书中，对输入条件的规定是：数值为 1～999。

则有效等价类是：1≤数值≤999

无效等价类是：数值<1 和数值>999，如图 10-12 所示。

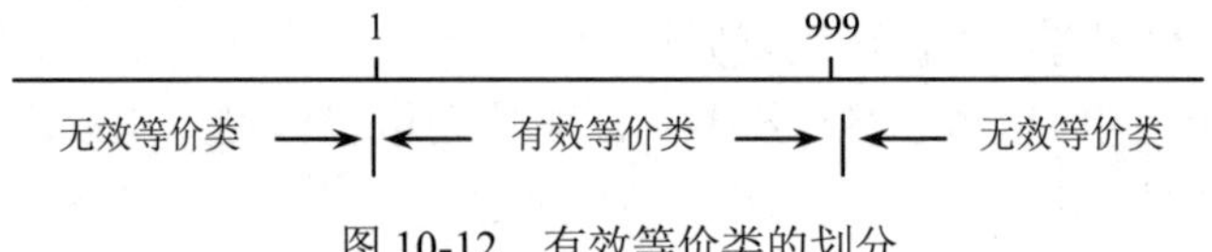

图 10-12　有效等价类的划分

（2）如果规定了输入数据的一组值，而且程序要对每个输入值分别进行处理。这时可为每一组输入值确立一个有效等价类，此外针对这组值确立一个无效等价类，它是所有不允许的输入值的集合。

（3）如果输入条件规定了必须成立的条件，这时可确立一个有效等价类和一个无效等价类。

（4）如果认为程序将按不同的方式来处理某个等价类中的各种测试用例，则应将这个等价类再分成几个更小的等价类。

（5）如果输入条件是一个布尔量，则可以确定一个有效等价类和一个无效等价类。

（6）如果规定输入数据为整数，则可划分为正整数、零和负整数三个有效等价类。

测试步骤为：

（1）在确立了等价类之后，建立等价类表，列出所有划分出的等价类，如表 10-9 所示。

表 10-9　等价类表

输入条件	有效等价类	无效等价类
……	……	……
……	……	……

（2）再从划分出的等价类中按以下原则选择测试用例：

①为每一个等价类规定一个唯一编号。

②设计一个新的测试用例，使其尽可能多地覆盖尚未被覆盖的有效等价类，重复这一步，直到所有的有效等价类都被覆盖为止。

③设计一个新的测试用例，使其仅覆盖一个尚未被覆盖的无效等价类，重复这一步，直到所有的无效等价类都被覆盖为止。

例如，某一报表处理系统，要求用户输入处理报表的日期。假设日期限制在 1990 年 1 月至 1990 年 12 月，即系统只能对该段时期内的报表进行处理。如果用户输入的日期不在此范围内，则显示输入错误信息。该系统规定日期由年、月的 6 位数字字符组成，前 4 位代表年，后 2 位代表月。现用等价类划分法设计测试用例，来测试程序的“日期检查功能”。

①划分等价类并编号：划分成 3 个有效等价类，7 个无效等价类，如表 10-10 所示。

②为合理等价类设计测试用例，对于表中编号为 1,5,8 对应的 3 个合理等价类，用一个测试用例覆盖。

表 10-10　划分的等价类表

输入条件	有效等价类	无效等价类
日期的类型及长度	1．6 位数字字符	2. 有非数字字符；3. 少于 6 个数字字符；4. 多于 6 个数字字符
年份范围	5．在 1990～1999 之间	6．小于 19907 大于 1999
月份范围	8．在 1～12 之间	9．小于 110 大于 12

③ 为每一个不合理等价类至少设计一个测试用例，如表 10-11 所示。

表 10-11 用等价分类法设计的测试用例集

测试数据	期望结果	覆盖范围
99MAY	输入无效	2
19995	输入无效	3
1999005	输入无效	4
198912	输入无效	6
200001	输入无效	7
199900	输入无效	9
199913	输入无效	10

划分等价类不仅要考虑代表“有效”输入值的有效等价类，还需考虑代表“无效”输入值的无效等价类。每一无效等价类至少要用一个测试用例，不然就可能漏掉某一类错误，但允许若干有效等价类合用同一个测试用例，以便进一步减少测试的次数。

6. 边界值分析法

采用边界值分析法来选择测试用例，可使得被测程序能在边界值及其附近运行，从而更有效地暴露出程序中潜藏的错误。边界值分析也是一种黑盒测试方法，是对等价类划分方法的补充。人们从长期的测试工作经验得知，大量的错误是发生在输入或输出范围的边界上，而不是在输入范围的内部。因此针对各种边界情况设计测试用例，可以查出更多的错误。

例如，在做三角形计算时，要输入三角形的三个边长：A、B 和 C。我们应注意到这三个数值应该满足 A>0、B>0、C>0、A+B>C、A+C>B、B+C>A 才能构成三角形。但如果把六个不等式中的任何一个大于号“>”错写成大于等于号“≥”，那就不能构成三角形。问题恰出现在容易被疏忽的边界附近。

选择边界值的原则为：

（1）如果输入条件规定了值的范围，可以选择正好等于边界值的数据作为合理的测试用例，同时还要选择刚好越过边界值的数据作为不合理的测试用例。如输入值的范围是[1，100]，可取 0，1，100，101 等值作为测试数据。

（2）如果输入条件指出了输入数据的个数，则按最大个数、最小个数、比最小个数少 1 及比最大个数多 1 等情况分别设计测试用例。如一个输入文件可包括 1～255 个记录，则分别设计有 1 个记录、255 个记录，以及 0 个记录和 256 个记录的输入文件的测试用例。

（3）如果程序的需求说明给出的输入或输出域是个有序集合（如顺序文件、线性表等），应选择有序表的第一个和最后一个元素作为测试用例。

7. 决策表

决策表由四个部分组成，分别是条件桩（Condition Stub）、条件项（Condition Entry）、动作桩（Action Stub）和动作项（Action Entry），如图 10-13 所示。

条件桩	条件项
动作桩	动作项

图 10-13　决策表的组成

条件桩是条件的列表。

动作桩是满足条件时系统可能产生的动作的列表。

条件项是条件值的组合。

动作项是在条件值组合情况下发生的动作。

表中的每一列称为一条规则。规则定义了动作在什么条件下发生。

决策表分为：

①有限项决策表：每个条件只有两个值，如 Y/N，T/F，1/0 等。

②扩展项决策表：条件项的取值有多个（大于 2 个）。

图 10-14 的决策表描述了读书时的场景。

你觉得累吗？	Y	Y	Y	Y	N	N	N	N
你对书中的内容感兴趣吗？	Y	Y	N	N	Y	Y	N	N
书中的内容使你湖涂吗？	Y	N	Y	N	Y	N	Y	N
回到本章开始重读	√				√			
继续读下去		√				√		
跳过本章到下一章							√	√
不读了，休息一下			√	√				

图 10-14　读书场景下的决策表

决策表设计测试用例的步骤：

（1）分析规格说明确定条件和动作。

（2）将条件和动作分别填入条件桩和动作桩中。

（3）在条件项中，根据逻辑关系填入条件的各种组合情况。

（4）在动作项中，根据规格说明，给每个条件的组合情况填入相应的动作。

（5）重复步骤（3）、（4）直到所有逻辑关系被遍历完为止。

为了减少测试用例，我们可以合并具有相同动作结果的规则，不相关项用“-”表示。

（1）有限项决策表。

例如，三角形问题：输入三个整数，这三个值分别表示三角形三条边的长度，请判断这个三角形是等边三角形，还是等腰三角形还是不等边三角形并打印相应的结果 a,b,c 分别代表输入的整数，三角形问题的决策表如表 10-12 所示。

表 10-12　三角形问题的决策表

	1	2	3	4	5	6	7	8	9	10	11
a<b+c	F	T	T	T	T	T	T	T	T	T	T
b<a+c	-	F	T	T	T	T	T	T	T	T	T
c<b+a	-	-	F	T	T	T	T	T	T	T	T
a=b	-	-	-	T	T	T	T	F	F	F	F
a=c	-	-	-	T	T	F	F	T	T	F	F
b=c	-	-	-	T	F	T	F	T	F	T	F
非三角形	√	√	√								
不等边三角形											√
等腰三角形							√		√	√	
等边三角形				√							
不适用					√	√		√			

测试用例：

规则 1：测试输入= (60,16,26)，预期结果=非三角形

规则 2：测试输入= (50,50,0)，预期结果=非三角形

规则 3：测试输入= (0,0,0)，预期结果=非三角形

规则 4：测试输入= (60,60,60)，预期结果=等边三角形

规则 5：这种组合在现实中不可能存在

规则 6：这种组合在现实中不可能存在

规则 7：测试输入= (60,60,26)，预期结果=等腰三角形

规则 8：这种组合在现实中不可能存在

规则 9：测试输入= (60,26,60)，预期结果=等腰三角形

规则 10：测试输入= (26,60,60)，预期结果=等腰三角形

规则 11：测试输入= (30,40,50)，预期结果=不等边三角形

（2）扩展项决策表。

例如，NextDate 问题即日期的下一天是什么日期。

年份的值包括

Y1={闰年}　　Y2={平年}

月份的值包括

M1={31 天的月，除去 12 月}　　M2={30 天的月}

M3={2 月}　　M4={12 月}

日期的值包括

D1={从 1 到 27}　　D2={28}　　D3={29}　　D4={30}　　D5={31}

NextDate 问题的扩展项决策表如表 10-13 所示。

表 10-13　NextDate 问题的扩展项决策表

	1	2	3	4	5	6	7	8	9	10	11	12	13
月在	M1	M1	M2	M2	M2	M3	M3	M3	M3	M3	M3	M4	M4
日 is	D1,D2,D3,D4	D5	D1,D2,D3	D4	D5	D1,D2	D3	D4,D5	D1	D2	D3	D1,D2,D3,D4	D5
年 is	-	-	-	-	-	Y1	Y1	-	Y2	Y2	Y2	-	
日期+1	√		√			√			√			√	
日期为 1		√		√			√			√			√
月份+1		√		√			√			√			
月份为 1													√
年份+1													√
N/A					√			√			√		

测试用例

规则 1：测试输入= (2007,7,19)，预期结果= “2007-7-20”

规则 2：测试输入= (2007,7,31)，预期结果= “2007-8-1”

规则 3：测试输入= (2007,9,25)，预期结果= “2007-9-26”

规则 4：测试输入= (2007,9,30)，预期结果= “2007-10-1”

规则 5：测试输入= (2007,11,31)，预期结果= “日期输入错误”

规则 6：测试输入= (2000,2,15)，预期结果= “2000-2-16”

规则 7：测试输入= (2000,2,29)，预期结果= “2000-3-1”

规则 8：测试输入= (2000,2,30)，预期结果= “日期输入错误”

规则 9：测试输入= (2007,2,15)，预期结果= “2007-2-16”

规则 10：测试输入= (2007,2,28)，预期结果= “2007-3-1”

规则 11：测试输入= (2007,2,28)，预期结果= “日期输入错误”

规则 12：测试输入= (2006,12,16)，预期结果= “2006-12-17”

规则 13：测试输入= (2006,12,31)，预期结果= “2007-1-1”

当测试逻辑时，决策表是一个非常好的选择。为了降低测试用例个数，可以使用扩展项决策表。

8. 错误猜测法

所谓猜测，就是猜测被测程序在哪些地方容易出错，然后针对可能的薄弱环节来设计测试用例。

9. 因果图法

因果图是借助图形来设计测试用例的一种系统方法。它适用于被测程序具有多种输入条件，程序的输出又依赖于输入条件的各种组合的情况。因果图是一种简化了的逻辑图，它能直观地表明程序输入条件（原因）和输出动作（结果）之间的相互关系。因果图方法最终生成的就是判定表。它适合于检查程序输入条件的各种组合情况。

利用因果图产生测试用例的基本步骤如下：

（1）分析软件规格说明描述中，哪些是原因（即输入条件或输入条件的等价类），哪些是结果（即输出条件），并给每个原因和结果赋予一个标识符。

（2）分析软件规格说明描述中的语义，找出原因与结果之间，原因与原因之间对应的是什么关系，根据这些关系，画出因果图。

（3）由于语法或环境限制，有些原因与原因之间，原因与结果之间的组合情况不可能出现。为表明这些特殊情况，在因果图上用一些记号标明约束或限制条件。

（4）把因果图转换成判定表。

（5）把判定表的每一列拿出来作为依据，设计测试用例。

各步骤如图 10-15 所示。

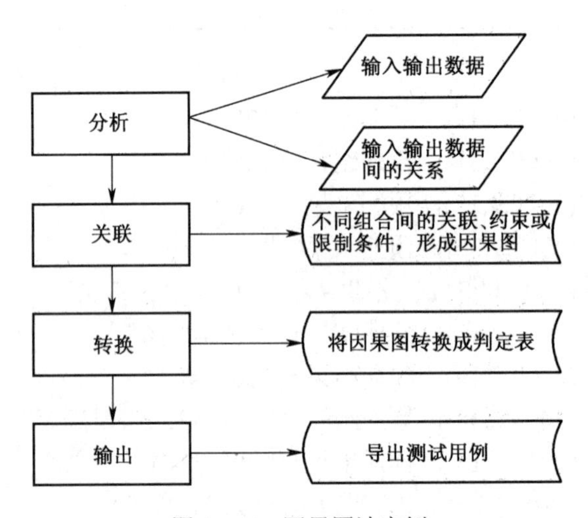

图 10-15　因果图法实例

因果图中出现的基本的符号，通常在因果图中用 ci 表示原因，用 ei 表示结果，各结点表示状态，可取值“0”或“1”。“0”表示某状态不出现，“1”表示某状态出现。

主要的原因和结果之间的关系有 4 种，如图 10-16 所示。

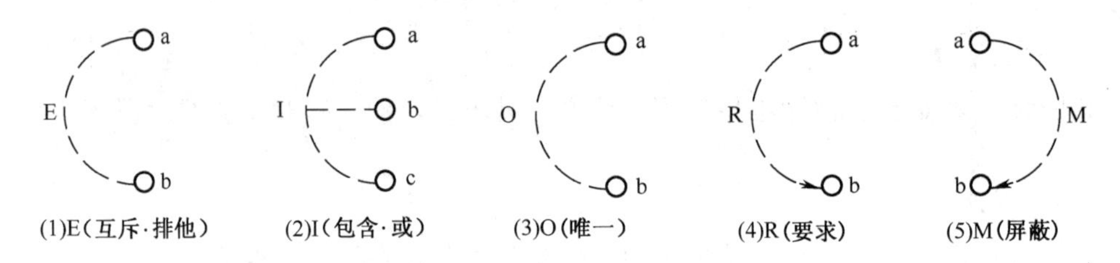

图 10-16　因果图的基本符号

图10-16中各符号的含义如下：

恒等：若C1是1，则E1也是1，否则E1为0。

非：若C1是1，则E1是0，否则E1为1。

或：若C1或C2或C3是1，则E1是1，否则E1为0。

与：若C1和C2都是1，则E1是1，否则E1为0。

表示约束条件的符号，为了表示原因与原因之间，结果与结果之间可能存在的约束条件，在因果图中可以附加一些表示约束条件的符号，如图10-17所示。

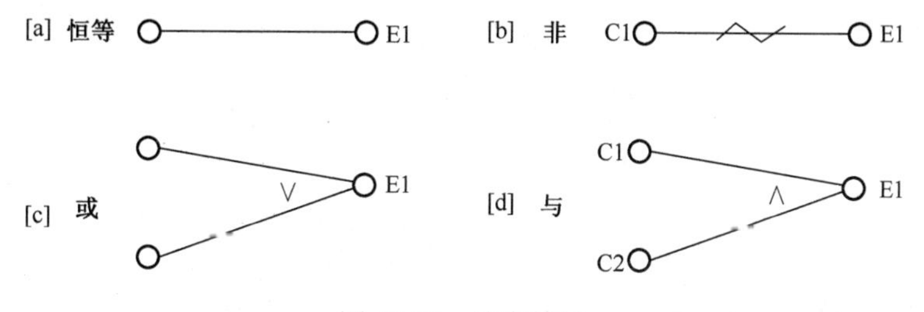

图10-17　约束符号

对于输入条件有以下四种约束。

E约束（异）：a和b中最多有一个可能为1，即a和b不能同时为1。

I约束（或）：a、b和c中至少有一个必须是1，即a、b和c不能同时为0。

O约束（唯一）：a和b中必须有一个且仅有一个为1。

R约束（要求）：a是1时，b必须是1，即a是1时，b不能是0。

对输出条件的约束只有M约束。

M约束（强制）：若结果a是1，则结果b强制为0。

例如，有一个处理单价为5角钱的饮料的自动售货机软件测试用例的设计。其规格说明如下：

若投入5角钱或1元钱的硬币，按下“橙汁”或“啤酒”的按钮，则相应的饮料就送出来。若售货机没有零钱找，则一个显示“零钱找完”的红灯亮，这时在投入1元硬币并按下按钮后，饮料不送出来并且1元硬币退出来；若有零钱找，则“零钱找完”的红灯灭，在送出饮料的同时退还5角硬币。

（1）分析这一段说明，列出原因和结果。

原因：1. 售货机有零钱找　　2. 投入1元硬币

3. 投入5角硬币　　4. 按下“橙汁”按钮

5. 按下“啤酒”按钮

建立中间结点，表示处理的中间状态

11. 投入1元硬币且按下“饮料”按钮　　12. 按下“橙汁”或“啤酒”的按钮

13. 应当找5角零钱并且售货机有零钱找　　14. 钱已付清

结果：21. 售货机“零钱找完”灯亮

22. 退还 1 元硬币　　23. 退还 5 角硬币

24. 送出橙汁饮料　　25. 送出啤酒饮料

（2）画出因果图。所有原因结点列在左边，所有结果结点列在右边。

（3）由于 2 与 3，4 与 5 不能同时发生，加上约束条件 E，得到因果关系如图 10-18 所示。

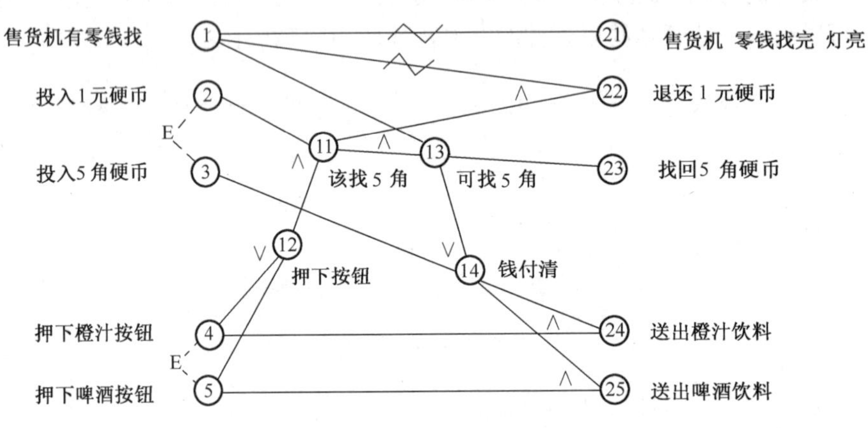

图 10-18　得到的因果关系图

（4）转换成判定表，如表 10-14 所示。

表 10-14　得到的决策表

序号		1	2	3	4	5	6	7	8	9	10	1	2	3	4	5	6	7	8	9	20	1	2	3	4	5	6	7	8	9	30	1	2
条件	①	1	1	1	1	1	1	1	1	1	1	1	1	1	1	1	1	0	0	0	0	0	0	0	0	0	0	0	0	0	0	0	0
	②	1	1	1	1	1	1	1	1	0	0	0	0	0	0	0	0	1	1	1	1	1	1	1	1	0	0	0	0	0	0	0	0
	③	1	1	1	1	0	0	0	0	1	1	1	1	0	0	0	0	1	1	1	1	0	0	0	0	1	1	1	1	0	0	0	0
	④	1	1	0	0	1	1	0	0	1	1	0	0	1	1	0	0	1	1	0	0	1	1	0	0	1	1	0	0	1	1	0	0
	⑤	1	0	1	0	1	0	1	0	1	0	1	0	1	0	1	0	1	0	1	0	1	0	1	0	1	0	1	0	1	0	1	0
中间结果	⑪						1	1	0		0	0	0		0	0	0						1	1	0		0	0	0		0	0	0
	⑫						1	1	0		1	1	0		1	1	0						1	1	0		1	1	0		1	1	0
	⑬						1	1	0		0	0	0		0	0	0						0	0	0		0	0	0		0	0	0
	⑭						1	1	0		1	1	1		0	0	0						0	0	0		1	1	1		0	0	0
结果	㉑						0	0	0		0	0	0		0	0	0						1	1	1		1	1	1		1	1	1
	㉒						0	0	0		0	0	0		0	0	0						1	1	0		0	0	0		0	0	0
	㉓						1	1	0		0	0	0		0	0	0						0	0	0		0	0	0		0	0	0
	㉔						1	0	0		1	0	0		0	0	0						0	0	0		1	0	0		0	0	0
	㉕						0	1	0		0	1	0		0	0	0						0	0	0		0	1	0		0	0	0
测试用例							Y	Y	Y		Y	Y	Y		Y	Y							Y	Y	Y		Y	Y	Y		Y	Y	

10.3 软件测试策略

为了最大程度地减少测试遗留的缺陷，同时也为了最大限度地发现存在的缺陷，在测试实施之前，测试工程师必须确定将要采用的测试策略和测试方法，并以此为依据制定详细的测试方案。一个好的测试策略和测试方法必将给整个测试工作带来事半功倍的效果。

通常，在测试早期主要使用白盒测试方法，后期主要使用黑盒测试方法。其策略为：

（1）在任何情况下都必须使用边界值分析方法。

（2）必要时用等价类划分方法补充一些测试用例。

（3）用错误猜测法再追加一些测试用例。

（4）对照程序逻辑，设计足够的测试用例，以达到要求的覆盖标准。

（5）如果程序的功能说明中含有输入条件的组合情况，则一开始就可选用因果图法。

测试用例的设计方法不是单独存在的，具体到每个测试项目里都会用到多种方法，每种类型的软件有各自的特点，每种测试用例设计的方法也有各自的特点，针对不同软件如何利用这些黑盒、白盒方法是非常重要的，在实际测试中，往往是综合使用各种方法才能有效提高测试效率和测试覆盖度，这就需要认真掌握这些方法的原理，积累更多的测试经验，以有效提高测试水平。

10.4 软件测试过程

软件测试作为软件研发过程中一个必不可少的环节对保证软件产品质量起到了不可估量的作用。软件测试活动质量的好坏不仅依靠活动中采用的工具方法技术，同样也依靠一个良好的过程及执行。软件测试过程主要包含单元测试、集成测试、确认测试、系统测试、调试。它们之间的关系如图 10-19 所示。

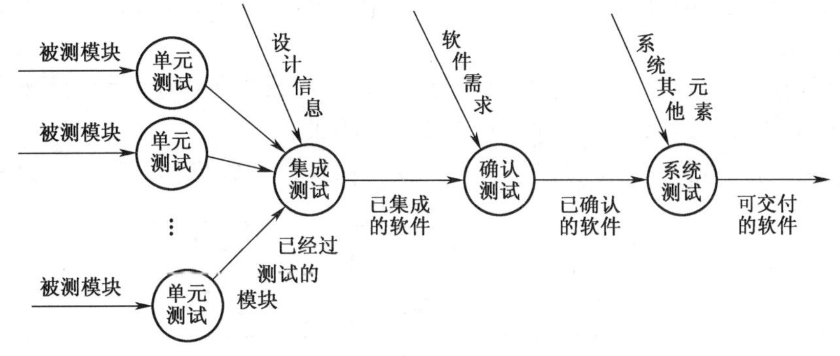

图 10-19 测试过程图

单元测试集中对用源代码实现的每一个程序单元进行测试，检查各个程序模块是否正确地实现了规定的功能。然后，进行集成测试，根据设计规定的软件体系结构，把已测试过的模块组装起来，在组装过程中，检查程序结构组装的正确性。确认测试则是要检查已实现的软件是否满足了需求规格说明中确定了的各种需求，以及软件配置是否完全、正确。最后是系统测试，把已经经过确认的软件纳入实际运行环境中，与其他系统成份组合在一起进行测试。严格地说，系统测试已超出了软件工程的范围。

10.4.1 单元测试

单元测试又称模块测试，是针对软件设计的最小单位——程序模块，进行正确性检验的测试工作。其目的在于发现各模块内部可能存在的各种差错。单元测试需要从程序的内部结构出发设计测试用例。多个模块可以平行地独立进行单元测试。

1. 单元测试的内容

（1）模块接口测试。

（2）局部数据结构测试。

（3）路径测试。

（4）错误处理测试。

（5）边界测试。

此外，如果对模块运行时间有要求的话，还要专门进行关键路径测试，以确定最坏情况下和平均意义下影响模块运行时间的因素。这类信息对进行性能评价是十分有用的。

2. 单元测试的步骤

通常单元测试在编码阶段进行。在源程序代码编制完成，经过评审和验证，确认没有语法错误之后，就开始进行单元测试的测试用例设计。利用设计文档，设计可以验证程序功能、找出程序错误的多个测试用例。对于每一组输入，应有预期的正确结果。

模块并不是一个独立的程序，在考虑测试模块时，同时要考虑它和外界的联系，用一些辅助模块去模拟与被测模块相联系的其他模块。驱动模块（Driver）与桩模块（Stub），又称存根模块。

（1）驱动模块：相当于被测模块的主程序。它接收测试数据，把这些数据传送给被测模块，最后输出实测结果。

（2）桩模块：用以代替被测模块调用的子模块。桩模块可以做少量的数据操作，不需要把子模块所有功能都带进来，但不允许什么事情也不做。

被测模块、与它相关的驱动模块及桩模块共同构成了一个“测试环境”，如图 10-20 所示。

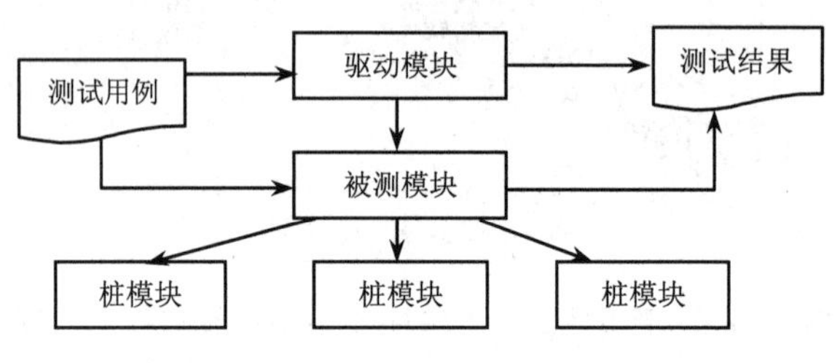

图 10-20　驱动模块与桩模块

单元测试主要是对模块的五个基本特性进行评价。它们分别是模块接口、局部数据结构、边界条件、重要的执行路径及错误处理，如图 10-21 所示。

①模块接口测试。

在单元测试的开始，应对通过被测模块的接口数据进行测试。测试项目包括：调用本模块的输入参数是否正确；本模块调用子模块时输入给子模块的参数是否正确；全局变量的定义在各模块中是否一致等。

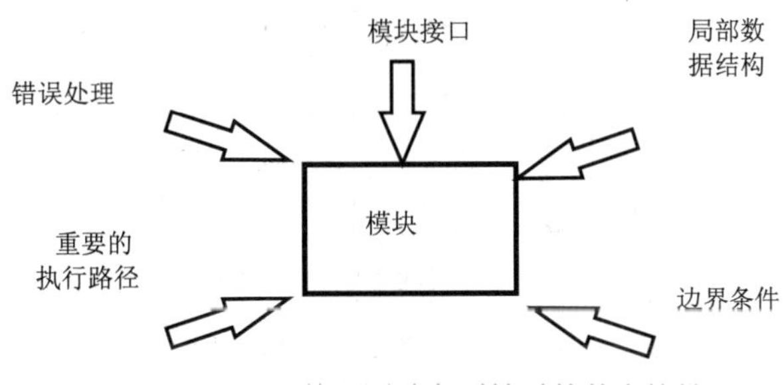

图 10-21 单元测试主要针对的基本特性

②局部数据结构测试。

不正确或不一致的数据类型说明，使用尚未赋值或尚未初始化的变量，错误的初始值或错误的缺省值，变量名拼写错或书写错，不一致的数据类型，全局数据对模块的影响。

③路径测试。

选择适当的测试用例，对模块中重要的执行路径进行测试。

④错误处理测试。

⑤边界测试。

10.4.2 集成测试

集成测试又称为组装测试或联合测试。通常，在单元测试的基础上，需要将所有模块按照设计要求组装成为系统。在单元测试的同时可进行集成测试，发现并排除在模块连接中可能出现的问题，最终构成要求的软件系统。把模块组装成为系统的方式有两种：非渐增式测试与渐增式测试。

1. 非渐增式测试

它是一种非增殖式组装方式，也叫做整体拼装。这种方式首先对每个模块分别进行模块测试，然后再把所有模块组装在一起进行全程序测试，最终得到要求的软件系统。它的缺点是发现错误难以诊断定位，又称"莽撞测试"。

2. 渐增式测试

它首先对一个个模块进行模块测试，然后将这些模块逐步组装成较大的系统，从一个模块开始，测一次添加一个模块，边组装边测试，以发现与接口相联系的问题。

自顶向下和自底向上以及混合的策略属于渐增式测试策略。

（1）自顶向下的组装方式将模块按系统程序结构，沿控制层次自顶向下进行组装。自顶向下的增殖方式在测试过程中较早地验证了主要的控制和判断点。选用按深度方向组装的方式，可以首先实现和验证一个完整的软件功能，如图 10-22 所示。

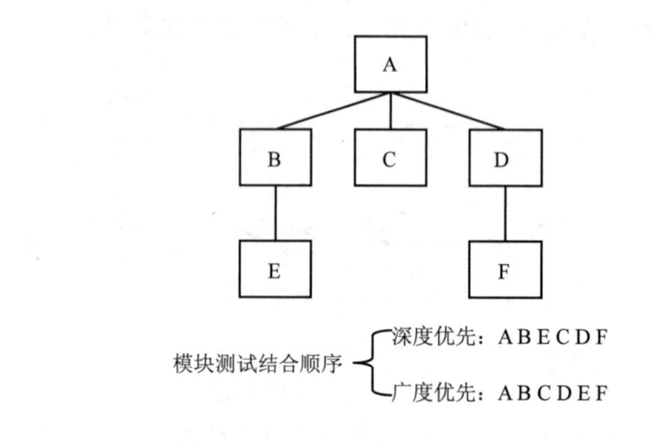

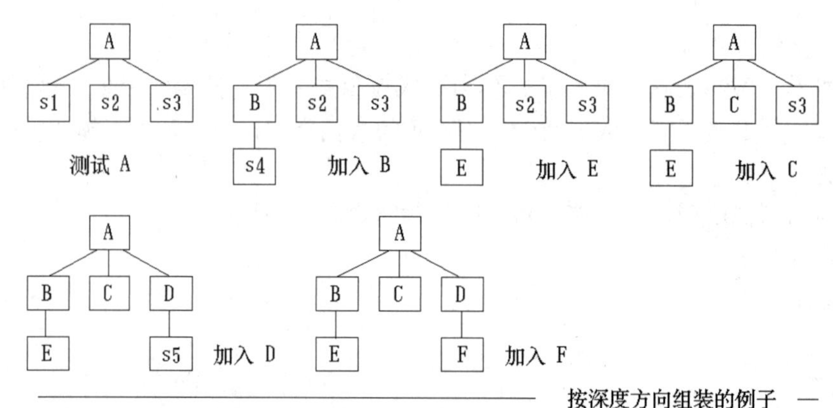

图 10-22　自顶向下组装方式

（2）自底向上组装方式，这种组装的方式是从程序模块结构的最底层的模块开始组装和测试。因为模块是自底向上进行组装，对于一个给定层次的模块，它的子模块（包括子模块的所有下属模块）已经组装并测试完成，所以不再需要桩模块。在模块的测试过程中需要从子模块得到的信息可以直接运行子模块得到。自底向上集成示例如图 10-23 所示。

3. *混合集成测试方法*

自顶向下增殖的方式和自底向上增殖的方式各有优缺点。有鉴于此，通常是把以上两种方式结合起来进行组装和测试。

（1）衍变的自顶向下的增殖测试：它的基本思想是强化对输入/输出模块和引入新算法模块的测试，并自底向上组装成为功能相当完整且相对独立的子系统，然后由主模块开始自顶向下进行增殖测试。

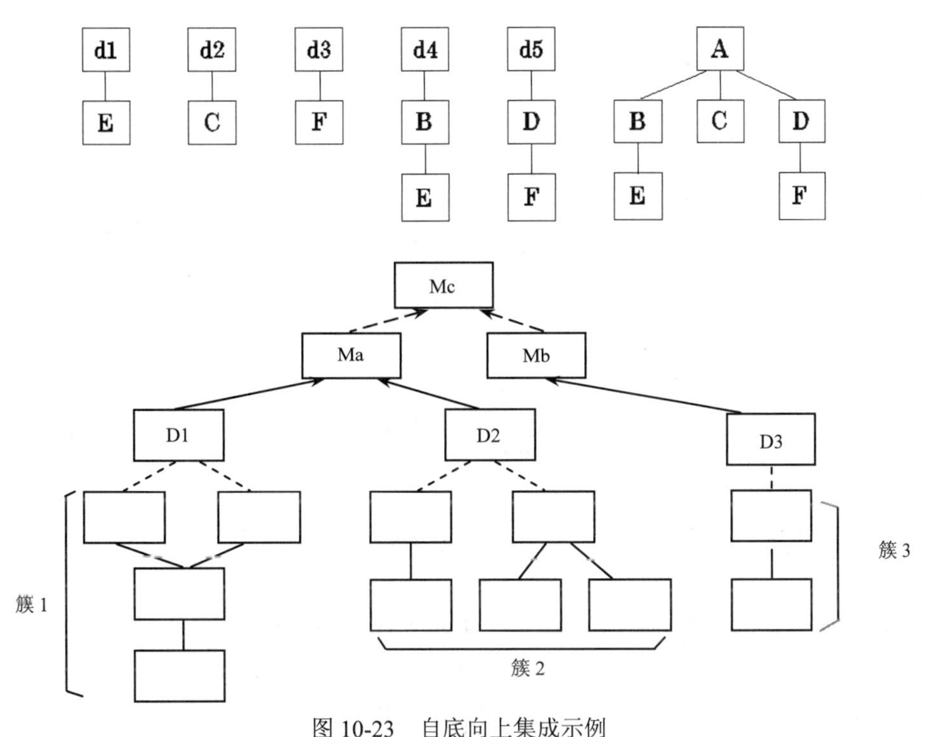

图 10-23 自底向上集成示例

（2）自底向上—自顶向下的增殖测试：它首先对含读操作的子系统自底向上直至根结点模块进行组装和测试，然后对含写操作的子系统做自顶向下的组装与测试。

（3）回归测试：这种方式采取自顶向下的方式测试被修改的模块及其子模块，然后将这一部分视为子系统，再自底向上测试，以检查该子系统与其上级模块的接口是否适配。

10.4.3 确认测试

确认测试又称有效性测试。任务是验证软件的功能和性能及其他特性是否与用户的要求一致。对软件的功能和性能要求在软件需求规格说明书中已经明确规定。它包含的信息就是软件确认测试的基础。确认测试如图 10-24 所示。

1. 有效性测试

有效性测试是在模拟的环境下，运用黑盒测试的方法，验证被测软件是否满足需求规格说明书列出的需求。通过实施预定的测试计划和测试步骤，从而确定软件的特性是否与需求相符；所有的文档都是正确且便于使用；对其他软件需求，例如可移植性、兼容性、出错自动恢复、可维护性等，也都要进行测试。

2. 软件配置复查

软件配置复查的目的是保证软件配置的所有成分都齐全，各方面的质量都符合要求，具有维护阶段所必需的细节，而且已经编排好分类的目录。

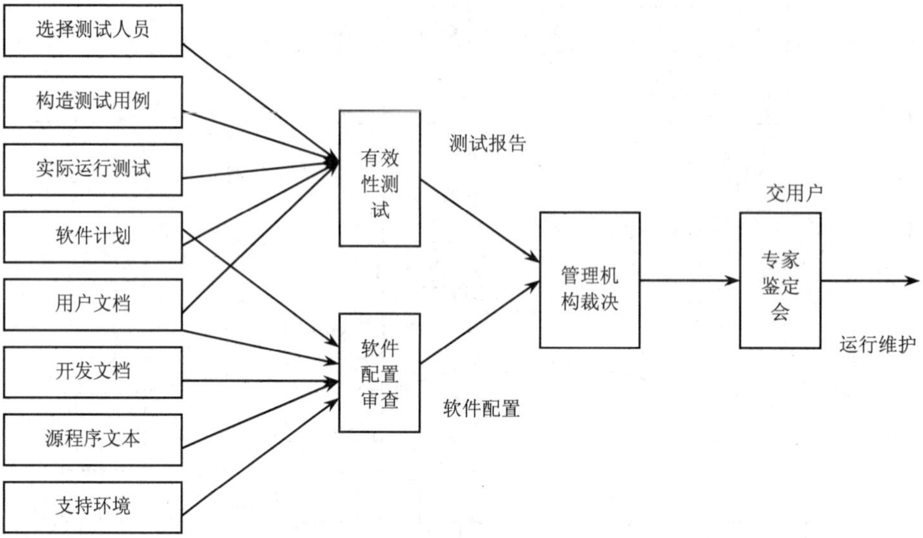

图 10-24　确认测试

除了按合同规定的内容和要求，由人工审查软件配置之外，在确认测试的过程中，应当严格遵守用户手册和操作手册中规定的使用步骤，以便检查这些文档资料的完整性和正确性。必须仔细记录发现的遗漏和错误，并且适当地补充和改正。

软件配置复查的目的是保证：

（1）软件配置的所有成分都齐全。

（2）各方面的质量都符合要求。

（3）具有维护阶段所必需的细节。

（4）而且已经编排好分类的目录。

应当严格遵守用户手册和操作手册中规定的使用步骤，以便检查这些文档资料的完整性和正确性。

3. α 测试和 β 测试

在软件交付使用之后，用户将如何实际使用程序，对于开发者来说是无法预测的。因为用户在使用过程中常常会发生对使用方法的误解、异常的数据组合、以及产生对某些用户来说似乎是清晰的但对另一些用户来说却难以理解的输出等等。如果软件是为多个用户开发的产品的时候，让每个用户逐个执行正式的验收测试是不切实际的。很多软件产品生产者采用一种称之为 α 测试和 β 测试的测试方法，以发现可能只有最终用户才能发现的错误。

α 测试是由一个用户在开发环境下进行的测试，也可以是公司内部的用户在模拟实际操作环境下进行的测试。β 测试是由软件的多个用户在实际使用环境下进行的测试。这些用户返回有关错误信息给开发者。测试时，开发者通常不在测试现场。因而，β 测试是在开发者无法控制的环境下进行的软件现场应用。

10.4.4 系统测试

系统测试，是将通过确认测试的软件，作为整个基于计算机系统的一个元素，与计算机硬件、外设、某些支持软件、数据和人员等其他系统元素结合在一起，在实际运行环境下，对计算机系统进行一系列的组装测试和确认测试。系统测试的目的在于通过与系统的需求定义作比较，发现软件与系统的定义不符合或与之矛盾的地方。

系统测试的种类包括功能测试、可靠性测试、强度测试、性能测试、恢复测试、安全性测试、安装测试、过程测试、互连测试、兼容性测试、容量测试、文档测试。

1. 功能测试

功能测试是在规定的一段时间内运行软件系统的所有功能，以验证这个软件系统有无严重错误。

2. 可靠性测试

软件可靠性是软件系统在规定的时间内及规定的环境条件下，完成规定功能的能力，软件可靠性主要包含以下三个要素，即规定的时间、规定的运行环境条件和规定的功能。

可靠性的最常用的度量是平均无故障时间，例如通过压力测试，并借助软件失效模式、影响分析来获得有关可靠性数据。

3. 强度测试

强度测试是要检查在系统运行环境不正常乃至发生故障的情况下，系统可以运行到何种程度的测试。例如，把输入数据速率提高一个数量级，确定输入功能将如何响应；设计需要占用最大存储量或其他资源的测试用例进行测试；设计出在虚拟存储管理机制中引起“颠簸”的测试用例进行测试；设计出会对磁盘常驻内存的数据过度访问的测试用例进行测试。

4. 性能测试

性能测试检查系统是否满足在需求说明书中规定的性能。特别是对于实时系统或嵌入式系统。性能测试常常需要与强度测试结合起来进行，并常常要求同时进行硬件和软件检测。通常，对软件性能的检测表现在以下几个方面：响应时间、吞吐量、辅助存储区，例如缓冲区、工作区的大小、处理精度等。

5. 恢复测试

恢复测试是要证实在克服硬件故障（包括掉电、硬件或网络出错等）后，系统能否正常地继续进行工作，不对系统造成任何损害。为此，可采用各种人工干预的手段，模拟硬件故障，故意造成软件出错。并由此检查：

①系统能否发现硬件失效与故障。

②能否切换或启动备用的硬件。

③故障发生时能否保护正在运行的作业和系统状态。

④在系统恢复后能否从最后记录下来的无错误状态开始继续执行作业。

⑤掉电测试：其目的是测试软件系统在发生电源中断时能否保护当时的状态且不毁坏数

据，然后在电源恢复时从保留的断点处重新进行操作。

6. 安全性测试

安全性测试检验在系统中已经存在的系统安全性、保密性措施是否发挥作用，有无漏洞。

力图破坏系统的保护机构以进入系统的主要方法有以下几种：

①正面攻击或从侧面、背面攻击系统中易受损坏的那些部分。

②以系统输入为突破口，利用输入的容错性进行正面攻击。

③申请和占用过多的资源压垮系统，以破坏安全措施，从而进入系统。

④故意使系统出错，利用系统恢复的过程，窃取用户口令及其他有用的信息等。

7. 安装测试

安装测试的目的不是找软件错误，而是找安装错误。在安装软件系统时，会有多种选择。如：要分配和装入文件与程序库、布置适用的硬件配置、进行程序的连接等。而安装测试就是要找出在这些安装过程中出现的错误。

8. 过程测试

在一些大型的系统中，部分工作由软件自动完成，其他工作则需由各种人员，包括操作员、数据库管理员、终端用户等，按一定规程同计算机配合，靠人工来完成。指定由人工完成的过程也需经过仔细的检查，这就是所谓的过程测试。

9. 互连测试

互连测试是要验证两个或多个不同的系统之间的互连性。

10. 兼容性测试

这类测试主要想验证软件产品在不同版本之间的兼容性。有两类基本的兼容性测试：向下兼容和交错兼容。

11. 容量测试

容量测试是要检验系统的能力最高能达到什么程度。例如，对于编译程序，让它处理特别长的源程序；对于操作系统，让它的作业队列“满员”；对于信息检索系统，让它使用频率达到最大。在使系统的全部资源达到“满负荷”的情形下，测试系统的承受能力。

12. 文档测试

这种测试是检查用户文档（如用户手册）的清晰性和精确性。用户文档中所使用的例子必须在测试中一一试过，确保叙述正确无误。

软件文档的分类为管理文档、用户文档及开发文档。

管理文档包括项目开发计划、测试计划、测试报告、开发日报、月报、开发总结报告。

用户文档包括用户指南、操作指南、维护手册。

开发文档包括软件需求规格、设计文档、测试计划。

10.4.5 调试

软件调试是在进行了成功的测试之后才开始的工作。它与软件测试不同，调试的任务是进一步诊断和改正程序中潜在的错误。

调试活动由两部分组成：确定程序中可疑错误的确切性质和位置。对程序进行修改，排除这个错误。调试工作是一个具有很强技巧性的工作。软件运行失效或出现问题，往往只是潜在错误的外部表现，而外部表现与内在原因之间常常没有明显的联系。如果要找出真正的原因，排除潜在的错误，不是一件易事。可以说，调试是通过现象，找出原因的一个思维分析的过程。

1. 调试的步骤

（1）从错误的外部表现形式入手，确定程序中出错位置。

（2）研究有关部分的程序，找出错误的内在原因。

（3）修改设计和代码，以排除这个错误。

（4）重复进行暴露了这个错误的原始测试或某些有关测试。

2. 几种主要的调试方法

（1）强行排错。

（2）回溯法调试。

（3）归纳法调试。

归纳法调试的基本思想是：从一些线索（错误征兆）着手，通过分析它们之间的关系来找出错误。

①收集有关的数据：列出所有已知的测试用例和程序执行结果。看哪些输入数据的运行结果是正确的，哪些输入数据的运行结果有错误。

②组织数据：由于归纳法是从特殊到一般的推断过程，所以需要组织整理数据，以发现规律。

常以 3W1H 形式组织可用的数据：

“What”列出一般现象；

“Where”说明发现现象的地点；

“When”列出现象发生时所有已知情况；

“How”说明现象的范围和量级；

“Yes”描述出现错误的 3W1H；

“No”作为比较，描述了没有错误的 3W1H。通过分析找出矛盾来，如图 10-25 所示。

提出假设：分析线索之间的关系，利用在线索结构中观察到的矛盾现象，设计一个或多个关于出错原因的假设。如果一个假设也提不出来，归纳过程就需要收集更多的数据。此时，应当再设计与执行一些测试用例，以获得更多的数据。

证明假设：把假设与原始线索或数据进行比较，若它能完全解释一切现象，则假设得到证明；否则，就认为假设不合理，或不完全，或是存在多个错误，以致只能消除部分错误。

（4）演绎法调试。

演绎法是一种从一般原理或前提出发，经过排除和精化的过程来推导出结论的思考方法。演绎法排错是测试人员首先根据已有的测试用例，设想及枚举出所有可能出错的原因作为假设；然后再用原始测试数据或新的测试，从中逐个排除不可能正确的假设；最后，再用测试数据验证余下的假设确实是出错的原因。

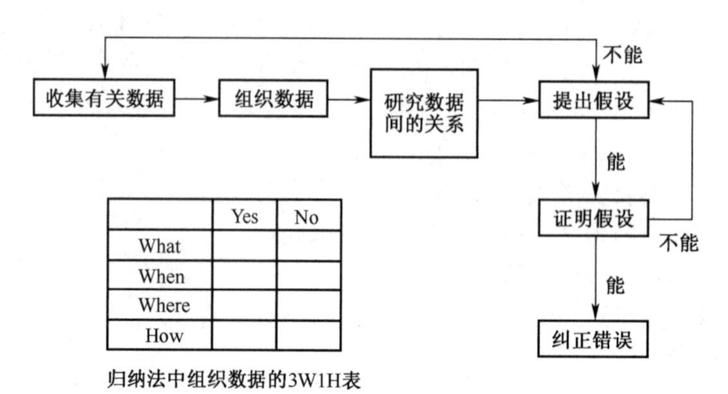

图 10-25　归纳法中组织的数据的 3W1H 表

3. 调试原则

（1）确定错误的性质和位置的原则。

①分析思考与错误征兆有关的信息。

②避开死胡同。

③只把调试工具当作辅助手段来使用。利用调试工具，可以帮助思考，但不能代替思考。

④避免用试探法，最多只能把它当作最后手段。

（2）修改错误的原则。

①在出现错误的地方，很可能还有别的错误。

②修改错误的一个常见失误是只修改了这个错误的征兆或这个错误的表现，而没有修改错误的本身。

③当心修正一个错误的同时有可能会引入新的错误。

④修改错误的过程迫使人们暂时回到程序设计阶段。

⑤修改源代码程序，不要改变目标代码。

10.5　面向对象的测试

面向对象技术是一种全新的软件开发技术，正逐渐代替被广泛使用的面向过程开发方法，被看成是解决软件危机的新兴技术。面向对象技术产生更好的系统结构、更规范的编程风格，极大地优化了数据使用的安全性，提高了程序代码的重用，一些人就此认为面向对象技术开发出的程序无需进行测试。应该看到，尽管面向对象技术的基本思想保证了软件应该有更高的质量，但实际情况却并非如此，因为无论采用什么样的编程技术，编程人员的错误都是不可避免的，而且由于面向对象技术开发的软件代码重用率高，更需要严格测试，避免错误的繁衍。

因此，软件测试并没有面向对象编程的兴起而丧失掉它的重要性。

面向对象程序的结构不再是传统的功能模块结构，作为一个整体，原有集成测试所要求的逐步将开发的模块搭建在一起进行测试的方法已成为不可能。而且，面向对象软件抛弃了传统的开发模式，对每个开发阶段都有不同以往的要求和结果，已经不可能用功能细化的观点来检测面向对象分析和设计的结果。因此，传统的测试模型对面向对象软件已经不再适用。针对面向对象软件的开发特点，应该有一种新的测试模型。

10.5.1 面向对象测试模型

面向对象的开发模型突破了传统的瀑布模型，将开发分为面向对象分析（OOA），面向对象设计（OOD）和面向对象编程（OOP）三个阶段。分析阶段产生整个问题空间的抽象描述，在此基础上，进一步归纳出适用于面向对象编程语言的类和类结构，最后形成代码。由于面向对象的特点，采用这种开发模型能有效的将分析设计的文本或图表代码化，不断适应用户需求的变动。

测试模型包括这么几个要素：OOA Test：面向对象设计的测试；OOD Test：面向对象设计的测试；OOP Test：面向对象编程的测试；OO Unit Test：面向对象单元测试；OO Integrate Test：面向对象集成测试；OO System Test：面向对象系统测试。

10.5.2 面向对象分析的测试

面向对象分析（OOA）是“把 E-R 图和语义网络模型，即信息造型中的概念，与面向对象程序设计语言中的重要概念结合在一起而形成的分析方法”，最后通常是得到问题空间的图表的形式描述。

对 OOA 阶段的测试划分为以下五个方面：对认定的对象的测试、对认定的结构的测试、对认定的主题的测试、对定义的属性和实例关联的测试、对定义的服务和消息关联的测试。

具体的测试为：

1. 对认定的对象的测试

OOA 中认定的对象是对问题空间中的结构，其他系统，设备，被记忆的事件，系统涉及的人员等实际实例的抽象。对它的测试可以从如下方面考虑：

（1）认定的对象是否全面，是否问题空间中所有涉及的实例都反映在认定的抽象对象中。

（2）认定的对象是否具有多个属性。只有一个属性的对象通常应看成其他对象的属性，而不是抽象为独立的对象。

（3）对认定为同一对象的实例是否有共同的，区别于其他实例的共同属性。

（4）对认定为同一对象的实例是否提供或需要相同的服务，如果服务随着不同的实例而变化，认定的对象就需要分解或利用继承性来分类表示。

（5）如果系统没有必要始终保持对象代表的实例的信息，提供或者得到关于它的服务，认定的对象也无必要。

（6）认定的对象的名称应该尽量准确、适用。

2. 对认定的结构的测试

认定的结构指的是多种对象的组织方式，用来反映问题空间中的复杂实例和复杂关系。认定的结构分为两种：分类结构和组装结构。分类结构体现了问题空间中实例的一般与特殊的关系，组装结构体现了问题空间中实例整体与局部的关系。

对认定的分类结构的测试可从如下方面着手：

（1）对于结构中的一种对象，尤其是处于高层的对象，是否在问题空间中含有不同于下一层对象的特殊可能性，即是否能派生出下一层对象。

（2）对于结构中的一种对象，尤其是处于同一低层的对象，是否能抽象出在现实中有意义的更一般的上层对象。

（3）对所有认定的对象，是否能在问题空间内向上层抽象出在现实中有意义的对象。

（4）高层的对象的特性是否完全体现下层的共性。

（5）低层的对象是否有高层特性基础上的特殊性。

对认定的组装结构的测试从如下方面入手：

（1）整体（对象）和部件（对象）的组装关系是否符合现实的关系。

（2）整体（对象）的部件（对象）是否在考虑的问题空间中有实际应用。

（3）整体（对象）中是否遗漏了反映在问题空间中有用的部件（对象）。

（4）部件（对象）是否能够在问题空间中组装新的有现实意义的整体（对象）。

3. 对认定的主题的测试

主题是在对象和结构的基础上更高一层的抽象，是为了提供 OOA 分析结果的可见性，如同文章对各部分内容的概要。对主题层的测试应该考虑以下方面：

（1）贯彻 George Miller 的“7+2”原则，如果主题个数超过 7 个，就要求对有较密切属性和服务的主题进行归并。

（2）主题所反映的一组对象和结构是否具有相同和相近的属性和服务。

（3）认定的主题是否是对象和结构更高层的抽象，是否便于理解 OOA 结果的概貌（尤其是对非技术人员的 OOA 结果读者）。

（4）主题间的消息联系（抽象）是否代表了主题所反映的对象和结构之间的所有关联。

4. 对定义的属性和实例关联的测试

属性是用来描述对象或结构所反映的实例的特性，而实例关联是反映实例集合间的映射关系。对属性和实例关联的测试从如下方面考虑：

（1）定义的属性是否对相应的对象和分类结构的每个现实实例都适用。

（2）定义的属性在现实世界是否与这种实例关系密切。

（3）定义的属性在问题空间是否与这种实例关系密切。

（4）定义的属性是否能够不依赖于其他属性被独立理解。

（5）定义的属性在分类结构中的位置是否恰当，低层对象的共有属性是否在上层对象属性体现。

（6）在问题空间中每个对象的属性是否定义完整。

（7）定义的实例关联是否符合现实。

（8）在问题空间中实例关联是否定义完整，特别需要注意 1－多和多－多的实例关联。

5. 对定义的服务和消息关联的测试

定义的服务，就是定义的每一种对象和结构在问题空间所要求的行为。由于问题域中实例间必要的通信，在 OOA 中相应需要定义消息关联。对定义的服务和消息关联的测试从如下方面进行：

（1）对象和结构在问题空间的不同状态是否定义了相应的服务。

（2）对象或结构所需要的服务是否都定义了相应的消息关联。

（3）定义的消息关联所指引的服务提供是否正确。

（4）沿着消息关联执行的线程是否合理，是否符合现实过程。

（5）定义的服务是否重复，是否定义了能够得到的服务。

10.5.3 面向对象设计的测试

面向对象设计（OOD）采用“造型的观点”，以 OOA 为基础归纳出类，并建立类结构或进一步构造成类库，实现分析结果对问题空间的抽象。

OOD 与 OOA 的界限通常是难以严格区分的。OOD 确定类和类结构不仅是满足当前需求分析的要求，更重要的是通过重新组合或加以适当的补充，能方便实现功能的重用和扩增，以不断适应用户的要求。因此，对 OOD 的测试，针对功能的实现和重用以及对 OOA 结果的拓展，从如下三方面考虑即对认定的类的测试、对构造的类层次结构的测试及对类库的支持的测试。

1. 对认定的类的测试

OOD 认定的类可以是 OOA 中认定的对象，也可以是对象所需要的服务的抽象，对象所具有的属性的抽象。认定的类原则上应该尽量基础性，这样才便于维护和重用。测试认定的类包括：

（1）是否含盖了 OOA 中所有认定的对象。

（2）是否能体现 OOA 中定义的属性。

（3）是否能实现 OOA 中定义的服务。

（4）是否对应着一个含义明确的数据抽象。

（5）是否尽可能少的依赖其他类。

（6）类中的方法（C++：类的成员函数）是否单用途。

2. 对构造的类层次结构的测试

为能充分发挥面向对象的继承共享特性，OOD 的类层次结构通常基于 OOA 中产生的分类结构的原则来组织，着重体现父类和子类间一般性和特殊性。两者概念上存在差异。在当前的问题空间，对类层次结构的主要要求是能在解空间构造实现全部功能的结构框架。为此，测试如下方面：

（1）类层次结构是否涵盖了所有定义的类。

（2）是否能体现 OOA 中所定义的实例关联。

（3）是否能实现 OOA 中所定义的消息关联。

（4）子类是否具有父类没有的新特性。

（5）子类间的共同特性是否完全在父类中得以体现。

3. 对类库支持的测试

对类库的支持虽然也属于类层次结构的组织问题，但其强调的重点是再次软件开发的重用。由于它并不直接影响当前软件的开发和功能实现，因此，将其单独提出来测试，也可作为对高质量类层次结构的评估。测试点如下：

（1）一组子类中关于某种含义相同或基本相同的操作，是否有相同的接口（包括名字和参数表）。

（2）类中方法（C++：类的成员函数）功能是否较单纯，相应的代码行是否较少。

（3）类的层次结构是否是深度大、宽度小。

10.5.4 面向对象编程的测试

面向对象程序是把功能的实现分布在类中。能正确实现功能的类，通过消息传递来协同实现设计要求的功能。正是这种面向对象程序风格，将出现的错误能精确地确定在某一具体的类。因此，在面向对象编程（OOP）阶段，忽略类功能实现的细则，将测试的目光集中在类功能的实现和相应的面向对象程序风格，主要体现为以下两个方面（假设编程使用 C++语言）即数据成员是否满足数据封装的要求和类是否实现了要求的功能。

1. 数据成员是否满足数据封装的要求

数据封装是数据和数据有关的操作的集合。检查数据成员是否满足数据封装的要求，基本原则是数据成员是否被外界（数据成员所属的类或子类以外的调用）直接调用。更直观地说，当改编数据成员的结构时，是否影响了类的对外接口，是否会导致相应外界必须改动。值得注意，有时强制的类型转换会破坏数据的封装特性。

2. 类是否实现了要求的功能

类所实现的功能，都是通过类的成员函数执行。在测试类的功能实现时，应该首先保证类成员函数的正确性。单独地看待类的成员函数，与面向过程程序中的函数或过程没有本质的区别，几乎所有传统的单元测试中所使用的方法，都可在面向对象的单元测试中使用。

类函数成员的正确行为只是类能够实现要求的功能的基础，类成员函数间的作用和类之间的服务调用是单元测试无法确定的。因此，需要进行面向对象的集成测试。

测试类的功能，不能仅满足于代码能无错运行或被测试类能提供的功能无错，应该以所做的 OOD 结果为依据，检测类提供的功能是否满足设计的要求，是否有缺陷。必要时（如通过 OOD 结果仍不清楚明确的地方）还应该参照 OOA 的结果，以之为最终标准。

10.5.5 面向对象的单元测试

用于单元级测试进行的测试分析（提出相应的测试要求）和测试用例（选择适当的输入，

达到测试要求），规模和难度等均远小于后面将介绍的对整个系统的测试分析和测试用例，而且强调对语句应该有 100%的执行代码覆盖率。在设计测试用例选择输入数据时，可以基于以下两个假设：

（1）如果函数（程序）对某一类输入中的一个数据正确执行，对同类中的其他输入也能正确执行。

（2）如果函数（程序）对某一复杂度的输入正确执行，对更高复杂度的输入也能正确执行。

例如需要选择字符串作为输入时，基于本假设，就无须计较字符串的长度。除非字符串的长度是要求固定的，如 IP 地址字符串。在面向对象程序中，类成员函数通常都很小，功能单一，函数间的调用频繁，容易出现一些不易发现的错误。

10.5.6 面向对象的集成测试

传统的集成测试，是由底向上通过集成完成的功能模块进行测试，一般可以在部分程序编译完成的情况下进行。

对于面向对象程序，相互调用的功能是散布在程序的不同类中，类通过消息相互作用申请和提供服务。类的行为与它的状态密切相关，状态不仅仅是体现在类数据成员的值，也许还包括其他类中的状态信息。由此可见，类相互依赖极其紧密，根本无法在编译不完全的程序上对类进行测试。面向对象的集成测试通常需要在整个程序编译完成后进行。

面向对象的集成测试能够检测出相对独立的单元测试无法检测出的那些类相互作用时才会产生的错误。基于单元测试对成员函数行为正确性的保证，集成测试只关注于系统的结构和内部的相互作用。面向对象的集成测试可以分成两步进行：先进行静态测试，再进行动态测试。

10.5.7 面向对象的系统测试

通过单元测试和集成测试，仅能保证软件开发的功能得以实现。但不能确认在实际运行时，它是否满足用户的需要，是否大量存在实际使用条件下会被诱发产生错误的隐患。为此，对完成开发的软件必须经过规范的系统测试。

系统测试应该尽量搭建与用户实际使用环境相同的测试平台，应该保证被测系统的完整性，对临时没有的系统设备部件，也应有相应的模拟手段。系统测试时，应该参考 OOA 分析的结果，对应描述的对象、属性和各种服务，检测软件是否能够完全“再现”问题空间。系统测试不仅是检测软件的整体行为表现，从另一个侧面看，也是对软件开发设计的再确认。

具体测试内容包括：功能测试、强度测试、性能测试、安全测试、恢复测试、可用性测试、安装/卸载测试等。

10.6 测试计划和分析报告

测试文档主要由测试计划和测试分析报告组成。测试计划可细化为测试计划、测试设计说明、测试用例说明和测试规格说明。测试分析报告可细化为测试项传递报告、测试日志、测试事件报告和测试总结报告。

10.6.1 软件测试计划

测试计划（Test Planning）作为测试的起始步骤，是整个软件测试过程的关键管理者。

1. 测试计划的定义

《ANSI/IEEE 软件测试文档标准 829-1983》将测试计划定义为："一个叙述了预定的测试活动的范围、途径、资源及进度安排的文档。它确认了测试项、被测特征、测试任务、人员安排，以及任何偶发事件的风险。"

2. 测试计划的目的和作用

测试计划的目的是明确测试活动的意图。它规范了软件测试内容、方法和过程，为有组织地完成测试任务提供保障。专业的测试必须以一个好的测试计划作为基础。尽管测试的每一个步骤都是独立的，但是必定要有一个起到框架结构作用的测试计划。

测试计划就是描述所有要完成的测试工作，包括被测试项目的背景、目标、范围、方式、资源、进度安排、测试组织，以及与测试有关的风险等方面。

3. 制定测试计划的原则

制定测试计划是软件测试中最有挑战性的一个工作。以下原则将有助于制定测试计划工作。

（1）制定测试计划应尽早开始。

（2）保持测试计划的灵活性。

（3）保持测试计划简洁和易读。

（4）尽量争取多渠道评审测试计划。

（5）计算测试计划的投入。

4. 测试计划书

测试计划文档化就成为测试计划书，包含总体计划也包含分级计划，是可以更新改进的文档。从文档的角度看，测试计划书是最重要的测试文档，完整细致并具有远见性的计划书会使测试活动安全顺利地向前进行，从而确保所开发的软件产品的高质量。

5. 测试计划的内容

测试计划包括测试目的、测试范围、测试对象、测试策略、测试任务、测试用例、资源配置、测试结果分析和度量以及测试风险评估等，应当足够完整但也不应当太详尽。借助软件测试计划，参与测试的项目成员，尤其是测试管理人员，可以明确测试任务和测试方法，保持测试实施过程的顺畅沟通，跟踪和控制测试进度，应对测试过程中的各种变更。因此一份好的测试计划需要综合考虑各种影响测试的因素。

6. 衡量一份好的测试计划书的标准

（1）它应能有效地引导整个软件测试工作正常运行，并配合编程部门，保证软件质量，按时将产品推出。

（2）它所提供的方法应能使测试高效地进行，即能在较短的时间内找出尽可能多的软件缺陷。

（3）它提供了明确的测试目标、测试的策略、具体步骤及测试标准。

（4）它既强调测试重点，也重视测试的基本覆盖率。

（5）它所制定的测试方案尽可能充分利用了公司现有的、可以提供给测试部门的人力/物力资源，而且是可行的。

（6）它所列举的所有数据都必须是准确的，比如外部软件/硬件的兼容性所要求的数据、输入/输出数据等。

（7）它对测试工作的安排有一定的灵活性，可以应付一些突然的变化情况，如当时间安排或产品出现的一些变化的时候。

7. 测试计划的制定

测试的计划与控制是整个测试过程中最重要的阶段，它为实现可管理且高质量的测试过程提供基础。这个阶段需要完成的主要工作内容是：拟定测试计划，论证那些在开发过程难于管理和控制的因素，明确软件产品的最重要部分（风险评估）。

（1）概要测试计划。

概要测试计划是在软件开发初期制定，其内容包括：

①定义被测试对象和测试目标；

②确定测试阶段和测试周期的划分；

③制定测试人员，软、硬件资源和测试进度等方面的计划；

④任务与分配及责任划分；

⑤规定软件测试方法、测试标准。比如，语句覆盖率达到 98%，三级以上的错误改正率达 98%等；

⑥所有决定不改正的错误都必须经专门的质量评审组织同意；

⑦支持环境和测试工具等。

（2）详细测试计划。

详细测试计划是测试者或测试小组的具体的测试实施计划，它规定了测试者负责测试的内容、测试强度和工作进度，是检查测试实际执行情况的重要标准。

详细测试计划主要内容有：计划进度和实际进度对照表；测试要点；测试策略；尚未解决的问题和障碍。

（3）制定主要内容。

计划进度和实际进度对照表；测试要点；测试策略；尚未解决的问题和障碍。

（4）制定测试大纲（用例）。

测试大纲是软件测试的依据，保证测试功能不被遗漏，并且功能不被重复测试，使得能合理安排测试人员，使得软件测试不依赖于个人。

测试大纲包括：测试项目、测试步骤、测试完成的标准以及测试方式（手动测试或自动测试）。

（5）制定测试通过或失败的标准。

测试标准为可观的陈述，它指明了判断/确认测试在何时结束，以及所测试的应用程序的质量。测试标准可以是一系列的陈述或对另一文档（如测试过程指南或测试标准）的引用。

（6）制定测试挂起标准和恢复的必要条件。

指明挂起全部或部分测试项的标准，并指明恢复测试的标准及其必须重复的测试活动。

（7）制定测试任务安排。

明确测试任务，对每项任务都必须明确 7 个主题。

（8）制定应交付的测试工作产品。

指明应交付的文档、测试代码和测试工具，一般包括这些文档：测试计划、测试方案、测试用例、测试规程、测试日志、测试总结报告、测试输入与输出数据、测试工具。

（9）制定工作量估计。

给出前面定义任务的人力需求和总计。

（10）编写测试方案文档。

测试方案文档是设计测试阶段文档，指明为完成软件或软件集成的特性测试而进行的设计测试方法的细节文档。

10.6.2 测试分析报告

软件测试是在软件开发的过程中，对软件产品进行质量控制，目的是保证软件产品的最终质量。一般来说软件测试应严格按照软件测试流程，制定测试计划、测试方案、测试规范，实施测试，对测试数据进行记录，并根据测试情况撰写测试报告。测试报告主要是报告发现的软件缺陷。

测试评价主要包括覆盖评价以及质量和性能评价。覆盖评价是对测试完全程度的评测；质量和性能评价是对测试的软件对象的性能、稳定性以及可靠性的评测。

1. 软件缺陷的定义和描述

软件缺陷简单说就是存在于软件（文档、数据、程序）之中的那些不希望，或不可接受的偏差，而导致软件产生的质量问题。按照一般的定义，只要符合下面 5 个规则中的一个，就叫做软件缺陷。

（1）软件未达到软件规格说明书中规定的功能。

（2）软件超出软件规格说明书中指明的范围。

（3）软件未达到软件规格说明书中指出的应达到的目标。

（4）软件运行出现错误。

（5）软件测试人员认为软件难于理解，不易使用，运行速度慢，或者最终用户认为软件使用效果不好。

2. 软件缺陷的生命周期

软件缺陷从被测试人员发现一直到被修复，也经历了一个特有的生命周期的阶段。下面是一个最简单的软件缺陷生命周期的例子，系统地表示软件缺陷从被发现起经历的各个阶段：

（1）测试人员找到并登记软件缺陷，软件缺陷被移交到程序修复人员。

（2）程序修复人员修复软件中的软件缺陷，然后移交到测试人员。

（3）测试人员确认软件缺陷被修复，关闭软件缺陷。

当软件缺陷首先被软件测试人员发现时，在许多情况下，软件缺陷生命周期的复杂程度仅为软件缺陷被打开、解决和关闭。然而，在有些情况下，生命周期变得更复杂一些，如图10-26所示。

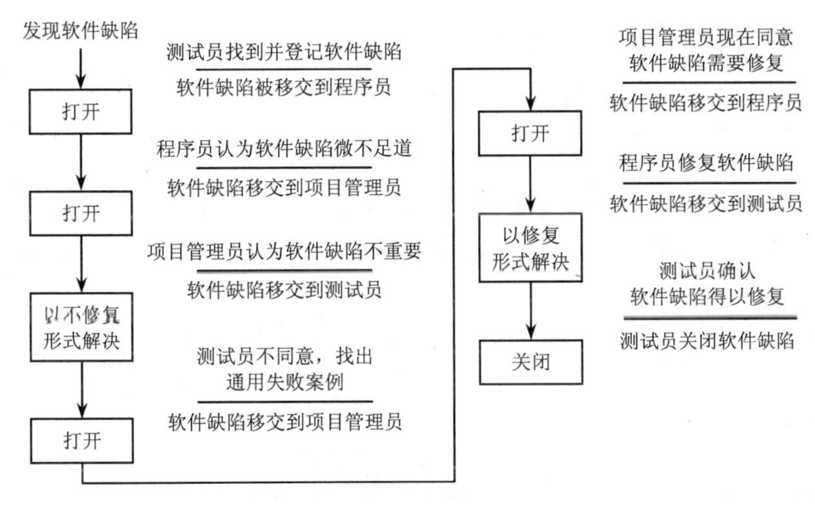

图10-26　软件缺陷的生命周期

3. 报告软件缺陷的基本原则

在软件测试过程中，对于发现的大多数软件缺陷，要求测试人员简捷、清晰地把发现的问题报告给判断是否进行修复的小组，使其得到所需要的全部信息，然后才能决定怎么做。

报告软件缺陷的基本原则如下：

（1）尽快报告软件缺陷。

（2）有效地描述软件缺陷。

（3）在报告软件缺陷时不做任何评价。

（4）补充和完善软件缺陷报告。

以上概括了报告测试错误的规范要求，测试人员应该牢记上面这些关于报告软件缺陷的原则。这些原则几乎可以运用到任何交流活动中，尽管有时难以做到，然而，如果希望有效地报告软件缺陷，并使其得以修复，这些是测试人员要遵循的基本原则。

随着软件的测试要求不同，测试者积累了相应的测试经验，将会逐渐养成良好的专业习惯，不断补充新的规范书写要求。此外，经常阅读、学习高级测试工程师的测试错误报告，结合自己以前的测试错误报告进行对比和思考，可以不断提高技巧。

实训

实训 1　白盒测试用例设计实训

1. 实训目的

（1）掌握白盒测试用例的设计方法。

（2）综合运用所学的白盒测试方法设计测试用例。

2. 实训要求

（1）会利用逻辑覆盖测试方法来设计测试用例。

（2）会利用基本路径分析测试方法来设计测试用例。

3. 实训内容

（1）逻辑覆盖方法。

运用逻辑覆盖的方法测试程序（其中包括语句覆盖、判定覆盖、条件覆盖、判定条件覆盖、条件组合覆盖及路径覆盖六种方式，如表 10-15 所示），画出控制流程图，标出路径，写出对应的测试用例。

```
1    If (x>1&& y=1) then
2      z=z*2
3    If (x=3|| z>1) then
4      y++;
```

表 10-15　逻辑覆盖方法

	输入数据			预期输出	覆盖路径
	x	y	z		
语句覆盖					
判定覆盖					
……					

（2）基本路径测试方法。

运用路径分析的方法测试程序，要求画出程序的流程图，控制流图，写出环路复杂度、写出对应的路径及测试用例和预期结果。

```
1    main ()
2    {
3      int flag, t1, t2, a=0, b=0;
4    scanf ("%d, %d, %d\n", &flag, &t1, &t2);
5      while (flag>0)
6        {
7          a=a+1;
8          if (t1=1)
9          then
10       {
11           b=b+1;
```

```
12          flag=0;
13          }
14        else
15          {
16            if (t2=1)
17          then b=b-1;
18          else a=a-2;
19          flag--;
20            }
21          }
22      printf("a=%d, b=d%\n", a, b);
23    }
```

实训 2　黑盒测试用例设计实训

1. 实训目的

（1）掌握黑盒测试用例的设计方法。

（2）综合运用所学的黑盒测试方法设计测试用例。

2. 实训要求

（1）会利用等价类测试方法来设计测试用例。

（2）会利用决策表测试方法来设计测试用例。

3. 实训内容

（1）等价类方法。

设有一个档案管理系统，要求用户输入以年月表示的日期。假设日期限定在 1990 年 1 月至 2049 年 12 月，并规定日期由 6 位数字字符组成，前 4 位表示年，后 2 位表示月。现用等价类划分法设计测试用例，来测试程序的“日期检查功能”。划分有效等价类和无效等价类，如表 10-16 所示。并写出测试用例，如表 10-17 所示。

表 10-16　等价类表

输入等价类	有效等价类	无效等价类
年份范围		
月份范围		
类型及长度		

表 10-17　测试用例

测试用例	覆盖的用例	输入数据	预期输出
1			
2			
3			
4			

续表

测试用例	覆盖的用例	输入数据	预期输出
5			
6			
7			
8			
…			

（2）决策表方法。

某学生成绩管理系统，要求“对平均成绩在 90 分以上，且没有不及格科目的学生，或班级成绩排名在前五位的学生，在程序中将学生的姓名用红色标识”，请建立该判定表。

习题十

一、选择题

1．不属于白盒测试的技术是（　　）。

A．语句覆盖　　B．判定覆盖

C．边界值分析　　D．基本路径测试

2．单元测试主要针对模块的几个基本特征进行测试，该阶段不能完成的测试是（　　）。

A．系统功能　　B．局部数据结构

C．重要的执行路径　　D．错误处理

3．软件测试不需要了解软件设计的（　　）。

A．功能　　B．内部结构　　C．处理过程　　D．条件

4．（　　）方法根据输出对输入的依赖关系设计测试用例。

A．路径测试　　B．等价类　　C．因果图　　D．边界值分析

5．通常，在（　　）的基础上，将所有模块按照设计要求组装成系统。

A．组装测试　　B．系统测试　　C．验收测试　　D．单元测试

6．使用白盒测试方法时，确定测试数据应根据（　　）和指定的覆盖标准。

A．程序内部逻辑　　B．程序的复杂度

C．使用说明书　　D．程序的功能

7．与设计测试用例无关的文档是（　　）。

A．项目开发计划　　B．需求规格说明书

C．设计说明书　　D．源程序

8．在软件测试阶段，测试步骤按次序可以划分为以下几步（　　）。

A．单元测试、集成测试、系统测试、验收测试

B．验收测试、单元测试、系统测试、集成测试

C．单元测试、集成测试、验收测试、系统测试

D．系统测试、单元测试、集成测试、验收测试

9．对软件的性能测试、（ ）测试、攻击测试都属于黑盒测试。

A．语句 B．功能 C．单元 D．路径

10．在用白盒测试中的逻辑覆盖法设计测试用例时，有语句覆盖、分支覆盖、条件覆盖、判定－条件覆盖、条件组合覆盖和路径覆盖等，在下列覆盖中，（ ）是最强的覆盖准则。

A．语句覆盖 B．条件覆盖

C．判定－条件覆盖 D．路径覆盖

11．在用白盒测试中的逻辑覆盖法设计测试用例时，有语句覆盖、分支覆盖、条件覆盖、判定－条件覆盖、条件组合覆盖和路径覆盖等，其中（ ）是最弱的覆盖准则。

A．语句覆盖 B．条件覆盖

C．判定－条件覆盖 D．路径覆盖

二、填空题

1．软件测试是为了尽可能多地发现软件中存在的_______，将________作为纠错的依据。

2．集成测试中的两种集成模式是________和________。

3．测试用例由________和预期的________两部分组成。

三、简答题

1．软件测试的原则是什么？

2．什么是静态测试、动态测试、黑盒测试、白盒测试？

3．系统测试主要包括哪些内容？

4．软件测试过程分为哪几个步骤？

5．试为三角形问题中的直角三角形开发一个决策表和相应的测试用例。注意，会有等腰直角三角形。

6．对图10-27所示程序段进行语句覆盖、判定覆盖、条件覆盖、判定－条件覆盖、条件组合覆盖和路径覆盖方法进行测试用例设计。

7．请把下述语句按照各种覆盖方法设计测试用例。

```
if (a>2 && b<3 && (c>4 || d<5))
{
    statement;
}
else
{
    statement;
}
```

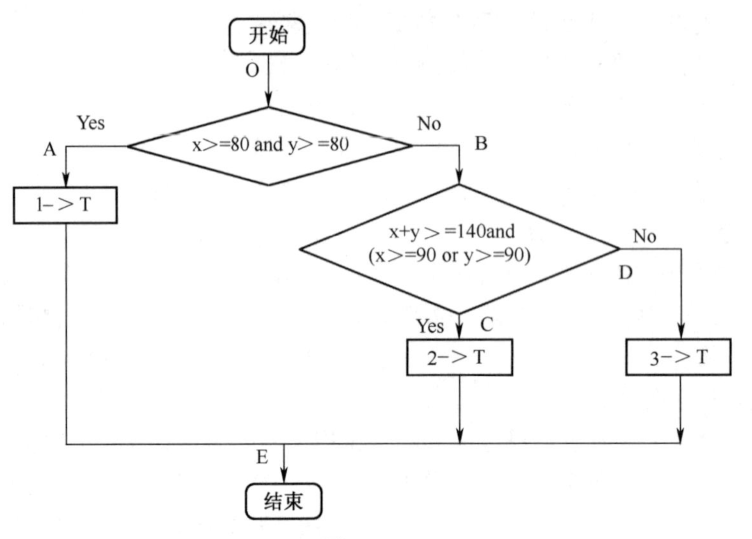

图 10-27

8．针对 test 函数按照基本路径测试方法设计测试用例。

```
int Test(int i_count, int i_flag)
    {
    int i_temp = 0;
    while (i_count>0)
    {
    if (0 == i_flag)
    {
        i_temp = i_count + 100;
        break;
    }
    else
    {
        if (1 == i_flag)
        {
        i_temp = i_temp + 10;
        }
        else
        {
        i_temp = i_temp + 20;
        }
    }
    i_count--;
    }
    return i_temp;
    }
```

11

软件维护

软件在开发完成投入使用后就进入了软件维护阶段。在软件的生命周期中，维护阶段是持续时间最长的一个阶段，所花费的精力和费用也是最多的一个阶段。为了保证软件在一个相当长的时期能够正常运行，对软件的维护就成为必不可少的工作了。

本章主要讲授软件维护的基本概念和知识，内容包括软件维护的定义、类型、维护策略、维护成本、维护的实施、软件可维护性及软件维护的副作用。

11.1 软件维护概述

11.1.1 软件维护的定义

软件维护（Software Maintenance）是指软件在使用过程中，为了改正错误或者满足用户新的需求而修改软件的过程。它一般不包括重大结构的改变。软件维护工作不仅仅只是修改程序中的错误，一切能够改进系统功能和性能的活动，都可称之为维护。

引起维护的原因很多，以下因素是引起软件维护的主要原因：

（1）软件在使用过程中暴露出来的一些潜在的程序错误或设计缺陷。

（2）运行环境（软硬件、网络、数据库等）发生变化，导致软件不适应。

（3）用户提出新的功能或性能有要求。

软件维护与硬件的维护不同，硬件的维护包括修复或替换已损坏的零部件，改进设计以及注油、保养等，这些都不会影响设备的功能，对性能的提高也有限；而软件的维护不仅可以改正原来设计中的错误和不当之处，而且还增强软件的功能，提高它的性能。软件维护活动的目的是纠正、修改、改进现有软件或适应新的应用环境。

软件维护与软件开发之间的一个主要差别是，软件维护是在现有的软件结构中引入软件修改，必须考虑代码结构所施加的约束。此外，与软件开发不同的是，可用于软件维护的时间通常只是很短的一段时间。

11.1.2 软件维护的类型

对应上面引起维护的原因，软件维护可分为：修正性维护、适应性维护、完善性维护、预防性维护。

（1）修正性维护。在软件开发阶段，由于测试技术的限制，没有一种可以检查出所有错误的测试技术，所以在软件运行期间有些错误有可能在特定环境下就会出现。事实上，即使运行多年的软件，在某种特定的情况下仍然可能暴露出开发中隐藏的问题，软件在运行过程中暴露出开发中隐藏的问题，这时就需要对软件进行维护，这一类诊断和改正错误的维护称为修正性维护。

（2）适应性维护。随着计算机的飞速发展，软件的运行环境会发生变化，为了使软件适应新的软、硬件环境变化而进行修改的活动，称为适应性维护。

（3）完善性维护。在软件的使用过程中，用户往往对软件提出新的功能与性能要求。为了满足这些要求，需要修改或再开发软件，以改善、加强系统的功能和性能，这样的维护称为完善性维护。比如修改用户界面，使之易于理解和使用，该种类型的维护占维护工作的很大部分。

（4）预防性维护。为了给未来软件的改进提供更好的基础或改善软件未来的可维护性或可靠性而做出的修改，称为预防性维护。通常，预防性维护定义为“把今天的方法学用于昨天的系统以满足明天的需要”。

在软件运行的初期，修正性维护的工作量较大。随着错误发生率的逐渐降低，软件运行趋于稳定，就进入了正常使用期。然而，由于改造的要求，适应性维护和完善性维护的工作量逐步增加，在维护过程中又会引入新的错误，从而加重了维护的工作量。

实践表明，在几种维护活动中，完善性维护所占的比重最大，即大部分维护工作是为了改善和加强软件的功能和性能，而不是纠错。用户要求扩充、加强软件功能、性能的维护活动约占整个维护工作量的 50%。维护在软件生存周期中占用的时间最长，约占 70%，如图 11-1 和图 11-2 所示。

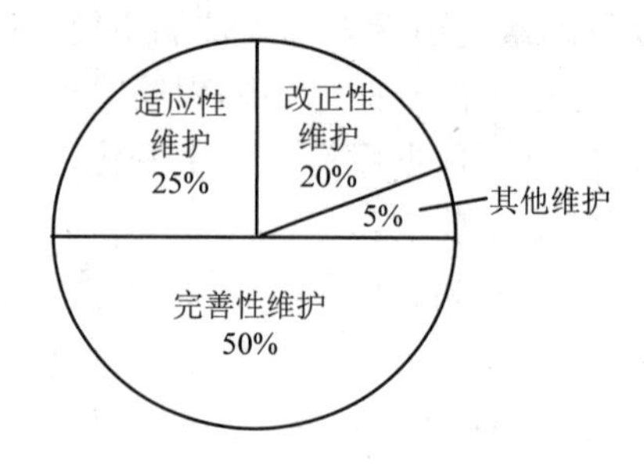

图 11-1　三类维护占总维护的比例

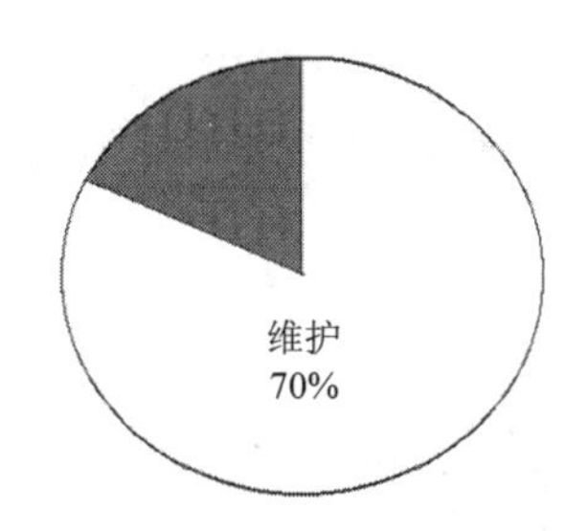

图 11-2 维护在软件生存期所占比例

11.1.3 影响软件维护工作量的因素

软件的维护既然花费这么大的工作量，是哪些因素在起作用呢？在软件维护中影响维护工作量的程序特点有以下几种：

（1）系统规模的大小。

系统越大、越复杂，维护人员理解起来就越困难。因而需要更多的维护工作量，可用源程序语句数、输入输出文件数、功能模块数量、数据库的规模来衡量系统的规模大小。

（2）程序设计语言。

选择程序设计语言适应功能性较强的，生成的指令数也会较少，可读性也较强，可以更好地控制程序的规模，也较易于维护。

（3）系统的年龄。

随着软件的不断运行和不断修改，系统结构越来越乱，文档与程序不一致，导致系统需要更多的维护工作。

（4）软件开发技术。

使用先进的程序开发技术，可增强程序的可读性、提高程序的可维护性，大大减少软件的维护工作量。

（5）数据库技术。

数据库技术工具可以很方便地修改和扩充报表，减少系统的维护工作量。

（6）文档质量。

系统的开发文档越完善，维护工作就越好做。开发文档不完善，则维护的工作量将会很大，因为要通过源程序去阅读、理解一个程序的设计思想将是非常困难的。

（7）其他因素。

包括软件的特殊性、人员的变动等。软件的特殊性指有些软件是应用于特殊的领域，这对维护人员要求较高，不仅需要维护人员具备专门的维护知识，还需要对该业务有一定程度的了解。所以，也使得该类软件维护费用相对较高。

软件维护最好由开发人员参与维护，尽量不要经常变动维护人员，否则每次新变动人员都要重新阅读相关的文档，了解系统结构，重复做同样的东西，做许多不必要的重复工作。所以人员的经常变动会使维护过程不连贯，增加了维护难度和成本。

此外，许多软件在开发时未对将来的修改及扩充做过多的考虑，这也为软件的维护带来了许多问题。

11.1.4 造成软件维护困难的因素

造成软件维护困难的原因主要表现在以下几个方面：

（1）程序难以理解。

对于没有文档的程序，程序员宁愿自己写代码也不愿去修改别人的程序。理解别人的程序是比较困难的，要读懂别人编写的程序需要花费很多时间，随着程序文档的减少这种情况更加明显。

（2）文档资料不足或错误。

在软件开发过程中程序员修改了程序代码但却忘记了修改相关的文档，导致了文档与源程序不一致，或者根本就是错误的文档，导致维护人员做许多不必要的工作，还需要重新来做。

（3）人员和时间的差异造成维护的困难。

如早期的软件开发往往只注重软件的正确性，具备很强的个人特征，这种程序易发生错误，修改也较困难。维护人员对软件不熟悉，需要花费额外的时间和精力去理解程序。

另外维护工作时间可能长达十年、二十年甚至更久，开发时所使用的工具、技术、方法与现在维护的工具、技术、方法差异很大，对维护人员来说掌握那些技术本身就是一个困难。

（4）维护工作的性质。

软件维护工作枯燥乏味，不像软件开发人员开发一个软件系统，会有很强的成就感，而对于维护，由于其困难性，很难做出成果，所以吸引不了维护人员投入很大的热情，这是软件人员不愿意参加维护工作的原因之一。

（5）维护人员变动。

每次软件维护人员的变动，都需要新人员重新阅读相关的文档，了解系统结构，所以维护人员的经常变动会大大增加维护成本。

11.1.5 结构化维护与非结构化维护

结构化维护与非结构化维护的区别主要是有无完善文档的区别。

（1）结构化维护。

存在完整的软件系列文档，维护任务从分析设计文件开始，确定软件的重要结构特性、功能特性和接口特性，确定修改或校正可能产生的影响，并且计划采用何种维护处理方法，修改设计并进行复审，编制出新的源程序，利用文档中的信息进行回归测试，然后重新交付软件。这种维护过程就叫做“结构化维护”。

（2）非结构化维护。

非结构化维护无说明性文档或者文档资料太少。由于没有采用定义良好的软件项目管理过程来开发软件，由软件项目管理缺陷导致的维护叫“非结构化维护”，这会使软件维护付出较高的代价，如图 11-3 所示。

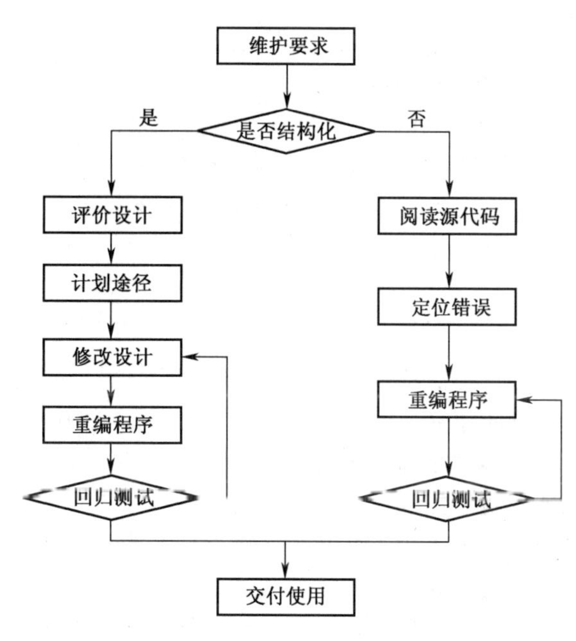

图 11-3 结构化维护和非结构化维护

11.2 软件维护策略

软件维护策略是指可以实现软件维护目标的方案集合。

11.2.1 改正性维护

要生成百分之百可靠性软件固然最好，但通常成本太高，不一定划算。通过使用新技术，可大大减少改正性维护的需要。

这些技术包括：选择优秀的数据库管理系统、优化软件开发环境、利用程序自动生成系统、选用较高级（第四代）程序设计语言，以及采用新的软件开发方法、软件复用技术、防错程序设计及周期性维护审查等。

11.2.2 适应性维护

这一类维护不可避免，但可以控制。

（1）在配置管理时，把硬件、操作系统和其他相关环境因素的可能变化考虑在内。

（2）把与硬件、操作系统，以及其他外围设备有关的程序划分到特定的程序模块中。

（3）使用内部程序列表、外部文件，以及处理的例行程序包，为维护时修改程序提供帮助。

11.2.3 完善性维护

利用前两类维护中列举的方法，也可以减少这一类维护，特别是数据库管理系统、程序生成器、应用软件包，可减少维护工作量。

此外，建立软件系统的原型，在实际系统开发之前提供给用户，用户通过研究原型，能更完整地确定系统的要求，对系统功能及系统如何运行有一个更明确的认识，能帮助开发人员进一步完善软件的功能，就可以减少以后完善性维护的需求。

11.3 软件维护成本

软件维护的费用不断上升，维护费只不过是软件维护最明显的成本，但软件维护还存在一些无形的代价，这些无形的代价有可能对维护成本有更大的影响。软件维护成本分为有形成本和无形成本。有形成本是指软件维护所产生的费用；无形成本是指软件维护的社会成本（社会影响），与有形成本相比影响可能会更大，主要表现在：

（1）一些合理的修复或修改请求不能及时安排，使得客户不满意。

（2）变更的结果引入新的故障，使得软件整体质量下降。

（3）把软件开发人员抽调到维护工作中，干扰了软件开发工作。

（4）维护工作量包括生产性活动（如分析和评价、设计修改和实现）和“轮转”活动（如理解代码在做什么，判别数据结构、接口特性、性能、界限等）。

如果使用了不好的软件开发方法（如未按软件工程要求开发软件），原来参加开发的人员或小组不能参加维护，则维护的工作量（及成本）将按指数级增加。

11.4 软件维护的实施

为了有效地进行软件维护，应事先做好软件维护的组织工作。首先需要建立维护的机构；提出维护申请报告及问题评价的过程；为每一个维护申请规定标准的处理步骤；还必须建立维护活动的登记制度以及制定评价和评审的标准。

11.4.1 软件维护机构

维护是一个漫长且不定期的活动，它往往是在没有计划的情况下进行的，一些大的软件开发公司通常会建立正式的维护机构。软件维护机构由维护管理员、系统监督员、维护配置员和维护负责人组成，如图 11-4 所示。

用户将维护申请提交给维护管理员，维护管理员把申请交给系统监督员去评价。系统监督员是一位技术人员，他必须熟悉软件产品。一旦做出评价，由修改负责人确定如何进行修改。

维护人员对程序进行修改的过程中，由配置管理员严格把关，控制修改的范围，对软件配置进行审计。

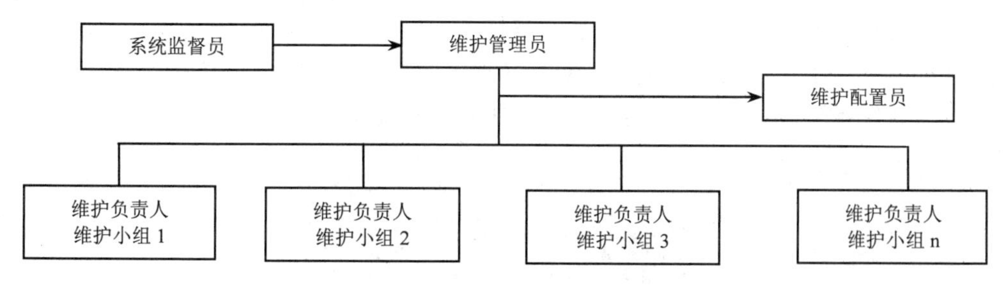

图 11-4　软件维护的组织结构

维护管理员、系统监督员、修改负责人等，均代表维护工作的某个职责范围。修改负责人、维护管理员可以是指定的某个人，也可以是一个包括管理人员、高级技术人员在内的小组。系统监督员可以有其他职责，但应具体分管某一个软件包。

对于一个很小的软件开发队伍来讲，即使没有专门的维护工作人员，定岗定责也是绝对必要的，这样可以减少维护过程中的混乱和盲目性，避免因小失大。

11.4.2　软件维护报告

软件维护报告包括维护申请报告和软件修改报告。

维护申请报告（Maintenance Request Report，MRR），也称软件问题报告，由申请维护的用户填写。维护申请报告是软件组织外部提交的文档，它是维护工作的基础。

软件组织内部应相应地做出软件修改报告（Software Change Report，SCR），报告中应指明：

（1）所需修改变动的类型；

（2）申请修改的优先级；

（3）为满足维护申请所需的工作量；

（4）预计修改后的状况。

软件修改报告应提交修改负责人，经批准后才能进一步安排维护工作。尽管维护申请的类型不同，但都要做同样的技术工作：

（1）修改软件需求说明；

（2）修改软件设计；

（3）设计评审；

（4）对源程序做必要的修改；

（5）单元测试；

（6）集成测试（回归测试）；

（7）确认测试；

（8）软件配置评审等。

11.4.3 软件维护工作流程

软件维护活动同软件开发一样，要有严格的规范，才能保证软件的质量。一般维护工作流程包括以下环节：用户提出维护申请；维护人员确定更改要求；判明维护类型；评价错误严重程度和优先级；进行问题分析；实施维护；维护后的测试；维护评审；交付使用。

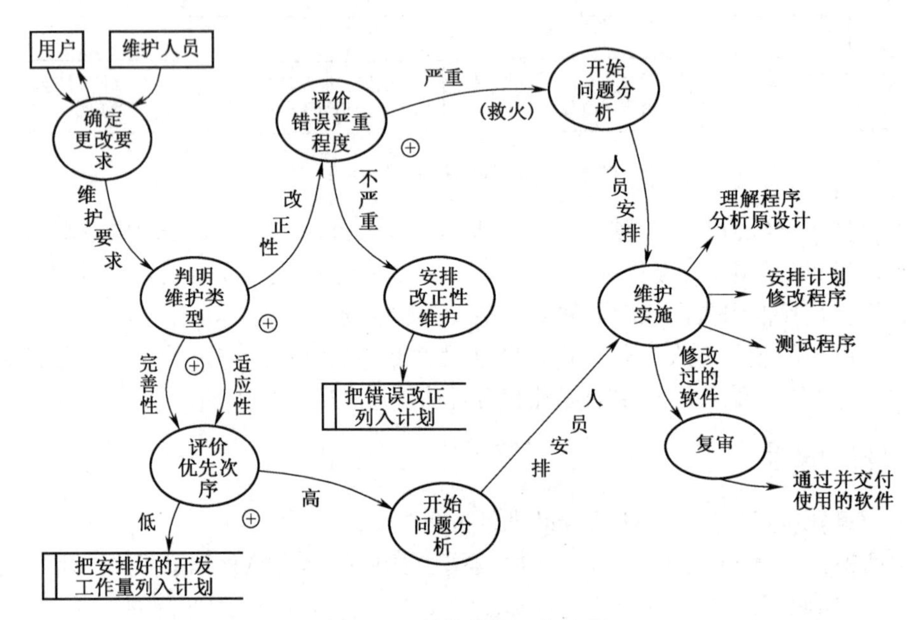

图 11-5　软件维护工作流程

11.4.4 软件维护步骤

软件维护通常分成以下四个步骤：

（1）分析理解程序。

软件维护工作是否成功及质量好坏的关键是对程序全面准确的理解，维护工作不能仓促上阵。对程序分析理解主要是了解程序的功能和实施目标，掌握程序的结构信息，理解程序的操作要求等。通常可采用分析程序结构图、数据跟踪、控制跟踪等方法来帮助自顶向下理解程序结构及数据结构。

（2）修改程序。

是否有计划地修改也是影响维护工作量关键的一个因素。一般可按照这样两个步骤来进行：设计修改计划，计划应考虑规格说明信息、维护资源、人员、提供等内容；修改代码，修改时尽可能保持程序的风格及格式。

（3）重新验证。

修改完成后的程序在提交给用户前需要进行充分的确定和测试，以确保系统的正确性，确认方法有以下方法：

①静态确认：修改软件会引入新的错误，所以必须检查，至少需要两个人来检查。如修改是否涉及规格说明书？修改结果是否符合说明书的要求？修改是否修补了失误？修改部分对其他部分有无影响？

②计算机确认：用计算机对修改的程序进行确认测试。比如确认测试顺序，先测试修改的部分，再测试没有修改的部分，然后集成起来测试，这种测试称回归测试。充分利用软件工具帮助测试，并邀请用户参与测试。

③文档验收：维护主管部门要检验文档是否完备，更新测试用例及结果是否记载，软件配置是否有了副本，维护的工序和责任是否已确定，确认无误之后才交付给用户使用。

（4）情况评审。

在每次软件维护任务完成后进行情况评审，情况评审对将来的维护工作如何进行会产生重要的影响。

情况评审应针对以下问题进行：

①在目前情况下，设计、编码、测试中的哪一方面可以改进？

②哪些维护资源应该有但没有？

③工作中的障碍是什么？

④从维护申请的类型来看是否应当有预防性维护？

11.4.5 编写维护档案记录

为确定维护过程中的实际开销，确定软件的维护有效程度，应当做好维护档案记录，内容应包括：

（1）程序名称；

（2）源程序语句条数；

（3）机器代码指令条数；

（4）所用的程序设计语言；

（5）程序安装的日期；

（6）程序安装后的运行次数；

（7）与程序安装后运行次数有关的处理故障次数；

（8）程序改变的层次及名称；

（9）修改程序增加的源程序语句条数；

（10）修改程序减少的源程序语句条数；

（11）修改所付出的“人时”数；

（12）修改程序的日期；

（13）软件维护人员的姓名；

（14）维护申请报告的名称、维护类型；

（15）维护开始时间和维护结束时间；

（16）花费在维护上的累计“人时”数；

（17）维护工作的净收益等。

11.4.6 维护评价

维护结束后，应对本次维护工作做出维护评价，如果对维护不保存记录或保存不充分，那么就无法评价软件使用的完好程度，也无法评价维护技术的有效性。评价内容应包括：

（1）每次程序运行时的平均出错次数；

（2）花费在每类维护上的总“人时”数；

（3）每个程序、每种语言、每种维护类型的程序平均修改次数；

（4）因为维护增加或删除每个源程序语句所花费的平均“人时”数；

（5）用于每种语言的平均“人时”数；

（6）维护申请报告的平均处理时间；

（7）各类维护申请的百分比。

这七种度量值提供了定量的数据，据此可对开发技术、语言选择、维护工作计划、资源分配以及其他许多方面做出判定。

11.5 软件的可维护性

由于一些软件的源程序和文档难以理解和修改，使得这些软件的维护工作十分困难。从原则上讲，软件开发工作应严格按照软件工程的要求，遵循特定的软件标准或规范进行。但事实上由于种种原因以上要求不能真正做到，因而大大地增加了软件维护工作量，增加了维护成本。此外，还有一些维护要求为适应环境变化或需求变化而提出的，并不是因为程序中出错而提出的。由于维护工作面广，维护难度大，稍有不慎就会在修改中给软件带来新的问题或引入新的差错，所以，为了使得软件能够易于维护，必须考虑使软件具有可维护性。

软件的可维护性定义为：为了纠正软件系统出现的错误和缺陷，以及满足用户新的要求，软件能够被理解、被校正、被修改或被改善的难易程度。可维护性并不仅限于代码，它可描述很多软件产品如需求规格说明、设计以及测试计划文档等。因此，对于希望维护的所有产品，都需要相关的可维护性测量。

可维护性不但与采用的分析设计方法和开发人员的技术熟练程度有关，更重要的是与软件项目的管理技术关系密切。软件的可维护性成为软件开发各个阶段的关键目标。

11.5.1 影响软件可维护性的因素

软件的可维护性除了与开发方法有关的因素之外，以下因素会对可维护性有重要影响：

（1）软件设计人员是否受过严格的规范化工作培训；

（2）是否采用主流的编程语言；

（3）是否采用主流的操作系统；

（4）是否采用标准化的文档资料结构和文档形成机制；

（5）是否保存了规范化的测试资料。

11.5.2 软件可维护性的度量

目前有几种对软件可维护性进行综合度量的方法，但是要对软件可维护性进行定量度量还是比较困难的。这里介绍一个常用度量软件可维护性的七个特性。

（1）可理解性。

可理解性表明人们通过阅读源代码和相关文档，了解程序功能及其如何运行的容易程度。

一个可理解的程序应具备以下一些特性：模块化，风格一致性，不使用令人捉摸不定或含糊不清的代码，使用有意义的数据名和过程名，结构化，完整性等。

（2）可靠性。

可靠性表明一个程序按照用户的要求和设计目标，在给定的一段时间内正确执行的概率。

可靠性度量的指标主要有：

①MTBF，全称是 Mean Time Between Failure，即平均无故障工作时间。就是从新的产品在规定的工作环境条件下开始工作到出现第一个故障的时间的平均值。MTBF 越长表示可靠性越高，正确工作能力越强。

②MTTR，全称是 Mean Time To Repair，即平均修复时间。是指可修复产品的平均修复时间，就是从出现故障到修复中间的这段时间。MTTR 越短表示易恢复性越好。

③MTTF，全称是 Mean Time To Failure，即平均失效前时间。系统平均能够正常运行多长时间，才发生一次故障。系统的可靠性越高，平均无故障时间越长。

可靠性度量的方法：

①根据程序错误统计数字，进行可靠性预测。常用方法是利用一些可靠性模型，根据程序测试时发现并排除的错误数预测平均无故障时间 MTTF。

②根据程序复杂性，预测软件可靠性。用程序复杂性预测可靠性，前提条件是可靠性与复杂性有关。因此可用复杂性预测出错率。程序复杂性度量标准可用于预测哪些模块最可能发生错误，以及可能出现的错误类型。

（3）可测试性。

可测试性表明论证程序正确性的容易程度。程序越简单，证明其正确性就越容易。而且设计合适的测试用例，取决于对程序的全面理解。一个可测试的程序应当是可理解的、可靠的、简单的。

用于可测试性度量的检查项目如下：

①程序是否模块化？结构是否良好？

②程序是否可理解？程序是否可靠？

③程序是否能显示任意中间结果？

④程序是否能以清楚的方式描述它的输出？

⑤程序是否能及时地按照要求显示所有的输入？

⑥程序是否有跟踪及显示逻辑控制流程的能力？

⑦程序是否能从检查点再启动？

⑧程序是否能显示带说明的错误信息？

（4）可修改性。

可修改性表明程序容易修改的程度。一个可修改的程序应当是可理解的、通用的、灵活的、简单的。通用性是指程序适用于各种功能变化而无需修改。灵活性是指能够容易地对程序进行修改。

测试可修改性的一种定量方法是修改练习。其基本思想是通过做几个简单的修改，来评价修改的难度。

设 C 是程序中各个模块的平均复杂性，A 是要修改的模块的复杂性。则修改的难度 D 由下式计算：

$$D=A/C$$

若 D 等于 1，属于中等难度的复杂性，大于 1 属于高难度的复杂性，小于 1 属于低难度的复杂性。

（5）可移植性。

可移植性表明程序转移到一个新的计算环境的可能性的大小。或者表明程序可以容易地、有效地在各种各样的计算环境中运行的容易程度。

一个可移植的程序应具有结构良好、灵活、不依赖于某一具体计算机或操作系统的性能。

用于可移植性度量的检查项目如下：

①是否用高级的独立于机器的语言来编写程序？

②是否使用广泛使用的标准化的程序设计语言来编写程序？

③是否仅使用了这种语言的标准版本和特性？

④程序中是否使用了标准的普遍使用的库功能和子程序？

⑤程序中是否极少使用或根本不使用操作系统的功能？

⑥程序在执行之前是否初始化内存？

⑦程序在执行之前是否测定当前的输入/输出设备？

⑧程序是否把与机器相关的语句分离了出来，集中放在了一些单独的程序模块中，并有说明文件？

⑨程序是否结构化？是否允许在小一些的计算机上分段（覆盖）运行？

⑩程序中是否避免了依赖于字母数字或特殊字符的内部位表示？

（6）效率。

效率表明一个程序能执行预定功能而又不浪费机器资源的程度。这些机器资源包括内存容量、外存容量、通道容量和执行时间。

用于效率度量的检查项目如下：

①程序是否模块化？结构是否良好？

②是否消除了无用的标号与表达式，以充分发挥编译器优化作用？

③程序的编译器是否有优化功能？

④是否把特殊子程序和错误处理子程序都归入了单独的模块中？

⑤是否以快速的数学运算代替了较慢的数学运算？

⑥是否尽可能地使用了整数运算，而不是实数运算？

⑦是否在表达式中避免了混合数据类型的使用，消除了不必要的类型转换？

⑧程序是否避免了非标准的函数或子程序的调用？

⑨在分支结构中，是否最有可能为“真”的分支首先得到测试？

⑩在复杂的逻辑条件中，是否最有可能为“真”的表达式首先得到测试？

（7）可使用性。

从用户观点出发，可使用性定义为程序方便、实用及易于使用的程度。一个可使用的程序应是易于使用的、能允许用户出错和改变，并尽可能不使用户陷入混乱状态的程序。

用于可使用性度量的检查项目如下：

①程序是否具有自描述性？

②程序是否能始终如一地按照用户的要求运行？

③程序是否让用户对数据处理有一个满意的和适当的控制？

④程序是否容易学会使用？

⑤程序是否使用数据管理系统来自动地处理事务性工作和管理格式化、地址分配及存储器组织？

⑥程序是否具有容错性？

⑦程序是否灵活？

各类维护主要侧重在改正性维护、适应性维护、完善性维护，如表 11-1 所示。

表 11-1 在各类维护中的侧重点

	改正性维护	适应性维护	完善性维护
可理解性	√		
可测试性	√		
可修改性	√	√	
可靠性	√		
可移植性		√	
可使用性		√	√
效率			√

除了以上七种常见的度量可维护性方法之外，也可通过以下方法来间接度量软件的可维护性：

（1）了解问题的时间；

（2）行政管理拖延的时间；

（3）收集维护工具的时间；

（4）分析问题的时间；

（5）改变规格说明的时间；

（6）具体的改错或修改的时间；

（7）局部测试时间；

（8）整体测试时间；

（9）维护重审时间；

（10）总体恢复时间。

11.5.3 提高软件可维护性的方法

提高软件可维护性可以有效延长软件的生存期，可以从以下几方面着手：

1. 建立明确的软件质量目标和优先级

一个可维护的程序应是可理解的、可靠的、可测试的、可修改的、可移植的、效率高的、可使用的。要实现这些目标，需要付出很大的代价，而且也不一定行得通。

某些质量特性是相互促进的，例如可理解性和可测试性、可理解性和可修改性。另一些质量特性是相互抵触的，如效率和可移植性、效率和可修改性等。

每一种质量特性的相对重要性应随程序的用途及计算环境的不同而不同。例如，对编译程序来说，可能强调效率；但对管理信息系统来说，则可能强调可使用性和可修改性。

对程序的质量特性，在提出目标的同时还必须规定它们的优先级。

2. 使用提高软件质量的技术

（1）模块化。

如果需要改变某个模块的功能，则只需改变这个模块本身，对其他模块影响很小；如果需要增加程序的某些功能，则仅需增加完成这些功能的新的模块或模块层；模块化有利于程序的测试与重复测试；有利于程序错误的定位和纠正。

（2）结构化程序设计。

使用结构化程序设计可以获得一个具有良好结构的程序。程序被划分为分层的模块结构；模块调用控制必须从模块的入口点进入，从出口点退出。模块的控制结构仅限于顺序、选择、重复三种基本结构，且没有 GOTO 语句。每个程序变量只用于唯一的程序目的，而且变量的作用范围应是明确的、有限制的。

使用结构化程序设计技术，可提高现有系统的可维护性。如采用备用件的方法，用一个新的结构良好的模块替换掉整个要修改的模块；采用自动重建结构和重新格式化的工具（结构更新技术），把非结构化代码转换成良好的结构化代码。

3. 进行明确的质量保证审查

质量保证审查对于获得和维持软件的质量，是一个很有用的技术。审查可以用来检测在开发和维护阶段内发生的质量问题。一旦检测出问题来，就可以采取措施来纠正，以控制不断增长的软件维护成本，延长软件系统的有效生命期。

（1）在检查点进行复审。

保证软件质量的最佳方法是在软件开发的最初阶段把质量要求考虑进去，并在开发过程每一阶段的终点，设置检查点进行检查。

检查的目的是要证实已开发的软件是否符合标准，是否满足规定的质量需求。在不同的检查点，检查的重点不完全相同，如图 11-6 所示。

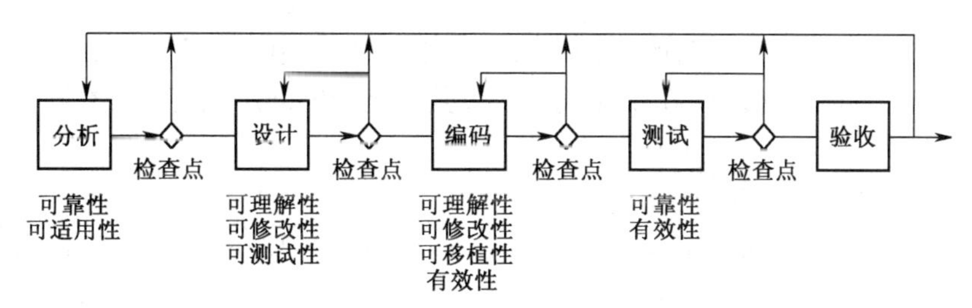

图 11-6　软件开发期间各个检查点的检查重点

例如，在设计阶段，检查重点是可理解性、可修改性、可测试性。可理解性检查的重点是程序的复杂性。对每个模块可用 McCabe 环路来计算模块的复杂度，若复杂度大于 10，则需重新设计。可以使用各种质量特性检查表，或用度量标准来检查可维护性。审查小组可以采用人工测试的方式，进行审查。

（2）验收检查。

验收检查是一个特殊的检查点的检查，是交付使用前的最后一次检查。验收检查实际上是验收测试的一部分，只不过它是从维护的角度提出验收的条件和标准。验收检查必须遵循的最小验收标准如下：

①需求和规范标准。

需求应当以可测试的术语进行书写，排列优先次序和定义；区分必须的、任选的、将来的需求；包括对系统运行时的计算机设备的需求；对维护、测试、操作、以及维护人员的需求；对测试工具等的需求。

②设计标准。

程序应设计成分层的模块结构。每个模块应完成唯一的功能，并达到高内聚、低耦合；通过一些预期变化的实例，说明设计的可扩充性、可缩减性和适应性。

③源代码标准。

尽可能使用高级程序设计语言，且只使用语言的标准版本；所有的代码都必须具有良好的结构；所有的代码都必须文档化，在注释中说明它的输入、输出以及便于测试/再测试的一些特点与风格。

④文档标准。

文档中应说明：程序的输入/输出；使用的方法/算法；错误恢复方法；所有参数的范围；缺省条件等。

（3）周期性地维护审查。

检查点复查和验收检查，可用来保证新系统的可维护性。对已有的软件系统，则应当进行周期性的维护检查。软件在运行期间进行修改，可能会导致软件质量下降的危险，破坏程序概念的完整性。必须进行定期检查，对软件做周期性的维护审查，以跟踪软件质量的变化。

周期性维护审查实际上是开发阶段检查点复查的继续，并且采用的检查方法、检查内容都是相同的。

维护审查的结果可以同以前的维护审查的结果、以前验收检查的结果、检查点检查的结果相比较，任何一种改变都表明在软件质量上或其他类型的问题上可能发生了变化，对于改变的原因应当进行分析。

（4）对软件包进行检查。

软件包是一种标准化的、可为不同单位、不同用户使用的软件。一般源代码和程序文档不会提供给用户。

对软件包的维护采取以下方法：使用单位的维护人员首先要仔细分析、研究开发方提供的用户手册、操作手册、培训教程，以及验收测试报告等。在此基础上，深入了解本单位的任务和要求，编制软件包的检验程序。检查软件包程序所执行的功能是否与用户的要求和条件相一致。为了建立这个程序，维护人员可以利用卖方提供的验收测试用例，还可以自己重新设计新的测试用例。根据测试结果，检查和验证软件包的参数或控制结构，以完成软件包的维护。

4. 选择可维护的程序设计语言

程序设计语言的选择，对程序的可维护性影响很大，如图 11-7 所示。

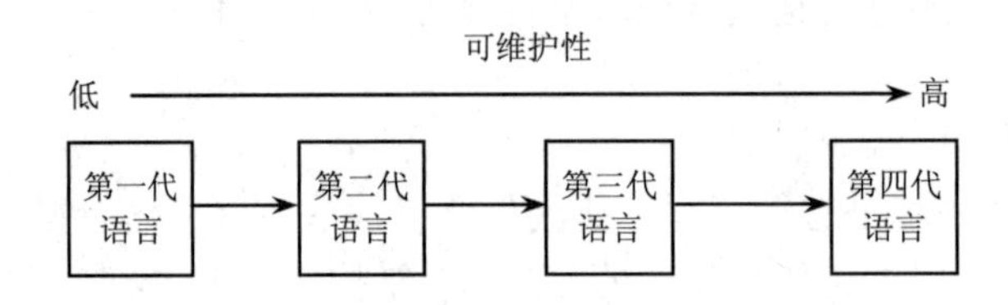

图 11-7　程序设计语言对可维护性的影响

5. 改进程序的文档

程序文档是对程序总目标、程序各组成部分之间的关系、程序设计策略、程序实现过程的历史数据等的说明和补充。即使是一个十分简单的程序，要想有效地维护它，也需要编制文档来解释其目的及任务。对于程序维护人员来说，要想按程序编制人员的意图重新改造程序，并对今后变化的可能性进行估计，缺了文档是不行的。为了维护程序，人们必须阅读和理解文档。

在软件维护阶段，利用历史文档，可以大大简化维护工作。通过了解原设计思想，可以判断出错之处，指导维护人员选择适当的方法修改代码而不危及系统的完整性。历史文档有三种：系统开发日志；错误记载；系统维护日志。

11.6 软件维护的副作用

软件维护的目的是为了延长软件的生命期让其创造更多的价值，经过一段时间的维护，软件的错误被修正了，功能增强了，但同时由于修改程序而引入的潜伏的错误也增加了。这种因修改软件而造成的错误或其他不希望发生的情况称为软件维护的副作用。

11.6.1 软件维护副作用的类型

修改软件的内容不同，副作用也不一样。

1. 修改源程序的副作用

最危险的副作用是修改源程序而产生的，每当对一个复杂的逻辑过程做一处修改，出错的可能性就增大了。下列是对源程序修改更易产生的错误：

（1）改变一个子程序、函数和变量；

（2）为改进性能所作的修改；

（3）改变了逻辑运算过程；

（4）设计的变动造成了较大的程序变动；

（5）改变了边界测试条件。

2. 修改数据的副作用

修改数据的副作用一般是由于修改特定的信息结构所引起的：

（1）重新定义局部及全局的常量或变量；

（2）重新定义记录和文件的格式；

（3）改变一个数组的大小或改变高层数据结构；

（4）对控制标志或指针的重新初始化；

（5）重新排列输入/输出或子程序的自变量。

3. 修改文档资料的副作用

对数据流、软件结构、模块逻辑或任何其他有关特性进行修改时，必须对相关技术文档进行相应修改，否则会导致文档与程序功能不匹配、缺省条件改变、错误信息不正确等错误，使得软件文档不能反映软件的当前状态。如果对可执行软件的修改不能反映在文档里，就会产生文档的副作用。

11.6.2 控制软件维护副作用的策略

为了控制因修改而引起的副作用，在修改时应做到：

（1）按模块对修改分组；

（2）自顶向下安排所修改的模块顺序；

（3）每次只修改一个模块，修改完成后进行测试；

（4）修改一个模块之前，应先分析和确定先前修改的副作用。

习题十一

一、选择题

1．生产性维护活动包括（　）。

A．修改设计　B．理解设计　C．解释数据结构　D．理解功能

2．随着软硬件环境变化而修改软件的过程是（　）。

A．校正性维护　B．适应性维护　C．完善性维护　D．预防性维护

3．为了提高软件的可维护性，在编码阶段应注意（　）。

A．保存测试用例和数据　B．提高模块的独立性

C．文档的副作用　D．养成好的程序设计风格

4．软件维护的困难主要原因是（　）。

A．费用低　B．人员少

C．开发方法的缺陷　D．维护难

5．为提高系统性能而进行的修改是属于（　）。

A．纠正性维护　B．适应性维护

C．完善性维护　D．测试性维护

6．软件生命周期中，（　）所占的工作量最大。

A．分析阶段　B．设计阶段

C．编码阶段　D．维护阶段

7．系统维护中要解决的问题来源于（　）。

A．系统分析阶段　B．系统设计阶段

C．系统实施阶段　D．上述三个阶段（A、B、C）都包括

8．产生软件维护的副作用，是指（　）。

A．开发时的错误　B．隐含的错误

C．因修改软件而造成的错误　D．运行时误操作

二、填空题

1．软件维护有________、________、________、________四种类型。

2．用软件工程方法开发软件，各阶段均有文档，容易维护，这种维护是________。

3．为提高可维护性，应使用的先进、强有力、实用的软件开发方法是________。

4．软件系统的可维护性可以用下面七个质量特效来衡量，即________、________、________、________、________、________、________。

5．为了识别和纠正运行中产生的错误而进行的维护称为________维护。

6．在软件维护中，因修改软件而导致出现的错误或其他情况称为________。

三、简答题

1．软件维护的类型有哪些？

2．结构化维护与非结构化维护的区别？

3．软件维护策略有哪些？

4．软件维护步骤是什么？

5．维护档案记录内容包括什么？

6．验收检查必须遵循的最小验收标准是什么？

12

软件项目管理

所谓管理就是通过计划、组织和控制等一系列活动，合理地配置和使用各种资源，以达到既定目标的过程。软件项目管理先于任何技术活动之前开始，并且贯穿于软件的整个生命周期之中。

本章主要内容是软件项目管理概述、软件项目计划、软件项目组织、软件项目的人员配备、软件配置管理、软件质量管理、软件能力成熟度模型。

12.1 软件项目管理概述

12.1.1 软件项目管理的意义

软件项目管理是为了使软件项目能够按照预定的成本、进度、质量顺利完成，而对人员（People）、产品（Product）、过程（Process）和项目（Project）进行分析和管理的活动。

软件项目管理的根本目的是为了让软件项目尤其是大型项目的整个生命周期（从分析、设计、编码到测试、维护全过程）都能在管理者的控制之下，以预定成本按期、按质的完成软件并交付用户使用。而研究软件项目管理为了从已有的成功或失败的案例中总结出能够指导今后软件开发的通用原则、方法，同时避免重复前人的失误。

软件项目管理的提出是在 20 世纪 70 年代中期，当时美国国防部专门研究了软件开发不能按时提交，预算超支和质量达不到用户要求的原因，结果发现 70%的项目是因为管理不善引起的，而非技术原因。于是软件开发者开始逐渐重视起软件开发中的各项管理。到了 20 世纪 90 年代中期，软件研发项目管理不善的问题仍然存在。据美国软件工程实施现状的调查，软件研发的情况仍然很难预测，大约只有 10%的项目能够在预定的费用和进度下交付。

软件项目管理的内容主要包括如下几个方面：人员的组织与管理，软件度量（费用、生产率、进度、质量等），软件项目计划，风险管理，软件质量保证，软件过程能力评估，软件配置管理等。

12.1.2 软件项目的特点

（1）智力密集，可见性差。

（2）单件生产。

（3）劳动密集、自动化程度低。

（4）使用方法繁琐，维护困难。

（5）软件工作渗透了人的因素。

12.1.3 软件项目管理的职能

（1）制定计划：规定待完成的任务、要求、资源、人力和进度等。

（2）建立项目组织：为实施计划、保证任务的完成，需要建立分工明确的责任机构。

（3）配备人员：任用各种层次的技术人员和管理人员。

（4）指导：动员和指导软件人员完成所分配的任务。

（5）检验：对照计划或标准监督检查项目实施情况。

12.2 软件项目计划

12.2.1 软件项目计划的目标和风险分析

软件项目计划的目标就是要回答：软件开发项目的工作范围是什么？需要哪些资源？应花费多少工作量？需要的成本有多少？以及进度安排等一系列问题。

组织软件开发项目必须事先认清可能构成风险的因素，研究战胜风险的对策。只有这样才能避免出现灾难性后果，取得项目的预期成果。

12.2.2 软件项目计划的类型

（1）项目实施计划或软件开发计划。

（2）质量保证计划。

（3）软件测试计划。

（4）文档编制计划。

（5）用户培训计划。

（6）综合支持计划。

（7）软件分发计划。

12.2.3 项目实施计划中任务的划分

任务划分是实施计划首先应解决的问题。常用的计划结构有：

（1）项目阶段计划。

按软件生存期，把开发工作划分为若干阶段，对每一阶段工作做出计划。再把每一阶段工作分解为若干任务，做出任务计划。还要把任务细分为若干步骤，做出步骤计划。

（2）任务分解结构。

任务分解的常用方法是按项目的实际情况进行自顶向下的结构化分解，形成树形任务结构。进一步把工作内容、所需工作量、预计完成的期限也规定下来。

任务分解结构可通过任务编号来追踪，如图 12-1 所示。

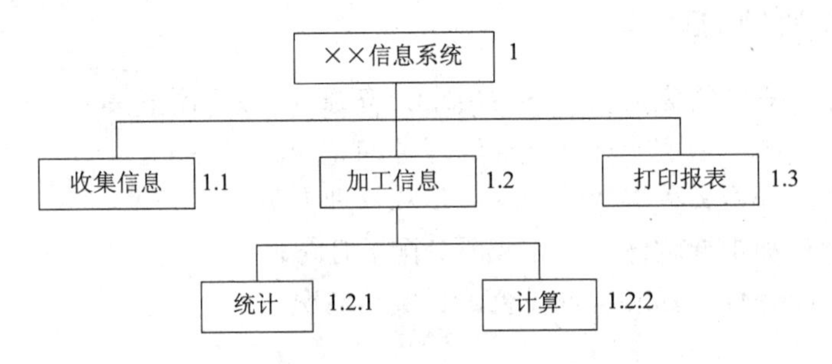

图 12-1 任务分解结构图

（3）任务责任矩阵

在任务分解的基础上，把工作分配给相关的人员，用一个矩阵形表格表示任务的分工和责任，如表 12-1 所示。

表 12-1 任务责任矩阵

编号	工作划分	负责人 张××	系统工程师 王××	系统工程师 李××	程序员 赵××	程序员 陈××
1	××信息系统	审批	审查			
1.1	收集信息		审查	设计	实现	
1.2	加工信息			审查		
1.2.1	统计		设计			实现
1.2.2	计算		设计			实现
1.3	打印报表		审查	设计	实现	

12.2.4 项目的进度安排

进度安排的好坏往往会影响整个项目是否能按期完成，因此，这一环节十分重要。

每一个软件项目都要求制定一个进度安排。对于进度安排，需要考虑的是预先对进度如何计划？工作怎样就位？如何识别定义好的任务？管理人员对结束时间如何掌握？如何识别和控制关键路径以确保完成？对进展如何度量以及如何建立分割任务的里程碑？

软件项目的进度安排与其他工程项目的进度安排没有实质上的区别。首先要识别一组项目任务，建立任务之间的关联，然后估算各个任务的工作量，分配人力和其他资源，指定进度时序。

（2） 软件开发任务的并行性

若软件项目有多人参加时，多个开发者的活动将并行进行。如完成需求分析并进行复审后，概要设计和制定测试计划可以并行进行；各模块的详细设计、编码与单元测试可以并行进行等，如图12-2所示。

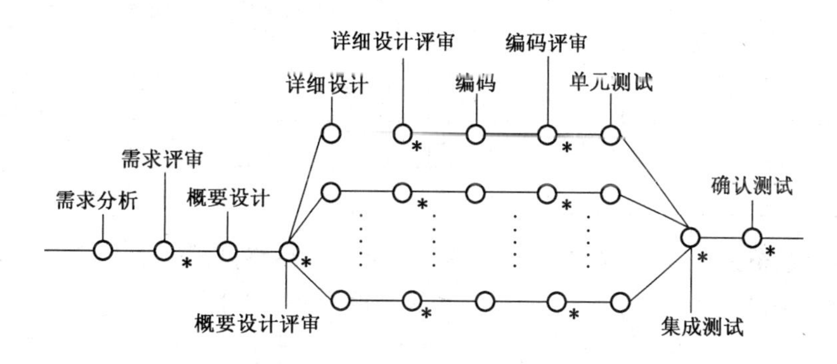

图12-2 任务的并行性

2. 制定软件进度的方法

制定软件进度与其他工程一样，主要方法有：甘特图、工程网络图。

（2） 甘特图。

1917年，甘特（Henry Laurence Gantt）发明了著名的Gantt图，该图是先把任务分解成子任务，然后用水平线段来描述各个任务及子任务的进度安排。

甘特图是一个线条图，横轴表示时间，纵轴表示活动（任务）。该图动态反映软件开发进度情况，它是进度计划和进度管理的有力工具。在子任务之间依赖关系不复杂的情况下常使用此种方法，如表12-2所示。

Gantt图只能表示任务之间的并行与串行关系，难以反映多个任务之间存在的复杂关系，不能直观表示任务之间相互依赖制约关系，以及哪些任务是关键子任务等信息，因此仅仅用Gantt图作为进度的安排是不够的。

（2）工程网络图。

工程网络图是一种有向图，用圆圈表示事件（事件表示一项子任务），圆内的左边部分中数字表示事件号，右上部分中的数字表示一个子任务开始的最早时刻，右下部分中的数字则表示一个子任务开始的最迟时刻，箭头线表示子任务的进程，箭头线上面的数字表示子任务的持续时间，箭头线下面括号中的数字表示该任务的机动时间，如图 12-3 所示。

表 12-2　项目进度计划时间表

时间 / 项目	2008 年									
	3 月	4 月	5 月	6 月	7 月	8 月	9 月	10 月	11 月	12 月
前期准备	■									
系统调查	■									
系统分析		■								
系统设计			■	■	■					
系统实施						■	■	■		
系统试运行									■	
系统测试										■
系统验收										■
系统正式运行										■

关键路径（Critical Path）：在工程网络图中，从起点到终点，可能有多条路径，其中耗时最长的路径就是关键路径，它决定了完成整个工程所需要的时间。

如图 12-3 所示，关键路径为：1—2—3—6—9—10（共需 10 天）。

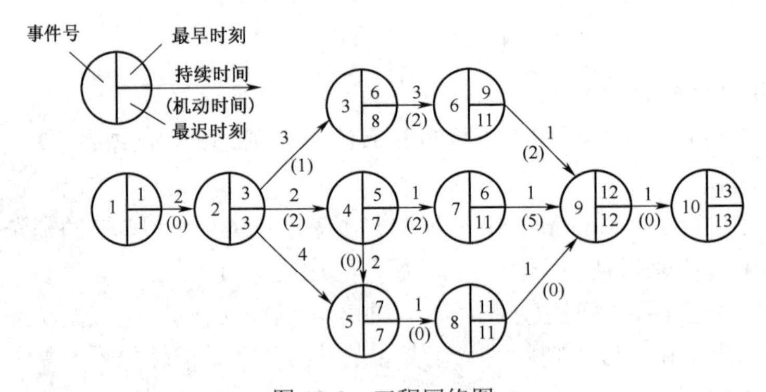

图 12-3　工程网络图

项目经理必须了解处于关键路径上的任务进展情况，如果这些任务能及时完成，则整个项目就可以按计划完成。

12.3　软件项目组织

项目开发组织采用什么形式，要针对软件项目的特点来决定，同时也与参与人员的素质有关。

12.3.1　组织原则

（1）尽早落实责任：在软件项目工作开始时，要尽早指定专人负责，使他有权进行管理，并对任务的完成负全责。

（2）减少通信接口：一个组织的生产率随完成任务中存在的通信路径数目增加而降低。要有合理的人员分工、良好的组织结构、有效的通信路径，减少不必要的通信接口。

（3）责权均衡：软件经理人员所负的责任不应比委任给他的权力还大。

12.3.2　组织结构的模式

（1）按课题划分模式。

把软件开发人员按课题分成小组，小组成员自始至终参加所承担课题的各项任务。他们应负责完成软件产品的定义、设计、实现、测试、复查、文档编制，甚至包括维护在内的全过程。

（2）按职能划分模式。

把参加开发项目的软件人员按任务的工作阶段划分成若干个专业小组。要开发的软件产品在每个专业小组完成阶段加工（即工序）以后，沿工序流水线向下传递。例如，分别建立计划组、需求分析组、设计组、实现组、系统测试组、质量保证组、维护组等。各种文档资料按工序在各组之间传递。

（3）矩阵形模式。

这种模式实际上是以上两种模式的组合。一方面，按工作性质，成立一些专门组，如开发组、业务组、测试组等；另一方面，每一个项目又有它的经理人员负责管理。每个软件人员属于某一个专门组，又参加某一项目的工作，如图 12-4 所示。

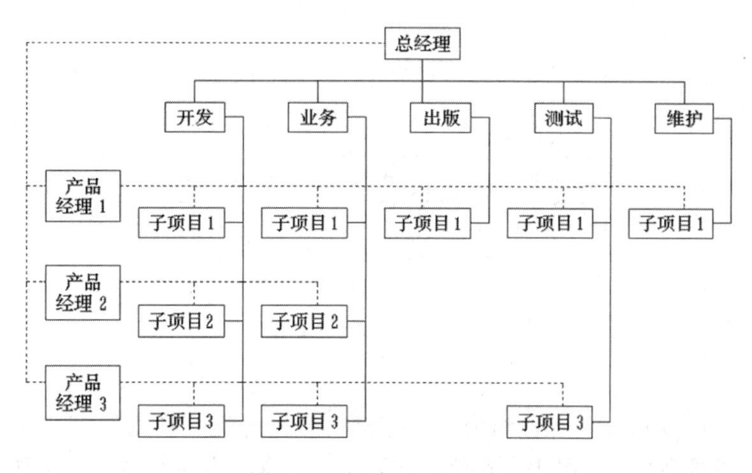

图 12-4　矩阵形组织结构

12.3.3 程序设计小组的组织形式

小组内部人员的组织形式对生产率也有影响。常见的组织形式有三种。

（1）主程序员制小组。

小组的核心由一位主程序员（高级工程师）、2～5 位技术员、一位后援工程师组成。主程序员负责小组全部技术活动的计划、协调与审查，设计和实现项目中的关键部分，如图 12-5 所示。

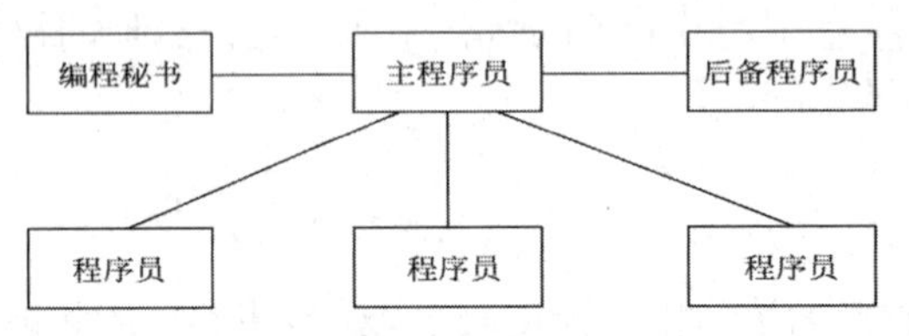

图 12-5 主程序员小组结构

技术员负责项目的具体分析与开发，文档资料的编写工作。后援工程师支持主程序员的工作，为主程序员提供咨询，也做部分分析、设计和实现的工作，并在必要时能代替主程序员工作。

主程序员制小组还可以由一些专家（如通信专家或数据库设计专家）、辅助人员（如打字员和秘书）、软件资料员协助工作。

由于主程序员既负责软件的技术又负责软件项目的管理，一方面存在不愿意发现程序错误的心理，另一方面也很难找到既是技术专家又是管理专家的人才。因此，现代实际的主程序员应该由两个人共同担任，一个是技术负责人，负责项目的技术工作，一个是行政负责人，负责非技术性事务管理工作，如图 12-6 所示。

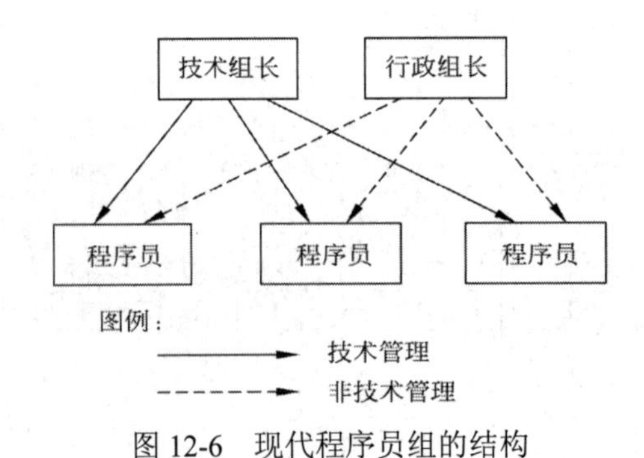

图 12-6 现代程序员组的结构

（2）民主制小组。

在民主制小组中，遇到问题，组内成员之间可以平等地交换意见，工作目标的制定及做出决定都由全体成员参加。在民主制小组中虽然也有一位成员当组长，但工作的讨论、成果的检验都公开进行。这种组织形式强调发挥小组每个成员的积极性，适合于研制时间长、开发难度大的项目。

（3）层次式小组。

在层次式小组中，组内人员分为三级：组长（项目负责人）负责全组工作，包括任务分配、技术评审和走查、掌握工作量和参加技术活动。他直接领导 2～3 名高级程序员，每位高级程序员通过基层小组，管理若干位程序员，如图 12-7 所示。

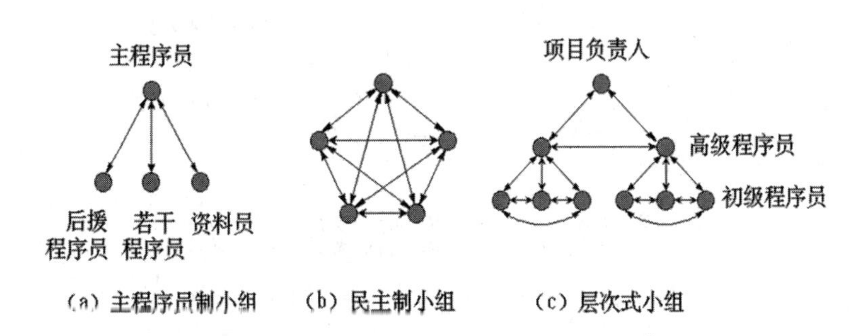

图 12-7　程序设计小组的组织形式

这种组织结构只允许必要的人际通信，比较适用于项目本身就是层次结构的课题。因为这样可以把项目按功能划分成若干个子项目，把子项目分配给基层小组，由基层小组完成，如图 12-8 所示。

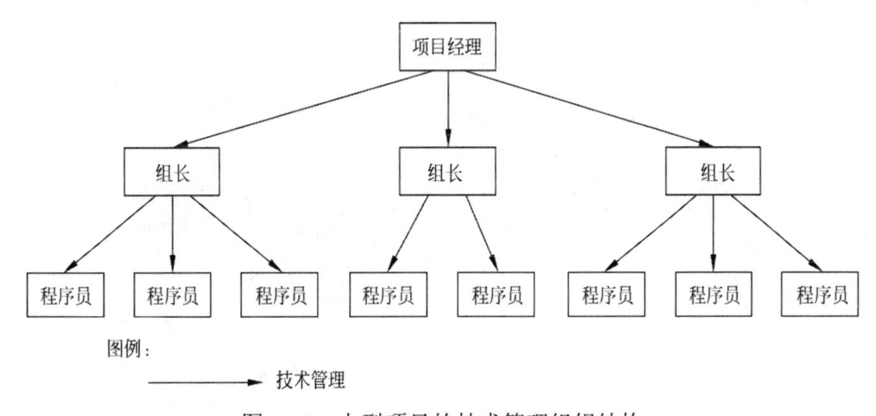

图 12-8　大型项目的技术管理组织结构

这种组织方式比较适合于大型软件项目的开发，当产品规模更大时可适当增加中间管理层次。

12.4　软件项目的人员配备

合理配备人员是成功完成软件项目的保证。配备人员时应注意按不同阶段适时任用人员，恰当掌握用人标准，如图 12-9 所示。

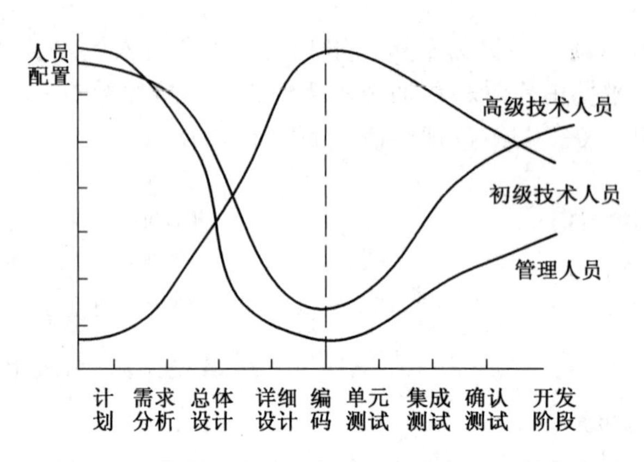

图 12-9　软件开发阶段各类人员参与项目的程度

12.4.1　项目开发各阶段所需人员

在软件开发的过程中，各阶段需要的人员多少是不同的，要按阶段的实际需求来配备人员，但在实际工作中多数软件项目是以恒定人力配备的，这种配备并不合理。

实际人力需求与开发进度的关系如图 12-10 中的曲线所示。

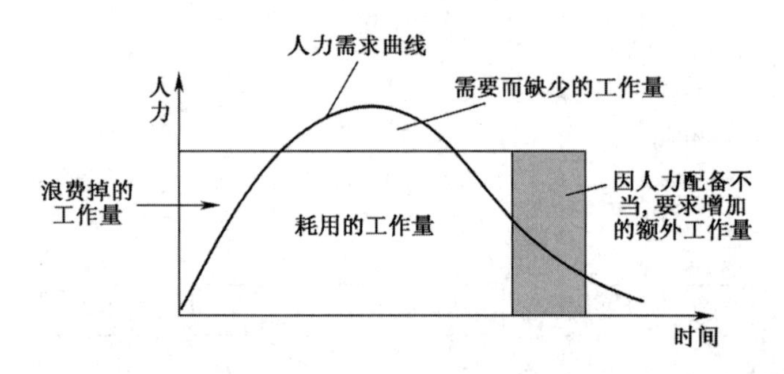

图 12-10　软件项目的恒定人力配备

按此曲线，需要的人力随开发进展逐渐增加，在编码与单元测试阶段达到高峰，以后又逐渐减少。如果恒定地配备人力，在开发初期将会有部分人力资源用不上而浪费掉。在开发中期，需要人力的供应不足，造成进度的延误。在开发后期就需要增加人力以赶进度，恒定地配备人力将浪费人力资源。

12.4.2　配备人员的原则

重质量：软件项目是一项技术性很强的工作，要任用少量有实践经验、有能力的人员去完成关键性的任务。

重培训：培养所需技术人员和管理人员是有效解决人员问题的好方法。

双阶梯提升：人员提升应分别按技术职务和管理职务进行，不能混在一起。

12.4.3 对项目经理的要求

项目经理是软件项目开发工作的组织者，其管理能力的强弱是项目成败的关键。他应具有以下能力：

（1）把用户提出的非技术性要求加以整理提炼，以技术说明书的形式转告给分析员和测试员。

（2）能说服用户放弃一些不切实际的要求，以保证合理的要求得以满足。

（3）能够把表面上似乎无关的要求集中在一起，归结为“需要什么”，“要解决什么问题”。这是一种综合问题的能力。

（4）要懂得心理学，能说服上级领导和用户，让他们理解什么是不合理的要求并能够放弃。但又要使他们毫不勉强，乐于接受，并从中受到启发。

12.4.4 评价软件开发人员的标准

软件开发人员素质的优劣常常影响到项目的成败。在评价和任用软件人员时，必须掌握一定的标准：

（1）牢固掌握计算机软件的基本知识和技能。

（2）善于分析和综合问题，具有严密的逻辑思维能力。

（3）工作踏实、细致，不靠碰运气，遵循标准和规范，具有严格的科学作风。

（4）工作中表现出有耐心、有毅力、有责任心。

（5）善于听取别人的意见，善于与周围人员团结协作，建立良好的人际关系。

（6）具有良好的书面和口头表达能力。

12.5 软件配置管理

12.5.1 软件配置管理的概念

软件配置管理（Software Configuration Management，SCM）是一种标识、组织和控制修改的技术。软件配置管理应用于整个软件工程过程。我们知道，在软件建立时变更是不可避免的，而变更加剧了项目中软件开发者之间的混乱。SCM 活动的目标就是为了标识变更、控制变更、确保变更正确实现并向其他有关人员报告变更。从某种角度讲，SCM 是一种标识、组织和控制修改的技术，目的是使错误降为最小并最有效地提高生产效率。

软件配置管理的主要目标是使软件的变更和修改可以更容易管理，减少当变更必须发生时所需花费的工作量。

软件配置管理可以提炼为三个方面的内容：版本控制（Version Control）、变更控制（Change Control）、过程支持（Process Support）。

12.5.2 软件配置管理的基本目标

软件配置管理是在贯穿整个软件生命周期中建立和维护项目产品的完整性。它的基本目标包括：

（1）软件配置管理的各项工作是有计划进行的。

（2）被选择的项目产品得到识别、控制并且可以被相关人员获取。

（3）已识别出的项目产品的更改得到控制。

（4）使相关组织和个人及时了解软件基准的状态和内容。

12.5.3 基线

基线（Baseline）是软件生存期中各开发阶段末尾的特定点，又称里程碑。由正式的技术评审而得到的软件配置项（SCI）协议和软件配置的正式文本才能成为基线。它的作用是使各阶段工作的划分更加明确化，使本来连续的工作在这些点上断开，以便于检验和肯定阶段成果。例如明确规定不允许跨越里程碑修改另一阶段的文档，如图 12-11 所示。

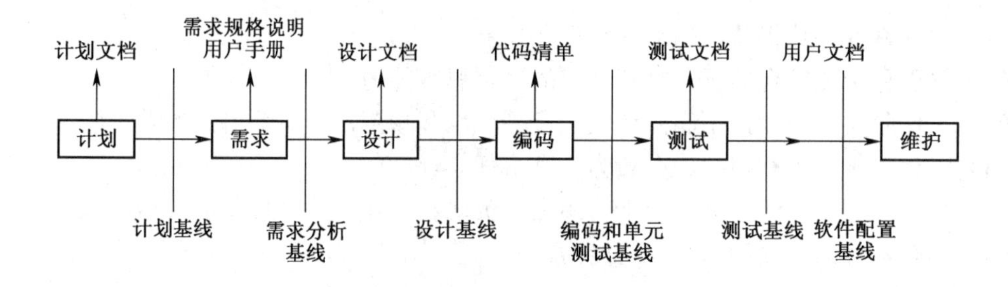

图 12-11　软件开发各阶段的基线

12.5.4 软件配置项

软件配置项（Software Configuration Item，SCI）是软件配置的实体，是为了配置管理的目的而作为一个单位来看待的软件要素的集合，是软件配置管理的对象。

软件配置项主要有三大类：

（1）计算机程序代码。

（2）各种软件文档。

（3）数据和数据结构。

具体的 SCI 主要包括：

（1）系统规格说明书。
（2）软件项目开发计划。
（3）软件需求规格说明书。
（4）可供使用的原型。
（5）用户手册初稿。
（6）概要设计规格说明书。
（7）详细设计规格说明书。
（8）源程序清单。
（9）测试计划。
（10）测试报告。
（11）操作手册。
（12）用户手册正式稿。
（13）软件问题报告。
（14）可直接运行的目标码程序。
（15）维护请求。
（16）工程变更通知。
（17）软件工程标准。
（18）项目开发总结。

12.5.5 版本控制

软件配置是一个动态的概念，它一方面随着软件生存期向前推进，SCI 的数量在不断增多，一些文档经过转换生成另一些文档，并产生一些信息；另一方面又随时会有新的变更出现，形成新的版本。

软件的每一个版本都是 SCI（源代码、文档及数据）的一个收集，且各个版本都可能由不同的变种组成。当软件做较大的升级时版本号的整数位将增加，否则小数位增加，如图 12-12 所示。

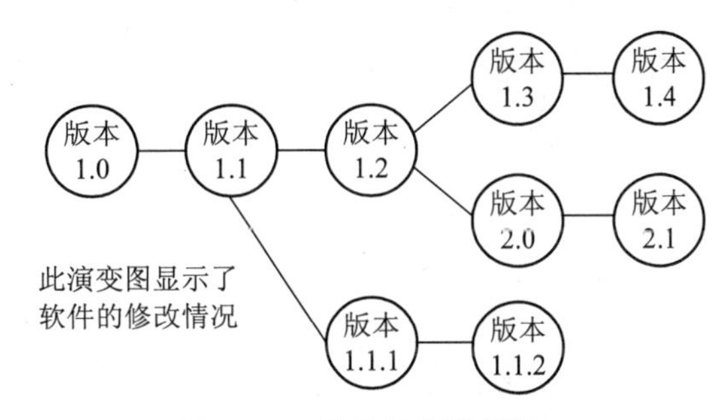

图 12-12　软件版本演变图

12.5.6 变更控制

软件工程过程中某一阶段的变更，均会引起软件配置的变更，这种变更必须严格加以控制和管理，保存修改信息，并把精确、清晰的信息传递到软件工程过程的下一环节。

变更控制包括建立控制点和建立报告与审查制度。对于一个大型软件来说，不加控制的变更很快就会引起混乱。因此变更控制是一项最重要的软件配置任务。

变更控制的目的并不是控制变更的发生，而是对变更进行管理，确保变更有序进行。对于软件开发项目来说，发生变更的环节比较多，因此变更控制显得格外重要。

项目中引起变更的因素有两个：一是来自外部的变更要求，如客户要求修改工作范围和需求等；二是开发过程内部的变更要求，如为解决测试中发现的一些错误而修改源代码甚至设计。比较而言，最难处理的是来自外部的需求变更，项目需求变更的概率大，引发的工作量也大（特别是到项目的后期）。

变更控制不能仅在过程中靠流程控制，有效的方法是在事前控制。事前控制是在项目开始前明确定义项目的范围和需求。另一种方法是评审，特别是对需求进行评审，这往往是项目成败的关键。需求评审的目的不仅是“确认”，更重要的是找出不正确的地方并进行修改，使其尽量接近“真实”需求。另外，需求通过正式评审后应作为重要基线，此后便开始对需求变更进行控制，如图 12-13 所示。

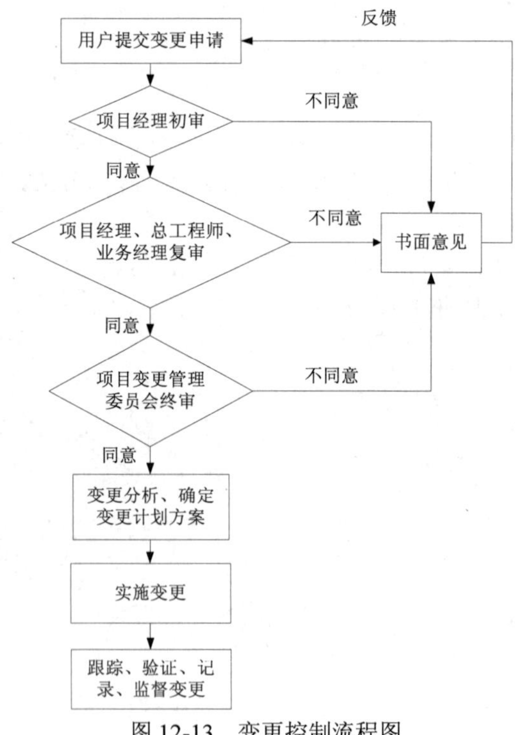

图 12-13　变更控制流程图

12.5.7 软件配置管理应注意的问题

实施配置管理时，需要考虑下面一些问题：

（1）采用什么方式标识和管理许多已存在的程序的各种版本，使变更能够有效地实现？

（2）在软件交付用户之前和之后，如何控制变更？

（3）谁有权批准变更和对变更安排优先级？

（4）如何保证变更得以正确地实施？

（5）利用什么办法估计变更可能引起的其他问题（时间、费用、工作量、是否引入新的错误等）？

12.6 软件质量管理

12.6.1 软件质量的含义

软件质量是指软件与明确地和隐含地定义的需求相一致的程度。具体地说，软件质量是软件与明确地叙述的功能和性能需求、文档中明确描述的开发标准以及任何专业开发的软件产品都应该具有的隐含特征相一致的程度。

软件质量的定义强调了 3 个要点：

（1）软件需求是度量软件质量的基础，与需求不一致就是质量不高。

（2）软件开发标准定义了一组指导软件开发的准则，如果没有遵守这些准则，肯定会导致软件质量下降。

（3）如果软件仅满足显式需求，而不能满足隐含的需求（如软件的易维护性），软件的质量仍然是值得怀疑的。

12.6.2 影响软件质量的因素

软件是一个复杂的产品，许多因素都对其质量产生影响。McCall 质量因素模型和 ISO 9126 质量因素模型是两个国际上通用的质量因素模型。

McCall 质量因素模型把影响软件产品质量的因素分为 3 大类、11 个因素，组成的分层质量因素模型，如图 12-14 所示。

在 McCall 质量因素模型中，产品修订（Product Revision）因素描述了软件产品能够被修改的能力，该因素又可以分为 3 个子因素。可维护性（Maintainability）因素描述了可以找到和修复软件错误的能力；柔性（Flexibility）因素描述可以按照业务变化需要进行改变的能力；可测试性（Testability）因素描述了软件产品可以验证需求的能力。

产品转移（Product Transition）因素描述了软件产品适应新环境的能力，该因素又分为 3 个子因素。可移植性（Portability）描述了软件产品从一个环境转移到另一个环境的能力，软件产品环境是指软件产品运行所需的硬件、软件的总称；可复用性（Reusability）描述了现有的软件组件在不同的系统中复用的能力；可操作性（Interoperability）描述了软件组件在一起工作的能力或组合程度。

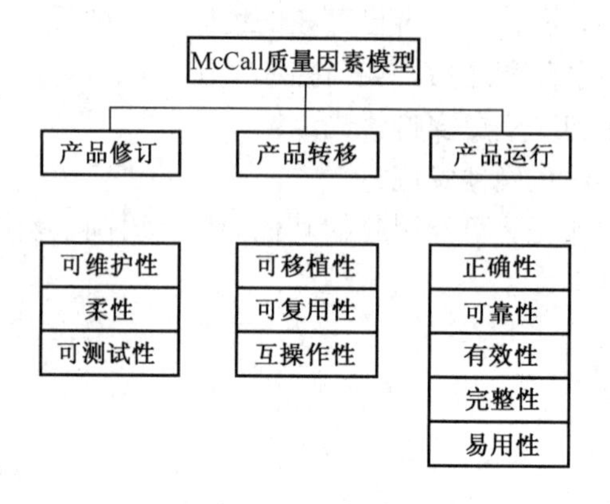

图 12-14　McCall 质量因素模型

产品运行（Product Operations）因素描述了软件产品基本的运行特征，该因素又可以分为 5 个子质量因素。正确性（Correctness）因素描述了软件产品与需求规格说明书的功能一致性；可靠性（Reliability）因素描述了软件产品正常运行的能力；有效性（Efficiency）因素描述了软件产品对系统资源的使用情况，这些系统资源包括 CPU、磁盘、内存、网络等；完整性（Integrity）因素描述了对未授权访问的限制；易用性（Usability）描述了软件产品易于使用的能力。

ISO 9126-2001 标准对软件质量特征进行了描述和规范。在该标准中，影响软件产品的质量因素包括 6 种因素、21 个子因素，其模型如图 12-15 所示。在这个模型中，每个子质量因素还可以继续细分。

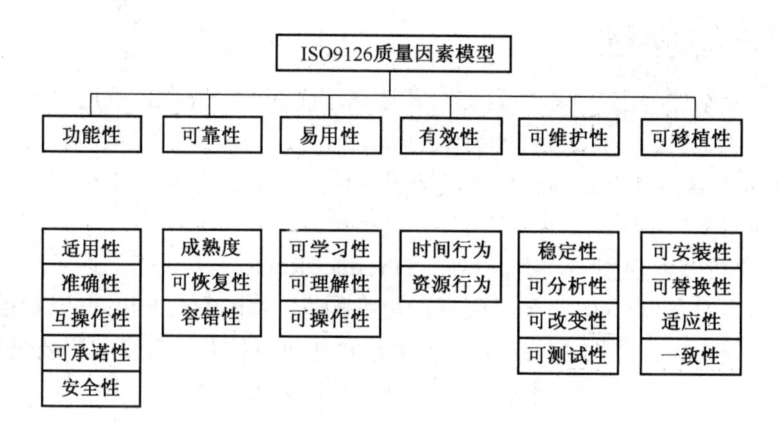

图 12-15　ISO 9126 质量因素模型

12.6.3 软件质量保证措施

软件质量保证（Software Quality Assurance，SQA）的措施主要有技术复审、软件测试和程序正确性证明。

（1）技术复审。

技术复审是软件质量保证的措施之一，主要用来保证在编码之前各阶段产生文档的质量，能够较早发现软件错误，从而防止错误被传播到软件过程的后续阶段。技术复查包括走查和审查等具体方法。

1）走查。走查组一般由 4～6 人组成，成员包括一名负责起草规格说明人员，一名负责该规格说明的管理员，一名客户代表，以及下阶段开发组的一名代表和 SQA 小组的一名代表，其中 SQA 小组代表应该成为走查组组长。

走查组组长引导该组成员走查文档，力求发现尽可能多的错误，并将其不理解的术语和认为不正确的术语记录下来。走查组的任务仅仅是标记错误而不是改正错误，改正错误的工作应由该文档的编写组完成。

2）审查。审查的范围比走查广泛得多，步骤也比较多。通常，审查组由 4 人组成。组长既是审查组的管理人员又是技术负责人，审查组必须包括负责当前阶段开发工作项目组代表和负责下一阶段开发工作的项目组代表，此外还应包括一名 SQA 小组的代表。

审查过程通常包括 5 个基本步骤：

①综述。由负责编写文档的人员向审查组综述该文档，并将被审查文档发给与会者。

②准备。评审员仔细阅读文档，最好列出在审查中发现的错误及类型，并按发生的频率把错误分级，以辅助审查工作。

③审查。评审组仔细走查整个文档（与走查一样），并写出审查报告。

④返工。文档的作者负责解决在审查报告中列出的所有错误及问题。

⑤跟踪。组长必须确保所提出的每个问题都得到了圆满的解决（要么修正了文档，要么澄清了被误认为是错误的条目）。必须仔细检查对文档所做的每个修正，以确保没有引入新的错误。

（2）软件测试。

软件测试是为了发现错误而执行程序的过程，或者说，软件测试是根据软件开发各阶段的规格说明和程序内部结构而精心设计的一批测试用例（即输入数据及预期的输出结果），并利用这些测试用例去运行程序，以发现程序错误的过程。

软件测试主要有黑盒测试和白盒测试两种技术手段。

黑盒测试也称功能测试，它是通过测试来检测每个功能是否都能正常使用。在测试中，把程序看作一个不能打开的黑盒子，在完全不考虑程序内部结构和内部特性的情况下，在程序接口进行测试，它只检查程序功能是否按照需求规格说明书的规定正常使用，程序是否能适当地接收输入数据而产生正确的输出信息。黑盒测试着眼于程序外部结构，不考虑内部逻辑结构，主要针对软件界面和软件功能进行测试。

白盒测试也称结构测试或逻辑驱动测试，它是按照程序内部的结构测试程序，通过测试来检测产品内部动作是否按照设计规格说明书的规定正常进行，检验程序中的每条通路是否都能按预定要求正确工作。这一方法是把测试对象看作一个打开的盒子，测试人员依据程序内部逻辑结构相关信息，设计或选择测试用例，对程序所有逻辑路径进行测试，通过在不同点检查程序的状态，确定实际的状态是否与预期的状态一致。

（3）程序正确性证明。

软件测试可以暴露程序中的错误，因此它是保证软件可靠性的重要手段；但是，测试只能证明程序中有错误，并不能证明程序中没有错误。

程序正确性证明的基本思想是证明程序能够完成预定的功能。因此，应该提供对程序功能严格的数学证明，然后根据程序代码证明程序确实能够实现它的功能需求。

目前人们已经研究出证明 PASCAL 和 LISP 程序正确性的程序系统，正在对这些系统进行评价和改进。

12.7　软件能力成熟度模型

软件过程是软件生存期中的一系列相关活动。过程是活动的集合；活动是任务的集合；任务是将输入变换为输出的操作。活动的执行可以是顺序的、重复的、并行的、嵌套的。

为了得到满足要求的软件产品，不但需要有好的开发方法，还需要有好的工程支持和工程管理。

12.7.1　软件过程的度量

卡内基梅隆大学的软件工程研究所（SEI）在美国国防部资助下，于 20 世纪 80 年代开始研究软件机构的软件管理过程能力的成熟度模型，并于 1991 年发表了“软件能力成熟度模型”（Capability Maturity Model for Software，CMM）。

CMM 是对于软件组织在定义、实施、度量、控制和改善其软件过程的实践中各个发展阶段的描述。CMM 的核心是把软件开发视为一个过程，并根据这一原则对软件开发和维护过程进行监控和研究。

CMM 是一种用于评价软件承包能力以改善软件质量的方法，侧重于软件开发过程的管理及工程能力的提高与评估。分为五个等级：一级为初始级，二级为可重复级，三级为已定义级，四级为已管理级，五级为优化级。每个等级都有其相应的特点，用于反映软件组织的开发及管理能力。

12.7.2　关键过程域

除初始级以外，其他 4 级都有若干个引导软件机构改进软件过程的要点，称为关键过程域

（Key Process Area，KPA）。

每一个关键过程域是一组相关的活动的集合，成功地完成这些活动，将会对提高过程能力起重要作用，如表 12-3 所示。

表 12-3　关键过程域

能力等级	特点	关键过程域
第一级 初始级	软件工程管理制度缺乏，过程缺乏定义、混乱无序。 成功依靠的是个人的才能和经验，经常由于缺乏管理和计划导致时间、费用超支。 管理方式属于反应式，主要用来应付危机。 过程不可预测，难以重复。	
第二级 可重复级	基于类似项目中的经验，建立了基本的项目管理制度，采取了一定的措施控制费用和时间。 管理人员可及时发现问题，采取措施。 一定程度上可重复类似项目的软件开发。	需求管理 项目计划 项目跟踪和监控 软件子合同管理 软件配置管理 软件质量保障
第三级 已定义级	已将软件过程文档化、标准化，可按需要改进开发过程，采用评审方法保证软件质量。 可借助 CASE 工具提高质量和效率。	组织过程定义 组织过程焦点 培训大纲 软件集成管理 软件产品工程 组织协调 专家审评
第四级 已管理级	针对制定质量、效率目标，并收集、测量相应指标。 利用统计工具分析并采取改进措施。 对软件过程和产品质量有定量的理解和控制。	定量的软件过程管理 产品质量管理
第五级 优化级	基于统计质量和过程控制工具，持续改进软件过程。 质量和效率稳步改进。	缺陷预防 过程变更管理 技术变更管理

CMM 框架用 5 个不断进化的层次来评定软件生产的历史与现状：其中初始层是混沌的过程，可重复层是经过训练的软件过程，已定义层是标准一致的软件过程，已管理层是可预测的软件过程，优化层是能持续改善的软件过程。任何单位所实施的软件过程，都可能在某一方面比较成熟，在另一方面不够成熟，但总体上必然属于这 5 个层次中的某一个层次。而在某个层次内部，也有成熟程度的区别。在 CMM 框架的不同层次中，需要解决带有不同层次特征的软件过程问题。因此，一个软件开发单位首先需要了解自己正处于哪一个层次，然后才能够对症下药地针对该层次的特殊要求解决相关问题，这样才能收到事半功倍的软件过程改善效果。任

何软件开发单位在致力于软件过程改善时，只能由所处的层次向紧邻的上一层次进化。而且在由某一成熟层次向上一更成熟层次进化时，在原有层次中的那些已经具备的能力还必须得到保持与发扬，如图 12-16 所示。图中表示从低级向高级的进化，而且从第三层级——已定义层以上层级，必须继承低级已经具备的能力，还必须拥有本级的规则。

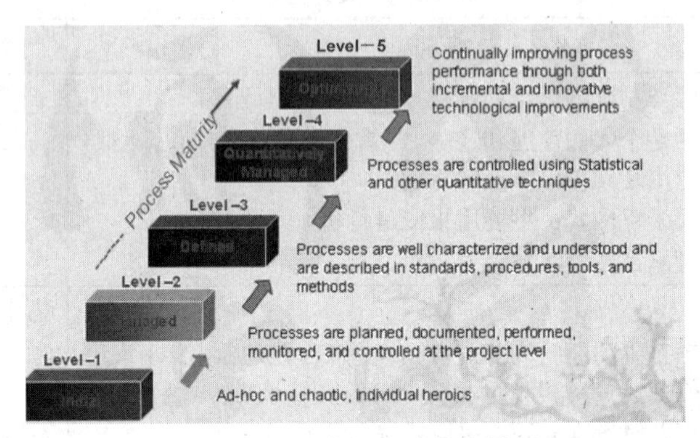

图 12-16　软件能力成熟度模型

实训

实训 1　甘特图的绘制

1．实训目的

甘特图是一个线条图，横轴表示时间，纵轴表示活动（任务）。该图动态反映软件开发进度情况，它是进度计划和进度管理的有力工具。通过本实训，学会绘制甘特图。

2．实训要求

根据项目阶段开发计划绘制甘特图。

3．实训内容

绘制甘特图，如图 12-17 所示。

ID	任务名称	开始时间	完成	持续时间	2013年									
					03月	04月	05月	06月	07月	08月	09月	10月	11月	12月
1	可行性研究	2013-3-1	2013/3/29	21d										
2	需求分析	2013/4/1	2013/4/19	15d										
3	软件设计	2013/4/22	2013/6/28	50d										
4	编码	2013/7/1	2013/9/30	66d										
5	测试	2013/9/2	2013/12/30	86d										

图 12-17　甘特图

提示：

甘特图的绘制方法如下：

（1）Visio-项目日程-甘特图-甘特图框架。

（2）甘特图选项设置：

任务数目：5

主要单位：年

次要单位：月

持续时间选项：日

开始时间：2013-3-1

完成时间：2013-12-31

（3）单击“确定”按钮，弹出甘特图。

（4）修改甘特图中的数据，如图 12-18 所示。

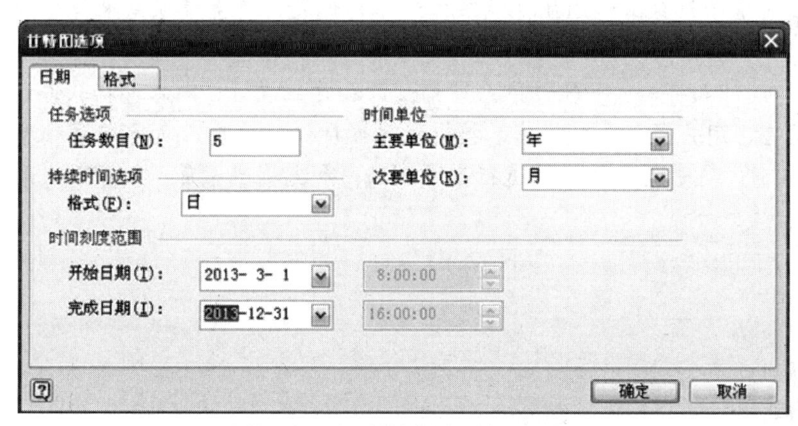

图 12-18 “甘特图选项”对话框

实训 2 软件项目开发

1. 实训目的

开发一个软件项目，了解软件开发的全过程。

2. 实训要求

根据软件工程原理和方法以及前期实训内容，开发一个软件项目。

3. 实训内容

项目开发过程及内容应包括：立项背景、可行性研究、需求分析、概要设计、详细设计、编码、测试等，如表 12-4 所示。

表 12-4　项目阶段开发计划

序号	任务名称	开始时间	结束时间
1	可行性研究	2013-3-1	2013-3-31
2	需求分析	2013-4-1	2013-4-20
3	软件设计	2013-4-21	2013-6-30
4	编码	2013-7-1	2013-9-30
5	测试	2013-9-1	2013-12-30

提示：

（1）实地考察或上网搜索一个软件项目（工资管理系统/人事管理系统/学籍管理系统/图书管理系统/库存管理系统/飞机或火车订票系统/学生选课系统等）的开发资料并对其修改。

（2）成立项目开发小组，小组成员由 7～10 人构成，成员要做相应的分工，其中：组长（项目经理），负责项目分工和组织协调工作；客户代表，负责提供需求信息；系统分析员，负责可行性分析和需求分析，与客户沟通，建立需求分析模型，撰写可行性研究报告和需求规格说明书；软件设计人员，负责软件体系结构设计和详细设计，内容包括软件结构图、程序流程图、PDL 语言、用户界面、数据库、接口等的设计；程序员，负责编写程序代码和单元测试；系统集成人员，负责集成系统并进行集成测试；系统测试人员，负责测试系统是否符合需求规格说明书的要求。

习题十二

一、选择题

1．项目管理的六要素不包括以下的是（　　）。

A．时间　　B．成本　　C．质量　　D．人员

2．在 McCall 软件质量度量模型中，（　　）属于面向软件产品运行的质量因素。

A．可用性　　B．互用性　　C．灵活性　　D．可维护性

3．与在规定的一段时间内和规定的条件下，软件维持其性能水平的能力相关的软件质量特性是（　　）。

A．正确性　　B．可靠性　　C．可用性　　D．完整性

4．对于采用图示法表示软件项目进度安排，下列说法中正确的是（　　）。

A．能够反映多个任务之间的复杂关系

B．能够表示子任务之间的并行和串行关系

C．能够直观地表示任务之间相互依赖和制约关系

D．能够根据图示得到哪些任务是关键任务

二、填空题

1．任务划分常用的计划结构有________、________、________。

2．制定软件进度的主要方法有________、________。

3．小组内部人员的组织形式对生产率也有影响。常见的组织形式有________，________，________三种。

4．配备人员的原则是________、________、________。

5．软件配置管理是一种________、________和________。

6．软件配置管理可以提炼为三个方面的内容：________、________、________。

7．变更控制包括________和________。

8．软件质量保证的措施主要有________、________和________。

三、简答题

1．软件项目有哪些特点？

2．软件项目管理的职能是什么？

3．软件项目计划的类型有哪些？

4．试述软件项目组织结构的模式。

5．软件配置管理的基本目标是什么？

6．试述审查过程通常包括的基本步骤。

13
软件复用技术

20 世纪 60 年代的“软件危机”使程序设计人员明白难于维护的软件成本是极其高昂的，当软件的规模不断扩大时，这种软件的综合成本可以说是没有人能负担的，并且即使投入了高昂的资金也难以得到可靠的产品，而软件复用的思想是解决这一问题的根本方法。

本章主要讲述可复用的软件成分、软件重用过程、软件重用环境、以及面向对象复用技术等内容。

13.1 软件复用概述

13.1.1 软件复用的意义

复用（Reuse）也称为再用或重用，是指同一事物不做修改或稍加改动就多次重复使用。软件复用（Software Reuse）是指使用已有软件的各种成分来开发新软件的方法。

软件复用包括软件产品复用和软件过程复用两部分的内容。

在软件产品的开发中使用复用技术，即将已有的软件及其有效成分用于构造新的软件或系统，带来的不仅仅是简单的费用节省。例如，对一个已经经过全面测试的可靠构件进行复用比在每个新的应用中重新设计和编码同一个构件的风险要小得多。可以将注意力集中于优化一组可复用构件，而不是必须不断地重新优化已存在模块的新版本，这样可以大大地提高构件的执行效率。

通过软件复用，在应用系统开发中可以充分地利用已有的开发成果，减少了包括分析、设计、编码、测试等在内的许多重复劳动，从而提高了软件开发的效率，降低了软件开发成本。复用高质量的已有开发成果可以避免重新开发可能引入的错误，从而提高了软件的质量。另外，大量重复使用已有的开发成果，软件的灵活性和标准化程度也能得到提高。

据估计，世界上已有千亿行程序代码，无数功能被重写了成千上万次，这实在是浪费。面向对象学者的口头禅就是"请不要再发明相同的车轮子了"。软件复用不仅要使自己拿来方便，还要让别人拿去方便，是典型的"拿来拿去主义"。

13.1.2 软件复用的层次

广义地说，软件复用可划分成以下三个层次。从高到低依次为：

（1）知识重用。

知识重用是指软件工程知识的重用，是软件重用的最高形式，主要包括知识工程和人工智能领域的知识。

（2）方法和标准重用。

方法和标准重用是软件工程方法或软件开发规范、标准、法律、法规等的重用，这一层次的软件重用大多是重用其他软件的体系结构，它能够大大提高软件开发前期架设阶段的工作效率。

（3）软件成分重用。

指一切可以用来构造软件系统成分的重用，包括软件需求、设计规格、源程序代码、模块或其抽象结构等。这个层次的重用是提高软件生产率和软件质量的最有效方法。

为了能够在软件开发过程中重用现有的软部件，必须在此之前不断地进行软部件的积累，并将他们组织成软部件库。这就是说，软件重用不仅要讨论如何检索所需的软部件以及如何对他们进行必要的修剪，还要解决如何选取软部件、如何组织软部件库等问题。

使用软件重用技术可以减少软件开发活动中大量的重复性工作，这样就能提高软件生产率，降低开发成本，缩短开发周期。同时，由于软构件大都经过严格的质量认证，并在实际运行环境中得到校验，因此，重用软构件有助于改善软件质量。此外，大量使用软构件，软件的灵活性和标准化程度也可得到提高。如图 13-1 所示。

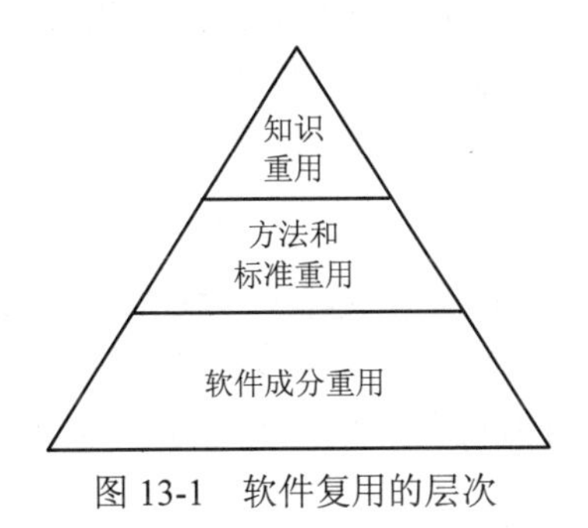

图 13-1 软件复用的层次

13.1.3 软件成分的重用级别

按照软件成分重用的级别从低到高依次为：

（1）代码重用。

即普通代码的重复利用。代码重用也可以采用下列几种形式中的任何一种。

①源代码剪贴：这是最原始的重用形式。这种重用方式的缺点是复制或修改原有代码时可能出错，更糟糕的是存在严重的配置管理问题。人们几乎无法跟踪原始代码块多次修改重用的过程。

②源代码包含：许多程序设计语言都提供包含（Include）库中源代码的机制。使用这种重用形式时，配置管理问题有所缓解，因为修改了库中源代码之后，所有包含它的程序自然都必须重新编译。

③继承：利用继承机制重用类库中的类时，无须修改已有的代码，就可以扩充或具体化在库中找出的类，因此，基本上不存在配置管理问题。

（2）设计结果重用。

设计结果重用指的是重用某个软件系统的设计模型（即求解域模型）。这个级别的重用有助于把一个应用系统移植到完全不同的软/硬件平台上。

（3）分析结果重用。

这是一种更高级别的重用，即重用某个系统的分析模型。这种重用特别适用于用户需求未改变，但系统体系结构发生了根本变化的场合。如图 13-2 所示。

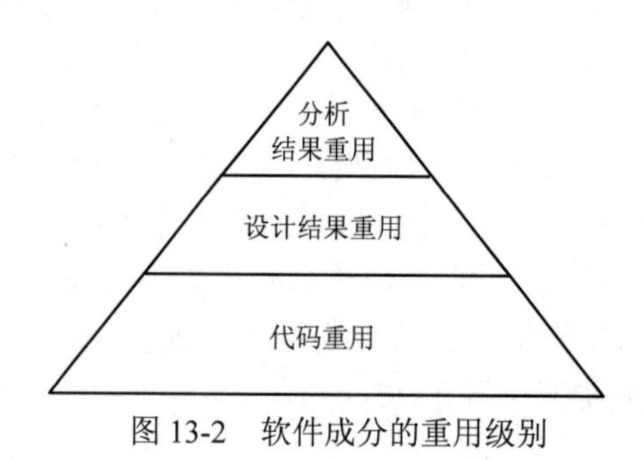

图 13-2 软件成分的重用级别

13.2 可复用的软件成分

软件复用不仅仅涉及源代码，它还涉及许多与软件设计相关的问题。

Caper Jones 定义了可作为复用候选的 10 种软件制品：

（1）项目计划：软件项目计划的基本结构和许多内容（如进度表、风险分析）都可以跨项目复用，以减少用于制定计划的时间。

（2）成本估计：由于不同的项目中经常含有类似的功能，所以有可能在极少修改或不修改的情况下，复用对该功能的成本估计。

（3）体系结构：某些应用软件的体系结构往往非常相似，因此有可能创建一组公共的体系结构模板（如事务处理体系结构），并将这些模板作为可复用的设计框架。

（4）需求模型和规约：类和对象模型及其规约是明显的复用候选者，此外，用传统软件工程方法开发的分析模型（如数据流图）也是可复用的。

（5）设计：用传统方法开发的体系结构、数据、接口和过程化设计都是复用的候选者，系统设计和对象设计也是可复用的。

（6）源代码：经验证的程序代码是复用的候选者。

（7）用户文档和技术文档：即使特定的应用有所不同，但经常可复用部分用户文档和技术文档。

（8）用户界面：这是最广泛被复用的软件成分，如图形用户界面（GUI）软件经常被复用。由于用户界面部分约占一个应用软件的60%的代码量，因此其复用效率极高。

（9）数据：在大多数经常被复用的软件成分中，可复用的数据包括：内部表、记录结构以及文件和完整的数据库。

（10）测试用例（Test Case）：一旦设计或代码被复用，则其相应的测试用例也应被复用。

应该注意，复用可以扩展到上面所讨论的可交付的软件制品之外，它也包含了软件工程过程中的元素。特定的分析建模方法、检查技术、测试用例设计技术、质量保证过程、以及很多其他软件工程实践可以被“复用”。

13.3 软件复用过程

可以被复用的软件成分一般称作可复用构件，无论对可复用构件原封不动地使用还是作适当的修改后再使用，只要是用来构造新软件，都可称作复用。软件复用不仅仅是对程序的复用，它还包括对软件生产过程中任何活动所产生的制成品的复用，如项目计划、可行性报告、需求定义、分析模型、设计模型、详细说明、源程序、测试用例等。如果是在一个系统中多次使用一个相同的软件成分，则不能称作复用，而称作共享。

构件（Component）是可复用的软件组成成分，可被用来构造其他软件。构件具有相对独立的功能和可复用价值。它可以是被封装的对象类、类树、一些功能模块、软件框架（Framework）、软件构架（或体系结构Architectural）、文档、分析文件、设计模式（Pattern）等。

构件分为构件类和构件实例，通过给出构件类的参数，生成实例，通过实例的组装和控制来构造相应的应用软件。要使构件（模块、类等）在构造各种软件系统时方便地被重复使用，必须满足以下要求：构件的每个模块都要具有单一、完整的功能，且经过反复测试极具可靠性和独立性，它必须是一个不受或很少受外界干扰的内部实现，在外面是不可见的封装体；可重用的软构件必须具有高度可裁剪性，也就是说，必须提供为适应需求而扩充或修改已有构件的机制，而且所提供的机制必须使用起来非常简单方便；构件应该具有清晰、简明、可靠的对外接口，而且还应该有详尽的配套文档说明。

构件技术是支持软件复用的核心技术，其主要研究内容包括：

（1）构件获取：有目的的构件生产和从已有系统中挖掘提取构件。

（2）构件模型：研究构件的本质特征及构件间的关系，主要的模型有 3C 模型，北京大学提出的青鸟构件模型等。

（3）构件描述语言：以构件模型为基础，解决构件的精确描述、理解及组装问题。

（4）构件分类与检索：研究构件分类策略、组织模式及检索策略，建立构件库系统，支持构件的有效管理。

（5）构件复合组装：在构件模型的基础上研究构件组装机制，包括源代码级的组装和基于构件对象互操作性的运行级组装。

（6）标准化：构件模型的标准化和构件库系统的标准化。

复用过程包括两个并发的子过程：领域工程和软件工程。领域工程的目的是在特定应用领域中标识、构造、分类和传播一组软件制品。然后，软件工程可在新系统开发中选取这些软件制品作为复用。

一般的软件复用过程如下：

（1）抽象：对已有软件构件的简要描述，从中抽取该构件的本质信息（可复用部分），摒弃细节部分。

（2）选取：根据已有软件构件的抽象，寻找、比较和选择最合适的构件（可复用件），即寻求对软件复用有最积极贡献的工具和库。

（3）特化：对已有构件（可复用件）的修改或形成它的一个实例（实例化后的复用件），即优化可以促进软件复用的方法和工具。

（4）集成：将实例化后的复用件集成为应用系统。

建立复用的有效过程将帮助组织在软件的开发过程中充分地使用软件复用的技术。

13.4 软件复用环境

软件复用技术广泛应用的基础是存放了成千上万的可复用构件的强大构件库。软件构件的概念是“对构件做什么的描述”，传达构件的意图；构件的内容描述概念如何被实现；语境将可复用软件放置到其应用的领域中，使软件工程师能够发现适当的构件以满足应用需求。

可复用软件构件的描述有很多方式，其中 3C 模型是一种理想的描述模型。它包括概念（Concept）、内容（Content）和语境（Context）。在实际环境的应用中，概念、内容和语境都必须被转换为具体的规约模式。

软件构件重用必须由相应的环境来支持，这个环境应包含下列元素：

（1）构件库：用于存储软件构件和检索构件所需要的分类信息。

（2）构件库管理系统：用于管理对构件库的访问。

（3）构件检索系统：用于从库服务器中检索构件和服务。

（4）CASE 工具：帮助把重用的构件集成到新设计或实现中。

每一个功能在复用库中范围内交互或者被包含在复用库中。

复用库是一个更大型 CASE 仓库的一个元素，并且为一系列可复用软件制品（例如，规约、设计、代码、测试用例、用户指南）的存储提供设施。复用库包含一个数据库以及查询数据库和构件检索所必需的工具，构件分类模式是构件库查询的基础。

查询通常用 3C 模型中的语境来刻画，如果某初始查询产生大量的候选构件，则查询被求精以减少候选对象。然后，概念和内容信息被抽取出来（在找到候选构件集后）以辅助开发者选择合适的构件。

13.5 面向对象的复用技术

面向对象方法是一种运用对象、类、继承、封装、聚合、消息传送多态性等概念来构造系统的软件开发方法。面向对象方法之所以会成为今天的主流技术，其很重要的一个原因就在于模型对问题域的这种直接的映射。面向对象技术对软件复用支持的概念和原则是：对象与类、抽象、封装、继承和一般－特殊结构、聚合与整体－部分结构、粒度控制、多态性。它的这些主要概念及原则与软件复用的要求十分吻合，因而有利于软件复用。与其他软件工程方法相比，面向对象方法的一个重要优点是，它可以在整个生命周期达到概念、原则、术语及表示法的高度一致。这种一致性使得各个系统尽管在不同的开发与演化阶段有不同的形态，但可具有贯穿整个软件生命周期的良好映射。这一优点使面向对象方法不但能在各个级别支持软件复用，而且能对各个级别的复用形成统一的、高效的支持，达到良好的全局效果。

类的开发应能够完整地描述一个基本实体。软件开发既要考虑复用以往的类，又要考虑当前正在开发的类能被将来的软件项目复用。面向对象技术中的“类”是较理想的可复用构件，称之为类构件；面向对象的可复用构件库称为可复用类库（简称类库）。

13.5.1 类构件的复用

面向对象中的类和对象是较为理想的可重用类构件，被称为类构件。类构件有三种重要的复用：实例复用、继承复用和多态复用。

（1）实例复用。由于类的封装性，使用者无需考虑实现细节，就可以使用适当的构造函数按照需要创建类的实例，然后再向创建的实例发送适当的消息，启动相应的服务。这是最基本的实例复用方式。此外，还可以用几个简单的对象作为类的成员创建出一个更复杂的类，这是实例重用的另一种形式。

此外还可以用几个简单的对象作为类的成员，创建出一个更复杂的类，这是另一种实例复用的方式。虽然实例复用是最基本的重用方式，但是，设计出一个理想的类构件，并不是一件容易的事情。例如，决定一个类对外提供多少服务，就是一件相当困难的事。提供的服务过多，会增加接口复杂度，也会使类构件变得难于理解；提供的服务过少，则会因为过分一般化而失去重用价值。每个类构件的合理服务数都与具体应用环境密切相关，因此，找到一个合理的折衷值是相当困难的。

（2）继承复用。面向对象方法特有的继承性提供了一种对已有的类构件进行裁剪的机制。当已有的类构件不能通过实例复用完全满足当前系统需求时，继承复用提供了一种安全地修改已有类构件的手段，以便在当前系统中复用。

为提高继承复用的效果，关键是设计一个合理的、具有一定深度的类构件继承层次结构。这样做有下述两个好处：每个子类在继承父类的属性和服务的基础上，只加入少量新属性和新服务，这不仅降低了每个类构件的接口复杂度。表现出一个清晰的进化过程，提高了每个子类的可理解性；而且为软件开发人员提供了更多可重用的类构件。因此，在软件开发过程中，应该时刻注意提取这种潜在的可重用构件，必要时应在领域专家帮助下，建立符合领域知识的继承层次，为多态重用奠定了良好基础。

（3）多态复用。利用多态性不仅可以使对象的对外接口更加一般化（基类与派出类的许多对外接口是相同的），从而降低了消息连接的复杂程度，而且还提供了一种简便可靠的构件组合机制。系统运行时，根据接收消息的对象类型，由多态性机制启动正确的方法，去响应一个一般化的消息，从而简化了消息界面和软构件连接过程。

为充分实现多态重用，在设计类构件时，应该把注意力集中在下列一些可能影响重用性的操作上。

（1）与表示方法有关的操作。例如，不同实例的比较、显示、擦除等。

（2）与数据结构、数据大小等有关的操作。

（3）与外部设备有关的操作。例如，设备控制。

（4）实现算法在将来可能会改进（或改变）的核心操作。

13.5.2 类库

在面向对象的软件开发中，类库是实现对象类复用的基本条件。人们已经开发了许多基于各种 OOPL 的编程类库，有力地支持了源程序级的软件复用，但要在更高的级别上实现软件复用，仅有编程类库是不够的。实现 OOA 结果和 OOD 结果的复用，必须有分析类库和设计类库的支持。为了更好地支持多个级别的软件复用，可以在 OOA 类库、OOD 类库和 OOP 类库之间建立各个类在不同开发阶段的对应与演化关系。即建立一种线索，表明每个 OOA 的类对应着哪个（或哪些）OOD 类，以及每个 OOD 类对应着各种 OO编程语言类库中的哪个 OOP 类。

（1）类库的构造。

类库是将面向对象的可重用构件库，亦称为可重用类库。可复用基类的建立取决于领域分析阶段对当前应用领域中有一般适用性的对象和类的标识，类库的组织方式采用类的继承层次结构，这种结构与现实问题空间的实体继承关系有某种自然、直接的对应关系。同时，类库的文档以超文本方式组织，每个类的说明文档中都可以包含指向其他说明文档的关键词结点的链接指针。

（2）类库的检索。

常用的类库检索方法是对类库中类的继承层次结构进行树形浏览，以及进行基于类库文档的超文本检索。

需要强调的是，对类库检索时并不要求待实现的类与类库中的基类完全相同或极其相似，只希望待实现的类与基类之间存在某种自然的继承关系，或基类能够提供属性、操作供待实现的子类选用。

（3）类的合成。

如果从类库中检索出来的基类能够完全满足新软件项目的需求，则可以直接复用。否则，必须以类库中的基类为父类，采用构造法或子类法派生出子类。

构造法为了在子类中使用类库中基类的属性和操作，可以考虑在子类中引进基类的实例作为子类的实例变量。然后，在子类中通过实例变量来复用基类的属性或操作。构造法用到面向对象方法的封装性。

子类法与构造法不同，子类法把新子类直接说明为类库中基类的子类，通过继承、修改基类的属性和操作来完成新子类的定义。子类法利用了面向对象方法的封装性和继承性。

13.5.3 产生所需类的次序

（1）“原封不动（As_is）”复用既存类，提供所需要的特性。

（2）寻找可以用作开发新类基础的既存类。

演化可以是横向的，也可以是纵向的。横向的演化生成既存类的一个新的版本，而纵向的演化将从既存类导出新的类。

（3）无既存类可用，直接开发一个新类。

一个新的既存类结构建立两种类：一个是抽象类，它包括了将要表达的概念；另一个是具体类，它要实现这个概念。

13.5.4 既存类的复用方法

有三种利用既存类的方法：从既存类直接复用、从既存类进行演化、从废弃型类进行开发，如图13-3所示。

（1）直接复用既存类。

寻找“原封不动”使用的现存类，提供所需要的特性。此时，所需要的类已经存在。现在建立它的一个实例，用以提供所需要的特性。这个实例可直接为应用软件利用，或者它可以用来做另一个类的实现部分。通过复用一个现存类.可得到不加修改就能工作的已测试的代码。由于大多数面向对象语言的两个特性，即界面与实现的分离（信息隐蔽和封装），这种复用一般是成功的。

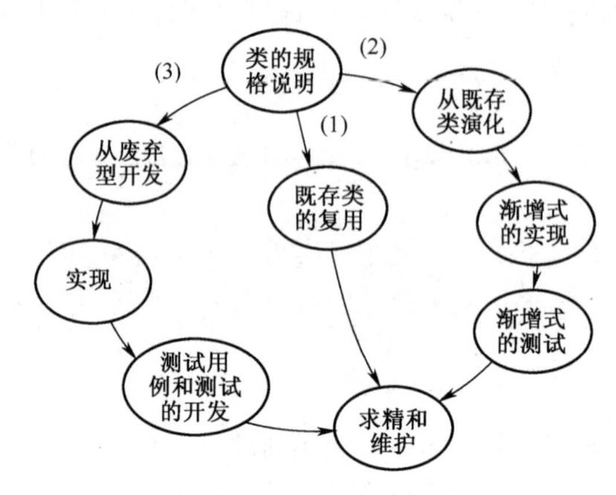

图 13-3　既存类的复用方法

（2）从既存类演化。

有时，一个现存的类可能会提供某些新类中需要的特性以及某些新类中不需要的特性。一个能够完全符合要求特性的类可能并不存在，但是，如果具有类似功能的类存在，则可以通过继承，由现存的类渐进式地设计新类。如果新类将要成为一个现存类的子类，它应当继承这个现存类的所有特性。新类可以对需要追加的数据及必需的功能作局部定义，还可以将几个现存类的特性混合起来开发出新的类。每个现存类是某些概念的模型，混合起来则产生了一个为特定待开发软件所用的具有多重概念的类。

（3）从废弃型类开发。

在新类的实现时，如果以前有开发过而被废弃的类，可利用这些废弃类通过说明实例，如表格、硬件接口，或其他某些功能来作为一个新类的局部，加快一个类的实现。任何一个类，只要它的开发不涉及现存类，就可看作是一个新的继承结构的开始。因此，将建立两种类，一种是抽象类，它概括了将要表达的概念；另一种是具体类，它要实现这个概念。虽然不需要使用现存类来演变成新类，但还是有复用的可能性。

习题十三

一、选择题

1．下面不属于复用候选的软件制品（　　）。

A．用户界面　　　　B．测试用例

C．继承估计　　　　D．体系结构

2．软件构件重用必须由相应的环境来支持，下面不属于这个环境应包含的元素是（　　）。

A．构件库管理系统　　B．CASE 工具
C．构件库　　D．构件决策系统

3．下面不是既存类的复用方法的是（　　）

A．直接复用既存类　　B．从既存类演化
C．从废弃型类开发　　D．间接复用既存类

4．下面不属于类构件中常用的复用是（　　）。

A．实例复用　　B．继承复用　　C．聚合复用　　D．多态复用

5．代码重用可以采用哪种形式（　　）。

A．继承　　B．封装　　C．组合　　D．关联

二、填空题

1．软件复用包括________和________两部分的内容。

2．按照软件成分重用的级别从低到高依次为：________、________、________。

3．复用过程包括两个并发的子过程：________和________。

4．面向对象中的类和对象是较为理想的可重用类构件，被称为类构件。类构件有三种重要的复用：________、________和________。

5．如果从类库中检索出来的基类能够完全满足新软件项目的需求，则可以直接复用。否则，必须以类库中的基类为________，采用构造法或子类法派生出________。

三、简答题

1．什么是软件重用？它分为哪三个层次？

2．构件技术的主要研究内容是什么？

3．简述软件复用过程。

4．简述产生所需类的次序。

5．什么是子类法和构造法？二者有什么区别？

参考文献

[1] 张海藩．软件工程导论（第 5 版）．北京：清华大学出版社，2008．

[2] 殷人昆等．实用软件工程．北京：清华大学出版社，2010．

[3] （美）普雷斯曼（Pressman，R.S.）．软件工程——实践者的研究方法．北京：机械工业出版社，2008．

[4] （美）弗莱格（Pfleeger.S.L.），阿特利（Atlee.J.M.）．软件工程理论与实践．北京：人民邮电出版社，2003．

[5] （美）兰宝（James Rumbaugh），雅各布森（Ivar Jacobson），布奇（Grady booch）．UML 参考手册（第 2 版）．北京：机械工业出版社，2005．

[6] （美）布奇（Grady booch），兰宝（James Rumbaugh），雅各布森（Ivar Jacobson）．UML 用户指南（第 2 版）．北京：人民邮电出版社，2006．

[7] （美）雅各布森（Ivar Jacobson），布奇（Grady booch），兰宝（James Rumbaugh）．统一软件开发过程．北京：机械工业出版社，2002．

[8] （美）梅尔斯（Glenford J.Myers）．软件测试的艺术．北京：机械工业出版社，2006．

[9] （美）布鲁克斯（Frederick P.Brooks Jr.）．人月神话，北京：清华大学出版社，2002．